普通高等教育“十二五”电气信息类规划教材

可编程序控制器原理及应用

吉顺平　主　编

孙承志　王福平　副主编

黄　捷　魏志军　参　编

机 械 工 业 出 版 社

本书介绍了可编程序控制器（PLC）的基本概念、系统组成、工作原理和组态技术。以西门子 S7-200/300/400 PLC 为主讲机型，分别介绍了西门子 S7-200 和 S7-300/400 PLC 的指令系统、程序结构、中断和模拟量控制、顺序控制；介绍了 S7-200 的步进控制和 S7-300/400 的 GRAPH 编程。对 PID 控制、脉冲控制等特殊控制功能也作了介绍。

通信功能是 PLC 的重要功能，本书介绍了 PLC 的 PPI、MPI、PROFIBUS 和以太网通信技术。本书提供了很多经典控制程序段，对于学习 PLC 编程有重要参考价值。本书还在最后一章给出了 5 个控制案例。

本书配有免费电子课件，欢迎选用本书作教材的老师发邮件到 Jinacmp@ 163. com 索取，或登录 www. cmpedu. com 注册下载。

本书可作为普通高等院校自动化、电气工程及其自动化和机电一体化等相关专业应用型本科和专科的教材，也可作为从事工业控制系统设计的工程技术人员学习 PLC 的入门与提高的参考书。

图书在版编目（CIP）数据

可编程序控制器原理及应用/吉顺平主编．—北京：机械工业出版社，2011. 2（2024. 8 重印）
普通高等教育“十二五”电气信息类规划教材
ISBN 978-7-111-32824-7

Ⅰ.①可… Ⅱ.①吉… Ⅲ.①可编程序控制器—高等学校—教材 Ⅳ. TP332. 3

中国版本图书馆 CIP 数据核字（2010）第 263782 号

机械工业出版社（北京市百万庄大街 22 号 邮政编码 100037）
策划编辑：吉 玲 责任编辑：吉 玲 责任校对：佟瑞鑫
封面设计：张 静 责任印制：邓 博
北京盛通数码印刷有限公司印刷
2024 年 8 月第 1 版第 10 次印刷
184mm×260mm · 17. 75 印张 · 437 千字
标准书号：ISBN 978-7-111-32824-7
定价：49. 00 元

电话服务	网络服务
客服电话：010-88361066	机 工 官 网：www. cmpbook. com
010-88379833	机 工 官 博：weibo. com/cmp1952
010-68326294	金 书 网：www. golden-book. com
封底无防伪标均为盗版	机工教育服务网：www. cmpedu. com

前 言

"可编程序控制器（PLC）"课程是自动化、电气工程及其自动化和机电一体化等专业的一门重要的专业课。该课程主要让学生掌握可编程序控制器的基本概念、基本原理和基本应用。PLC 有很多型号，它们的基本概念和基本原理基本相同，但它们的指令系统各不相同。西门子 PLC 在我国应用得非常广泛，小型 PLC 有 S7-200 系列，大中型 PLC 有 S7-300/400 系列，本书以西门子 PLC 为主讲机型，介绍 PLC 的指令系统和应用技术。

SIMATIC S7-200 属于西门子小型 PLC 系列产品，适用于检测、监测及控制过程中的自动化应用。S7-200 系列有以下特点：极高的可靠性；极丰富的指令集；易于掌握；便捷的操作；丰富的内置集成功能；实时特性；强大的通信能力；丰富的扩展模块。S7-200 系列的强大功能使其无论在独立运行中还是在连成网络时皆能实现复杂控制功能。S7-200 系列具有极高的性能价格比。

SIMATIC S7-300/400 属于西门子大中型 PLC 系列产品。S7-300/400 是模块化的 PLC 系统，满足大、中规模的性能要求；各种性能的模块可以非常好地满足和适应自动化控制任务；简单实用的分布式结构和多界面网络能力，使其应用十分灵活；当控制任务增加时，可自由扩展；大量的集成功能使其功能非常强。

本书在介绍 PLC 的基本概念、工作原理和系统组成的基础上，介绍了西门子 S7-200/300/400 PLC 的基础知识与编程技术。在 IEC61131-3 指令系统框架下，分别介绍了西门子 S7-200 和 S7-300/400 指令系统，读者可以有选择地学习。本书还介绍了 S7-200 步控指令和 S7-300/400GRAPH 的使用，通过实例介绍了程序编写的一般结构和方法。同时，对 PID 控制、脉冲控制等特殊控制功能也作了介绍。PLC 的通信功能是重要功能。本书介绍了 PLC 的 PPI、MPI、PROFIBUS 和以太网通信技术。

全书共分为 11 章。第 1 章和第 2 章介绍了 PLC 的工作原理和基础知识；第 3 章介绍了组态技术和西门子 STEP7 组态软件的使用；第 4 章介绍了 S7-200 PLC 的编程指令；第 5 章介绍了 S7-300/400 PLC 的编程指令；第 6 章介绍了西门子 PLC 的程序结构和中断；第 7 章介绍了顺序控制的编程方法，包括 S7-200 步进指令和 S7-300/400 的 GRAPH 的使用；第 8 章介绍了模拟量控制技术；第 9 章介绍了 PLC 的特殊控制功能；第 10 章介绍了西门子 PLC 的通信技术；第 11 章介绍了 PLC 控制系统设计的方法，并给出了 5 个编程案例。

本书由吉顺平担任主编。具体分工为：第 1、4～7 章由吉顺平编写；第 2、3 章由王福平编写；第 8、9 章由孙承志编写；第 10 章由黄捷编写；第 11 章及附录部分由魏志军编写。

感谢西门子自动化系统部的教育合作部（SCE）的支持和帮助。

由于作者水平有限，加之时间仓促，书中程序、图表较多，难免有错误及疏漏之处，恳请读者不吝批评指正，不胜感激！作者联系方式，Email: jishunping@yahoo.cn。

作 者

目　录

第1章 绪 论

1.1 从继电器到可编程序控制器

1.1.1 继电器

继电器是可编程序控制器（PLC）出现之前的主要工控器件。PLC 的很多概念都是从继电器中引入的。

继电器是一种当输入量（电、磁、声、光、热）达到一定值时，输出量将发生跳跃式变化的自动控制器件。在输入电流的作用下，继电器会对机械部件的相对运动产生预定的响应。最常见的继电器是电磁式继电器，其一般由铁心、线圈、衔铁、触点和弹簧等部分组成，图 1-1 为电磁式继电器的示意图。

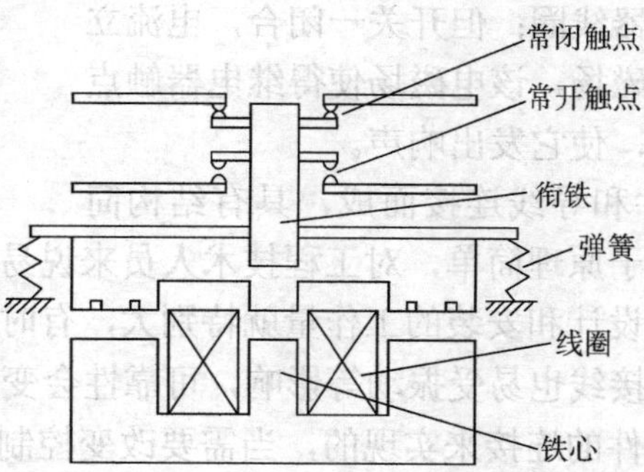

图 1-1　电磁式继电器的示意图

除电磁式继电器外，还有固态继电器、时间继电器、温度继电器、风速继电器、加速度继电器以及光继电器、声继电器、热继电器等。我们可以用符号来表示继电器，如表 1-1 所示。

表 1-1　继电器表示符号

符 号 名 称	PLC 中符号	电气控制图符号
继电器线圈	—(　)—　　—○—	
常开触点	—| |—	
常闭触点	—|/|—	

继电器状态有动作和不动作两种，用 ON 和 OFF，或 1 和 0 来表示。而触点的状态分为“接通”和“断开”两种。对继电器来说，其状态由其线圈的通电情况决定。对一般的继电

器来说，当线圈通电，则其状态为动作，否则为不动作。一个继电器只有一个线圈，但可以有多对常开和常闭触点。

触点的状态由继电器状态决定。如图 1-1 所示，当继电器动作时，其所有常开触点闭合，而所有常闭触点断开；当继电器不动作时，其所有常开触点断开，而所有常闭触点闭合。

以上关于继电器的动作规律，对 PLC 同样适用，需要掌握。

1.1.2 继电器控制系统的组成与特点

继电器控制系统一般由主令电器、接触器、继电器和导线等部分组成，可以把继电器看作电磁开关。给线圈加电压，会产生磁场，该磁场使继电器的触点闭合。触点被看作是开关，它们允许电流流过，从而将主电路闭合。图 1-2 所示为一闹铃控制的例子，无论开关何时闭合，闹铃都可以响。在闹铃控制中，使用了三个真实的元件：一个开关、一个继电器和一个闹铃。

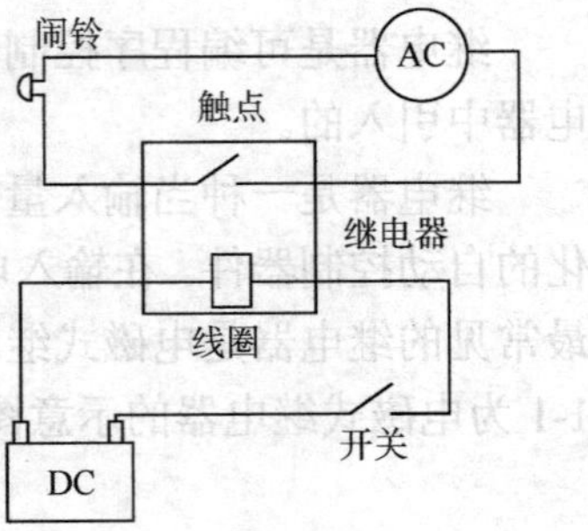

图 1-2 闹铃控制系统

在图 1-2 中有两个分立的部分，下面的电路为直流（DC）部分，上面的电路为交流（AC）部分。在这个例子中使用一个直流（DC）继电器来控制一个交流（AC）电路。当开关打开时，没有电流流过继电器线圈；但开关一闭合，电流立即流过线圈，建立起一个电磁场，该电磁场使得继电器触点闭合，交流电可以流过闹铃，使它发出响声。

继电器控制系统由器件和导线连接而成，具有结构简单、成本低等优点，同时由于原理简单，对工程技术人员来说易于掌握。但继电器控制应用于复杂系统时，整个系统的设计和安装的工作量就特别大，有时变得不可能完成。机械触点的物理接触容易带来损坏，接线也易受振动等影响，可靠性会变差。

由于控制作用是通过器件的连接来实现的，当需要改变控制作用时，就需要改变硬件接线，对控制系统的维护性和升级很不利。

但继电器的动作对于控制系统来说，是一种可靠的机械隔离，经常和其他控制装置（如 PLC 等）配合使用。

1.1.3 可编程序控制器的诞生

20 世纪 70 年代，继电器控制系统广泛应用于工业控制领域，特别是制造业。然而由于继电器控制系统自身的不足，使其在应用过程中面临了很多挑战。当时，计算机已经开始应用于很多科研机构、高等学校和大型企业，但主要用于数值运算，因为计算机本身的复杂性、编程难度高，难以适应恶劣的工业环境以及价格昂贵等因素，使其未能在工业控制中应用。

1968 年，美国通用汽车公司（General Motors Corporation，GM）提出了“多品种小批量、不断翻新汽车品牌型号”的设想，并试图寻找一种新型控制器，以尽量减少重新设计和更换继电器控制系统的硬件和接线，减少系统维护与升级时间，降低成本。希望将计算机的功能完备、灵活、通用等优点与继电器控制系统的简单易懂、操作方便、价格便宜等优点相结合，设计出一种通用的工业控制装置以满足生产需求。基于此，提出了 10 项技术指标：①编程简单方便，可在现场修改程序；②硬件维护方便，最好是插入式结构；③可靠性要高于继电器控制装置；④体积要小于继电器控制装置；⑤可将数据直接送入管理计算机；⑥成本上可与继电器竞争；⑦输入可以是交流 115V；⑧输出为交流 115V、2A 以上，能直接驱动电磁阀；⑨扩展时，原有系统只需做很小的改动；⑩程序存储器容量至少可扩展到 4KB。

1969 年，美国 DEC（Digital Equipment Corporation，数字设备公司）生产出第一台符合 10 项技术要求的可编程序逻辑控制器（Programmable Logic Controller，PLC），并在通用汽车的生产线上成功应用，从而开创了工业控制的新局面。

紧接着，美国的 MODICON 公司研制出 084，日本在 1971 年引进此技术研制出 DSC-8。我国自 1971 年开始研制可编程序控制器，1974 年实现了工业应用。

1.1.4 可编程序控制器的发展历程

PLC 紧紧跟随着计算机和集成电路技术的发展而发展。从小规模集成电路到大规模集成电路，再到超大规模集成电路；从 8 位 CPU 微处理器到 16 位 CPU 微处理器，再到 32 位 CPU 微处理器，其功能和应用领域得到了很大的发展。

从 PLC 产生到现在，已发展到第三代产品。

第一代 PLC（20 世纪 70～80 年代）以微处理器为基础，使用计算机程序控制代替继电器控制，具备了工业计算机控制的基本功能，实现了逻辑控制、数字运算、传送、比较等功能，能实现模拟量的控制，开始具备自诊断功能，初步形成系列化。

第二代 PLC（20 世纪 90 年代）是以单机的高性能控制为特色的。PLC 的处理速度大大提高，从而促使它向多功能及连网通信方向发展，并增加了多种特殊功能，如浮点数的运算、三角函数、表处理、脉宽调制输出等，自诊断功能及容错技术。PLC 产品广泛应用于逻辑控制、过程控制和运动控制等控制场合。PLC 的国际规范开始实施，PLC 技术成为工业控制器的常见装置。组态技术和网络技术开始使用。

第三代 PLC（21 世纪以来）是以智能化、网络化和集成化为主要特色的。先进组态技术的广泛使用，使得无论是单机应用还是网络化应用都变得很容易；现场总线和工业以太网扩展了 PLC 的输入与输出；从现场层到监控层，再到管理层，PLC 的应用也具有明显集成化和系统化的特点。

1.2 可编程序控制器的名称和定义

1.2.1 可编程序控制器的名称

可编程序控制器最初称为可编程序逻辑控制器。随着技术的发展，其功能已经远远超出了逻辑控制的范围，因而用可编程序逻辑控制器已不能描述其多功能的特点。1980 年，美国电气制造商协会（NEMA）给它起了一个新的名称，叫可编程序控制器（Programmable Controller，PC，后又称为 PLC）。

由于 PC 这一缩写在我国早已成为个人计算机（personal computer）的代名词，为避免造成名词术语混乱，同时基于 PC 的控制又有了新的含义，因此在我国仍沿用 PLC 表示可编程序控制器。

1.2.2 可编程序控制器的定义

1985年，由于可编程序控制器技术迅猛发展，国际电工委员会（International Electrotechnical Commission，IEC）对可编程序控制器进行了定义：可编程序控制器（PLC）是一种数字运算操作的电子系统，专为在工业环境下的应用而设计，它采用可编程序的存储器存储程序，通过执行程序实现逻辑控制、顺序控制、定时、计数和算术运算等操作，并通过数字式、模拟式的输入和输出，控制各种类型的机电设备或生产过程。可编程序控制器及其有关的设备都应按易于与工业控制系统连成一个整体、易于扩充功能的原则而设计。简单地说，PLC就是存储程序控制器。

1.3 可编程序控制器的特点

PLC主要有以下六大特点。

1. 高可靠性

1）所有的I/O接口电路均采用光电隔离，使工业现场的外电路与PLC内部电路之间在电气上隔离。

2）各输入端均采用*R-C*滤波器，其滤波时间常数一般为10～20ms。

3）各模块均采用屏蔽措施，以防止辐射干扰。

4）采用性能优良的开关电源。

5）对采用的器件进行严格的筛选。

6）良好的自诊断功能，一旦电源或其他软、硬件发生异常情况，CPU立即采用有效措施，以防止故障扩大。

2. 可编程

PLC控制系统的控制作用的改变主要不是取决于硬件的改变，而是取决于程序的改变。即硬件柔性化。柔性化的结果使整个系统可靠性提高，给控制系统带来一系列好处。计数器、定时器、继电器等器件在PLC中变成了编程变量，控制作用的实现更加容易。

3. 丰富的I/O接口模块

PLC针对不同的工业现场信号，如交流或直流、开关量或模拟量、电压或电流、脉冲或电位、强电或弱电等，有相应的I/O模块与工业现场的器件或设备（如按钮、行程开关、接近开关、传感器及变送器、电磁线圈和控制阀等）直接连接。另外，为了提高操作性能，PLC还有多种人—机对话的接口模块；为了组成工业局部网络，它还有多种通信连网的接口模块。

4. 采用模块化结构可以适应各种工业控制的需要

除了整体式的小型PLC以外，绝大多数PLC均采用模块化结构。PLC的各个部件，包括CPU、电源和I/O等均采用模块化设计，由机架及电缆将各模块连接起来，系统的规模和功能可根据用户的需要自行组合。

5. 编程简单易学

PLC的编程大多采用类似于继电器控制线路的梯形图形式，对使用者来说，不需要具备计算机的专门知识，很容易被一般工程技术人员所理解和掌握。

6. 安装简单、维修方便

PLC 不需要专门的机房，可以在各种工业环境下直接运行。使用时只需将现场的各种设备与 PLC 相应的 I/O 接口相连接，即可投入运行。各种模块上均有运行和故障指示装置，便于用户了解运行情况和查找故障。由于采用模块化结构，因此一旦某模块发生故障，用户可以通过更换模块的方法，使系统迅速恢复运行。

1.4　可编程序控制器的分类

可编程序控制器一般从点数、功能、结构形式和流派等方面进行分类。

1.4.1　根据点数和功能进行分类

根据点数和功能可以分为小型、中型和大型 PLC。小型 PLC 的输入/输出端子数量为 256 点以下；中型 PLC 的输入/输出端子数量为 1024 点以下；大型 PLC 的输入/输出端子数量为 1024 点以上。

小型 PLC、中型 PLC 和大型 PLC 不光体现在输入/输出端子数量上，更重要的是功能的差别。小型 PLC 主要用于完成逻辑运算、计时、计数、移位、步进控制等功能。中型 PLC 的功能，除小型 PLC 完成的功能外，还有模拟量控制、算术运算（+、–、×、÷）、数据传送和矩阵等功能。大型 PLC，除中型 PLC 完成的功能外，还有更强的连网、监视、记录、打印、中断、智能、远程控制等功能。

另外，小型、中型和大型 PLC 的分类不是绝对的，有些小型 PLC 可以具备部分中型 PLC 的功能。

1.4.2　根据结构形式进行分类

按结构形式分，PLC 有整体式和模块式两种。

整体式 PLC 是一个整体，其所有部件均在一个机盒之内；整体式 PLC 根据需要也可以进行扩展。模块式 PLC 是由多个模块组成的，通过内部总线连接在一起，用户可以根据需要组建自己的 PLC 系统。

1.4.3　PLC 的流派分类

世界上 PLC 生产厂家有 200 多家，生产的产品有 400 多种。

按地域分为 4 个流派：①美国产品，性价比适中，使用比较方便；②欧洲产品，性价比适中，易用性一般，扩展性强；③日本产品，性价比高，使用方便，扩展性一般；④中国产品，性价比特别高，使用比较方便，扩展性一般。

1.4.4　西门子 PLC 的分类

西门子 PLC 的分类如表 1-2 所示。

表 1-2 西门子 PLC 的分类

PLC 系列	点数和功能分类	结构形式	突出特点
LOGO	微型	整体	性价比高，现场使用方便，扩展性弱
S7-200，1200	小型	整体	性价比高，使用特别方便，扩展性一般
S7-300	中型	模块	性价比适中，易用性一般，扩展性强
S7-400	大型	模块	功能强，性价比低，易用性一般，扩展性强

1.5 可编程序控制器的功能和发展

1.5.1 PLC 的功能

PLC 的主要功能：①逻辑控制；②定时控制；③计数控制；④步进（顺序）控制；⑤PID 控制；⑥数据处理；⑦通信和连网。

PLC 还有许多特殊功能模块，适用于各种特殊控制的要求，如定位控制模块、CRT 模块等。

1.5.2 PLC 在工业控制中的地位

正是由于 PLC 具有多种功能，并集三电（电控装置、电仪装置、电气传动控制装置）于一体，使得 PLC 在工厂中备受欢迎，用量高居首位，成为现代工业自动化的三大支柱（PLC、机器人、CAD/CAM）之一。

1.5.3 PLC 的发展前景

PLC 技术是随着自动控制技术和计算机技术的发展而发展的，PLC 的发展前景广阔。

1）高性能 PLC 将具备更强的数据处理能力，是 PLC 的一个发展方向。

2）越来越多的模块正在不断地研制出来，如数控模块、语音处理模块等；模块自身带有 CPU，在工作中可以与主 CPU 并行工作，有利于 PLC 的工程应用。

3）网络技术将向深层次应用推进。伴随计算机网络和通信网络的飞速发展，针对工业以太网络技术的 PLC 技术已经成功应用，针对网络兼容性、因特网、GSM/CDMA 通信网络的技术将迅速发展。

4）单纯从技术角度而言，PLC 实现软硬件标准化、通用化和开放化是今后发展的趋势。

思考与练习题

1.1 继电器的线圈通电、断电与触点吸合、断开的关系是怎样的？

1.2 可编程序控制器的名称和定义是什么？

1.3 可编程序控制器的特点有哪些？

1.4 可编程序控制器的分类标准有哪些？

第 2 章　PLC 的系统组成与工作原理

2.1　PLC 硬件系统的基本组成

2.1.1　组成概述

PLC 是一种工业控制装置，从装置的组成来说，PLC 是由硬件系统和软件系统组成的。

2.1.2　硬件组成

PLC 的硬件系统主要由中央处理器（CPU）、存储器、输入单元和输出单元等部分组成，如图 2-1 所示。其中，CPU 是 PLC 的核心；输入单元与输出单元是连接现场输入/输出设备与 CPU 之间的接口电路，也称为输入接口和输出接口。此外，PLC 的硬件系统还包括通信接口、扩展接口、编程器和电源等。

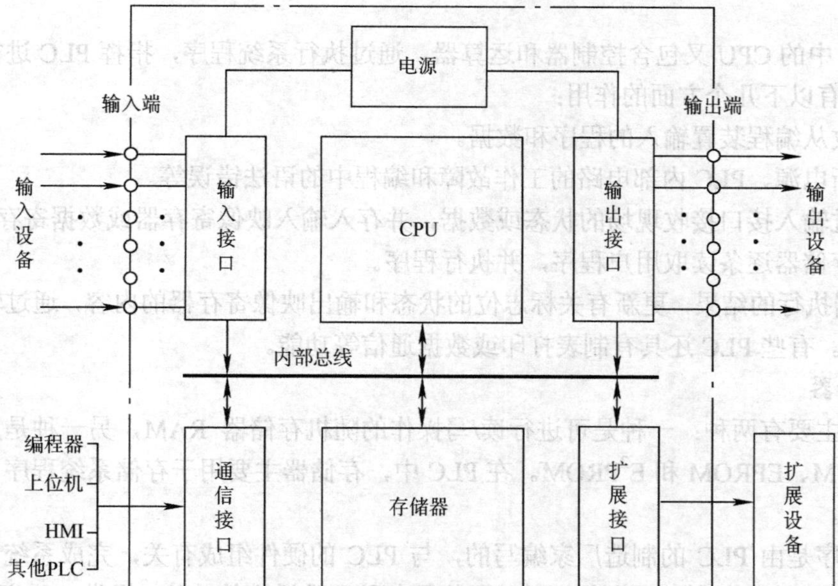

图 2-1　整体式 PLC 的硬件组成

整体式的 PLC，其所有部件都装在同一机壳内；对于模块式 PLC，各部件封装成模块，各模块通过连接安装在机器或导轨上，其组成形式与整体式的 PLC 不同，如图 2-2 所示。无论哪种结构类型的 PLC，都可根据用户需要进行配置与组合。尽管整体式 PLC 与模块式 PLC 的结构不太一样，但各部分的功能作用是相同的，下面对 PLC 各组成部分进行简单介绍。

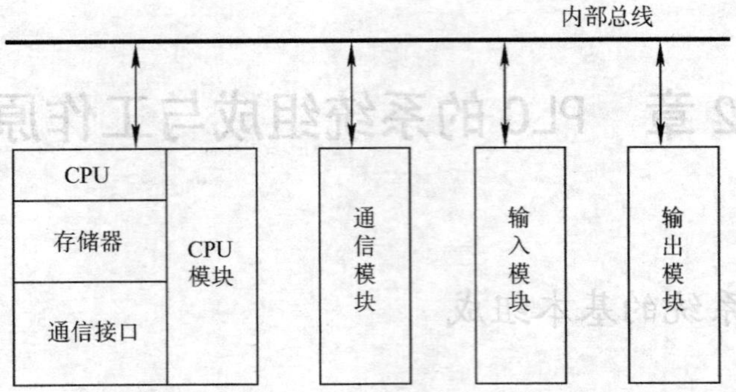

图 2-2　模块式 PLC 的硬件结构

1. 中央处理器

同一般的微机一样，中央处理器（CPU）是 PLC 的核心。一般认为 PLC 中的 CPU 有三类：通用微处理器（如 Z80、8086 等）、单片计算机（如 8031、8096 等）和专用微处理器。历史上，小型 PLC 大多采用 8 位通用微处理器和单片微处理器；大中型 PLC 大多采用 16 位通用微处理器和单片微处理器。

现在许多知名厂商采用自己设计制造的专用芯片，称为专用微处理器。由于是专门设计的，因此既可提高系统的效率，节约成本，又可防止被仿制。当然，其 CPU 的原理和组成是不变的。

在 PLC 中的 CPU 又包含控制器和运算器，通过执行系统程序，指挥 PLC 进行工作，归纳起来主要有以下几个方面的作用：

1）接收从编程装置输入的程序和数据。

2）诊断电源、PLC 内部电路的工作故障和编程中的语法错误等。

3）通过输入接口接收现场的状态或数据，并存入输入映像寄存器或数据寄存器中。

4）从存储器逐条读取用户程序，并执行程序。

5）根据执行的结果，更新有关标志位的状态和输出映像寄存器的内容，通过输出单元实现输出控制。有些 PLC 还具有制表打印或数据通信等功能。

2. 存储器

存储器主要有两种：一种是可进行读/写操作的随机存储器 RAM，另一种是只读存储器 ROM、PROM、EPROM 和 E^2PROM。在 PLC 中，存储器主要用于存储系统程序、用户程序及工作数据。

系统程序是由 PLC 的制造厂家编写的，与 PLC 的硬件组成有关，完成系统诊断、命令解释、功能子程序调用管理、逻辑运算、通信及各种参数设定等功能，提供 PLC 运行的平台。系统程序关系到 PLC 的性能，而且在 PLC 使用过程中不会变动，由制造厂家直接固化在只读存储器 ROM、PROM 或 EPROM 中，用户不能访问和修改。

用户程序是随 PLC 的控制对象而定的，是由用户根据对象的生产工艺的控制要求而编制的应用程序。为了便于读出、检查和修改，用户程序一般存储于 CMOS 的静态 RAM 中，用锂电池作为后备电源，以保证掉电时不会丢失信息。为了防止干扰对 RAM 中程序的破坏，当用户程序经过运行，检验其正常且不需要改变后，可将其固化在只读存储器 EPROM 中。现有许多 PLC 直接采用 E^2PROM 作为用户存储器。

工作数据是 PLC 运行过程中经常变化、经常存取的一些数据，被存储在 RAM 中，以适应随机存取的要求。在 PLC 的工作数据存储器中，设有存放输入/输出继电器、定时器、计数器等逻辑器件（变量）的存储区，这些器件的状态都是由用户程序的初始设置和运行情况而定的。根据需要，部分数据在掉电时用后备电池维持其现有的状态，在掉电时可保存数据的存储区域称为保持数据区。

由于系统程序和工作数据与用户无直接联系，所以在 PLC 产品样本或使用手册所列存储器的形式和容量是指用户程序存储器。当 PLC 提供的用户存储器容量不够用时，许多 PLC 还提供存储器扩展功能。

3. 输入/输出单元

输入/输出单元通常也称为 I/O 单元或 I/O 模块，是 PLC 与工业生产现场之间的连接部件。PLC 通过输入接口可以检测被控对象的各种数据，以这些数据作为 PLC 对被控对象进行控制的依据；同时 PLC 又通过输出接口将处理结果送给被控制对象，以实现控制目的。

由于外部输入设备和输出设备所需的信号电平是多种多样的，而 PLC 内部的 CPU 处理的信息只能是标准电平，所以 I/O 接口要实现这种转换。I/O 接口一般都具有光电隔离和滤波功能，以提高 PLC 的抗干扰能力。另外，I/O 接口上通常还有状态指示，使工作状况直观，便于维护。

PLC 提供了多种操作电平和驱动能力的 I/O 接口，有多种功能的 I/O 接口供用户选用。I/O 接口的主要类型有数字量（开关量）输入、数字量（开关量）输出、模拟量输入、模拟量输出等。

常用的数字量输入接口按其使用的电源不同有两种类型：直流输入接口和交流输入接口，其基本电路如图 2-3 和图 2-4 所示。

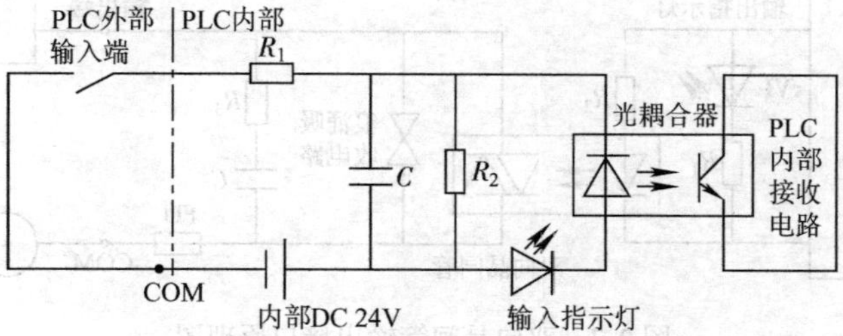

图 2-3　直流输入接口原理图

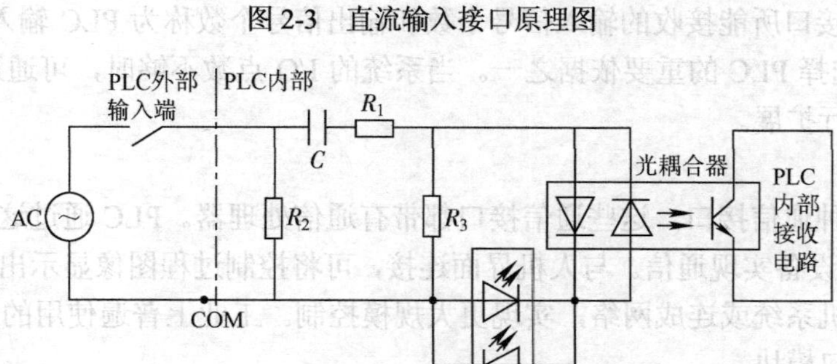

图 2-4　交流输入接口原理图

常用的数字量输出接口按输出器件不同有三种类型：继电器输出、晶体管输出和双向晶闸管输出，其基本原理电路如图 2-5～图 2-7 所示。继电器输出接口可驱动交直流负载，但其响应时间长，动作频率低；而晶体管输出接口和双向晶闸管输出接口的响应速度快，动作频率高，注意前者只能用于驱动直流负载，后者只能用于驱动交流负载。

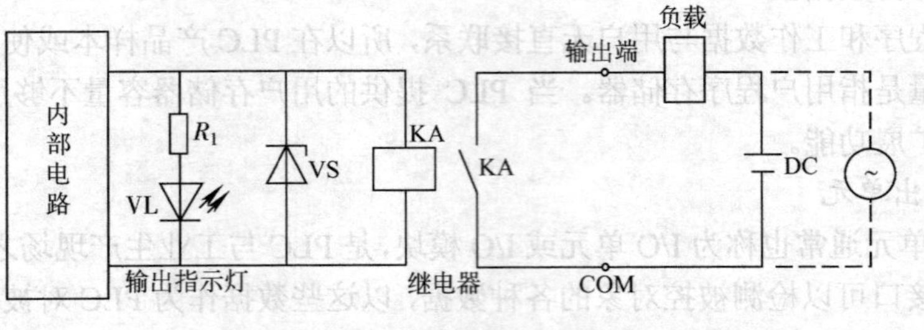

图 2-5 继电器输出接口原理图

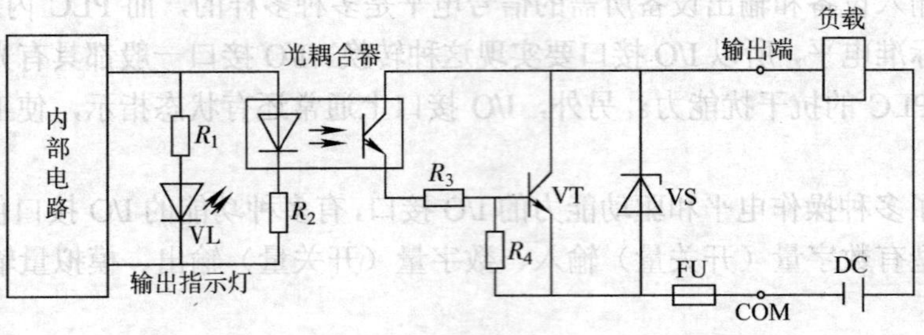

图 2-6 晶体管输出接口原理图

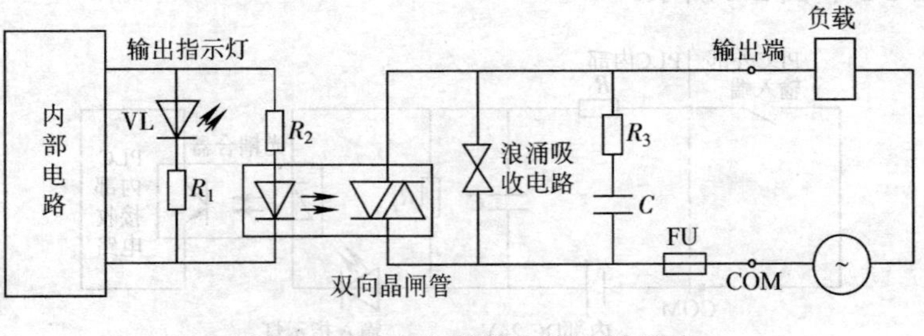

图 2-7 双向晶闸管输出接口原理图

PLC 的 I/O 接口所能接收的输入信号个数和输出信号个数称为 PLC 输入/输出（I/O）点数。I/O 点数是选择 PLC 的重要依据之一。当系统的 I/O 点数不够时，可通过 PLC 的 I/O 扩展接口对系统进行扩展。

4. 通信接口

PLC 配有各种通信接口，这些通信接口都带有通信处理器。PLC 通过这些接口可与计算机及其他 PLC 等设备实现通信。与人机界面连接，可将控制过程图像显示出来；与其他 PLC 连接，可组成多机系统或连成网络，实现更大规模控制。工业上普遍使用的远程 I/O 必须配备相应的通信接口模块。

5. 智能接口模块

智能接口模块是独立的计算机系统，它有自己的 CPU、系统程序、存储器以及与 PLC 系统总线相连的接口。它作为 PLC 系统的一个模块，通过总线与 PLC 相连，进行数据交换，并在 PLC 的协调管理下独立地进行工作。PLC 的智能接口模块种类很多，如高速计数模块、闭环控制模块、运动控制模块等。

6. 编程装置

编程装置的作用是编辑、调试、输入用户程序，也可在线控制 PLC 内部状态和参数，与 PLC 进行人机对话，它是开发、应用、维护 PLC 不可缺少的工具。常见的编程装置有手持编程器和计算机编程。

计算机编程是现在的主流。它既可以编制、修改 PLC 的梯形图程序，又可以监视系统运行、打印文件，并可以进行程序仿真。

7. 电源及其他外部设备

PLC 配有开关电源，以供内部电路使用。与普通电源相比，PLC 电源的稳定性好、抗干扰能力强，对电网提供的电源稳定性要求不高，一般允许电源电压在其额定值±15%的范围内波动。一般 PLC 还向外提供直流 24V 稳压电源，用于对外部传感器供电。

除了上述的部件和设备外，PLC 还有一些其他外部设备，如 EPROM 写入器、外存储器、人机接口装置等。

2.2 PLC 的软件系统

2.2.1 PLC 软件系统的组成

PLC 软件系统由系统程序、组态信息和用户程序三部分组成，如图 2-8 所示。系统程序包括编译程序、解释程序和诊断程序等，主要用于管理全机、将程序语言翻译成机器语言并执行、诊断机器故障。系统软件是 PLC 这个计算机系统的操作系统。系统软件由 PLC 厂家在出厂前固化在 ROM 或 EPROM 中，用户不能干预。

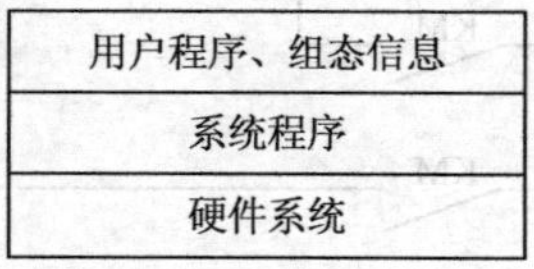

图 2-8 PLC 的软件系统组成与结构

组态信息和用户程序是用户根据现场控制要求，用 PLC 的组态和编程工具定义和编制的系统信息和应用程序。STEP7 是用于 SIMATIC 可编程序控制器的组态软件，使用 STEP7 可以完成西门子 PLC 的程序编写和组态信息的设置。STEP7 的使用参考第 3 章内容。

2.2.2 编程语言概述

PLC 的用户程序是设计人员根据控制系统的工艺控制要求，通过 PLC 编程语言编制设计的。根据国际电工委员会制定的工业控制编程语言标准（IEC1131-3），PLC 编程语言有五种形式：顺序功能图（Sequential Function Chart，SFC）语言、梯形图（Ladder Diagram，LAD）语言、功能块图（Function Block Diagram，FBD）语言、语句表（Statement List，STL）语言和结构化文本（Structured Text，ST）语言。

不同编程语言编写的程序一般可以相互转换，不同的语言形式也可以用来表达相同的逻辑关系。

1. 梯形图语言

梯形图（LAD）语言是PLC程序设计中最常用的编程语言，它是与继电器线路类似的一种编程语言。由于电气设计人员对继电器控制较为熟悉，因此，梯形图编程语言得到了广泛的欢迎和应用。它是一种图形语言，沿用传统控制图中的继电器触点、线圈、串联等术语和一些图形符号。左右的竖线称为左右母线，右边的母线经常省去。

梯形图中常开触点和常闭触点指令用触点表示。触点可以属于PLC的输入继电器，也可以属于PLC的内部继电器或其他继电器。梯形图中的触点可以任意串、并联，但线圈是并联的，不要串联。内部继电器、计数器、定时器等均不能直接控制外部负载，只能用做中间结果供CPU内部使用。

PLC采用的是按循环扫描的方式，沿梯形图先后顺序执行，在同一扫描周期中的结果将留在输出映像寄存器中，所以输出继电器的值可以在用户程序中当做条件使用。

梯形图编程语言与电气原理图相对应，具有直观性和对应性，与原有继电器控制相一致，电气技术人员易于掌握。梯形图编程语言与原有的继电器控制的不同点是，梯形图中的电流不是实际意义的电流，内部的继电器也不是实际存在的继电器，应用时需要与原有继电器控制的概念区别对待。

图2-9为典型的交流异步电动机直接起动控制电路，图2-10为采用PLC控制的梯形图程序。

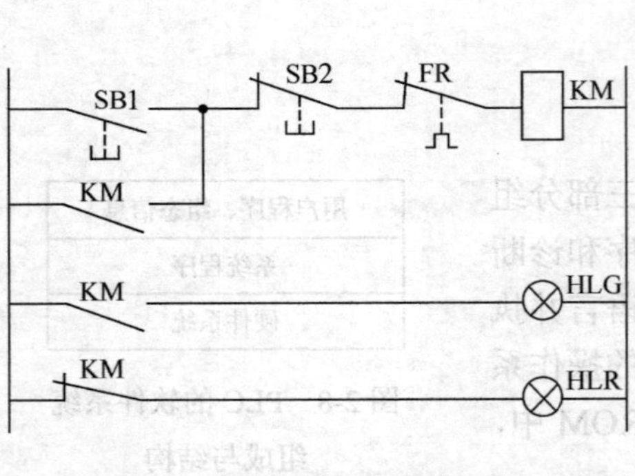

图2-9　电动机直接起动控制电路

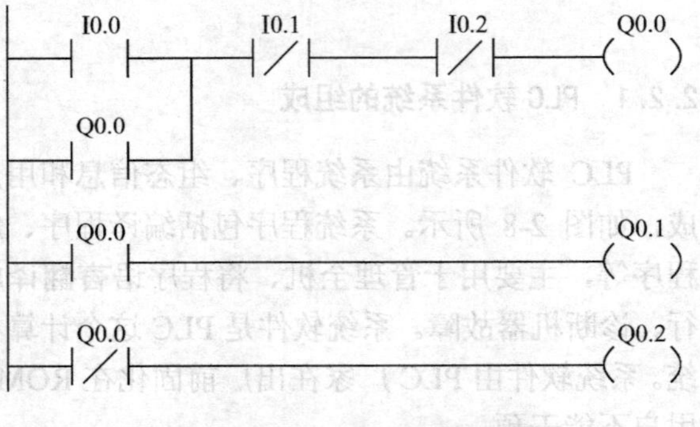

图2-10　PLC控制的梯形图程序

2. 语句表语言

语句表（STL）语言是与汇编语言类似的一种助记符编程语言，与汇编语言一样由操作码和操作数组成。在无计算机的情况下，适合采用PLC手持编程器对用户程序进行编制。同时，语句表语言与梯形图编程语言一一对应，在PLC编程软件下一般可以相互转换。图2-11为与图2-10的PLC梯形图对应的语句表程序。

语句表语言的特点是：采用助记符来表示操作功能，具有容易书写的特点，但不够形象，不容易掌握；在无计算机的场合可用手持编程器进行编程设计，在手持编程器的键盘上采用助记符表示，便于操作；语句表与梯形图有对应关系。

语句表的使用需要较长时间的培训和练习，但有时可以实现某些梯形图不能实现的功能。语句表有时也称为指令表。

```
LD    I0.0
O     Q0.0
AN    I0.1
AN    I0.2
=     Q0.0
LD    Q0.0
=     Q0.1
LDN   Q0.0
=     Q0.2
```

图2-11　PLC的语句表程序

3. 功能块图语言

功能块图（FBD）语言是与数字逻辑电路类似的一种 PLC 编程语言。功能块图使用类似于布尔代数的图形逻辑符号来表示逻辑控制，一些复杂的功能用指令框表示，适合于有数字电路基础的编程人员使用。功能块图用类似于与门、或门的框图来表示逻辑运算关系，方框的左侧为逻辑运算的输入变量，右侧为输出变量，输入、输出端的小圆圈表示“非”运算，方框用“导线”连在一起，信号自左向右传送。采用功能块图的形式来表示模块所具有的功能，不同的功能模块有不同的功能。

图 2-12 为对应图 2-10 电动机直接起动的功能模块图编程语言的表达方式。

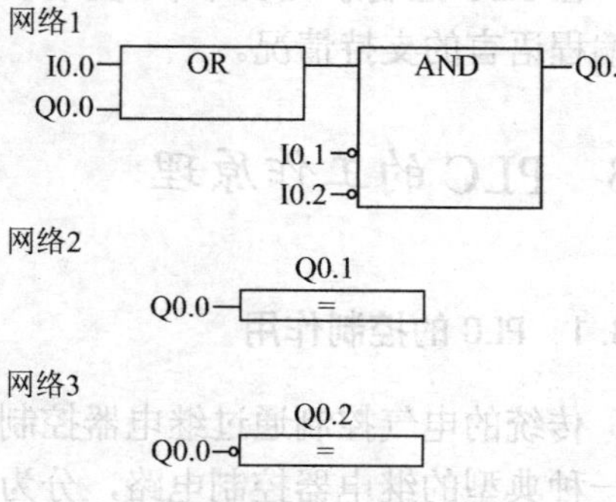

图 2-12　功能模块图

功能模块图语言的特点是：以功能模块为单位，容易分析理解控制方案；功能模块是用图形的形式表达功能，直观性强，对于具有数字逻辑电路基础的设计人员很容易掌握；对规模大、控制逻辑关系复杂的控制系统，由于功能模块图能够清楚表达功能关系，使编程调试时间大大减少。

4. 顺序功能图语言

顺序功能图（SFC）语言是为了满足顺序逻辑控制而设计的编程语言。编程时将顺序流程动作的过程分成步和转移条件，根据转移条件对控制系统的功能流程顺序进行分配，一步一步地按照顺序动作。每一步代表一个控制功能任务，用方框表示。在方框内含有用于完成相应控制功能任务的梯形图逻辑。这种编程语言使程序结构清晰，易于阅读及维护，大大减轻了编程的工作量，缩短了编程和调试时间，用于系统规模较大，程序关系较复杂的场合。图 2-13 为一个简单的顺序功能图语言的示意图。

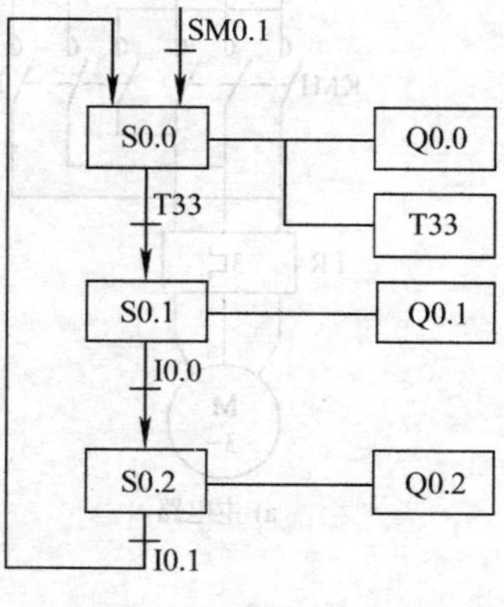

图 2-13　顺序功能图语言的示意图

顺序功能图语言的特点：以功能为主线，按照功能流程的顺序分配，条理清楚，便于用户理解程序；避免了梯形图或其他语言不能顺序动作的缺陷，同时也避免了用梯形图语言对顺序动作编程时，由于机械互锁造成用户程序结构复杂、难以理解的缺陷；用户程序扫描时间也可能会缩短。

5. 结构化文本语言

结构化文本（ST）语言是用结构化的描述文本来描述程序的一种编程语言，它是类似于高级语言的一种编程语言，常采用结构化文本来描述控制系统中各个变量的关系，主要用于其他编程语言较难实现的用户程序编制。

大多数 PLC 制造商采用的结构化文本编程语言与 BASIC 语言、Pascal 语言或 C 语言等高级语言相类似，但为了应用方便，在语句的表达方法及语句的种类等方面都进行了简化。

结构化文本语言的特点：采用高级语言进行编程，可以完成较复杂的控制运算；需要有一定的计算机高级语言知识和编程技巧，对工程设计人员要求较高，直观性和操作性较差。

不同型号的PLC编程软件对以上五种编程语言的支持种类是不同的，早期的PLC仅仅支持梯形图语言和语句表语言，目前的PLC对梯形图（LAD）、语句表（STL）、功能块图（FBD）语言都可以支持，如西门子S7-200/300/400 PLC。

在PLC控制系统设计中，要求设计人员不但对PLC的硬件性能有了解外，也要了解PLC对编程语言的支持情况。

2.3　PLC的工作原理

2.3.1　PLC的控制作用

传统的电气控制通过继电器控制电路来实现。图2-14为电动机正、反转继电器控制电路，是一种典型的继电器控制电路，分为主电路和控制电路。

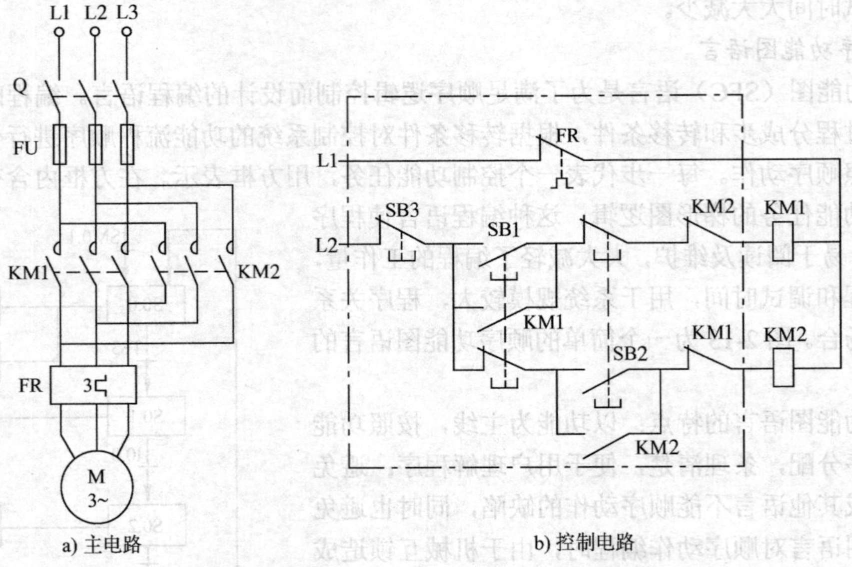

图2-14　电动机正、反转继电器控制电路

图2-15为电动机正、反转PLC控制电路，与电气控制电路相比，其硬件连接简洁。当然，其控制作用不再通过硬件的连接方式来实现，而是由图2-16所示的程序来实现。

通过电动机正、反转的例子，一方面要看到PLC控制是继电器控制的继承与发展，控制程序与继电器的硬件连接之间存在对应的逻辑关系；另一方面也要看到，PLC是通过程序来实现控制作用的，具有更大的灵活性，控制作用的实现和改变都和程序相关。

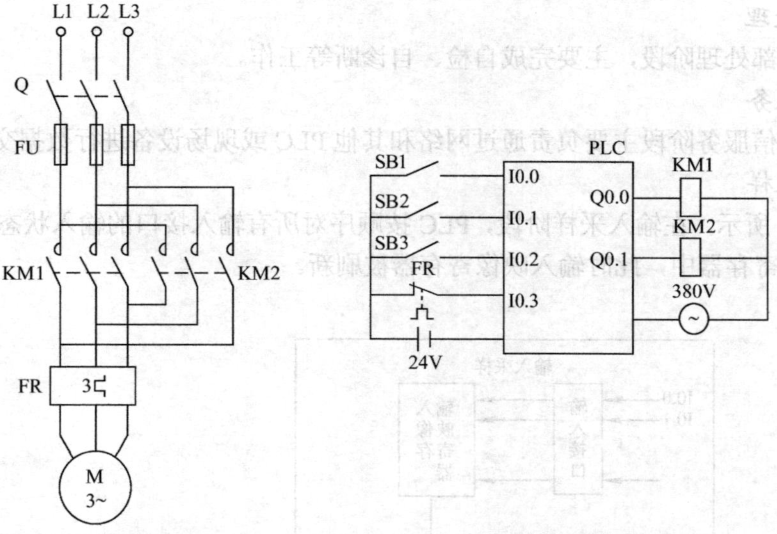

a）主电路　　b）控制电路

图 2-15　电动机正反转 PLC 控制电路

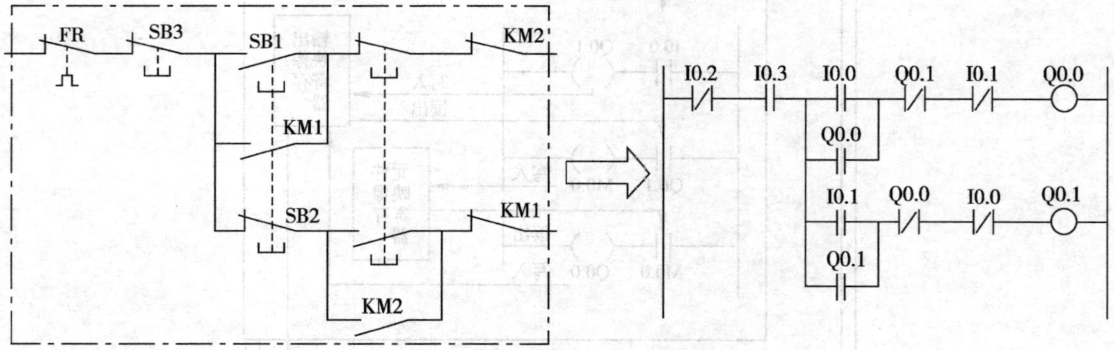

图 2-16　继电器控制电路向 PLC 程序的转换

2.3.2　PLC 的工作过程

PLC 一般有两种工作状态：RUN 和 STOP。RUN 状态是 PLC 的运行状态；STOP（PRG）状态是停止状态，也称为编程状态，下载程序时 PLC 必须处于停止状态。PLC 上由选择开关来决定 PLC 当前的状态，也可以通过上位机来设置 PLC 的状态。

PLC 是按循环扫描工作方式工作的，如图 2-17 所示，PLC 周期性完成内部处理、通信服务、输入采样、执行程序和输出刷新这五项工作。一个循环周期结束之后，再开始新的周期，每个循环周期的时间长度随 PLC 的性能和程序不同而有所差别，一般为 10ms 左右。在 STOP 状态下，只完成内部处理和通信服务。

图 2-17　PLC 的循环扫描

1. 内部处理

PLC在内部处理阶段，主要完成自检、自诊断等工作。

2. 通信服务

PLC在通信服务阶段主要负责通过网络和其他PLC或现场设备进行数据交换。

3. 输入采样

如图2-18所示，在输入采样阶段，PLC按顺序对所有输入接口的输入状态进行采样，并存入输入映像寄存器中，此时输入映像寄存器被刷新。

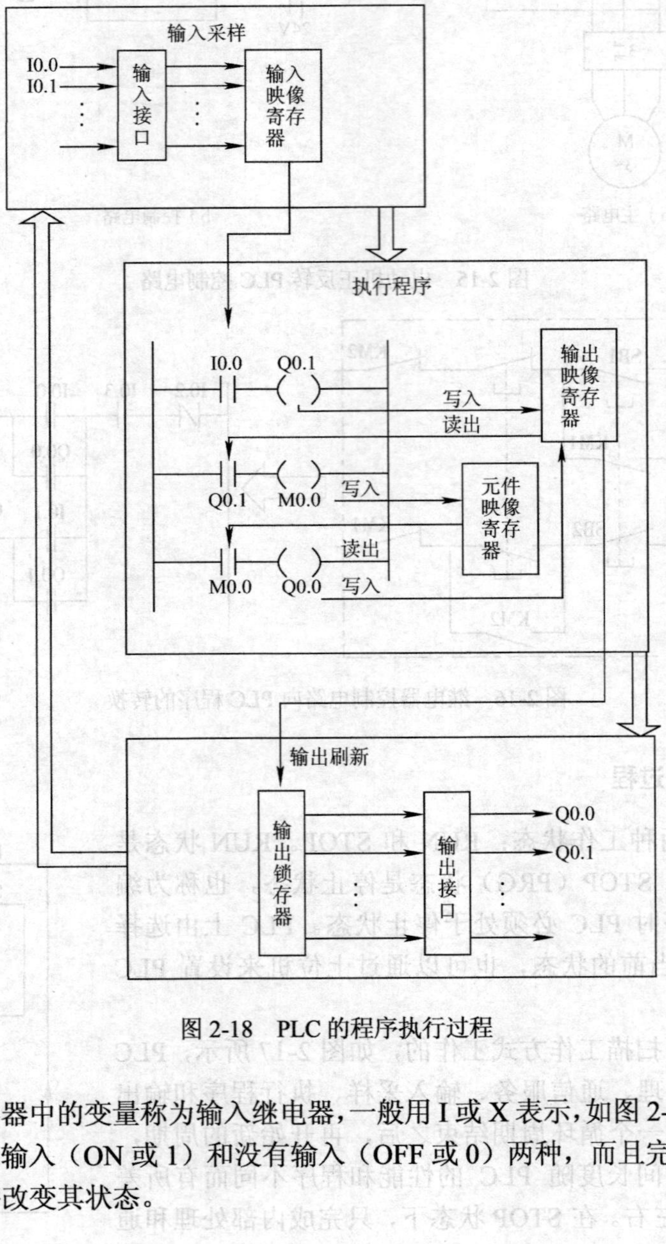

图2-18 PLC的程序执行过程

输入映像寄存器中的变量称为输入继电器，一般用I或X表示，如图2-18中的I0.0和I0.1等，其状态分为有输入（ON或1）和没有输入（OFF或0）两种，而且完全由外界的输入端决定，不能由程序改变其状态。

接着进入程序处理阶段，在程序执行阶段或其他阶段，即使输入端的状态发生变化，输入映像寄存器的内容也不会改变，输入状态的变化只有在下一个扫描周期的输入采样阶段才能被采样到。

PLC 在一个扫描周期内，对输入状态的采样只在输入采样阶段进行。当 PLC 进入程序执行阶段后，输入端将被封锁，直到下一个扫描周期的输入采样阶段才对输入状态进行重新采样，这种方式称为集中采样，即在一个扫描周期内，集中一段时间对输入状态进行采样。

特别需要注意的是，I0.0 和 I0.1 等符号既表示存储器上的存储位，也表示输入端子的编号。通过输入采样，两者在输入采样时刻进行映射。

4. 执行程序

如图 2-18 所示，在程序执行阶段，PLC 按顺序对用户程序进行扫描执行。若程序用梯形图来表示，则总是按先上后下，先左后右的顺序进行。当遇到程序跳转指令时，则根据跳转条件是否满足来决定程序是否跳转。

当指令中涉及输入、输出状态时，PLC 从输入映像寄存器和元件映像寄存器中读出指令，根据用户程序进行运算，运算的结果再存入输出映像寄存器和元件映像寄存器中。对于输出映像寄存器和元件映像寄存器来说，其内容会随程序执行的过程而变化。

输出映像寄存器中的变量称为输出继电器，一般用 Q 和 Y 表示，其状态分为动作（ON 或 1）和不动作（OFF 或 0）两种，而且完全由程序执行的结果决定。

元件映像寄存器中的变量类型较多。如图 2-18 中出现的 M0.0 称为中间继电器，其在程序中起辅助作用，相当于一种中间变量；其状态也分为动作（ON 或 1）和不动作（OFF 或 0）两种，而且完全由程序执行的结果决定。

在程序执行阶段，用户程序的执行和 PLC 的输入/输出接口一般不直接发生关系，只处理和决定变量的状态。

5. 输出刷新

在某一扫描周期内，当所有程序执行完毕后，进入输出刷新阶段。在这一阶段里，PLC 将输出映像寄存器中的输出继电器状态转存到输出锁存器中，并通过一定方式输出，驱动外部负载。

在用户程序中，一般只对输出继电器进行一次赋值。也就是说，输出继电器的线圈只能出现一次。有些 PLC 允许对输出结果多次赋值，则最后一次有效，但对初学者一般不推荐对输出继电器多次赋值。在一个扫描周期内，只在输出刷新阶段才将输出状态从输出映像寄存器中输出，对输出接口进行刷新；在其他阶段里输出状态一直保存在输出映像寄存器中，这种方式称为集中输出。

对于小型 PLC，其 I/O 点数较少，用户程序较短，一般采用集中采样、集中输出的工作方式，虽然在一定程度上降低了系统的响应速度，但使 PLC 工作时大多数时间与外部输入/输出设备隔离，从根本上提高了系统的抗干扰能力，增强了系统的总体响应速度。

而对于大中型 PLC，其 I/O 点数较多，控制功能强，用户程序较长，为提高系统响应速度，可以采用定期采样、定期输出的方式，或采用中断输入、输出方式以及智能 I/O 接口等多种方式。

特别需要注意的是，Q0.0 和 Q0.1 等符号既表示存储器上的存储位，也表示输出端子的编号。通过输出刷新，两者在输出刷新时进行映射。

2.3.3 PLC 的输出滞后问题

PLC 是根据输入的情况和程序的内容来决定输出的。从 PLC 的输入信号发生变化到 PLC 输出端对该输入变化做出反应，需要一段时间，这种现象称为 PLC 输入/输出响应滞后。循环扫描的工作方式是 PLC 输出滞后的主要原因。

PLC 硬件中的输入滤波电路和输出继电器触点机械运动也是 PLC 输出滞后的重要原因。另外，程序编写的不当，也会增加 PLC 输出的滞后。

为了改善和减少 PLC 输出的滞后问题，有些 PLC 生产厂家对 PLC 的工作过程做了改进，增加每个扫描周期中的输入采样和输出刷新的次数，或增加立即读和立即写的功能，直接对输入和输出接口进行操作。另外，设计专用的特殊模块，用于运动控制等对时延要求苛刻的场合，也是一种很好的方案。

由于 PLC 输出滞后的存在，一般将 PLC 用于顺序控制系统和过程控制系统，有时也用于运动控制系统。滞后时间是设计 PLC 控制系统时应注意把握的一个参数。

2.4 西门子 PLC 的存储区与编程变量

2.4.1 西门子 PLC 的存储区

1. S7-200 系列 PLC 的存储区

S7-200 系列 PLC 的存储区分为程序存储区、变量存储区和参数存储区。

（1）程序存储区

程序存储区主要用于存放用户程序，程序空间容量在不同的 CPU 中是不同的。另外，CPU 中的 RAM 区与内置 E^2PROM 上都有程序存储器，它们互为映像，且空间大小一样。系统程序会进行自动调度，在程序执行时将程序从 E^2PROM 映像到 RAM 中，以提高运行速度。

系统程序也存放在程序空间，但对用户是不开放的，即用户不能访问和读/写系统程序。

（2）变量存储区

变量存储区存储各种编程变量。编程变量包括输入继电器（输入映像寄存器）I、输出继电器（输出映像寄存器）Q、中间继电器 M、定时器 T 和计数器 C 等。

（3）参数存储区

参数存储区是用于存放与 PLC 组态参数有关的存储区域，如保护口令、PLC 站地址、停电记忆保持区、软件滤波、强制操作的设定信息等，该存储器为 E^2PROM。

图 2-19 为用户程序、PLC 组态参数和数据块下载示意图。

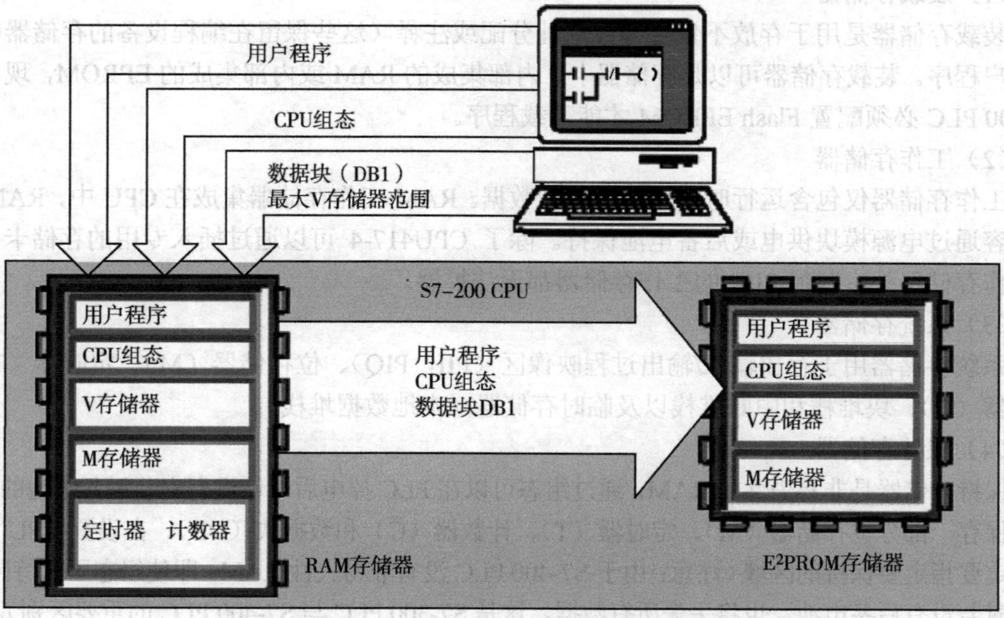

图 2-19　用户程序、PLC 组态参数和数据块下载示意图

2. S7-300/400 系列 PLC 的存储区

S7-300/400 系列 PLC 的存储区可以划分为四个区域：装载存储器（Load Memory）、工作存储器（Work Memory）、系统存储器（System Memory）和保持存储器（Non-Volatile Memory），具体如图 2-20 所示。

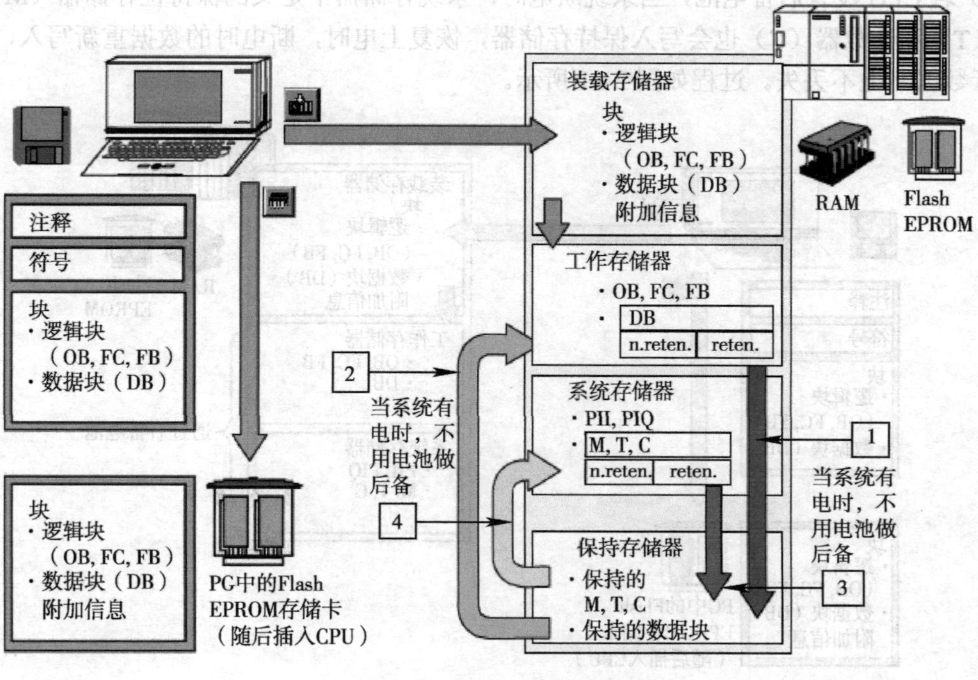

图 2-20　西门子 S7-300 PLC 存储器

（1）装载存储器

装载存储器是用于存放不包含符号地址分配或注释（这些保留在编程设备的存储器中）的用户程序。装载存储器可以是存储器卡、内部集成的RAM或内部集成的EPROM，现在的S7-300 PLC必须配置Flash EPROM才能下载程序。

（2）工作存储器

工作存储器仅包含运行时使用的程序和数据。RAM工作存储器集成在CPU中，RAM中的内容通过电源模块供电或后备电池保持。除了 CPU417-4 可以通过插入专用的存储卡来扩展工作存储器外，其他PLC的工作存储器都无法扩展。

（3）系统存储器

系统存储器用于存放输入/输出过程映像区（PII，PIQ）、位存储器（M）、定时器（T）、计数器（C）、块堆栈和中断堆栈以及临时存储器（本地数据堆栈）。

（4）保持存储器

保持存储器是非易失性的RAM，通过组态可以在PLC掉电后即使没有安装后备电池的情况下，保存一部分位存储器（M）、定时器（T）、计数器（C）和数据块（DB）。在设置CPU参数时一定要指定要保持的区域（注意：由于S7-400 PLC没有非易失性RAM，即使组态了保持区域，掉电时若没有后备电池，也将丢失所有数据。这是S7-300 PLC与S7-400 PLC的重要区别）。

1）当在STEP7中执行下载（download）时，会把编程设备中的用户程序下载到CPU的装载存储器，同时会把运行时使用的程序和数据写入工作存储器（如OB1和数据块）。

2）若 CPU 没有后备电池，当系统断电时，在工作存储器中定义的保持特性的数据块会把数据写入保持存储器中，上电后保持存储器会把断电时的数据写入到工作存储器，保证了运行数据断电不丢失。过程如图2-21所示。

3）若CPU没有后备电池，当系统断电时，系统存储器中定义的保持位存储器（M）、定时器（T）和计数器（C）也会写入保持存储器，恢复上电时，断电时的数据重新写入，保证了运行数据断电不丢失。过程如图2-21所示。

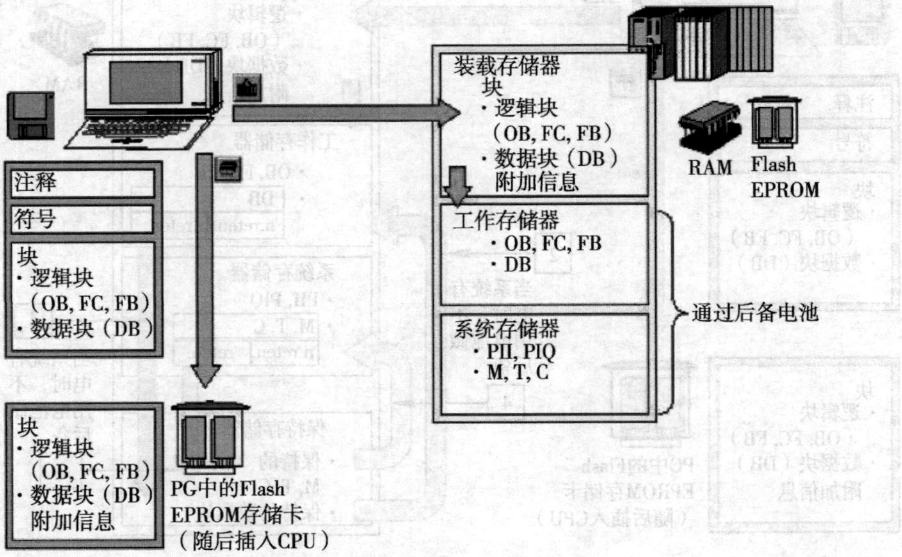

图2-21　西门子S7-400 PLC存储器

2.4.2　西门子 PLC 的编程变量

PLC 用户程序的执行是实现 PLC 控制作用的关键。PLC 用户程序的执行过程就是根据当前的变量值，确定变量的新的取值。本节将介绍 PLC 的编程变量。

编程变量是从程序变量的角度对存储区进行表述，是对存储区的一种新的理解。在传统意义上，编程变量在 PLC 中称为编程元件。虽然将以下的输入继电器（输入映像寄存器）等称为编程元件比较直观，但是在本质上它们是 PLC 存储区中的变量。

西门子 PLC 编程变量包括输入继电器（输入映像寄存器）I、输出继电器（输出映像寄存器）Q、中间继电器 M、定时器 T、计数器 C、局部数据 L、数据块 D 和累加器 AC 等。此外，S7-200 PLC 还有全局变量存储器 V、特殊中间继电器 SM、模拟量输入/输出 AI 与 AQ；而 S7-300/400 PLC 还有外设输入/输出 PI 与 PQ。一般变量可以以位、字节、字和双字的格式自由读取或写入，但特殊情况除外。

除数据块之外，PLC 中的变量是由生产厂家预先定义好的，用户一般不能自定义新的变量。

1. 输入映像寄存器（I）

输入映像寄存器（I）是以字节为单位的寄存器，它的每一位对应于一个数字量输入触点，也经常以位、字节、字和双字的格式访问。在每个扫描周期开始，PLC 依次对各个结束点采样，并把采样结果送入输入映像寄存器。PLC 在执行用户程序的过程中，不再理会输入触点状态的变化，它所处理的数据为输入映像寄存器中的值。

2. 输出映像寄存器（Q）

输出映像寄存器（Q）是以字节为单位的存储器，它的每一位对应于一个数字量输出触点，也经常以位、字节、字和双字的格式访问。PLC 在执行用户程序的过程中，并不把输出信号随时送到输出触点，而是送到输出映像寄存器，只有到了每个扫描周期的末尾，才将输出映像寄存器的输出信号几乎同时送到各输出触点。

3. 中间继电器（M）

中间继电器（M）又称为内部位存储器，它一般以位为单位使用，但也能以字节、字、双字为单位使用。中间继电器在程序中常常作为中间变量，也可以定义或组态为标志位。例如，S7-300/400 PLC 可以通过 CPU 属性定义某些中间继电器为特殊标志位。

而 S7-200 PLC 中的特殊标志位也是中间继电器，称为特殊中间继电器（SM）。特殊中间继电器用来存储系统的状态变量和有关控制信息，正确使用则可以事半功倍。表 2-1 为 S7-200 PLC 中常用的特殊中间继电器。

表 2-1　常用的特殊中间继电器

特殊中间继电器	意　义	特殊中间继电器	意　义
SM0.0	始终为 1	SM0.5	周期为 1s 的脉冲
SM0.1	第 1 个扫描周期为 1	SM0.6	接通 1 个周期，断开 1 个周期
SM0.4	周期为 1min 的脉冲	SM0.7	开关在 RUN 时为 1

4. 定时器（T）

定时器（T）类似于继电器电路中的时间继电器，但它的精度更高，定时精度分为 1ms、10ms 和 100ms 三种，根据需要由编程者选用。定时器的类型有接通延时和断开延时等。定时器的数量随 CPU 型号不同而不同。

定时器除了有状态值（长度为位）之外，还有当前值（长度为字）。

5. 计数器（C）

计数器（C）对脉冲进行计数，计数脉冲的有效沿是脉冲的上升沿，计数的方式有加 1、减 1 和加减 1 三种方式。计数器的个数一般与各 CPU 的定时器个数相同。

和定时器一样，计数器除了有状态值（长度为位）之外，还有当前值（长度为字）。

高速计数器与一般计数器不同，计数脉冲频率更可高达 2kHz/7kHz，计数容量大。一般计数器为 16 位，而高速计数器为 32 位；一般计数器可读可写，而高速计数器一般只能进行读操作。

6. 局部数据（L）

局部数据（L）是在块或子程序运行时使用的临时变量。局部变量使用前需要在块或子程序的变量声明表中声明。局部变量为块或子程序提供传送参数和存放中间结果的临时存储空间。块或子程序执行结束后，局部数据存储空间将可以重新分配，用于作为其他块或子程序的临时变量。

7. 累加器（AC 或 ACCU）

累加器（AC 或 ACCU）是程序运行中重要的寄存器，用它可把参数传给子程序或任何带参数的指令和指令块。此外，PLC 在响应外部或内部的中断请求而调用中断服务程序时，累加器中的数据是不会丢失的，即 PLC 会将其中的内容压入堆栈。但应注意，不能利用累加器进行主程序和中断服务子程序之间的参数传递。

8. 全局变量存储器（V）

全局变量存储器（V）是 S7-200 PLC 独有的存储空间，经常用来保存逻辑操作的中间结果，可以和中间变量 M 一起使用。所有的 V 存储区域都是断电保持的。有时会用 V 区的部分空间存放一些系统参数，这时用户程序就不能再访问那些空间。在 V 区还可以创建共享数据块 DB。

9. 数据块（D）

数据块（D）是用户自定义的变量。西门子 S7-300/400 PLC 中，数据块分为共享数据块 DB（可被所有逻辑块公用）和背景数据块 DI（被功能块特定占用）。数据块的创建与使用参考第 6 章。

10. 外设输入/输出 PI 与 PQ

外设输入/输出 PI 与 PQ 是 S7-300/400 PLC 独有的。当存在外设时，如模拟量输入/输出模块等，用户需要给 PLC 的外设分配数据输入和输出的映像区。外设存储区可以以字节、字和双字格式访问，但一般不可以以位方式访问。外设输入/输出和数字量的输入/输出地址不能重合。

西门子 PLC 编程变量根据 PLC 的型号和配置不同而不同，需要查阅相关手册。表 2-2 和表 2-3 列出了常见 S7-200/300 PLC 的编程变量以供参考。

表 2-2　S7-200 PLC 中 CPU 可用的存储空间

存 储 区	存 取 单 位	CPU221	CPU222	CPU224/226	CPU226XM	其他存取单位
输入继电器 I	B	0～15	0～15	0～15	0～15	b、W、D
输出继电器 Q	B	0～15	0～15	0～15	0～15	b、W、D
全局变量 V	B	0～2047	0～2047	0～5119	0～10 239	b、W、D
中间继电器 M	B	0～31	0～31	0～31	0～31	b、W、D
特殊中间继电器 SM	B	0～179	0～299	0～549	0～549	b、W、D
状态 S	B	0～31	0～31	0～31	0～31	b、W、D
定时器 T	b	0～255	0～255	0～255	0～255	
	W	0～255	0～255	0～255	0～255	—
计数器 C	b	0～255	0～255	0～255	0～255	
	W	0～255	0～255	0～255	0～255	—
局部数据 L	B	0～63	0～63	0～63	0～255	b、W、D
累加器 AC	B	0～3	0～3	0～3	0～3	W、D
模拟量输入 AI	W	—	0～30	0～62	0～62	—
模拟量输出 AQ	W	—	0～30	0～62	0～62	—
高速计数器 HC	D	0，3，4，5	0，3，4，5	0～5	0～5	—

表 2-3　S7-300 PLC 中 CPU 可用的存储空间

存 储 区	存 取 单 位	CPU312	CPU31xC	CPU315	其他存取单位
输入继电器 I	B	0～127	0～127	0～127	b、W、D
输出继电器 Q	B	0～127	0～127	0～127	b、W、D
中间继电器 M	B	0～255	0～255	0～2048	b、W、D
定时器 T	b	0～127	0～255	0～255	
	W	0～127	0～255	0～255	—
计数器 C	b	0～127	0～255	0～255	
	W	0～127	0～255	0～255	—
共享数据块 DB	数据块 DB	0～63	0～127	最大 1023	—
	数据字节 DBB	0～16 383	0～16 383	0～16 383	DBX（位）、DBW、DBD
背景数据块 DI	数据块 DI	0～63	0～127	最大 1023	—
	数据字节 DIB	0～16 383	0～16 383	0～16 383	DIX（位）、DIW、DID
局部数据 L	B	0～255	0～509	0～1024	b、W、D
外设数字通道 PI/PQ	B	最大 1024	最大 1024	最大 2048	b、W、D
外设模拟通道 PI/PQ	W	最大 1024	最大 1024	最大 1024	B、D
ACCU	D	1～2	1～2	1～2	b、B、W

注：每种 PLC 有不同的系统配置，存储空间可能不同，表中数据仅供参考。

2.4.3 西门子 PLC 的数据类型

西门子 PLC 的数据类型分为以下三种：基本数据类型、复合数据类型和参数类型。S7-200 PLC 和 S7-300/400 PLC 均支持基本数据类型，此外 S7-300/400 PLC 还支持复合数据类型和参数类型。

1. 基本数据类型

（1）位（bit）

位常称为 BOOL（布尔型）量，只有两个值：0 或 1，如 I0.0、Q0.1、M0.0、V0.1 等。

（2）字节（byte）

一字节（byte）等于 8 位（bit），其中 0 位为最低位，7 位为最高位，如 IB0（包括 I0.0～I0.7 位）、QB0（包括 Q0.0～Q0.7 位）、MB0、VB0 等。字节的范围为十六进制的 00～FF（十进制的 0～255）。

（3）字（word）

相邻的两字节（byte）组成一个字（word），用来表示一个无符号数，因此，字为 16 位。例如，MW0 是由 MB0 和 MB1 组成的，其中 M 是区域标识符，W 表示字，0 是字的起始字节。需要注意的是，字的起始字节（如上例中的 0）一般是偶数。字的范围为十六进制的 0000～FFFF（十进制的 0～65 536）。在编程时要注意，如果已经用了 MW0，如再用 M0.0 等数据要特别注意它们的关系。

（4）双字（double word）

相邻的两个字（word）组成一个双字，用来表示一个无符号数。因此，双字为 32 位。例如，MD100 是由 MW100 和 MW102 组成的，其中 M 是区域标识符，D 表示双字，100 是双字的起始字节。需要注意的是，双字的起始字节（如上例中的 100）和字一样，一般是偶数。双字的范围为十六进制的 00000000～FFFFFFFF（十进制的 0～4 294 967 295）。在编程时要注意，如果已经用了 MD100，如再用 MW100 或 MW102 要特别小心。

以上的字节、字和双字数据类型均为无符号数，即只有正数，没有负数。

（5）16 位整数（Integer，INT）

整数为有符号数，最高位为符号位，1 表示负数，0 表示正数。范围为–32 768～32 767。

（6）32 位整数（Double Integer，DINT）

32 位整数和 16 位整数一样，为有符号数，最高位为符号位，1 表示负数，0 表示正数。范围为–2 147 483 648～2 147 483 647。

（7）浮点数（Real，R）

浮点数为 32 位，可以用来表示小数。

（8）常数的表示方法

常数可以是字节、字或双字，CPU 以二进制方式存储，也可以用十进制、十六进制、ASCII 码或浮点数形式来表示，如表 2-4 所示。

表 2-4　西门子 S7-200/300/400 PLC 的常数

符　号	说　明	举　例	S7-200	S7-300/400
B#16#，W#16#，DW#16#	十六进制字节、字和双字常数	B#16#EF、W#16#12EF	√	√
D#	IEC 日期常数	D#2008_1_1	—	√
L#	32 位整数常数	L#-5	—	√
P#	地址指针常数	P#M2.0	—	√
S5T#	S5 时间常数（16 位）	S5T#bH_cM_dS_eMS，其中 b、c、d、e 分别是小时、分、秒和毫秒的数值，增量 10ms	—	√
T#	IEC 时间常数	T#aD_bH_cM_dS_eMS，其中 a、b、c、d、e 分别是日、小时、分、秒和毫秒的数值，增量 2ms	—	√
TOD#	实时时间常数（16 位/32 位）	TOD#23:30:30.200	—	√
C#	计数器常数（BCD 编码）	C#250	—	√
2#	二进制常数	2#01010101	√	√
‘’	8 位 ASCII 字符用单引号	‘ABC’	√	√

2. 复合数据类型

通过复合基本数据类型而生成的数据类型就是复合数据类型。复合数据类型包括以下几种：

（1）数组（ARRAY）

将一组同一类型的数据组合在一起组成一个单位就是数组。

（2）结构（STRUCT）

将一组不同类型的数据组合在一起组成一个单位就是结构。

（3）字符串（STRING）

字符串是由最多 254 个字符组成的一维数组。

（4）日期和时间（DATE-AND-TIME）

用于存储年、月、日、时、分、秒、毫秒和星期的数据，占用 8 个字节，BCD 编码。例如，DT#2004_07_15_12:30:15.200 为 2004 年 7 月 15 日 12 时 30 分 15.2 秒。

（5）用户定义的数据类型（user-defined data type，UDT）

由用户将基本数据类型和复合数据类型组合在一起形成的数据类型。可以在共享数据块 DB 和变量声明表中定义复合数据类型。

3. 参数类型

参数类型是为在逻辑块之间传递参数的形参（形式参数，formal parameter）而定义的数据类型。

2.4.4　西门子 PLC 的变量访问与寻址

寻址是高级语言中的概念，寻址分为立即数寻址、直接寻址和间接寻址。

1. 立即数寻址

直接给出常数，这种获取操作数的方式称为立即数寻址。

2. 直接寻址

直接给出数据存储器和数据对象的区域符（I、Q、M、V、T、C 等）及器件的序号，这种对数据进行访问的方式称为数据的直接寻址。

直接寻址简单地说就是根据变量名直接获取数据，绝大部分的应用中均采用直接寻址。I0.0、IB0、MW0、MB100、T0、T33 和 C0 等均是直接寻址。

变量在存储器上是以字节为基本单位，按字节的编号为顺序进行保存的。但当以字或双字为单位访问这些数据单元时，组成字或双字的字节顺序是不寻常的。以中间变量存储区 MB0～MB3 为例，MW0 包括了 MB0 和 MB1，需要注意的是 MW0 的高 8 位为 MB0，低 8 位为 MB1；MD0 包括了 MB0～MB3，从最高 8 位到最低 8 位的排列顺序为 MB0 、MB1、MB2 和 MB3。

3. 间接寻址

在指令中给出地址指针，通过地址指针间接地访问想要访问的数据存储器或者数据对象区。间接寻址方式可寻址的区域有输入映像存储区 I、输出映像存储区 Q、辅助继电器区 M、全局变量存储区 V、定时器区（当前值）T、计数器区（当前值）C 和数据块 D。

间接寻址首先要建立地址指针，然后根据指针获取数据。

（1）S7-200 PLC 的间接寻址

在 S7-200 PLC 中用符号“&”表示取地址指针。可用作地址指针的数据空间有：L、AC1、AC2、AC3。有了指针之后，就可以根据指针取数据了，符号“*”表示该操作数为指针。

例如，程序“MOVD &VW100，AC1；MOVW*AC1，AC0”表示用双字传送指令把 VW100 的地址装入 AC1，即 AC1 中存放的是指针；然后使用 AC1 指针，用字传送指令把指针内容（VW100 中的内容）传送到 AC0 中。

（2）S7-300/400 PLC 的间接寻址

在 S7-300/400 PLC 中，指针用 P#表示，如 P#M2.0 表示 M2.0 的地址。注意，指针的位标号必须为 0，有了地址就可以根据指针访问数据了。程序执行中可以增加和减小地址值，可访问不同单元。

2.5 S7-200/300/400 PLC 的硬件模块构成

西门子可编程序控制器的模块分为电源模块（PS）、CPU 模块、信号模块（SM）和通信模块（CP）。有时将 S7-200 PLC 扩展的信号模块和通信模块称为扩展模块（EM）。

2.5.1 S7-200 PLC 的 CPU 模块与硬件端子连接

SIMATIC S7-200 属于西门子小型 PLC 系列产品，适用于检测、监测及控制过程中的自动化应用。S7-200 系列有以下特点：极高的可靠性；极丰富的指令集；易于掌握；便捷的操作；丰富的内置集成功能；实时特性；强大的通信能力；丰富的扩展模块。S7-200 系列的强大功能使其无论在独立运行中，还是在连成网络时皆能实现复杂控制功能。S7-200 系列具有极高的性能价格比。

图 2-22 为 S7-200 系列 PLC 中的 CPU224。PLC 的左边自上而下分别为状态指示、存储器卡和 PPI 通信接口。状态指示的显示灯显示当前 PLC 的状态。SF 为系统错误指示灯，该指

示灯亮，表示 PLC 有系统错误，必须给予解决，才能正常工作；RUN 和 STOP 为运行状态指示灯，RUN 绿灯亮表示 PLC 运行，STOP 黄灯亮表示 PLC 停止。存储器卡接口可以插入存储器卡，以扩展存储区或实现其他高级功能，但在 PLC 的运行中，存储器卡不是必需的。PPI 通信接口是 PLC 通信接口，可实现 PLC 与编程计算机的通信，也可以实现 PLC 之间的 PPI 或 MPI 通信。有些型号的 PLC 有两个通信接口，应用起来更方便。

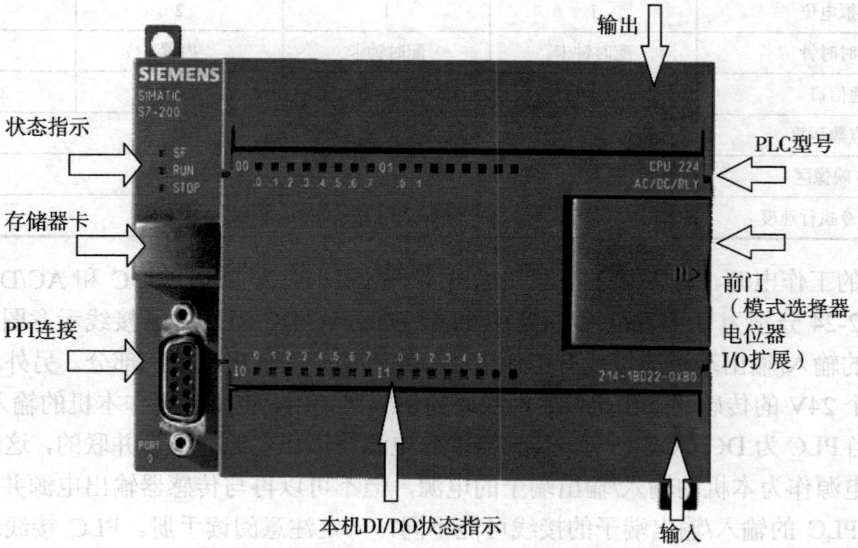

图 2-22　S7-200 PLC 的 CPU 模块

PLC 的上部和下部分别为数字量输出和输入的接线端子与状态指示。PLC 的右边自上而下分别为 PLC 型号标识和前门。应用中一定要看清 PLC 型号标识，不同型号的功能和接线是不同的。前门可以打开，其中有模式选择器、电位器和 I/O 扩展。模式选择器可以手动选择 PLC 的运行状态 RUN 或 STOP。当手动选择 PLC 的运行状态为 RUN 时，这时 PLC 仍然可能运行于 STOP 状态，这是因为 PLC 的状态可以由上位机或程序改变，这时若希望 PLC 运行于 RUN 状态，可以通过上位机设定，或手动先拨到 STOP，再拨到 RUN。当前状态由状态指示灯指示。

S7-200 系列 PLC 可提供四个不同的基本型号：CPU221、CPU222、CPU224 和 CPU226。其技术指标如表 2-5 所示。

表 2-5　S7-200 PLC 的技术指标

特　性	CPU221	CPU222	CPU224	CPU226
外形尺寸/（mm×mm×mm）	90×80×62	90×80×62	120×80×62	190×80×62
程序存储区	2048 字	2048 字	4096 字	4096 字
掉电保持时间/h	50	50	190	190
本机 I/O	6 入/4 出	8 入/6 出	14 入/10 出	24 入/16 出
扩展模块数量	0	2	7	7

（续）

特　性	CPU221	CPU222	CPU224	CPU226
高速计数器				
单相	4 路 30kHz	4 路 30kHz	6 路 30kHz	6 路 30kHz
双相	2 路 20kHz	2 路 20kHz	4 路 20kHz	4 路 20kHz
脉冲输出（DC）	2 路 20kHz	2 路 20kHz	2 路 20kHz	2 路 20kHz
模拟电位	1	1	2	2
实时时钟	配时钟卡	配时钟卡	内置	内置
通信口	1 RS-485	1 RS-485	1 RS-485	2 RS-485
浮点数运算	有			
I/O 映像区	256（128 入/128 出）			
布尔指令执行速度	0.37μs/指令			

CPU 的工作电源、输入端子电源和输出端子电源一般为 DC/DC/DC 和 AC/DC/RLY。图 2-23 和图 2-24 分别为 CPU226DC/DC/DC 和 CPU226AC/DC/RLY 端子接线示意图。

PLC 的输入/输出端子的接线有工作电源、输入端子和输出端子三部分。另外，一般 PLC 还提供一个 24V 的传感器输出电源，供周边的传感器使用，也可以用作本机的输入/输出端子的电源。当 PLC 为 DC/DC/DC 时，传感器输出电源与工作电源并不是并联的，这时也可以直接用工作电源作为本机的输入/输出端子的电源，但不可以再与传感器输出电源并在一起。

不同 PLC 的输入/输出端子的接线可能不同，一定注意阅读手册。PLC 接线端子的电源一定不能接错，否则会造成 PLC 不能正常工作，甚至造成 PLC 硬件损坏。

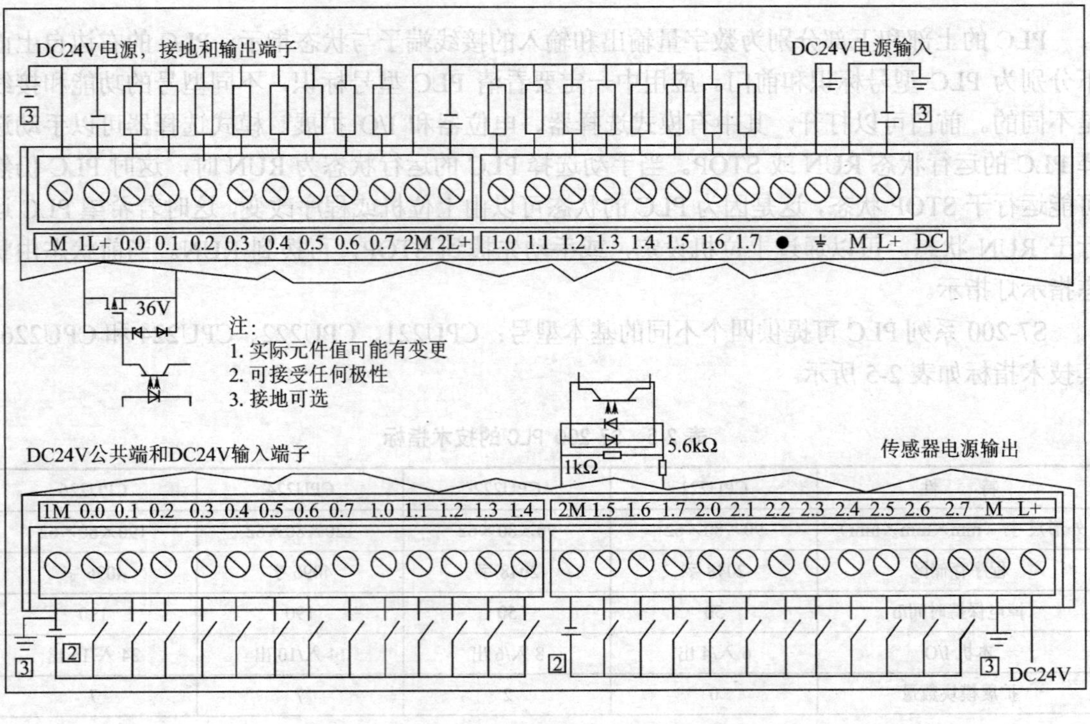

图 2-23　CPU226DC/DC/DC 端子接线示意图

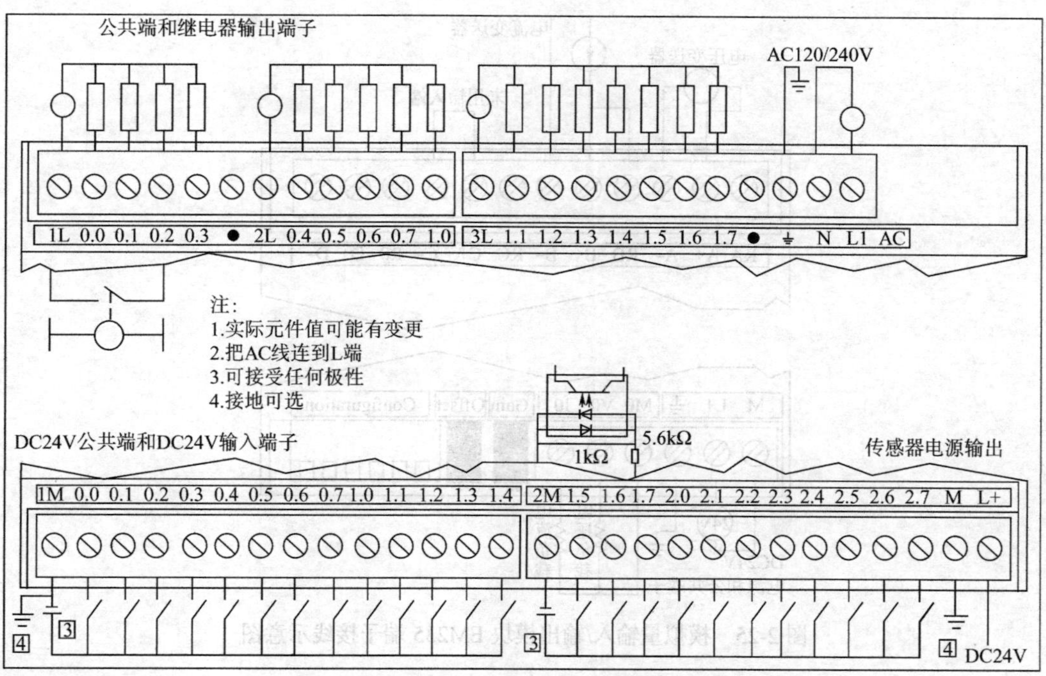

图 2-24　CPU226AC/DC/RLY 端子接线示意图

2.5.2　S7-200 PLC 的信号扩展模块

S7-200 PLC 在应用中可以增加扩展模块，以扩展 PLC 的输入/输出（I/O）点数和功能。扩展模块一般有信号模块（包括数字量和模拟量）、通信模块和其他模块。本节主要介绍信号扩展模块，通信模块在后续章节中介绍。

信号扩展模块包括数字量和模拟量扩展模块，如表 2-6 所示。数字量扩展模块的输入电源一般为直流 24V，而输出电源则有直流、交流和继电器输出三种形式。

表 2-6　S7-200 PLC 的信号扩展模块

类　型	型号	输入/输出点数	功　能
数字量扩展模块	EM221	8 入或 16 入	直流输入
	EM222	8 出	直流、交流或继电器输出
	EM223	4 入/4 出、8 入/8 出、16 入/16 出或 32 入/32 出	直流输入，直流/继电器输出
模拟量扩展模块	EM231	4 入	模拟量输入
	EM232	2 出	模拟量输出
	EM235	4 入/2 出	模拟量输入/输出

数字量扩展模块的接线和应用与 CPU 模块相同。在图 2-25 中，可以看到模拟量输入/输出模块 EM235 的端子接线。需要注意任何一路模拟量都可以是电压或电流，但不能同时是电压和电流。

扩展模块扩展了 PLC 的功能，并可以根据需要设计和生产新的模块，使 S7-200 这种整体式 PLC 具备一定的灵活性和扩展性。

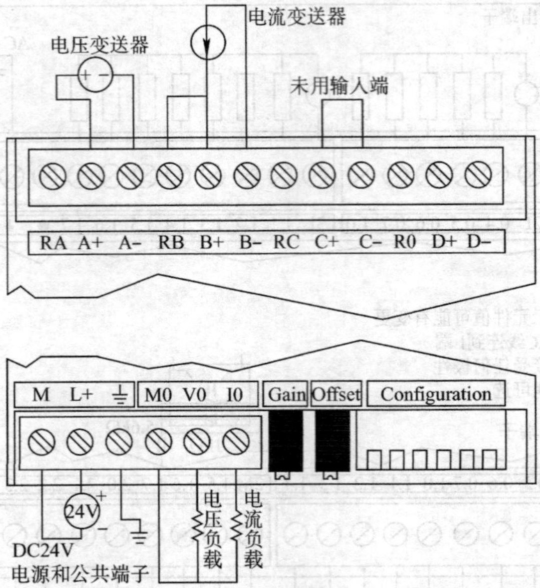

图 2-25 模拟量输入/输出模块 EM235 端子接线示意图

现在 S7-200 系列 PLC 几乎所有模块又增加了 CN 版，包括 CPU221CN、CPU222CN、CPU226CN 等，其功能与非 CN 版是完全一样的，只是生产地点在中国，并且具备更高的性价比。

2.5.3 S7-300 PLC 的模块

S7-300 PLC 主要由导轨（RACK）、电源模块（PS）、中央处理器（CPU）模块、接口模块（IM）、信号模块（SM）、功能模块（FM）和通信模块（CP）等组成，如图 2-26 所示。S7-300 PLC 的模块都有名称，同样名称的模块根据接口和功能不同，又有不同的规格，在 PLC 的硬件组态中，以订货号为准。

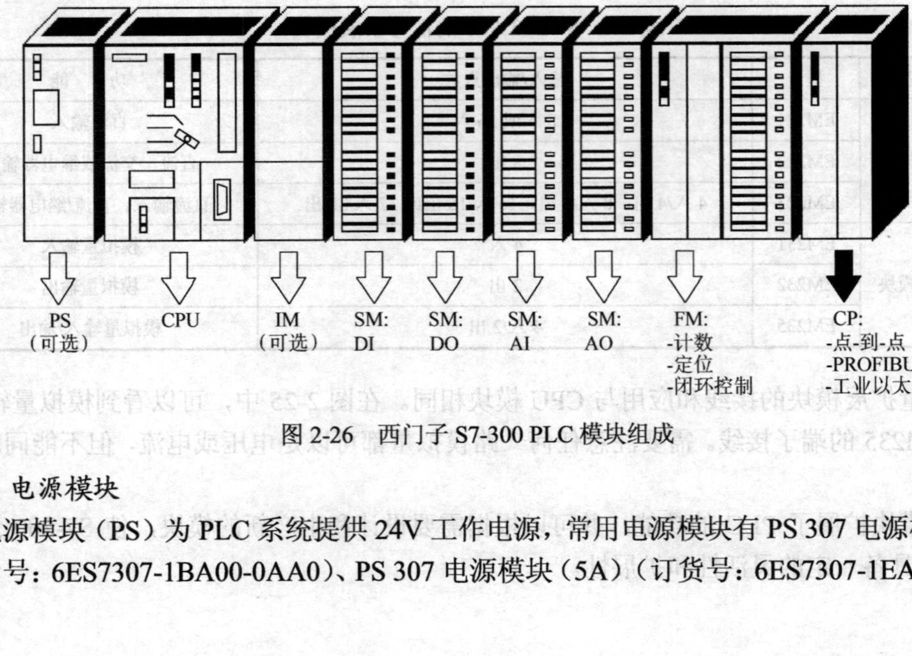

图 2-26 西门子 S7-300 PLC 模块组成

1. 电源模块

电源模块（PS）为 PLC 系统提供 24V 工作电源，常用电源模块有 PS 307 电源模块（2A）（订货号：6ES7307-1BA00-0AA0）、PS 307 电源模块（5A）（订货号：6ES7307-1EAx0-0AA0）

和 PS 307 电源模块（10A）（订货号：6ES7307-1KA00-0AA0）。

电源模块（PS）在硬件组态时可以不组态，而且在控制柜中有符合规定的 24V 电源时，也可以不用 PS 模块，而使用控制柜中的 24V 电源。电源模块（PS）的选择要考虑 PLC 系统的功率要求，一般选用 2A 或 5A 的 PS 模块。电源模块（PS）有一个开关按钮，当按钮拨为 ON 时给 CPU 及其他模块供电。

2. CPU 模块

CPU 模块是 PLC 系统的核心，常见的 S7-300 PLC 的 CPU 有 CPU312、CPU313、CPU314、CPU315 和 CPU317 系列等，此外还有带集成 I/O 的 CPU31xC 系列等。需要说明的是，S7-300 系列 PLC 有 20 多种不同的 CPU，虽然是大同小异，但每种 CPU 的前面板是不同的。在 CPU 模块上，有一组 LED 指示灯，指示 PLC 当前的系统状态和系统信息，如表 2-7 所示。

表 2-7　CPU 模块的 LED 指示灯

名称	颜色	表示的系统状态和系统信息
SF	红色	硬件或软件错误
BF	红色	总线错误（只适用于部分带 DP 和 PN 接口的 PLC）
DC5V	绿色	S7-300 PLC 的 CPU 和内部总线的 5V 电源正常
FRCE	黄色	强制作业有效
RUN	绿色	CPU 处于 RUN 状态；LED 以 2Hz 闪亮，表示重新起动；LED 以 0.5Hz 闪亮，表示 HOLD
STOP	黄色	CPU 处于 STOP 或 HOLD 或重新起动状态；LED 以 0.5Hz 闪亮，存储器在复位请求状态；LED 以 2Hz 闪亮，存储器在复位期间

在 CPU 模块上，设有模式选择开关。模式选择开关用来选择 CPU 的运行方式。模式选择开关各位置的含义如下：

1）RUN—P（运行—编程）位置。CPU 不仅执行程序，还可以在线读出和修改程序及改变运行方式。

2）RUN（运行）位置。CPU 执行程序，可以读出程序，但不能修改程序。

3）STOP（停机）位置。CPU 不执行程序，可以读出和修改程序。

4）MERS（清除存储器）位置。按住 MERS 并保持，可以复位存储器，使 CPU 回到初始状态。此位置不能保持，当松开后，又会回到 STOP 的位置。

在 CPU 模块上，需要插入存储器卡（工业 MMC 卡），用于存放用户程序和组态信息。新型 S7-300 PLC 必须插入存储器卡才能运行。

不同型号的 S7-300 PLC 的性能是不同的，表 2-8 列出了部分 CPU 模块性能指标。

表 2-8　部分 S7-300 PLC 的 CPU 模块性能指标

指　标	CPU312	CPU313	CPU314	CPU315
工作存储器/KB	6	12	24	48
装载存储器（内部集成 RAM）/KB	20	20	40	80
装载存储器（Flash EPROM）/KB	—	512	512	512
DI/DQ	128	128	512	1024
AI/AQ	32	32	64	128
本机 I/O 点数	10/6	—	—	—
程序执行时间（1KB 二进制指令）/ms	0.6	0.6	0.3	0.3
存储器标志位	1024	2048	2048	2048
计数器/定时器	32/64	64/128	64/128	64/128

注：同一系列的指标可能有变化，请参考产品手册。

3. 信号模块

信号模块（SM）是 PLC 的数字量和模拟量的接口，通过信号模块可实现 PLC 的数字量和模拟量的输入/输出。常见的信号模块如表 2-9 所示。

表 2-9　S7-300 PLC 的信号扩展模块

类　型	型　号	输入/输出点数	功　能
数字量模块	SM321	8～32 入	直流或交流输入
	SM322	8～16 出	直流、交流或继电器输出
	SM323	8 入/8 出或 16 入/16 出	直流输入/直流输出
	SM374	仿真模板 IN/OUT，16 入或出	输入或输出共 16 位
模拟量模块	SM331	8 路输入，12～16 位	模拟量输入
	SM332	2～8 路输出，12～16 位	模拟量输出
	SM334	4 路输入/2 路输出，8～12 位	模拟量输入/输出

在接线时，通过一个称为前连接器的接线装置将传感器和执行元件连接到信号模块。根据信号模块的类型不同，接线的方法有很大差别，请注意参考产品使用手册。

除信号模块外，常见模块还有接口模块（IM），用于扩展多个机架；功能模块（FM），用于实现高速计数、定位和闭环控制等功能；通信模块（CP），用于实现工业通信。

2.5.4　S7-400 PLC 的模块

S7-400 PLC 主要由导轨（RACK）、电源模块（PS）、中央处理器（CPU）模块、信号模块（SM）、功能模块（FM）和通信模块（CP）等组成，如图 2-27 所示。S7-400 PLC 的 CPU 模块如图 2-28 所示。

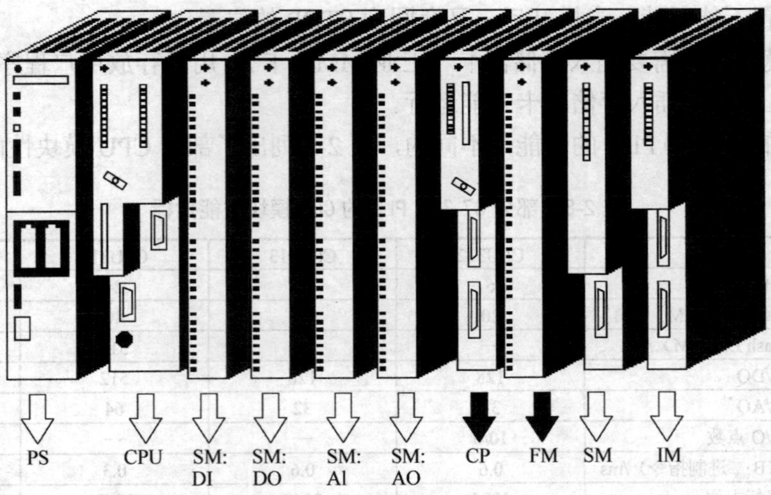

图 2-27　S7-400 PLC 模块组成

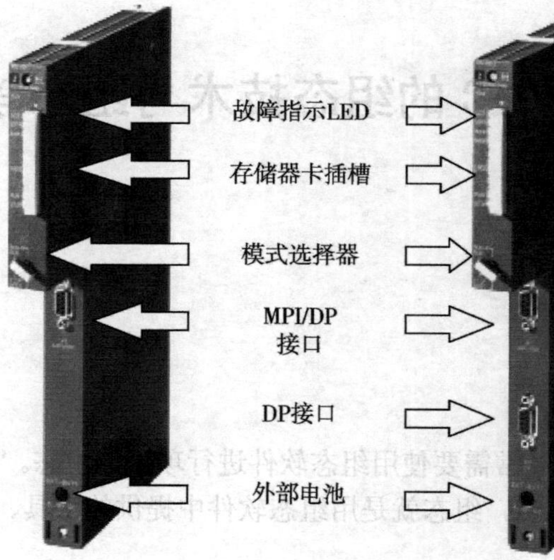

图 2-28　S7-400 PLC 的 CPU 模块

S7-400 PLC 和 S7-300 PLC 的硬件组成和使用方法基本一致，S7-400 PLC 的优势主要体现在运行速度快、稳定性强和功能全等方面。在应用中经常用 S7-400 PLC 访问远程 I/O，如 ET200 等。

思考与练习题

2.1　PLC 的系统组成包括哪些部分？
2.2　简述 PLC 的基本工作原理。
2.3　PLC 中常用的编程变量有哪些？
2.4　若变量 QW0=1100H，则 Q0.0～Q0.7 这 8 个输出点是有输出，还是没有输出？

第 3 章　PLC 的组态技术与组态软件

3.1　PLC 的组态技术

3.1.1　组态的概念

在现代工业控制中，我们经常需要使用组态软件进行项目的组态。“组态”一词来源于英文词汇“configuration”。简单地讲，组态就是用组态软件中提供的工具、方法，完成工程中某一具体任务的设定和配置。

PLC 是工业控制器，其控制作用就是根据输入信号，决定输出信号。这个过程就是控制的过程。控制器的控制作用是由 PLC 内部的用户程序和组态参数决定的，组态参数和用户程序是由用户定义的。

用户确定组态参数和用户程序的工作是在上位机（编程计算机）里完成的。通过组态软件，完成组态参数的设置和用户程序的编写。PLC 中用户程序的编写可以使用图形化的语言，编程的过程形象而简便，类似于功能块的组装，不需要编写底层代码。这种编程称为程序的组态。

在组态软件中完成的组态（组态参数和用户程序）会以文件的形式保存在编程计算机中，当这些组态下载到 PLC 中后，将起到控制作用。当然，也可以将 PLC 中当前的组态参数和用户程序上载到编程计算机中，还可以通过组态软件监控 PLC 中程序的运行和各种变量值。PLC 的组态过程如图 3-1 所示。

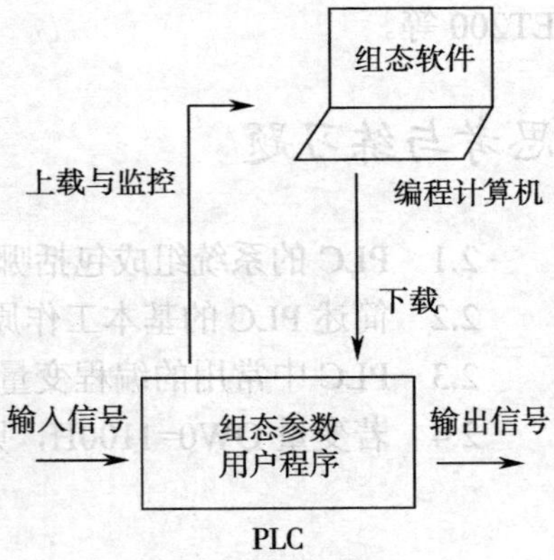

图 3-1　PLC 的组态示意图

STEP7 是西门子公司为了便于编制 PLC 组态和编程而开发的组态软件。它可以使用通用的个人计算机作为编程计算机，并可实时监控用户程序的执行状态。

3.1.2　组态的技术

使用组态技术进行 PLC 程序的编写，就是将组态软件提供的各种模块（函数或子程序）进行合理组织。其过程与硬件的组装类似。例如，要组装一台计算机，事先提供了各种型号的主板、机箱、电源、CPU、显示器、硬盘、光驱等，我们的工作就是用这些部件拼装成需要的计算机。当然软件中的组态要比硬件的组装有更大的发挥空间，因为它一般要比硬件中的“部件”更多，而且每个 “部件” 都很灵活。

在组态概念出现之前，要实现某一任务，都是通过编写程序（如 BASIC、C 或 FORTRAN 等）来实现的。编写程序不但工作量大、周期长，而且容易犯错误，不能保证工期。组态软件的出现，解决了这个问题。对于过去需要几个月的工作，通过组态几天就可以完成。

组态软件是有专业性的。一种组态软件只能适合某种领域的应用。组态的概念最早出现在工业计算机控制中，如 DCS（集散控制系统）组态和 PLC 梯形图组态等。组态形成的数据只有相应的组态软件或其他专用工具才能识别。

虽然说组态不需要编写程序就能完成特定的应用，但是为了提供一些灵活性，有些组态软件也提供了编程手段，一般都是内置编译系统，提供类 BASIC 语言，有的甚至支持 VB 和 VC。

西门子的上位机监控软件 WinCC 和触摸屏组态软件 WinCC Flexible 也是组态软件，它们用于监控设备的组态。使用组态软件 STEP7 很方便，不必依靠某种具体的计算机语言，只需通过可视化的组态方式，就可完成编程、监控、测试、维护等设计，降低了控制系统的开发难度。组态软件拥有丰富的工具箱、图库和操作向导，使开发人员避免了在程序设计中许多重复的开发工作，提高了开发效率，减少了开发人员的工作量，缩短了开发周期。

西门子 S7-200 系列 PLC 使用的组态软件是 STEP7-Micro/WIN，而 S7-300/400 系列 PLC 使用的是 STEP7。

3.2 S7-200 PLC 的组态软件

3.2.1 S7-200 PLC 组态软件的概述

1. 组态软件的安装

STEP7-Micro/WIN 是 S7-200 系列 PLC 的组态软件，使用它可以方便地对 S7-200 PLC 进行编程、下载、上传和监控等操作。

在 STEP-Micro/WIN 安装盘内有 Setup 程序，运行该程序，可以自动地进行安装。用户按照向导提示，一步一步地完成整个安装步骤。

STEP-Micro/WIN 对计算机的硬件和操作系统的要求都很低。操作系统可以是 Windows 95、Windows 98、Windows Me、Windows 2000 和 Windows XP，家用版和专业版均可。对计算机的硬件基本没有要求。

安装过程中，会提示用户设置“PG/PC 接口（PG/PC Interface)”，在此直接忽略即可。PG/PC 接口是 PG/PC 和 PLC 之间进行通信连接的接口，本章 3.4 节将作具体介绍。目前使用的软件版本为 STEP7-Micro/WIN_V4.0_SP6。该软件不设版权保护，用户可以到西门子的网站下载。

2. STEP7-Micro/WIN 组态的一般过程

PLC 的程序和参数设置是以项目的形式存在于编程计算机中的。每个项目都以一个文件的形式进行保存，文件的后缀为 mwp。一个项目就是一个文件，这个文件中包括了组态参数和用户程序等所有数据。

运行 STEP7-Micro/WIN 后，进入当前工程的组态。一般先设置 PLC 型号（包括硬件版本号），在不知道当前 PLC 的具体型号的情况下，若通信已建立，也可以在线读取当前 PLC

的型号。若组态软件不支持当前PLC的硬件，则请安装最新版的组态软件。

接着，设置PLC的系统块。系统块中允许用户设置PLC的各种组态参数，所有参数都有默认值，大部分参数无需更改。

然后，编写PLC的程序块。根据需要，程序可以写在主程序中、子程序中或中断中。初学者将程序写在主程序中。

最后，完成程序的下载。通过设置好的PG/PC接口，使得上位机与PLC建立通信，完成项目的下载。下载完成后，还可以在线调试程序。

以上步骤的顺序可以改变，所有步骤都可以在以后的组态编程中回去重新操作。有时，根据应用的需要，还可以多些其他操作，如符号表的定义、数据块的定义等。

3.2.2 STEP7-Micro/WIN的组态环境介绍

STEP7-Micro/WIN的基本功能是帮助用户完成PLC控制项目的开发，如创建用户项目、设定组态参数、用户程序组态、语法检查、程序下载和状态监控等功能。

1. 主界面

STEP7-Micro/WIN编程软件的主界面如图3-2所示。界面一般可分为以下几个区：菜单栏（包含8个主菜单项）、工具栏（快捷按钮）、浏览栏（快捷操作窗口）、指令树（快捷操作窗口）、输出和用户窗口（可同时或分别打开5个用户窗口）。

主界面有时候可能看起来会少一些或少很多部分，但一定要记住看不见不代表不存在。只要组态软件在运行，则所有部分都是存在的。只是有些在后台，用户通过菜单栏的“检视/查看（View）”，可以让看不到的界面现身。

2. 菜单栏

在菜单栏中有8个主菜单项。

1）文件（File）：在“文件”选项中有一个下拉菜单，可以选择如新建、打开、关闭、保存、设置密码、上传和下载用户程序、新建库、文件的打印预览、页面设置等操作。

2）编辑（Edit）：程序编辑的工具，如剪切、复制、粘贴、全选、插入、删除、查找、替换和转到（快速光标定位）等功能。

3）检视/查看（View）：根据用户需要或喜好设置软件开发环境，执行引导窗口区的选择项，如选择不同编辑语言（包括LAD、STL、FBD）的程序编辑器，决定其他辅助窗口（浏览栏、指令树、输出窗口和指令等）的打开或关闭，以及排序、组件、符号寻址等操作。

4）PLC：可建立与PLC联机时的相关操作，如改变PLC的工作方式（运行/停止）、在线编译、清除程序和数据、上电复位、查看PLC的信息、存储器卡编程和擦除、实时时钟、程序比较、PLC类型选择等功能。同时还提供离线编译的功能。

5）调试（Debug）：用于联机调试，如首次扫描、多次扫描、开始程序状态监控、开始状态监控和强制等功能。

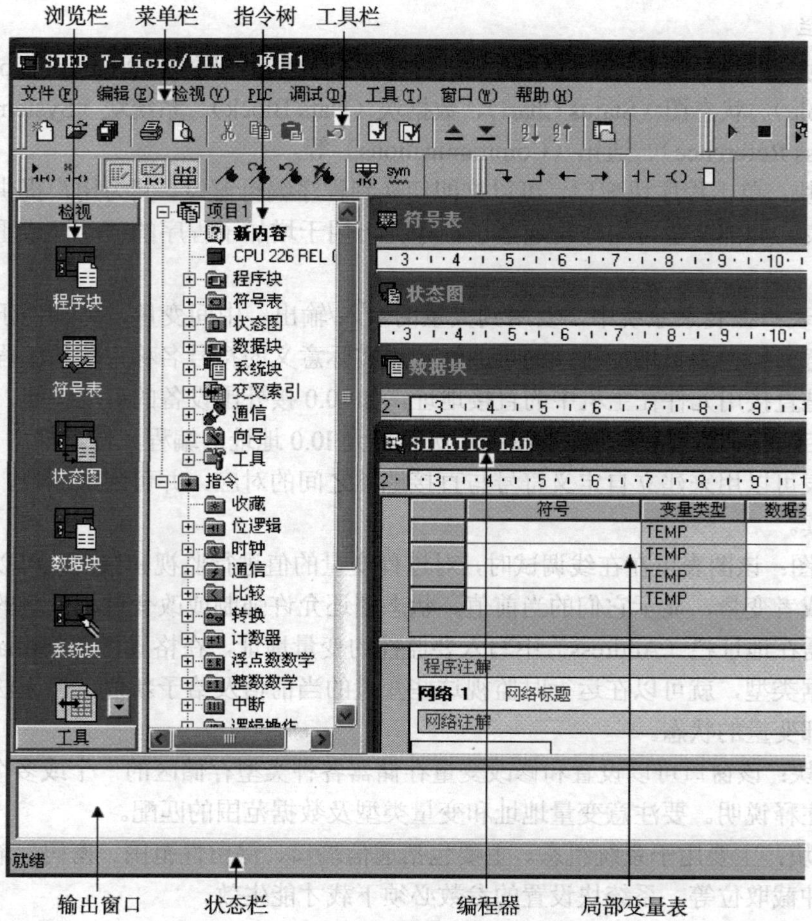

图 3-2　STEP7-Micro/WIN 编程软件主界面

6）工具（Tools）：可以调用复杂指令向导（因特网向导、位置向导、以太网向导、AS-i 向导等），使复杂指令编程时工作大大简化；EM253 控制面板；文本显示向导；PID 调节控制面板；设置用户界面风格（如设置按钮及按钮样式，添加菜单项）。

在选项菜单中也可以设置编辑器的风格，如字体及指令盒的大小等；改变支持的语言也在此进行设置。

7）窗口（Windows）：可以设置窗口的排放形式，如层叠窗口、横向平铺、纵向平铺；可以打开一个或多个窗口，并可以进行窗口之间的切换。

8）帮助（Help）：通过帮助菜单上的“目录和索引”，可以查找到各种相关的帮助信息，帮助菜单上还提供网上查询功能。而且，在软件操作过程中，可以随时按 F1 键，显示在线帮助，大大方便了用户的使用。

3. 工具栏

工具栏提供了简便的鼠标操作，将最常用的功能选项以按钮的形式设置在工具栏中，方便用户的使用。所有功能也都可以通过菜单操作完成，工具栏提供了操作上的便利。可以在“检视/查看（View）”菜单中的“工具栏（Toolbars）”中选择显示或隐藏四种工具条：标准（Standard）、调试（Debug）、指令（Instructions）、公用（Common）。

4. 浏览栏

浏览栏为编程提供按钮控制的快速窗口切换功能，包括程序块（Program Block）、符号表（Symbol Table）、状态图（Status Chart）、数据块（Data Block）、系统块（System Block）、交叉引用（Cross Reference）、通讯（Communications）等。

1）程序块：单击程序块窗口，可以立即切换到程序编辑窗口。其为用户提供程序编辑器和局部变量表。局部变量可用作传递至子程序并可用于增加子程序的移动性或重新使用子程序的参数。

2）符号表：在复杂系统中，要用到大量的输入/输出、中间变量，为了便于分清楚各个变量的实际意义，也为了增加程序的可读性，用实际意义的符号名称来代替编程元件的实际地址，而不是直接用元件在主机中的直接地址。如I0.0接外围设备的启动按钮，将I0.0的地址定义为“启动按钮”，这样在梯形图中，所有用到I0.0地址的编程元件，都由“启动按钮”代替。符号表可以用来建立自定义符号与直接地址之间的对应，并可附加注释，有利于程序结构清晰易读。

3）状态图：该图表可在在线调试时，对过程变量的值进行监视和修改，可以跟踪程序的输入、输出或者变量，显示它们的当前值。状态图还允许强制或改变过程变量的值，给予变量新值。只需在地址栏（Address）中写入要监控的变量地址，在格式栏（Format）中选择所选变量的数据类型，就可以在运行时监视这些变量的当前值及给予新值，但无法监视常数、累加器和局部变量的状态。

4）数据块：该窗口可以设置和修改变量存储器各种类型存储区的一个或多个变量值，并加注必要的注释说明。要注意变量地址和变量类型及数据范围的匹配。

5）系统块：主要用于系统组态。主要包括通信端口、保留性范围、密码、输出表、输入过滤器、脉冲截取位等。系统块设置的参数必须下载才能生效。

6）交叉引用：当用户程序编译完成后，交叉索引窗口提供的索引有交叉索引信息、字节使用情况信息和位使用情况信息。

7）通讯：通信窗口的功能是建立计算机与PLC之间的连接即设置通信参数，参数的具体设置见3.4节。

8）设置PG/PC接口：PG/PC适配器使用户能在计算机和PLC之间建立通信连接。PG/PC接口参数的具体设置见3.4节。

5. 指令树

指令树提供编程时用到的所有快捷操作命令和PLC指令。可用“视图（View）”菜单中的“指令树”选项来选择是否打开。

1）向导：STEP7-Micro/WIN提供的向导可以帮助我们在几分钟内全部完成AS-i、以太网、高速计数器、互联网、PID、PTO/PWM、远程调制解调器等的组态，大大减少了用户的工作量，方便了用户。

2）工具：可以调用复杂指令向导，使复杂指令编程时工作大大简化。

3）指令：这些指令是按类别分别编排在不同子目录中（见图3-3），找到要输入的指令并双击，即可使用。

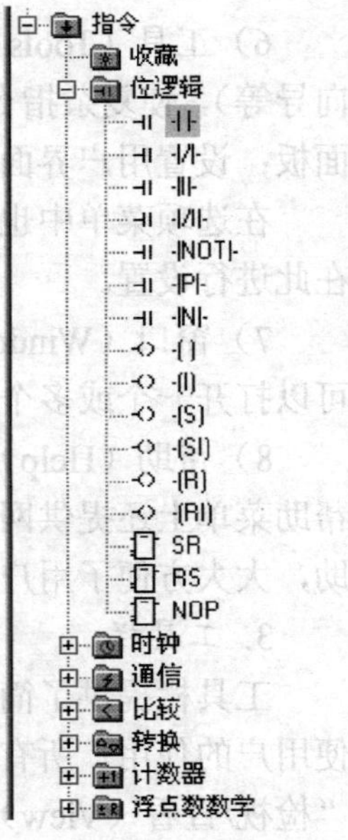

图3-3　指令树中指令窗口

6. 输出窗口

输出窗口用来显示程序编译结果的信息，如各程序块（主程序、子程序的数量及子程序号、中断程序的数量及中断程序号）及各个块的大小，编译结果有无错误，错误编码及位置等。

7. 状态栏

状态栏显示正在操作的任务状态。

8. 编程器

编程器提供了梯形图、语句表和功能图三种语言编写用户程序，在在线状态下从 PLC 上传用户程序进行读程序或修改程序。

9. 局部变量表

在带参数的子程序调用中，参数的传递是通过局部变量表进行的。

3.2.3　组态参数的设置

在确定了 PLC 的具体型号后，系统块中的参数就是 S7-200 PLC 主要的组态参数。

西门子 S7-200 PLC 的系统块包括通信端口、保留性范围、密码、输出表、输入过滤器、脉冲截取位和背景时间等多项设置。

1. 通讯端口

通讯端口的设置包括 PLC 地址和波特率等，如图 3-4 所示。S7-200 PLC 的通信端口为 1～2 个，需要分别设置。这里的通信指的是 PPI 通信。PLC 地址是指 CPU 站地址（1～126）；最高地址是指网络中的最高站地址（1～126）；波特率设置可以从下拉列表中选择数据传输速率（9.6kbit/s、19.2kbit/s 或 187.5kbit/s）；重试计数是指尝试建立通信的重试次数（0～8）；间隔更新系数是指在检查新的网络主设备前持有令牌的次数，对间隔更新系数的选择要基于网络的配置和大小（1～100）。新的通信端口设置生效后，之前的通信将可能需要重新建立。

2. 保留性范围

保留性范围用来选择在电源断开后希望保留的内存区，如图 3-5 所示。在默认情况下，所有的 V、M、T 和 C 内存均被设为保留。用户可以重新定义保留范围，将一些内存设为非保留。CPU 具有超级电容，可在 CPU 断电后保存 RAM 数据。有些型号的 CPU 支持可延长保留 RAM 数据时间的选用电池盒。电池盒只有在超级电容完全放电后才提供电源。

3. 密码

密码授权进行存取操作。如果没有设置密码，S7-200 PLC 提供不受限制的存取。受密码保护时，S7-200 PLC 将限制所有限制性操作。密码不区分大小写字母。如果忘记 PLC 密码，则必须清除 PLC 内存，重新载入程序。

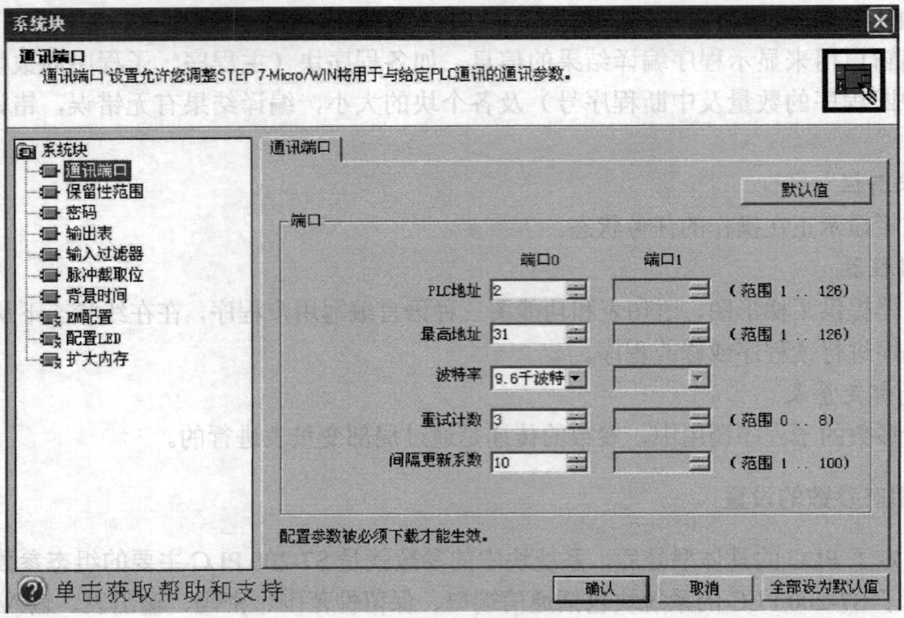

图 3-4 通讯端口的设置

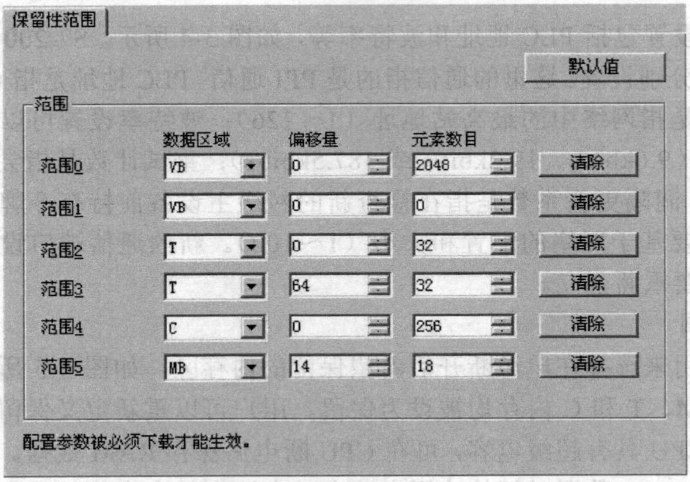

图 3-5 保留性范围的设置

4. 输出表

数字输出表可在 RUN-to-STOP（运行至停止）转换后将数字输出设置为安全状态，或保留在转换为 STOP（停止）模式之前所存在的输出状态。模拟输出表可在 RUN-to-STOP（运行至停止）转换后将模拟输出设置为安全状态，或保留在转换为 STOP（停止）模式之前存在的输出状态。选择"将输出凝固在最后的状态"，就可在 PLC 进行 RUN-to-STOP（运行至停止）转换时将所有数字输出或模拟输出凝固在其最后的状态。

5. 输入过滤器

S7-200 PLC 允许为某些或全部数字输入点选择输入过滤器，输入过滤器定义的延迟时间为 0.2～12.8ms。该延迟帮助过滤输入布线上可能对输入状态造成不良改动的噪声。通过设置输入延迟时间，可以过滤数字输入信号。

6. 脉冲截取位（捕获）

S7-200 PLC 为某些或全部数字输入点提供脉冲捕获功能。脉冲捕获功能允许捕获高位脉冲或低位脉冲，此类脉冲出现的时间极短，PLC 在扫描循环开始读取数字输入时，可能无法始终看到此类脉冲。当为某一输入启用脉冲捕获时，输入状态改动被锁定，并保持至下一次输入循环更新。这样可确保延续时间很短的脉冲被捕获，并保持至 S7-200 PLC 读取输入。

7. 背景时间

用户可以配置专门用于处理与 RUN（运行）模式编辑编译或执行状况有关的通信请求的扫描循环时间百分比。增加专门用于处理通信请求的时间百分比时，亦会增加扫描时间，降低控制进程的运行速度。专门用于处理通信请求的默认扫描时间百分比被设为 10%，该设置可以保证编译处理和状态操作的进行，尽量减小通信对控制进程的影响。用户可以调整该设置，每次增加 5%，最大为 50%。

3.2.4　程序块的组态

1. 编程语言的选择

S7-200 系列 PLC 的编程软件 STEP7-Micro/WIN 提供了不同的编程语言，用于创建应用程序。对于广大电气工程技术人员和初学者来说，在语句表、梯形图、功能块图这三种编程语言中，梯形图最容易掌握和使用。STEP7-Micro/WIN 可以在三种编程语言之间任意转换，在菜单栏中选择“检视（查看）”→STL、“梯形图”或 FBD，如图 3-6 所示。

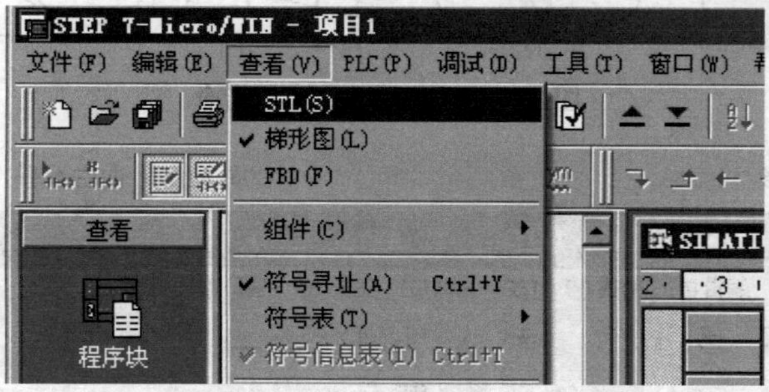

图 3-6　编程语言转换

下面将以梯形图（LAD）为例，介绍如何使用 SIMATIC 指令来进行编程。

梯形图网络规则如下：

1）触点位置规则：网络必须以一个触点开始，网络不能以触点终止。

2）线圈位置规则：网络不能以线圈开始，线圈用来终止网络。一个网络可以有若干个线圈，但必须在网络并行分支上，不能在网络的水平线上有多个线圈。

3）在同一个网络中最多能垂直和水平地分为 32 个段。

2. 一个网络的编辑

梯形图程序的最小单位为行。一个程序块往往有很多行。一个网络中只能编写一行程序。

一行程序中会包括一些触点、一些线圈。这些触点和线圈还有变量名。在编程时，把这些指令拖拽（或双击）到网络中。可以有两种方法选择指令。

方法 1：用指令树窗口中的“指令”，在不同类别的指令目录中，找到要输入的指令，双击或拖放到指定位置，如图 3-7 所示。

方法 2：用工具栏上的编程按钮（见图 3-8），单击输入触点、输入线圈、输入指令盒按钮，从弹出窗口的下拉菜单所列出的指令中选择要输入的指令并单击，如图 3-9 所示。

如果有的编程指令不知道其具体功能和使用方法，可以选中这条指令，然后按 F1 键，寻求帮助。

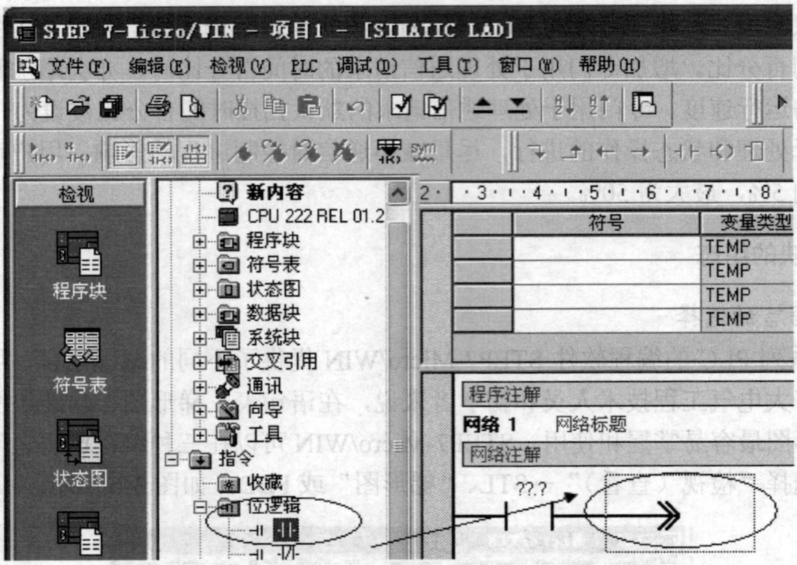

图 3-7 在指令树中输入指令

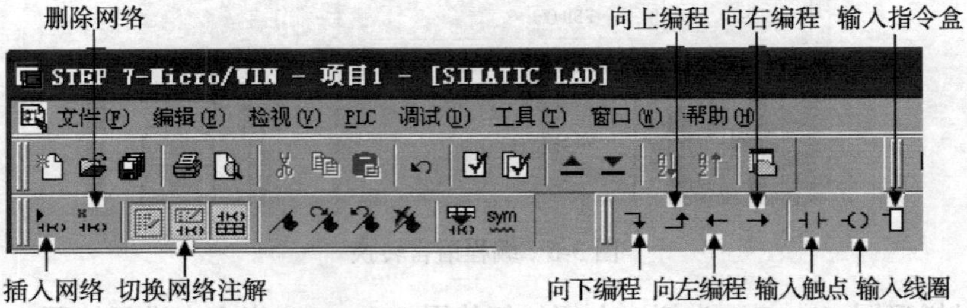

图 3-8 工具栏中编程按钮

从网络的开始依次输入各种指令，每输入一条指令，光标自动向后移动到下一列。向上编程、向下编程、向左编程和向右编程按钮，用于输入连接线，可以编写复杂梯形图结构，如输入触点并联。具体操作如下：

1）单击要并联的输入触点（I0.0）下方的编程区域（见图 3-10），则在下一行的开始处显示光标，见图 3-11 中出现的方框。

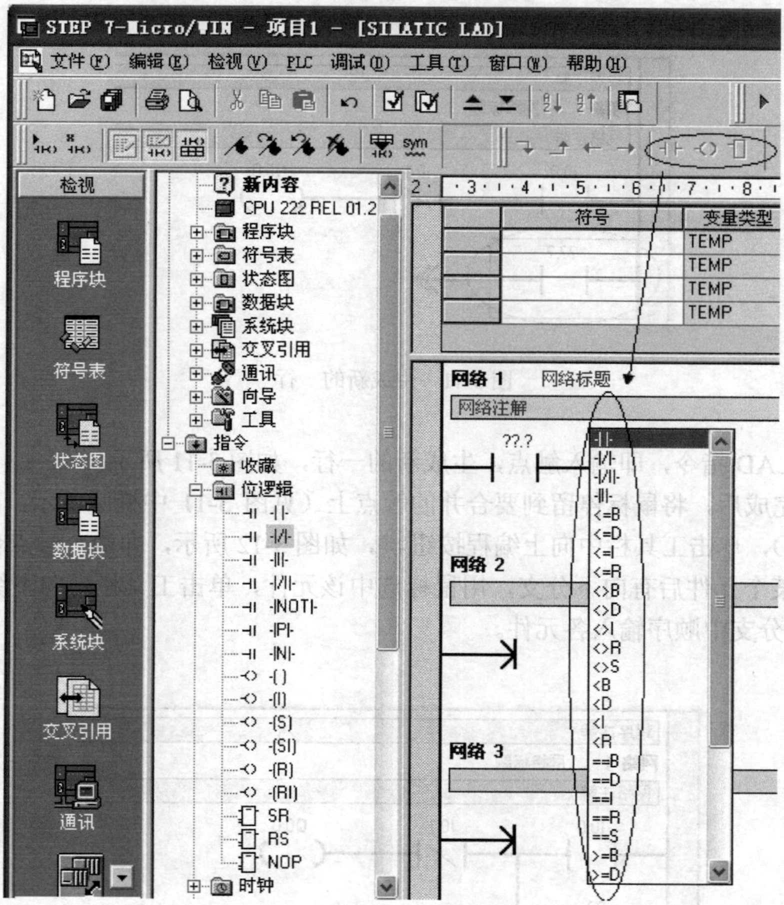

图 3-9　工具栏中选择输入指令

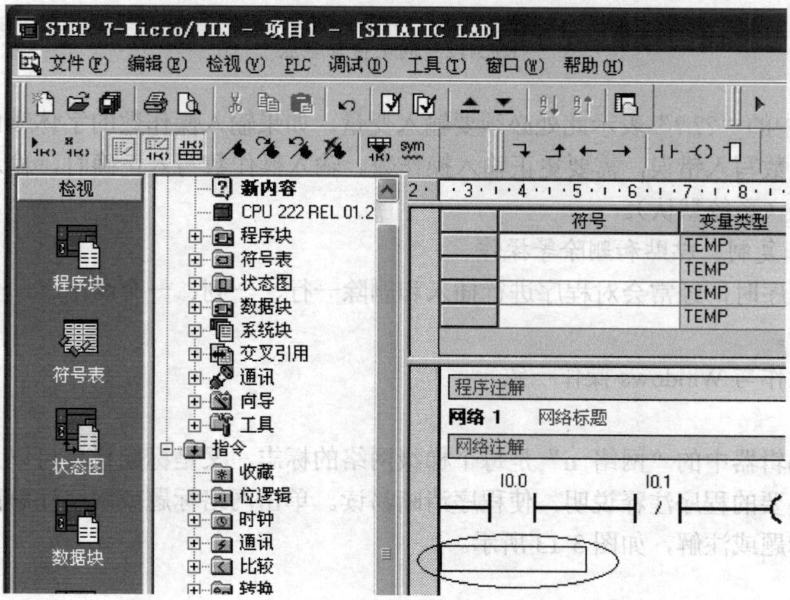

图 3-10　添加并联行

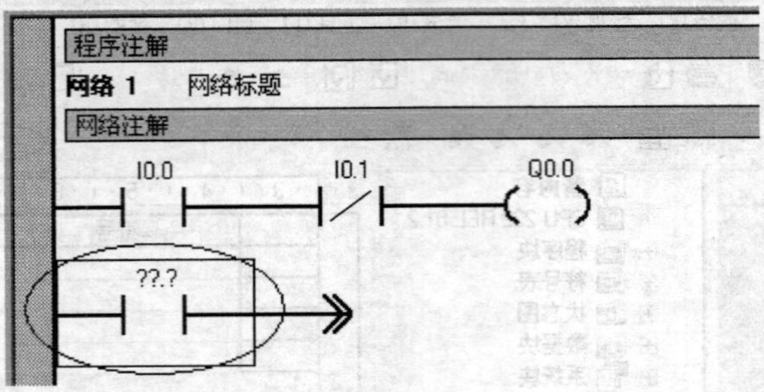

图 3-11　生成新的一行

2）输入 LAD 指令，即输入触点，生成新的一行，如图 3-11 所示。

3）输入完成后，将鼠标停留到要合并的触点上（见图 3-11 中椭圆所示，即要合并的触点有方框出现），单击工具栏中向上编程按钮，如图 3-12 所示，即两个触点合并成功。

4）如果某个元件后有向下分支，用鼠标选中该元件，单击工具栏中向下编程按钮，即可在生成的分支中顺序输入各元件。

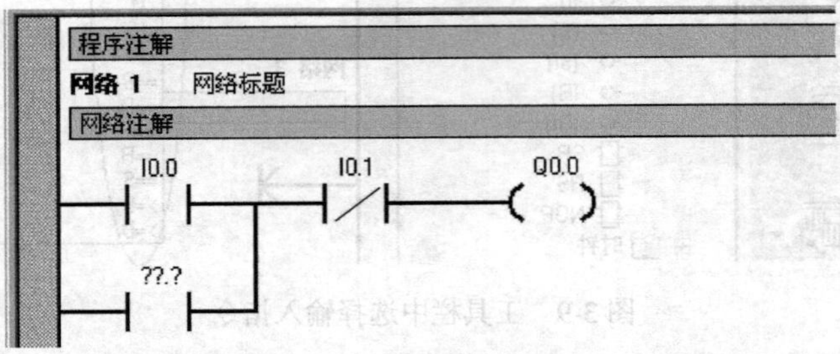

图 3-12　向上合并触点

图 3-12 中的“??.?”表示此处必须要输入变量。如果输入操作数的字体颜色是红色，则代表输入操作数写入错误，需要更正输入操作数。输入操作数写入正确时，输入操作数的字体颜色是黑色（系统默认）。

3. 插入、复制、粘贴和删除等操作

在编辑程序时，经常会对程序进行插入和删除一行、一列、一个网络、一个子程序或中断程序等操作。

所有的操作与 Windows 操作一致。

4. 注释

梯形图编辑器中的“网络 n”是每个梯级网络的标志，又是标题栏，可以为本梯级网络加标题或加必要的程序注释说明，使程序清晰易读。单击网络标题或网络注解区域，再在文本框中输入标题或注解，如图 3-13 所示。

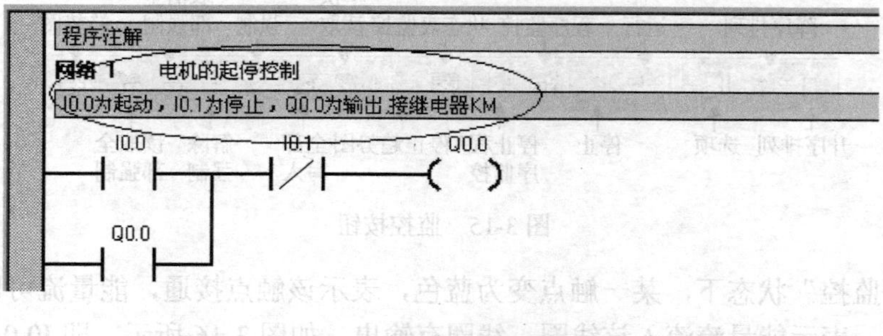

图 3-13　网络标题或注释

5. 程序编译

程序编辑完成后，要对编辑的程序进行编译，单击“编译”按钮，或者选择菜单栏中的 PLC→“全部编译”命令。编译完成后，在输出窗口显示编译结果信息，如图 3-14 所示。编译过程中编译器具有简单的语法检查功能，语法检查功能可以提前避免一些逻辑、语法和数据类型等方面的错误。当编译有错误时，必须对错误进行修改。

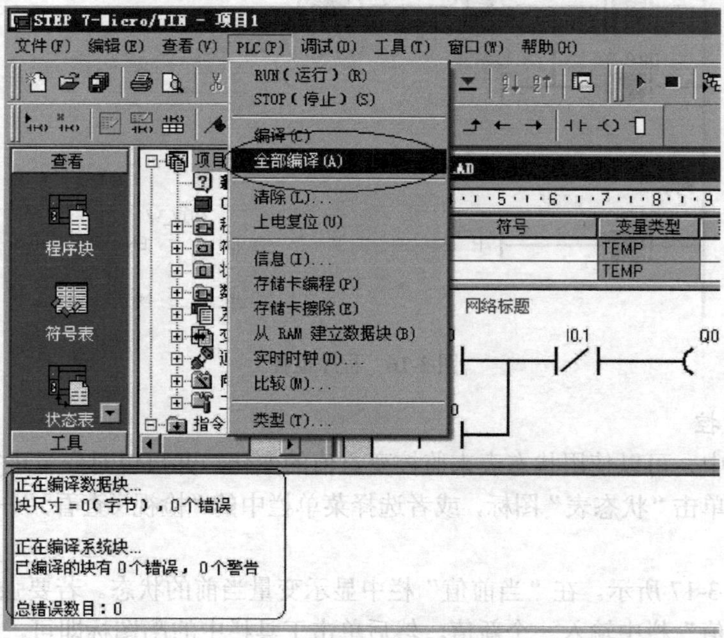

图 3-14　程序编译

3.2.5　下载、调试与监控

1. 下载

只有在编译全部正确时，才能进行下载。下载就是把用户编辑的程序传到 PLC 中，单击工具栏中的“下载”按钮。下载能够顺利完成的前提是通信的建立，见 3.4 节。

2. 调试与监控

STEP7-Micro/WIN 为用户提供了在软件环境下调试并监控用户程序的一系列工具，如图 3-15 所示。

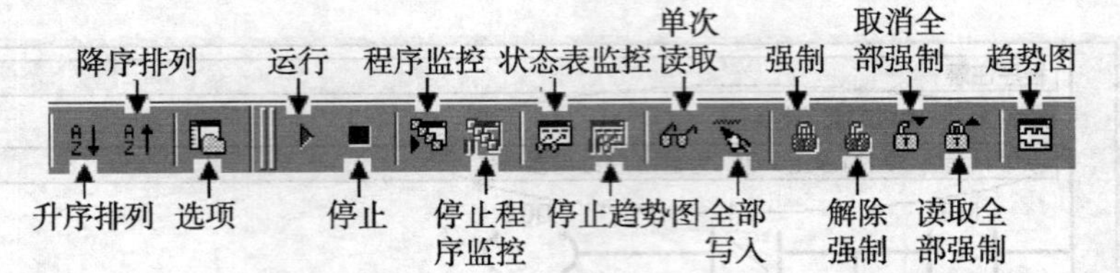

图 3-15 监控按钮

在“程序监控”状态下，某一触点变为蓝色，表示该触点接通，能量流可以流过；某一线圈变为蓝色，表示能量流流入该线圈，线圈有输出。如图 3-16 所示，即 I0.0 和 I0.1 接通，Q0.0 有输出。

通过对程序运行情况的监控，即可查看之前编辑的程序是否符合程序设计要求。如果不符合要求，就要对程序进行修改。当程序在监控状态下时，对程序编辑操作无效。

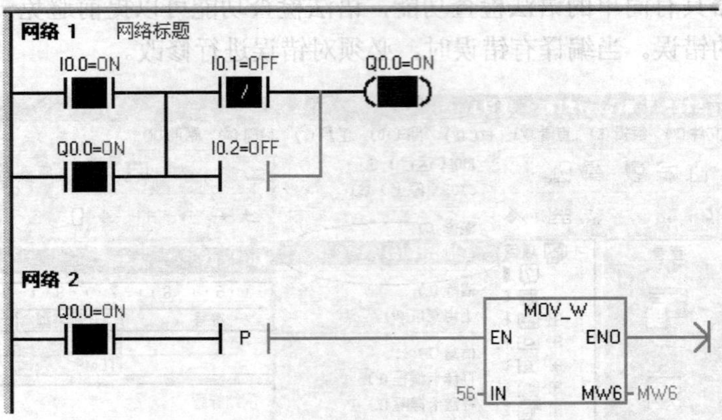

图 3-16 程序监控

3. 状态表监控

在程序运行中，可以使用状态表来监控变量值的变化，并可以对变量进行强制操作。

在浏览栏中单击“状态表”图标，或者选择菜单栏中的“检视（查看）”→“元件”→“状态表”命令。

状态表如图 3-17 所示。在“当前值”栏中显示变量当前的状态。若要强制一个新值，可在状态表“新数值”栏中输入一个新值，然后单击工具栏中的图标即可，如图 3-18 所示。

若要解除一个强制数值，选中要解除数值的“当前值”，然后单击工具栏中的图标即可。若要解除所有的强制，只需单击工具栏中的图标即可。

	地址	格式	当前值	新数值
1	I0.0	位	2#1	
2	I0.1	位	2#0	
3	I0.2	位	2#0	
4	MW6	带符号	+56	
5	Q0.0	位	2#1	

图 3-17 变量当前值

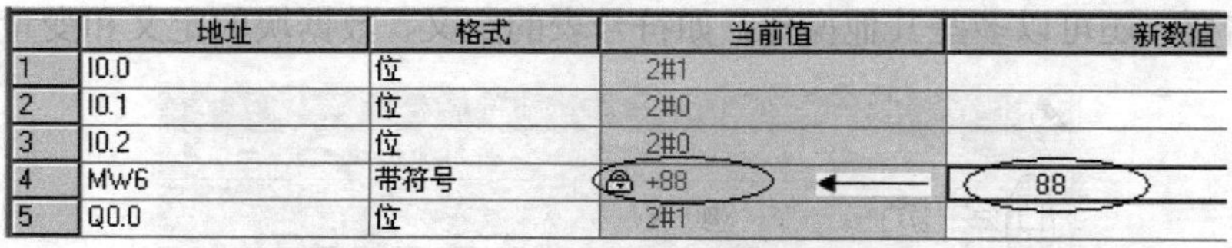

	地址	格式	当前值	新数值
1	I0.0	位	2#1	
2	I0.1	位	2#0	
3	I0.2	位	2#0	
4	MW6	带符号	+88	88
5	Q0.0	位	2#1	

图 3-18　强制操作

3.3　S7-300/400 PLC 的组态软件

STEP7 是用于 SIMATIC PLC 组态和编程的标准软件包，适用于 SIMATIC S7、M7、C7 和基于 PC 的 WinAC，为其提供编程、监控和参数设置的标准工具。

3.3.1　STEP7 的安装与组态的一般过程

1. 授权管理器

授权是使用 STEP7 软件的“钥匙”在硬盘上找到相应的授权，之后，STEP7 才可以正常使用，否则会提示用户安装授权。在购买 STEP7 软件时会附带一张包含授权的 3.5 英寸软盘。用户可以在安装过程中将授权从软盘转移到硬盘上，也可以在安装完毕后的任何时间内使用授权管理器完成转移。

STEP7 安装光盘上附带的授权管理器（automation license manager）是西门子自动化软件产品授权管理工具，在 STEP7 安装之前先安装授权管理器。

2. STEP7 的安装

在 STEP7 编程软件中，有 Setup 程序，运行该程序，可以自动地进行安装。用户按照向导提示，一步一步地完成整个安装步骤。不同版本的 STEP7 对软硬件有不同要求，操作系统一般为专业版的 Windows，并需要注意升级包的安装情况；计算机硬件要求最好 1GB 以上内存。

STEP7 经常安装不成功，这是由于计算机中的文件与安装程序发生了冲突。重新安装操作系统后，不要安装其他程序，首先安装 STEP7，这样容易成功。

3. STEP7 组态的一般过程

PLC 的程序和参数设置是以项目的形式存在于编程计算机中的。每个项目都以一个文件夹的形式进行保存，一个项目就是一个文件夹。一个项目可以有多个站，这一点与 S7-200 PLC 不同。

运行 STEP7 后，创建新建项目，如图 3-19 所示。在项目中，插入 S7-300/400 PLC 站点（可以是多个站），如图 3-20 所示。

接着，对插入的站点进行硬件组态。对于 S7-300/400 PLC，组态参数的设置就是在硬件组态中完成的。

然后，编写 PLC 的程序块。

最后，完成程序的下载。通过设置好的 PG/PC 接口，使得上位机与 PLC 建立通信，完成项目的下载。下载完成后，还可以在线调试程序。

以上步骤的顺序可以改变，所有步骤都可以在以后的组态编程中回去重新操作。有时，根据应用的需要，还可以多些其他操作，如符号表的定义、数据块的定义和变量表的定义等。

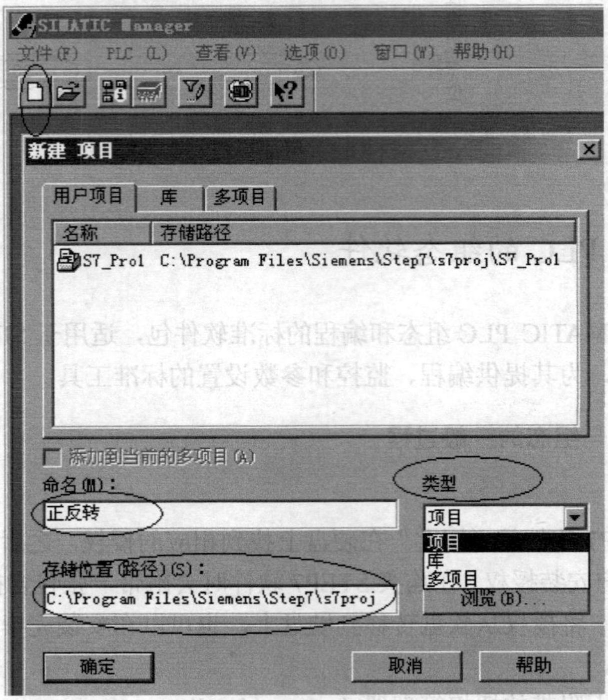

图 3-19 创建新项目

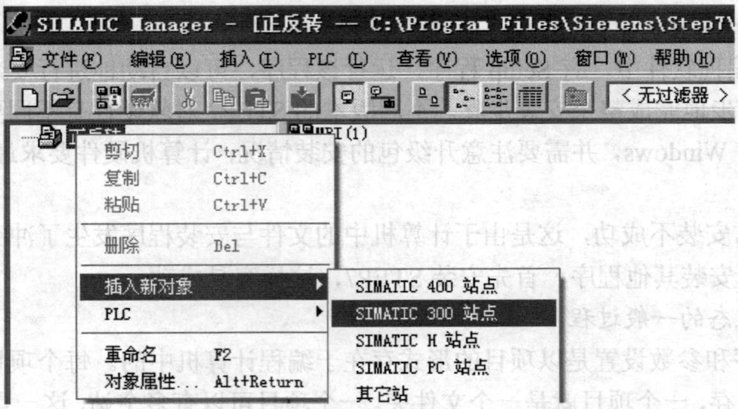

图 3-20 插入 S7-300 PLC 工作站

3.3.2 硬件组态与 CPU 属性

S7-300/400 PLC 是模块化的 PLC，CPU 需要知道 PLC 的组成，这就需要用户通过硬件组态来告诉 CPU。选中 SIMATIC 300（1）图标后，在右侧窗口中有“硬件”图标，双击它，进入硬件组态窗口，如图 3-21 所示。

根据订货号，选择硬件列表中的硬件，通过鼠标拖拽完成硬件的组态，如图 3-22 所示。一般顺序为先插入导轨，再插入 CPU 模块，然后是各种信号模块和功能模块。导轨上的第 3 个位置是为扩展机架而保留的，不能放置信号模块。

在硬件组态中，CPU 模块经常会设置 CPU 属性，信号模块需要设置端口对应的变量地址，而通信端口也要进行通信参数的设置。

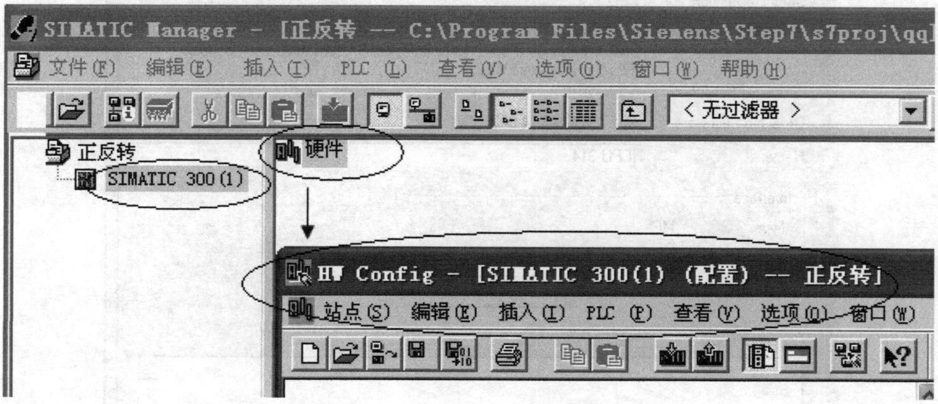

图 3-21　进入硬件组态

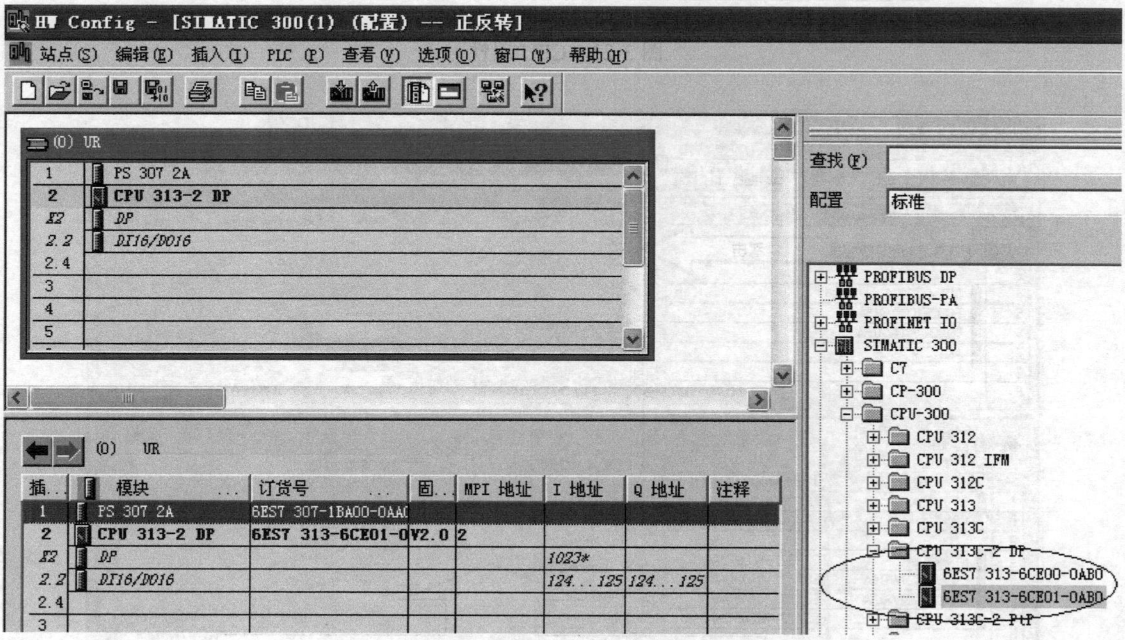

图 3-22　插入 CPU 模块

CPU 属性是重要的组态参数，是用户对 CPU 的定义，包括多项设置，如图 3-23 所示。图 3-24 为 CPU 属性中循环/时钟存储器的设置，用户可以定义一组时钟脉冲。图 3-25 为保持存储器，定义断电后保持的存储单元。

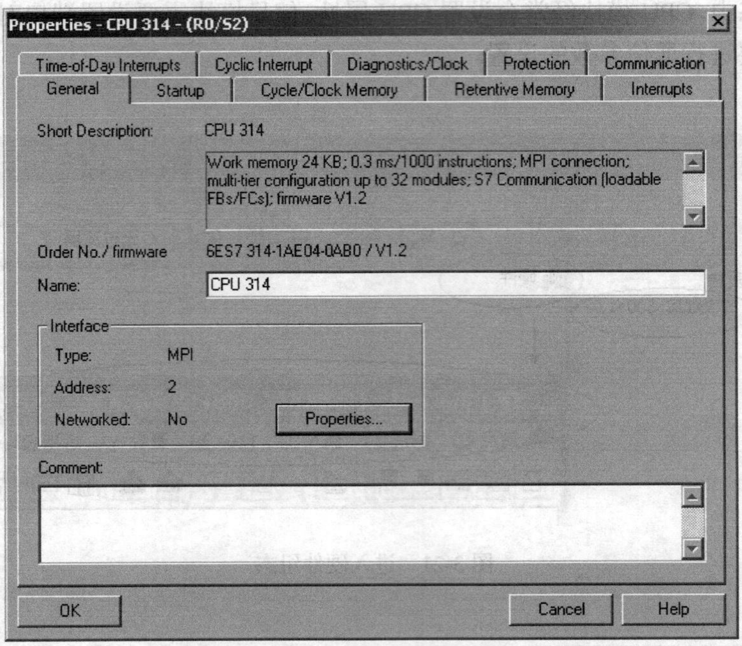

图 3-23 CPU 属性

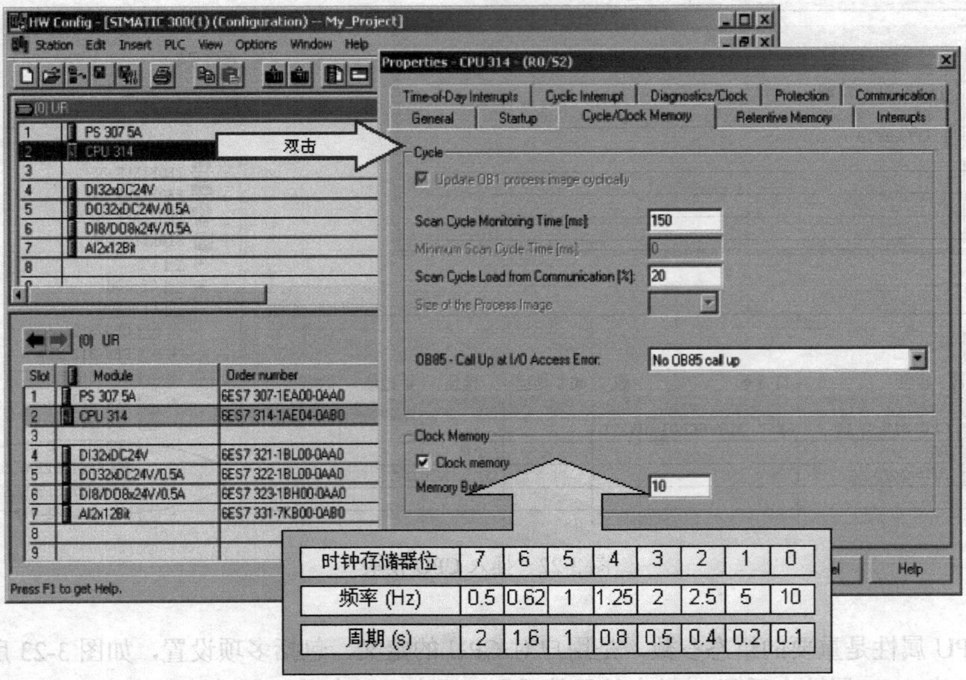

图 3-24 循环/时钟存储器

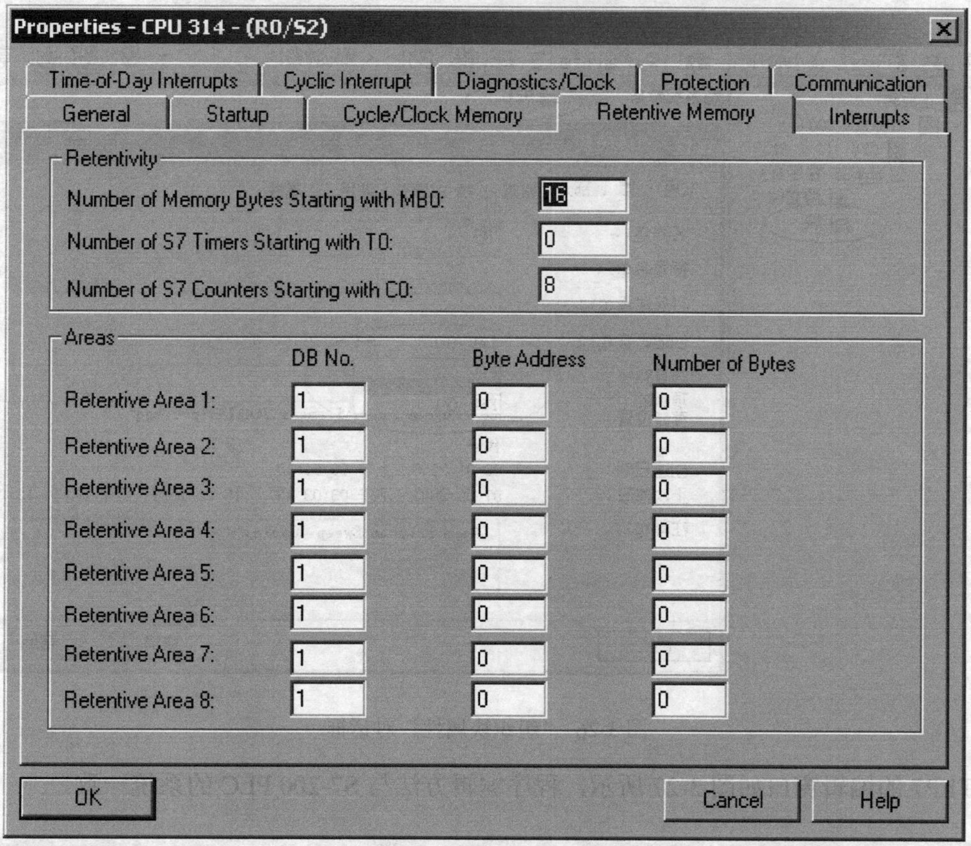

图 3-25　保持存储器

硬件组态完成后，单击保存和编译按钮，在设置好 PG/PC 后（设置方法见 3.4 节），选择下载操作，将刚才的硬件组态下载到 PLC 中。

3.3.3　程序编写

单击管理器左边的“块”图标，在右边的工作区出现 OB1 图标，双击它进入组织块窗口。OB1 其实就是用户所编写的主程序，PLC 循环扫描并执行的就是该组织块。用户可以在 OB1 内调用其他的子程序或执行中断，详细内容参见本书第 6 章的相关内容。在打开 OB1 的过程中，弹出“组织块属性”对话框，可以为 OB1 输入符号名和符号注释，并选择编程语言，如图 3-26 所示。本例选择梯形图（LAD）。

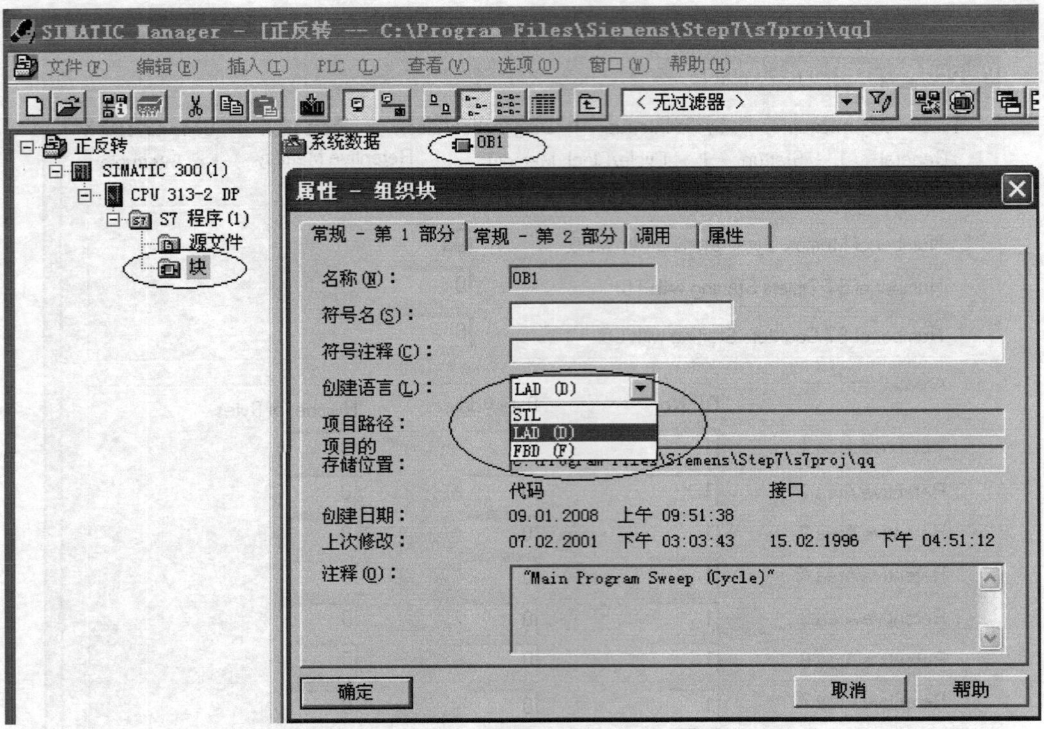

图 3-26 “组织块属性”对话框

STEP7 的编辑窗口如图 3-27 所示，程序编辑方法与 S7-200 PLC 的系统一致。

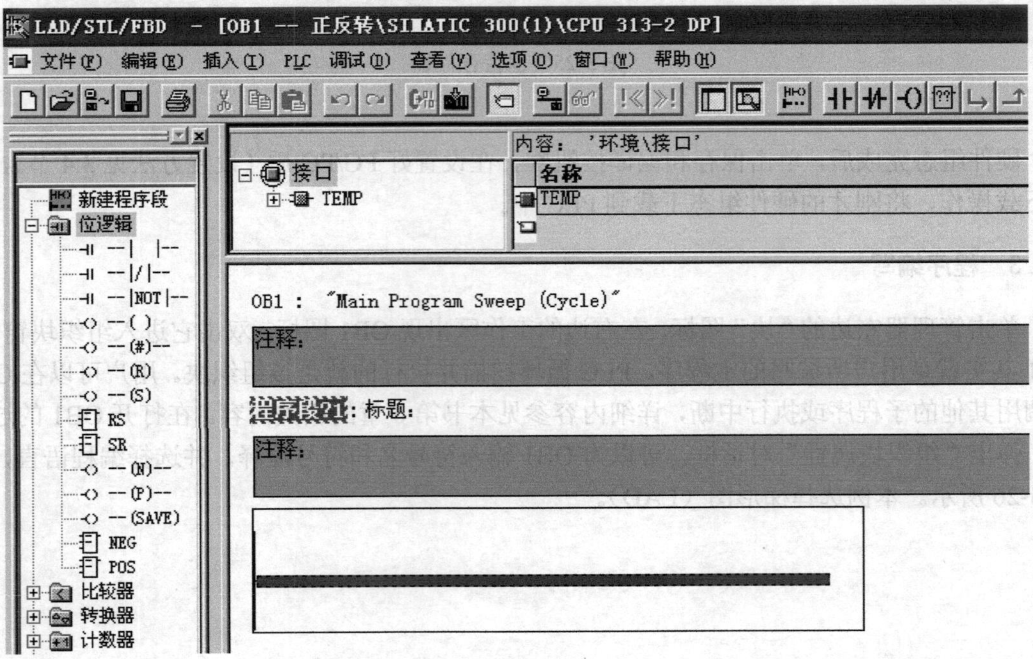

图 3-27 梯形图编辑器

3.3.4　S7-PLCSIM 仿真软件的调试

S7-PLCSIM 软件可以使用户在计算机或编程设备上模拟 PLC 运行并测试用户的程序，用户不需要任何的硬件。仿真 PLC 主要应用于无硬件 PLC 时的程序调试。

S7-PLCSIM 提供了一个简便的操作界面，用户程序的调试是通过视图对象来进行的，它可以实现对仿真 PLC 的各种变量、计数器、定时器的监视和修改。

1. 打开 S7-PLCSIM

可以通过 SIMATIC 管理器工具栏中的“仿真”按钮打开/关闭仿真功能。单击“仿真”按钮，打开 S7-PLCSIM 软件，如图 3-28 所示。

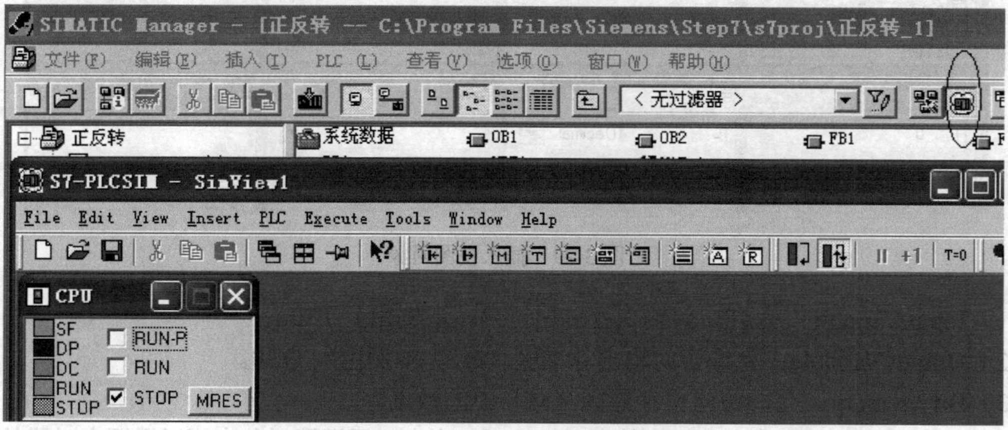

图 3-28　S7-PLCSIM 软件窗口

在 CPU 视图对象中，可用复选框来控制 CPU 的停止（STOP）、运行（RUN）和暂停（RUN-P）。单击 CPU 视图对象中的 MRES 按钮或选择 PLC→Clear/Reset 命令，对仿真 PLC 的存储器进行复位，删除程序块和硬件组态信息，CPU 将自动进入 STOP 停止模式。

CPU 视图对象中的 LED 指示灯 SF 表示有硬件、软件错误；RUN 和 STOP 指示灯表示运行和停止模式；DP 指示灯表示 PLC 与分布式外设或远程 I/O 的通信状态；DC 指示灯表示电源（直流电源）的通断。

当 S7-PLCSIM 处于运行状态时，自动建立了 STEP7 与仿真 PLC 的连接。

2. 下载项目到 S7-PLCSIM

在 S7-PLCSIM 窗口中，通过选择 PLC→Power On 命令接通仿真 PLC 的电源。在 CPU 视图对象中选中 STOP 复选框，即令仿真 PLC 处于停止模式。

通过 PLC→MPI Address 命令设置与项目中相同的 MPI 地址（本例中的 MPI 地址为 2）。

通过选择 Execute→Scan Mode→Continuous Scan 命令或单击工具栏中的 Continuous Scan 按钮，令仿真 PLC 的扫描方式为连续扫描，仿真 PLC 将会与真实的 PLC 一样连续地、周期性地执行程序。

在 SIMATIC 管理器中打开要仿真的硬件组态和用户程序，单击工具栏中的“下载”按钮，将硬件组态和用户程序下载到仿真 PLC 中。

若单击 CPU 视图中的 MRES 按钮，则可以清除 S7-PLCSIM 中的内容，此时如果想调试程序，必须重新下载用户程序。

3. 插入视图对象

通过变量视图对象可以访问仿真 PLC 所有的存储区，如图 3-29 所示。在观察对象上可以强制和显示所有数据，可以在 S7-PLCSIM 窗口中插入以下视图对象：

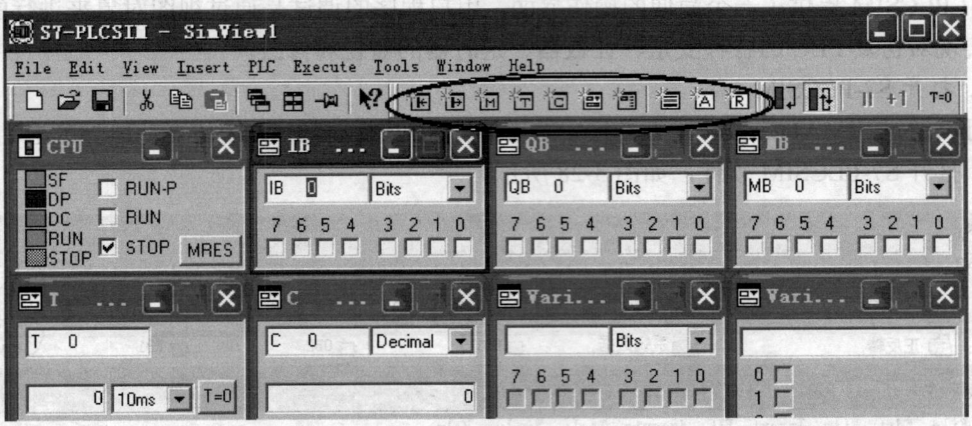

图 3-29　插入视图对象

1）Input Variable：允许访问输入存储区（I）。本例用到 IB0。

2）Output Variable：允许访问输出存储区（Q）。本例用到 QB0。

3）Bit Memory：允许访问位存储区（M）中的数据。

4）Timer：允许访问程序中用到的定时器（T），在定时器视图对象中可以设置定时器的时间基准。定时器视图对象和工具栏中的 T=0 按钮分别用来复位指定的定时器和所有的定时器。

5）Counter：允许访问程序中用到的计数器（C）。

6）Generic：允许访问仿真 PLC 中所有的存储区，包括程序使用到的数据块（DB）。

7）Vertical Bits：允许通过符号地址或者绝对地址来监视或者修改数据。

单击 S7-PLCSIM 工具栏中标有 I、Q、M、T、C 等的按钮可以创建输入字节 IB、输出字节 QB、位存储区、定时器、计数器等视图对象。

4. 调试程序

用视图对象来模拟实际 PLC 的输入/输出信号，产生 PLC 的输入信号，或通过它来观察 PLC 的输出信号和内部元件的变化情况。

5. 保存文件

退出仿真软件时，可以保存仿真时生成的 LAY 文件及 PLC 文件，以便于下次仿真时直接使用本次的各种设置。

3.4　PG/PC 接口的设置

3.4.1　PLC 与上位机的通信方法

西门子自动化技术的应用，包括组态、编程和监控，都需要通过组态软件和工具来实现。

常用的组态软件有 STEP7 Micro/WIN、STEP7 和 WinCC 等。所有的软件要实现组态信息和程序的下载，都需要设置计算机的 PG/PC 接口。通过设置计算机的 PG/PC 接口，用户就定义了组态软件与 PLC 通信的通道。

计算机的 PG/PC 接口包括两个方面，一是计算机的硬件接口，另一是接口的运行方式。常见的计算机硬件接口包括串口、USB 接口、CP5611/5613 接口和以太网接口等。常见的接口运行方式有 PPI、MPI、PROFIBUS 和以太网（TCP/IP）。

特别需要注意的是PG/PC接口的设定完成的同时，使用PLC上的哪个通信口也确定好了，两者必须一致，如表 3-1 所示。PLC 上任何一个通信端口的属性是由上一次下载时确定的（新买的 PLC 是由出厂时进行设定的），用户只有在 PG/PC 接口设置中与其保持一致，才能建立通信。

例如，用户想通过 S7-200 PLC 的 PPI 与 PLC 通信，在 PG/PC 接口的设定时，可以选择表 3-1 所示的三种 PPI 计算机硬件之一，此外还要设定 PPI 通信对象（PLC）的站地址和波特率，这些都一致时，才能建立通信。

再比如，用户想通过 S7-300 PLC 的 MPI 与 PLC 通信，在 PG/PC 接口的设定时，可以选择表 3-1 所示的两种 MPI 计算机硬件之一，此外还要设定 MPI 通信对象（PLC）的站地址和波特率，这些都一致时，才能建立通信。

表 3-1　编程计算机与 PLC 通信的协议

PLC 类型	协议名称	计算机硬件	PLC 的硬件
S7-200	PPI	USB（或 COM）+ PPI/PC 电缆	PPI 通信口（PLC 自带）
		USB（或 COM）+ PC ADAPTER（PPI）电缆	
		CP5611 卡（设置成 PPI）	
	PROFIBUS	USB（或 COM）+ PC ADAPTER（PROFIBUS）电缆	扩展模块 EM277
		CP5611 卡（设置成 PROFIBUS）	
	工业以太网	以太网卡	扩展模块 CP
S7-300/400	MPI	USB（COM）+ PC ADAPTER（MPI）电缆	MPI 通信口（PLC 一般自带）
		CP5611 卡（设置成 MPI）	
	PROFIBUS	USB（COM）+ PC ADAPTER（PROFIBUS）电缆	DP 通信口
		CP5611 卡（设置成 PROFIBUS）	
	工业以太网	以太网卡	以太网通信口

在不知道 PLC 某个端口的站地址和波特率的情况下，可以进行搜索，也可以尝试常用的那些波特率。

下载的问题是当前工业自动化应用中的一个基本问题。如果不能正确进行组态和程序的下载，将无法使用先进的控制器及其他现场设备。特别地，初学者掌握西门子 PLC 的 PG/PC 的设置，对于西门子 PLC 的学习、实验以及初步应用等相当重要。

PG/PC 接口的设置可以在控制面板中启动，STEP7 中也提供了 PG/PC 接口的启动菜单。在设置中，首先要选择“应用程序访问点”，定义组态软件的名称，常用应用程序为 STEP7、

STEP7 Micro/WIN 和 WinCC；然后再定义“接口参数分配”，如果在列表中，找不到用户需要的接口及其参数，则选择接口的“添加/删除”。有些通信方式需要安装通信驱动程序。

3.4.2 S7-200 PLC 与上位机的 PPI 电缆连接

S7-200 PLC 与上位机通信中，PPI 通信最为基本和常用。一般通过 PPI/PC 电缆连接 PLC 的 PPI 与计算机的 USB 口（或 COM 口），本节以此为例进行说明。

1. PPI 通信协议

PPI（Point to Point Interface）通信协议是 S7-200 系列 PLC 专用通信协议，是用于 S7-200 PLC 和上位机之间的串行通信协议。PPI 是 S7-200 PLC 的基本通信方式，不需要扩展模块，通过内置的 RS-485 串行口(通常也称为 PPI 口）即可实现，波特率为 9.6kbit/s、19.2kbit/s 和 187.5kbit/s。

2. PG/PC 接口设置

启动 PG/PC 接口后，如图 3-30 所示。选择 PC/PPI cable（PPI)，选择“属性”按钮，进一步设定计算机该接口的属性。

图 3-31 为属性的 PPI 选项卡，站参数用来设置计算机站地址（一般为 0，不要修改）和通信连接尝试时间，网络参数用来设置波特率等参数（由于有搜索功能，此处波特率可任意设置)。网络参数设定应选择“高级 PPI”。

图 3-32 为属性的“本地连接”选项卡，可选择 COM 口或 USB 口。PPI 电缆有 COM 口或 USB 口两种类型的产品，应根据具体产品进行设置。

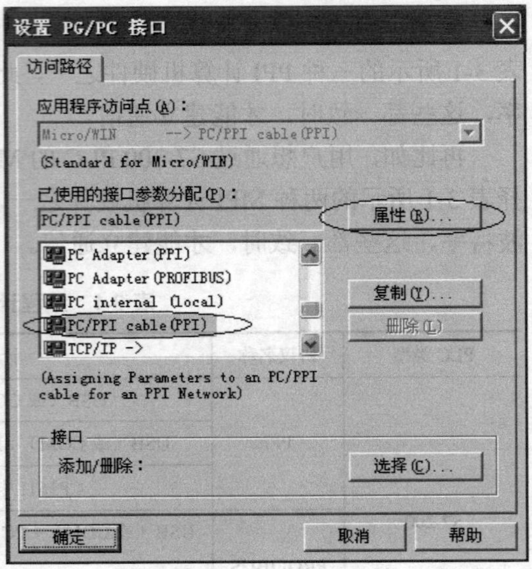

图 3-30 PG/PC 接口的设置

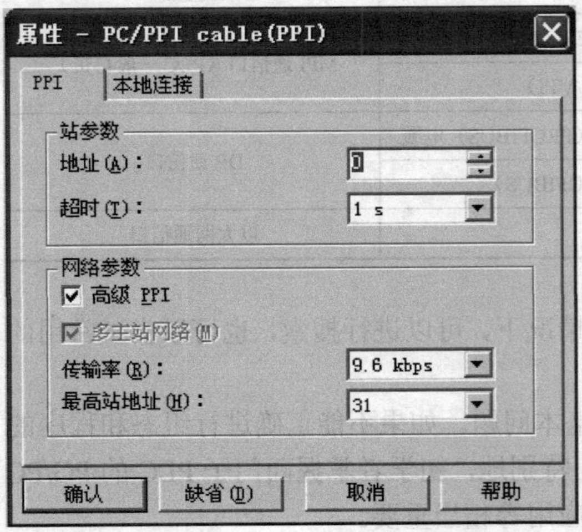

图 3-31 PPI 选项卡

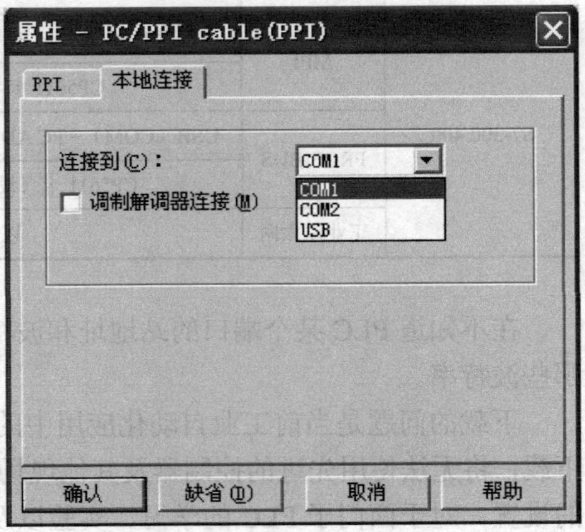

图 3-32 “本地连接”选项卡

设置完成后，在 Micro STEP7 中进行通信连接，刷新通信列表，找到想要的 S7-200 PLC，并进行确认。这样通信就建立起来了。若通信不能建立，则需要检查属性设置。 选择“搜索所有波特率”，可以按顺序将所有波特率搜寻一遍，如图 3-33 所示。

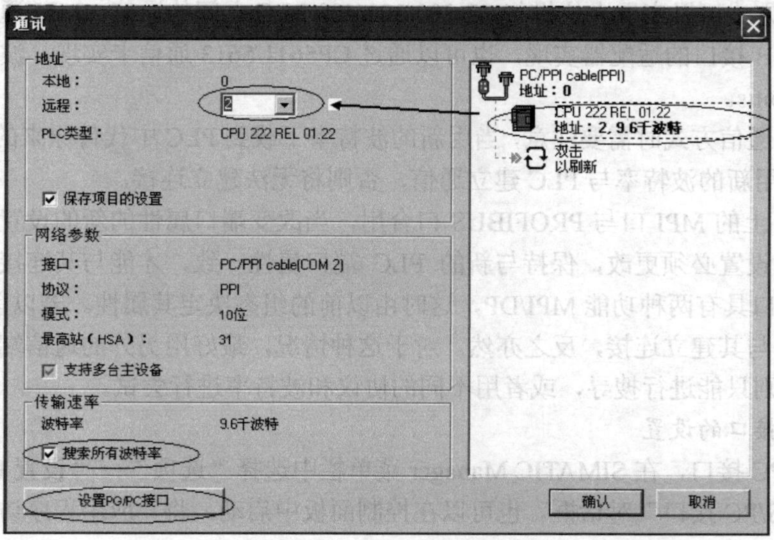

图 3-33　搜索远程 PLC

通信建立后，就可以进行项目的下载、监控和调试等工作了。

3. PC/PPI 电缆上 DIP 开关的设置

使用电缆时，将 PC/PPI 电缆的 PC 端与计算机的 RS-232 通信口（COM1 或 COM2）或 USB 接口连接，再将 PPI 端与 PLC 的 PPI 口连接。当数据从 RS-232 传送到 PPI 口时，PC/PPI 电缆是发送模式。当数据从 PPI 传送到 RS-232 口时，PC/PPI 电缆是接收模式。

有些 PC/PPI 电缆上有 DIP 设置开关，应根据图示进行正确设置，DIP 开关设置与 LED 指示的作用如图 3-34 所示。

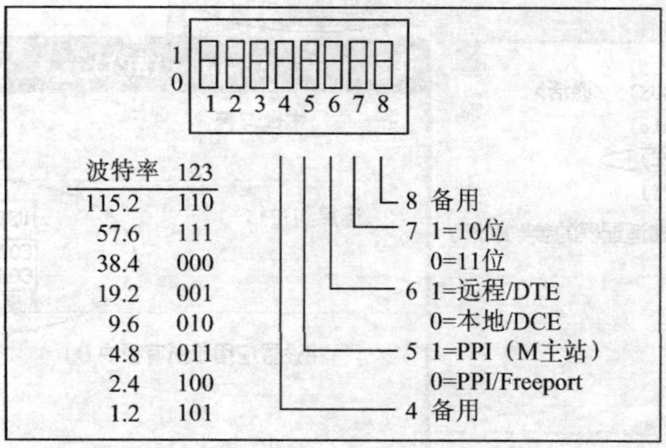

LED	颜色	描述
Tx	绿色	RS-232发送指示灯
Rx	绿色	RS-232接收指示灯
PPI	绿色	RS-485发送指示灯

图 3-34　DIP 开关的设置、LED 状态表

3.4.3 S7-300/400 PLC 与上位机之间的 MPI 电缆连接

1. MPI 通信

MPI 通信方式可以实现上位机与 S7-200/300/400 PLC 之间的通信。MPI 通信方式可以通过 COM 或 USB 接口的适配器实现，也可以通过 CP5611/5613 通信卡实现。波特率可以选择 9.6kbit/s~12Mbit/s。

应用 MPI 通信方式时需要注意，当用新的波特率下载到 PLC 中代替原来的波特率，下载完成后，需要用新的波特率与 PLC 建立通信，否则将无法建立连接。

有些 PLC 上的 MPI 口与 PROFIBUS 口合用，当改变端口属性的新的设置下载完成后，PG/PC 接口的设置必须更改，保持与新的 PLC 端口属性一致，才能与其连接。有些西门子 PLC 的通信端口具有两种功能 MPI/DP，这时由以前的组态决定其属性。若以前定义成 DP，则用 MPI 无法与其建立连接，反之亦然。对于这种情况，最好用另外的通信端口（如果有的话）下载，否则只能进行搜寻，或者用不同的协议和波特率进行尝试。

2. PG/PC 接口的设置

启动 PG/PC 接口，在 SIMATIC Manager 菜单栏中选择“选项”→“设置 PG/PC 接口”，启动“设置 PG/PC 接口”对话框。也可以在控制面板中启动，将“应用程序访问点”设置为 S7ONLINE（STEP7）。

本节介绍的是 MPI 电缆的下载方式，所以选择 PC Adapter（MPI），并设定相关参数，如图 3-35 所示。

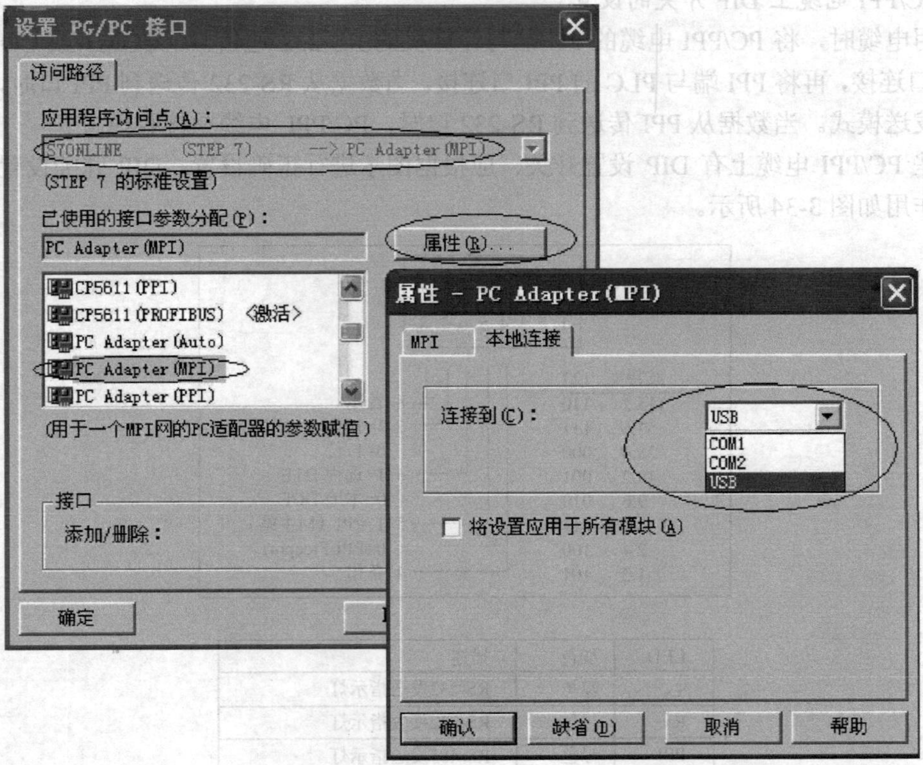

图 3-35 设置 PG/PC 接口参数

3. 下载与监视

在 SIMATIC Manager 中，单击工具栏上的“可访问节点”图标，将通过使用嵌入式 MPI 通信连接读取所有的连接节点，如图 3-36 所示。

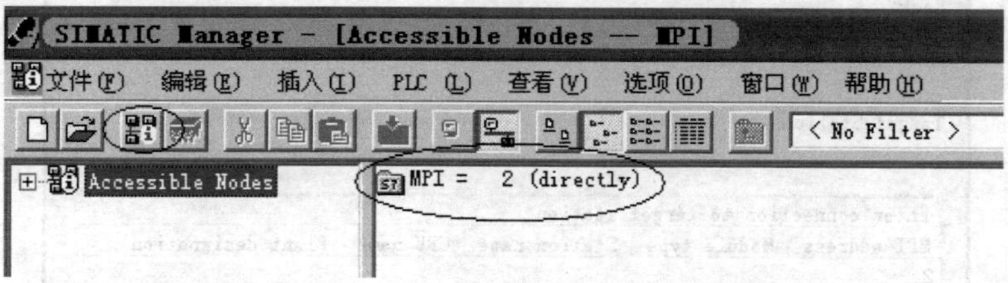

图 3-36　读取所有的在线节点

在 SIMATIC Manager 窗口、硬件组态和 LAD/STL/FBD 窗口的工具栏中都有“下载”图标，用户在下载时最好先下载硬件组态，然后再下载程序。

打开硬件窗口，单击“下载”图标即可。在下载硬件时，会弹出 Select Node Address 对话框（见图 3-37），单击 View 按钮，显示出图 3-38 所示的“选择需要的在线节点（Select Node Address）”对话框，在 Accessible Nodes 项中显示出当前与编程设备连接的 PLC 型号及其 MPI 地址（即 6，而例子中的 MPI 地址设置为 2），单击这个 PLC，使得 MPI address 项中的 PLC 地址变为 6（见图 3-39），然后再单击 OK 按钮继续下载。下载成功后，PLC 的实际 MPI 地址就变为例子中的地址设置值 2。

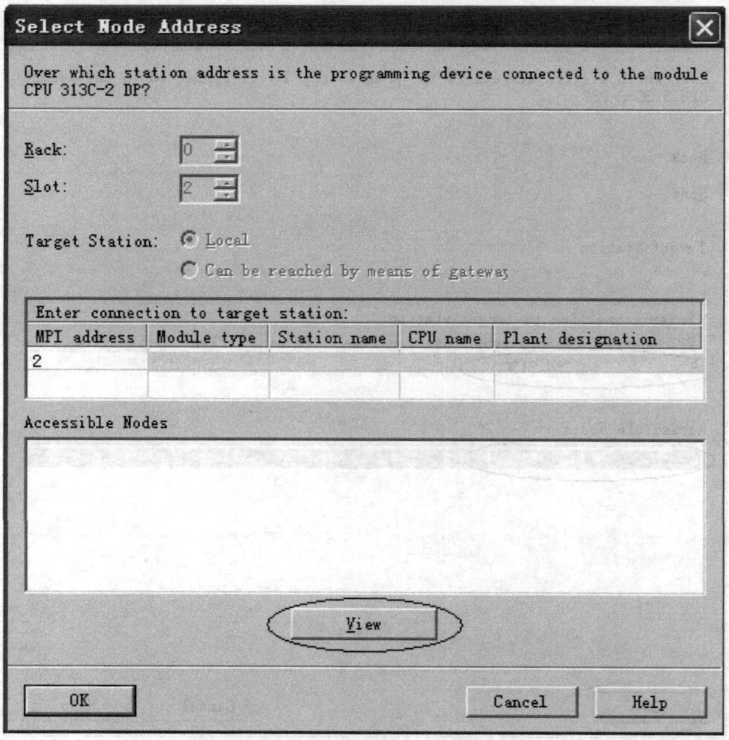

图 3-37　搜索所有在线的节点

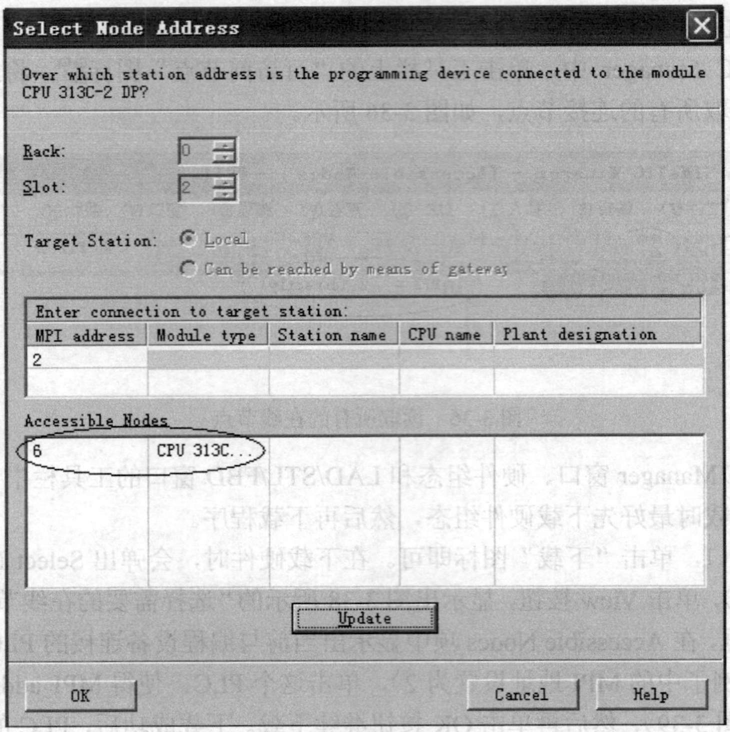

图 3-38 选择需要的在线节点

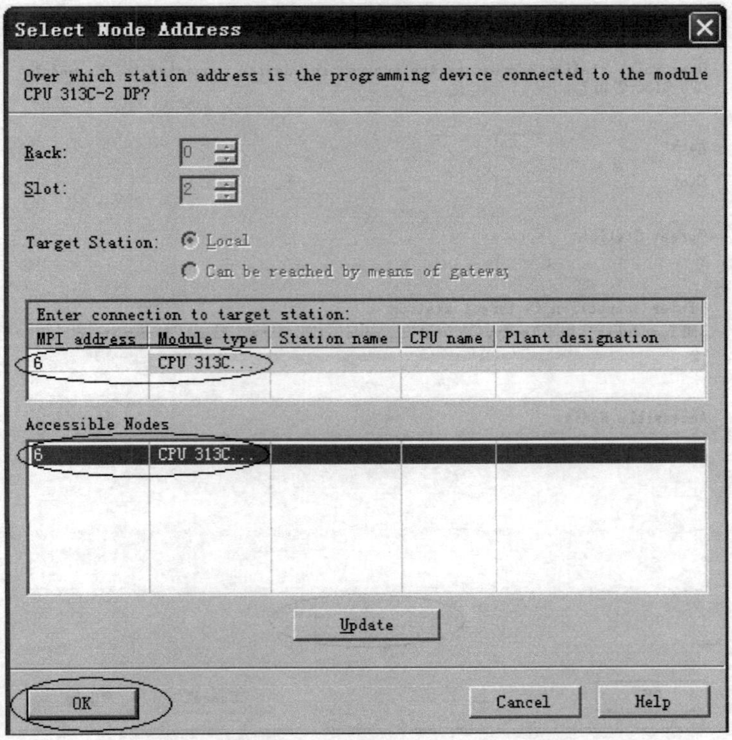

图 3-39 建立连接并下载组态内容

在 SIMATIC Manager 中，选中程序下的“块”文件夹并单击工具栏中的“下载”图标，则将下载“块”文件夹中的所有内容，如图 3-40 所示。在下载时会弹出“Do you want to load the system data?”对话框，单击“确定”按钮，即需要下载这些数据。

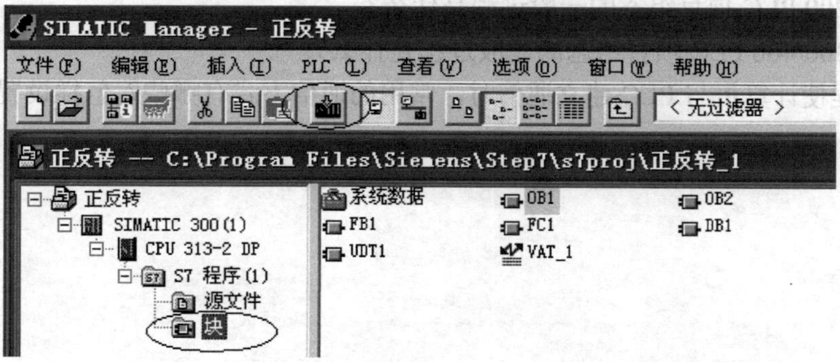

图 3-40　下载“块”

如果 CPU 处于 RUN 状态，会弹出一个信息窗口，要求将 CPU 切换到停机状态，单击“确定”按钮。在下载完成后，CPU 会自动转换为 RUN 模式。

将保存编译正确的程序下载后，启动 CPU 运行。在程序编辑器窗口中，单击工具栏中的“监视”图标，进入程序监视状态，在当前窗口中显示在线的程序运行状态。此时将看到变量和彩色的信号流，当状态满足时显示为绿色线，当状态不满足时显示为蓝虚线，而且在变量位置上显示该变量的当前值，如图 3-41 所示。

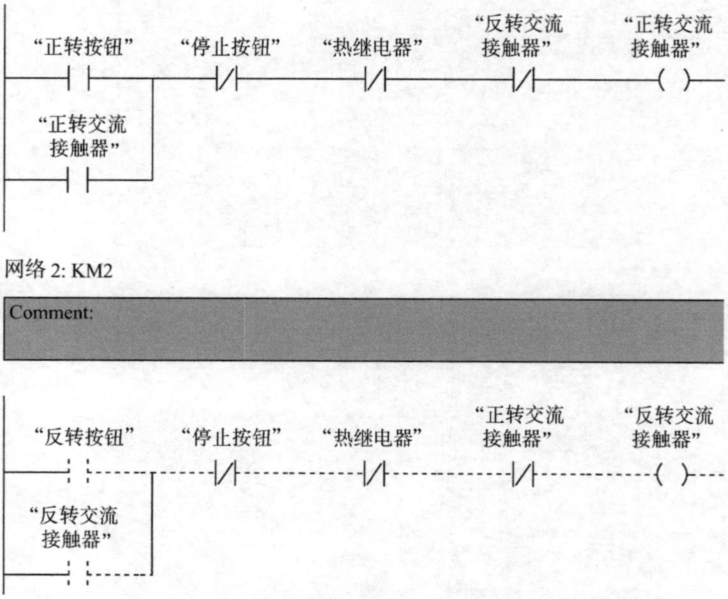

图 3-41　监视程序

思考与练习题

3.1 组态的概念是什么？S7-200/300/400 PLC 的组态软件是什么？

3.2 S7-200 PLC 项目组态的一般过程是什么？

3.3 S7-300/400 PLC 项目组态的一般过程是什么？

3.4 编程使计算机与 PLC 建立通信时，常用的通信方式有哪些？怎样设置？

第 4 章　S7-200 PLC 编程指令

4.1　S7-200/300/400 PLC 编程指令与 RLO

4.1.1　IEC61131 与 SIMATIC 指令体系

由第 1 章和第 2 章可知，PLC 具备可编程性和高可靠性等优点，已经成为工业自动化领域中广泛应用的工业控制器。在 PLC 的发展过程中，各 PLC 生产厂家逐步形成了自己的产品体系，其基本原理一致，但指令系统却不尽相同。目前 PLC 制造商已形成了多个大型公司和若干小型公司 PLC 产品并存的局面。由于各 PLC 厂家产品在指令系统上的差异，这给工程师的 PLC 系统设计带来了很大的困难，特别对于不同 PLC 在技术细节的处理上。

为统一 PLC 的技术规范，IEC（国际电工委员会）制定了 PLC 编程语言标准 IEC61131（1993 年 IEC 颁布的国际标准为 IEC1131）。IEC61131 标准共分为五个部分：IEC61131-1 为一般信息，对通用逻辑编程做了一般性介绍，并讨论了逻辑编程的基本概念、术语和定义；IEC61131-2 为装配和测试需要，从机械和电气两部分介绍了逻辑编程对硬件设备的要求和测试需要；IEC61131-3 为编程语言的标准，它吸取了多种编程语言的长处，制定了五种标准语言；IEC61131-4 为用户指南，提供了有关选择、安装、维护的信息资料和用户指导手册；IEC61131-5 为通信规范，规定了逻辑控制设备与其他装置的通信联系规范。

PLC 编程语言标准 IEC61131-3 是 PLC 指令系统的参考标准，它要求不同的 PLC 制造商的 PLC 支持相似的指令，以方便 PLC 控制系统设计。它的主要内容包括以下几点：

1）编译为标准代码的规则，定义了 PLC 必须满足的程序编译标准。

2）软件模型、通信模型和编程模型。

3）PLC 语言中的通用元件，如变量和数据类型、功能和功能块、程序和任务。

目前，西门子公司、AB（罗克韦尔）公司和三菱公司等主流 PLC 制造商均宣称支持 IEC61131。由于 IEC61131 只是一个一般性的规定及历史原因，不同 PLC 使用时仍具有不同的技术细节。

西门子公司从小型到大中型 PLC 均支持 IEC61131 指令系统。除了 IEC61131 指令系统外，西门子 PLC 指令系统中还包含了 SIMATIC 指令。SIMATIC 指令是西门子 PLC 的指令，是对 IEC61131 指令系统的扩展和补充。SIMATIC 指令比 IEC61131 指令更加丰富。在学习使用中，需要掌握 IEC61131 基本指令，这样就掌握了 PLC 指令系统的主要部分。对一些专用的和特殊的 SIMATIC 指令也要了解，SIMATIC 指令对于西门子 PLC 中的具体应用可能带来很大的便利。IEC61131 指令系统可移植性强，而 SIMATIC 指令功能强大。

在指令系统的学习中，典型的程序段（常用电路）需要理解，并加强记忆，它们是经验法编程的基础，体现了 PLC 控制的精髓，而且对于不同 PLC 是通用的。

4.1.2 西门子 PLC 编程语言

IEC61131-3 规定了指令表（STL）、梯形图（LAD）、顺序功能图（SFC）、功能块图（FBD）和结构化文本（ST）五种编程语言。

西门子 PLC 支持梯形图（LAD）、指令表（STL）、顺序功能图（SFC）和功能块图（FBD）四种编程语言。在 S7-200 PLC 中，顺序功能图是通过步控指令实现的，在形式上是梯形图形式，在思路上却是顺序控制的思想。在 S7-300/400 PLC 中，顺序功能图是以图形化的方式，通过 S7-GRAPH 软件包开发 GRAPH 程序实现的。

考虑到 PLC 在国内应用的现状和国内用户的思维习惯，本书只介绍梯形图（LAD）和顺序功能图（SFC）两种编程语言。不同编程语言是对同样的逻辑关系的不同表达形式，应根据需要选择。在实际应用中，应优先选择梯形图和顺序功能图语言。

4.1.3 逻辑操作结果 RLO

PLC 中程序执行的结果就是确定和改变变量的值。这需要通过线圈来实现，PLC 程序的线圈可以广义地分为两类：普通线圈和功能线圈。如图 4-1 所示的程序中，线圈 M0.0 和 Q0.0 为普通线圈，而 MOV_B 为功能线圈。

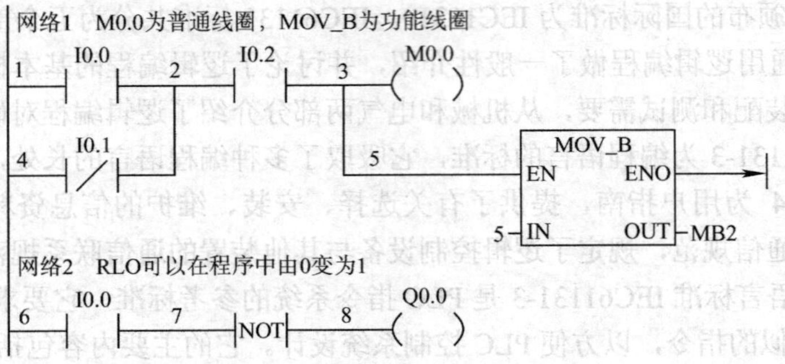

图 4-1 梯形图的线圈与 RLO

对于普通线圈，只要该线圈左侧的逻辑操作结果（Result of Logic Operation，RLO）为 1，则线圈动作，对应的变量等于 1；否则线圈不动作，对应的变量等于 0。注意，线圈不动作（变量结果等于 0）也是程序执行的结果。任何一个网络中的程序执行完成后，变量均会有结果，无论结果是 1 还是 0。

对于功能线圈，只要该线圈左侧的 RLO 为 1，则实现相应的功能。图 4-1 中的 MOV_B 线圈左侧的 RLO 等于 1 时，则按功能线圈的规则，实现数据传送功能。

线圈的执行是和其左侧的 RLO 密切相关的，实际上 PLC 程序的所有分析和设计均和 RLO 相关。RLO 是西门子 PLC 中的重要概念，它是对传统 PLC 程序分析和设计中电流、能流等概念的高度概括。

在程序中，RLO 永远属于线上面的所有点，而且相连接的线上的所有点的 RLO 是相同的。在最左侧的母线位置，RLO 的值为 1。RLO 的值可能被触点改变，当触点接通时，其两端的 RLO 相同，若不通，则其右侧 RLO 为 0；在并联时，只要有一个触点右侧的 RLO 等于 1，则所有触点右侧的 RLO 等于 1。

在图 4-1 所示的程序中，位置 1、4 和 6 的 RLO 的值为 1；位置 2 和 7 的 RLO 的值由 I0.0 和 I0.1 的触点状态决定，若触点接通，则位置 2 和 7 的 RLO 的值为 1；网络 2 中的 NOT 触点会改变 RLO 的值，位置 8 和位置 7 的 RLO 的值相反。

再次强调一下，触点的状态由触点所对应的继电器（变量）的状态决定。当继电器动作（变量为 1）时，常开触点吸合，常闭触点断开；当继电器不动作（变量为 0）时，常开触点断开，常闭触点吸合。该结论对于所有继电器（或位变量）均适用。

4.1.4　S7-200/300/400 PLC 指令分类

S7-200/300/400 PLC 指令包括位逻辑、定时器（计时器）、计数器、传送（移动）、移位、比较、转换、逻辑操作、中断和通信等 10 多类指令。S7-200 和 S7-300/400 PLC 在形式上有的时候有差别，但差别不大，而且本质上是一致的。

本章主要介绍 S7-200 PLC 的位逻辑、定时器（计时器）、计数器、传送（移动）、移位和比较等指令，中断、顺序控制、通信等指令和编程在后续章节中介绍。

S7-300/400 PLC 的指令系统在第 5 章介绍。

4.2　位逻辑操作指令

4.2.1　基本位逻辑指令

基本位逻辑指令包括常开触点、常闭触点和普通线圈等指令，如表 4-1 所示。触点和触点之间可以形成与、或和非的基本逻辑关系，也可以组合形成复杂的逻辑关系，从而决定线圈左侧的 RLO。线圈的动作状态由线圈左侧的 RLO 决定。

表 4-1　基本位逻辑指令

指令名称	梯形图	说　明	操作对象
常开触点	I0.0 —| |—	以触点为起始引出一行新程序，或者串并在程序中；当触点接通时，若左边的 RLO 为 1，则右边的 RLO 也为 1；若触点不通，则右边的 RLO 为 0	位变量，如 I、Q、M、SM、T、C、V、S 和 L 等存储区的位操作
常闭触点	I0.1 —|/|—		
普通线圈	Q0.0 —( )—	若普通线圈左侧的 RLO 为 1，则线圈动作（变量为 1），否则不动作（变量为 0）	位变量，如 Q、M、SM、V、S 和 L 等存储区的位操作
取反触点	—|NOT|—	对触点左边的 RLO 结果进行取反	无操作对象
空操作	N NOP	执行 N 步空操作	N 取 0～255

例 4.1　自保持电路 1。

自保持电路如图 4-2 所示，I0.0 有输入（只要保持有一个扫描周期），同时 I0.1 没有输入，则 Q0.0 有输出，即便此后 I0.0 不再有输入，Q0.0 也一直保持有输出，直到 I0.1 有输入为止。

自保持电路中的 I0.0 起激发作用，Q0.0 的常开触点起保持作用，而 I0.1 起切断保持的作用。需要注意的是，程序中的 I0.0、I0.1 和 Q0.0 可以换成其他的继电器或位变量。

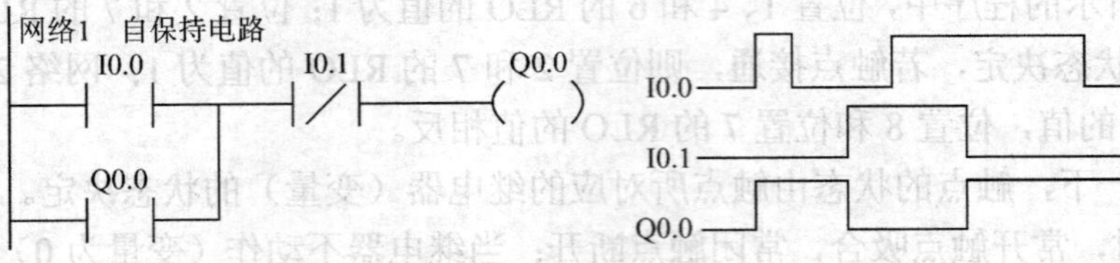

图 4-2 自保持电路和时序图

自保持电路是常用的控制程序，是从很多程序中抽象出来的电路，其应用特别广泛。例如，电动机起停 PLC 控制中，起动按钮接 I0.0，停止按钮接 I0.1，Q0.0 的输出控制电动机的接触器，则用自保持电路可以实现电动机起停控制。

例 4.2 互锁电路。

互锁电路如图 4-3 所示，它们是由两行自保持电路组成的，Q0.0 和 Q0.1 不能同时为 1，称为互锁。I0.0 激发 Q0.0，I0.1 激发 Q0.1；I0.2 可以使两行程序中的线圈均停止动作。

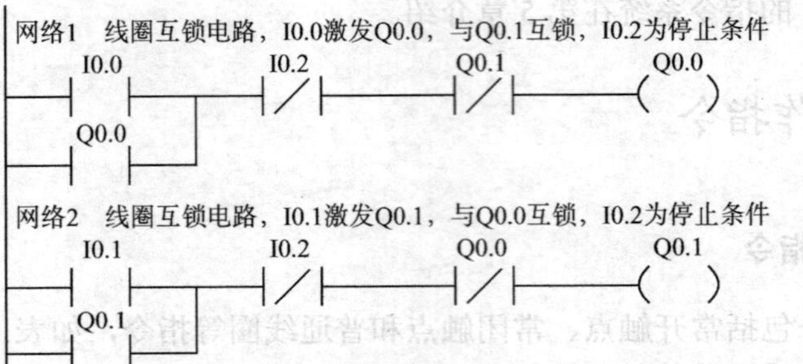

a) 线圈互锁电路

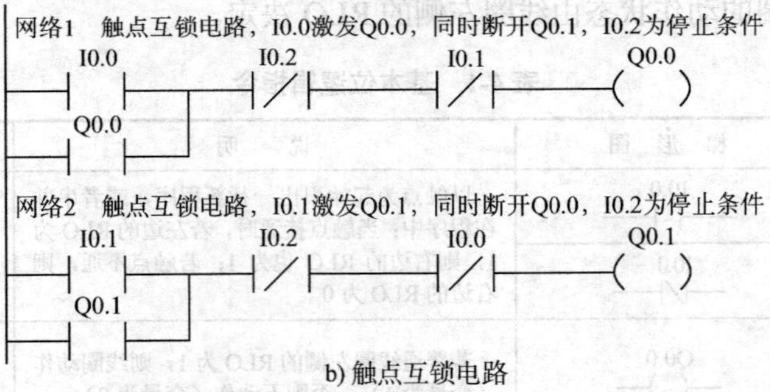

b) 触点互锁电路

图 4-3 线圈互锁电路和触点互锁电路

根据互锁的实现方法不同，又分为线圈互锁和触点互锁两种。线圈互锁电路如图 4-3a 所示，将线圈对应的常闭触点串联在对方线圈的前面，一旦某一个线圈动作，则另一个线圈将不再能够动作，直到 I0.2 有输入为止。线圈互锁电路具有“先输入优先”的特点。触点互锁电路如图 4-3b 所示，将一个网络中起激发作用的触点对应的常闭触点串联在对方线圈的前面，一旦该触点对应的继电器动作或有输入，则断开另一个线圈，并激发自己网络中对应的继电器，直到 I0.2 有输入或被断开为止。触点互锁电路具有“后输入优先”的特点。

触点互锁电路分析中一定需要注意，I0.0 和 I0.1 的输入是按钮输入，输入会持续 1/20s 以上的时间，PLC 将运行若干个周期，完全可以做到断开对方线圈，同时再激发自己对应的线圈。

互锁电路有时将线圈互锁和触点互锁结合起来应用，但总体上还是呈现“后输入优先”的特点。有时触点还可以在其他位置，分析和设计方法同上。

例 4.3　多输入电路。

多输入电路是表达多个输入与一个输出之间关系的程序。

图 4-4 所示程序中，网络 1、2 和 3 为单输入的情况。网络 1 中，M0.0=I0.0，表达的是相等的逻辑关系；网络 2 和网络 3 中，M0.1 和 M0.2 的状态与 I0.0 相反，网络 2 通过 NOT 触点实现，而网络 3 通过常闭触点实现。

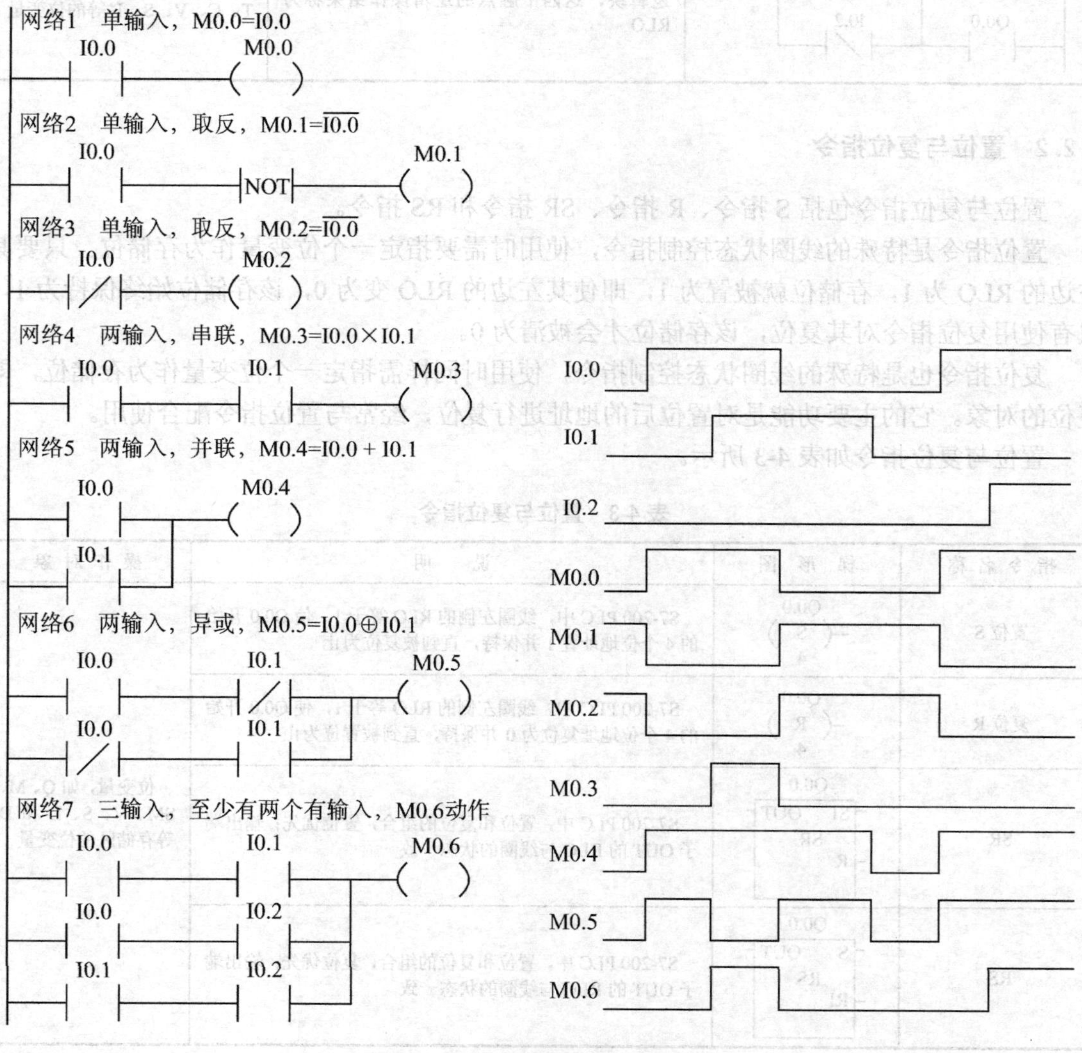

图 4-4　多输入电路和时序图

网络 4、5 和 6 为两输入的情况。网络 4 中，M0.3 的状态由 I0.0 和 I0.1 串联的结果决定，当 I0.0 和 I0.1 同时有输入时，M0.3 动作；网络 5 中，M0.4 的状态由 I0.0 和 I0.1 并联的结果决定，当 I0.0 和 I0.1 任意一个或至少有一个有输入时，M0.4 动作；网络 6 中，M0.5 的状态由 I0.0 和 I0.1 异或的结果决定，当 I0.0 和 I0.1 有且只有一个有输入时，M0.5 动作。

网络 7 为三输入的情况。网络 7 中，M0.6 的状态由 I0.0、I0.1 和 I0.2 串并联的结果决定，当三个输入至少有两个有输入时，M0.6 动作。

由表 4-1 中给出的触点，可以按照与、或、非的逻辑关系组合成更加复杂的逻辑块，如表 4-2 所示。

表 4-2 复杂逻辑关系梯形图

梯 形 图	说 明	操 作 对 象
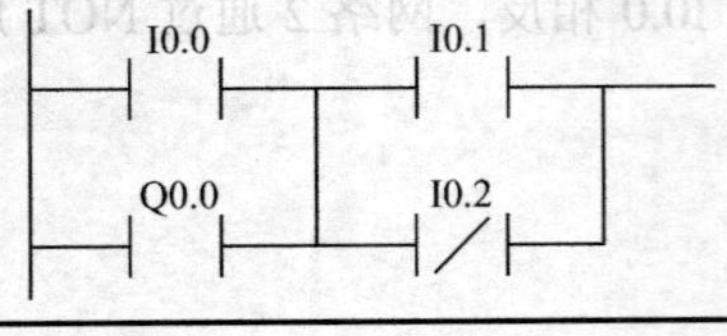	由常开、常闭等触点构成的复杂逻辑关系的逻辑块，这四个触点的逻辑操作结果称为 RLO	位变量，如 I、Q、M、SM、T、C、V、S、L 等的位变量

4.2.2 置位与复位指令

置位与复位指令包括 S 指令、R 指令、SR 指令和 RS 指令。

置位指令是特殊的线圈状态控制指令，使用时需要指定一个位变量作为存储位。只要其左边的 RLO 为 1，存储位就被置为 1，即使其左边的 RLO 变为 0，该存储位始终保持为 1，只有使用复位指令对其复位，该存储位才会被清为 0。

复位指令也是特殊的线圈状态控制指令，使用时同样需指定一个位变量作为存储位，即复位的对象。它的主要功能是对置位后的地址进行复位，经常与置位指令配合使用。

置位与复位指令如表 4-3 所示。

表 4-3 置位与复位指令

指 令 名 称	梯 形 图	说 明	操 作 对 象
置位 S	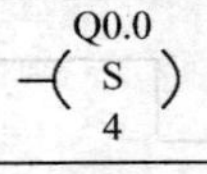	S7-200 PLC 中，线圈左侧的 RLO 等于 1，使 Q0.0 开始的 4 个位地址置 1 并保持，直到被复位为止	位变量，如 Q、M、SM、V、S、L 和 D 等存储区的位变量
复位 R	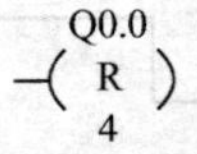	S7-200 PLC 中，线圈左侧的 RLO 等于 1，使 Q0.0 开始的 4 个位地址复位为 0 并保持，直到被置位为止	
SR	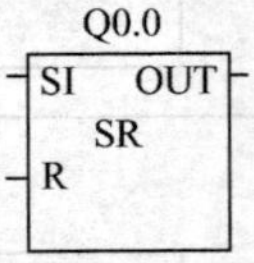	S7-200 PLC 中，置位和复位的组合，置位优先；输出端子 OUT 的 RLO 与线圈的状态一致	
RS	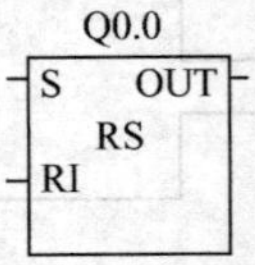	S7-200 PLC 中，置位和复位的组合，复位优先；输出端子 OUT 的 RLO 与线圈的状态一致	

在 S7-200 PLC 中，置位 S 和复位 R 指令可以同时对多位进行操作；SR 和 RS 指令中，在 S7-200 PLC 中端子名称上带 1 的优先。

例 4.4 自保持电路 2。

用复位优先的置位复位组合线圈也可以实现自保持电路，如图 4-5 所示。

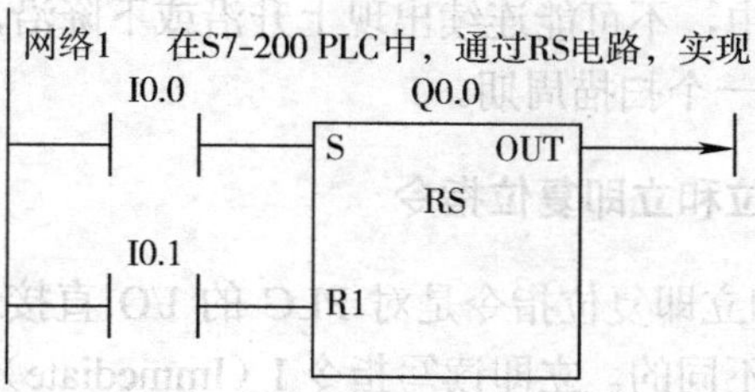

图 4-5　用复位优先的置位复位组合线圈实现自保持电路

4.2.3　边沿触发指令

边沿触发指令包括 RLO 上升沿触发指令和 RLO 下降沿触发指令。

边沿触发指令的功能主要是通过比较相邻两个扫描周期间流过该指令输入位置 RLO 的状态，决定自身导通与否以及导通时间是多长。根据检测的对象可以分为两种边沿触发指令，如表 4-4 所示。

表 4-4　边沿触发指令

指令名称	梯 形 图	说　明	操作对象
上升沿触发指令	—| P |—	S7-200 PLC 中，触点左侧的 RLO 有上升沿，则使其右侧的 RLO 等于 1，并保持一个扫描周期	
下降沿触发指令	—| N |—	S7-200 PLC 中，触点左侧的 RLO 有下降沿，则使其右侧的 RLO 等于 1，并保持一个扫描周期	

在图 4-6 中，—| P |—是上升沿触发指令，每个扫描周期都会计算其左侧的 RLO，并与上一个扫描周期的 RLO 进行比较。如果上一周期 RLO 为 0，当前 RLO 为 1，则认为检测到上升沿，则使其右侧的 RLO 等于 1，并保持一个扫描周期；如果上一周期 RLO 为 1，无论当前左侧的 RLO 状态如何，均认为没有上升沿发生，则其右侧的 RLO 等于 0。上一周期的左侧 RLO 的值，都会保存在系统中，并且每周期都更新一次。

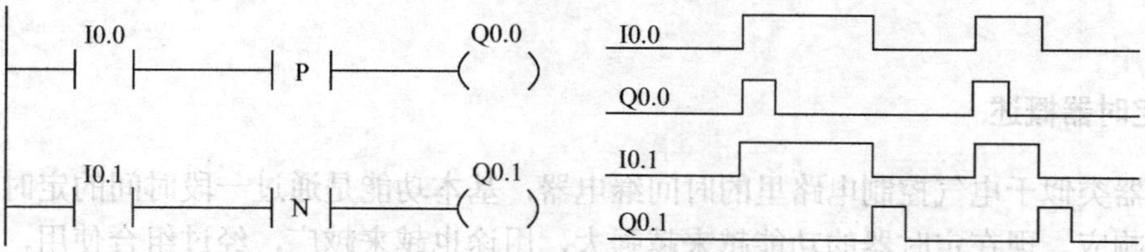

图 4-6　S7-200 PLC 边沿触发指令的梯形图和时序图

在图 4-6 中，—| N |—是下降沿触发指令，每个扫描周期都要计算其左侧的 RLO，并与上一个扫描周期的 RLO 进行比较。如果上一周期 RLO 为 1，当前 RLO 为 0，则认为检测到下降沿，则使其右侧的 RLO 等于 1，并保持一个扫描周期；如果上一周期 RLO 为 0，无论当前左侧的 RLO 状态如何，均认为没有下降沿发生，则其右侧的 RLO 等于 0。上一周期的左侧 RLO 的值，都会保存在系统中，并且每周期都更新一次。

由于在相连的两个周期中，不可能连续出现上升沿或下降沿，因此出现边沿后，该触点后的 RLO 等于 1，只能保持一个扫描周期。

4.2.4 立即读/写、立即置位和立即复位指令

立即读/写、立即置位和立即复位指令是对 PLC 的 I/O 直接进行操作的指令。该类指令与一般读写和置复位指令是不同的。立即读写指令 I（Immediate）可以加快系统的响应速度，它们允许系统对输入/输出端口（变量 I 和 Q）进行直接快速的读写。

立即读/写指令会延长 PLC 的扫描周期，应谨慎使用。

立即读/写立即置位和立即复位指令如表 4-5 所示。

表 4-5 S7-200 PLC 立即读/写、立即置位和立即复位指令

指令名称	梯形图	说明	操作数
立即读常开指令	bit ─┤ I ├─	立即读取物理输入点的值，不改变输入映像寄存器的值	I 的存储位
立即读常闭指令	bit ─┤ /I ├─		
立即写指令	bit ─(I)	立即刷新物理输出点状态，且立即改变输出映像寄存器的值	Q 的存储位
立即置位指令	bit ─(SI) N	从指定的 Q 位（bit）开始，立即对连续的 N 个输出物理端子置 1	Q 的存储位
立即复位指令	bit ─(RI) N	从指定的 Q 位（bit）开始，立即对连续的 N 个输出物理端子复位清 0	Q 的存储位

4.3 定时器指令

4.3.1 定时器概述

定时器类似于电气控制电路里的时间继电器，基本功能是通过一段时间的定时对某个操作做延时响应。现在定时器的功能越来越强大，用途也越来越广，经过组合使用，定时器可以产生宽度可调的脉冲序列，实现振荡器功能；也可以对某个系统进行定时，防止出现死循环，实现软看门狗等功能。

S7-200 的 CPU22X 系列的 PLC 可以提供 256 个定时器（T0～T255），分为以下三类：

1）接通延时定时器（TON），用于单一时间间隔的定时。

2）保持型接通延时定时器（TONR），用于累计多个时间间隔。

3）断开延时定时器（TOF），用于关断、故障事件后的延时。

每个定时器都具有定时时基、定时时间当前值、定时器状态位和设定值等几个参数。

4.3.2　定时器的设定值、当前值和状态值

1. 定时器的设定值

定时器的时基是引起定时器当前时间值发生变化的最小时间单位，也称为定时器分辨率。本质上讲，它是 PLC 内部标准脉冲序列的周期值，PLC 正是对这些固定周期的标准脉冲进行累加，从而得到定时的时间。

S7-200 PLC 所提供的定时器（T0～T255）均规定好了定时分辨率，如表 4-6 中的 T32，它的定时分辨率是 1ms。换句话说，每隔 1ms，T32 的当前值就会发生变化。若当前值大于等于预设值，则定时器的状态位就会变化。S7-200 系列 PLC 的定时时基有三种：1ms、10ms 和 100ms。每个定时器的定时时基、类型、最大预设定时值如表 4-6 所示。

对于 S7-200 PLC 的定时器，其设定值乘以其对应的时基，就可以得到设定的时间值了。例如，T33 的设定值为 100，就表示设定的时间值为 1s。S7-200 PLC 定时器的设定值是一个 16 位有符号数，最大设定值为 32 767。另外，表 4-6 中的 TON 或 TOF 定时器，一旦确定了类型，在整个程序中再也不能改变。例如，T33 若定义为 TON 类型的定时器，则再也不能定义成 TOF 类型。

表 4-6　CPU22X 定时器的定时时基、类型、最大预设定时值

定时器类型	时基（分辨率）/ms	定时长度（最大值）/s	定时器输出（定时器编号）	
TONR	1	32.767	T0	T64
	10	327.67	T1～T4	T65～T68
	100	3276.7	T5～T31	T69～T95
TON 或 TOF	1	32.767	T32	T96
	10	327.67	T33～T36	T97～T100
	100	3276.7	T37～T63	T101～T255

2. 定时器的当前值和状态值

定时器除了有设定值之外，还有当前值和状态值，如图 4-7 所示。分析状态值是我们分析定时器的最终目的。定时器的状态值为 1 或 0，是一个布尔量，长度为 1 位（bit）。也可以将定时器看成继电器，其状态分为动作与不动作两种。

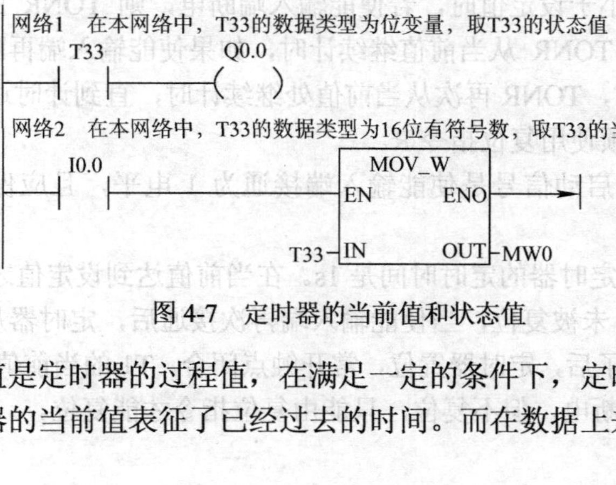

图 4-7　定时器的当前值和状态值

定时器的当前值是定时器的过程值，在满足一定的条件下，定时器的当前值随着时间的变化而变化。定时器的当前值表征了已经过去的时间。而在数据上来说，表面上是表示已经

过去的时间值，在 PLC 内部是时基的脉冲数，这两者之间是等效的，在分析时一般不特别强调两者的区别。但是将定时器看成 16 位的有符号数时，是指相应时基的脉冲数。

定时器的当前值和状态值在 PLC 中使用同样的变量名，应根据实际程序进行判断。在图 4-7 所示的程序中，网络 1 的 T33 为状态值，而网络 2 的 T33 为当前值。

4.3.3 接通延时定时器

接通延时定时器(TON)的特点是在主输入端 RLO 有效的条件下，延时设定时间后动作。

S7-200 PLC 的接通延时定时器指令和时序图如图 4-8 所示。当 I0.0 接通后并保持，则启动 T37 开始定时，T37 的时基是 100ms；每隔 100ms，当前值自动加 1。按 100ms 定时器的刷新方式，当定时达到设定值时，T37 定时器动作，其常开触点闭合，常闭触点断开，故 Q0.0 导通；T37 继续计数，当 I0.0 断开时，T37 随即复位，常开触点断开，Q0.0 也断电。

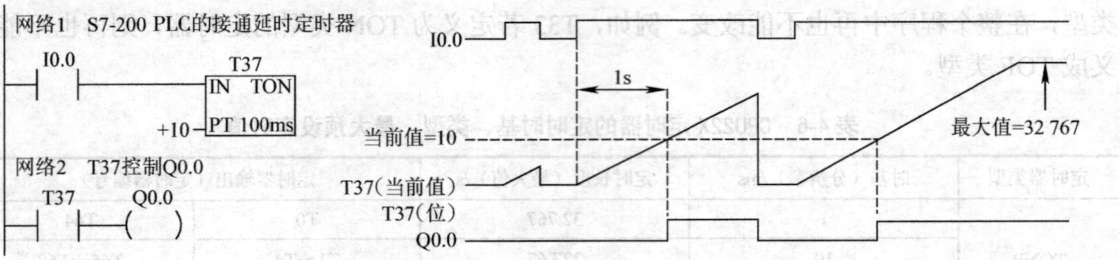

图 4-8 S7-200 PLC 的接通延时定时器指令和时序图

4.3.4 保持型接通延时定时器

S7-200 PLC 的保持型接通延时定时器（TONR）用于多个时间间隔的累计定时。使用说明如下：

1）当使能输入端 IN 接通为 1 时，TONR 开始计时。当定时器当前值大于等于设定值 PT 时，定时器动作，定时器被置位，常开触点闭合，常闭触点断开。只要 IN 端保持为 1，则定时器继续计时直到最大值 32 767。

2）在定时器当前值小于设定值时，若使能输入端断电，则 TONR 的当前值保存，直到使能输入端再次接通时，TONR 从当前值继续计时，如果使能输入端再断电，当前值继续保存。使能输入端再接通时，TONR 再次从当前值处继续计时，直到计时达到设定值。

3）TONR 的复位必须使用复位指令 R。

4）TONR 定时器的启动信号是使能输入端接通为 1 电平，且应保持，定时器才能继续计时。

从图 4-9 可以看出，定时器的定时时间是 1s。在当前值达到设定值之前，使能输入端 IN 断电，但是当前值（60）未被复位，当使能输入端再次接通后，定时器从当前值（60）开始计时，定时时间（1s）到了后，定时器置位，常开触点闭合，T1 的当前值继续计时到最大值。定时器 T1 动作后使 I0.0 断电，但不复位，只能由复位指令才能复位。

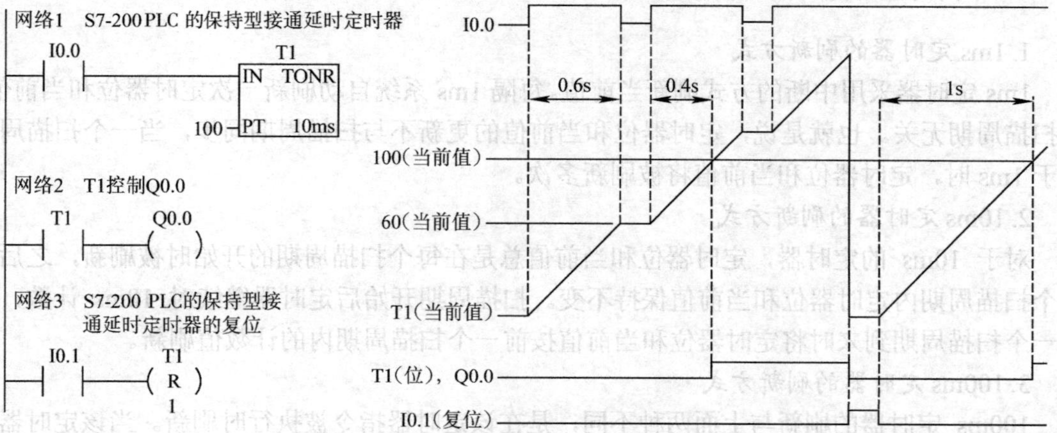

图 4-9　S7-200 PLC 的保持型接通延时定时器指令和时序图

4.3.5　断开延时定时器

断开延时定时器（TOF）用于使能输入端断开后使定时器继续保持动作一段时间。

S7-200 PLC 中，PLC 系统上电或首次扫描时，断开延时定时器（TOF）的状态位为 OFF，当前值为 0，如图 4-10 所示。使用说明如下：

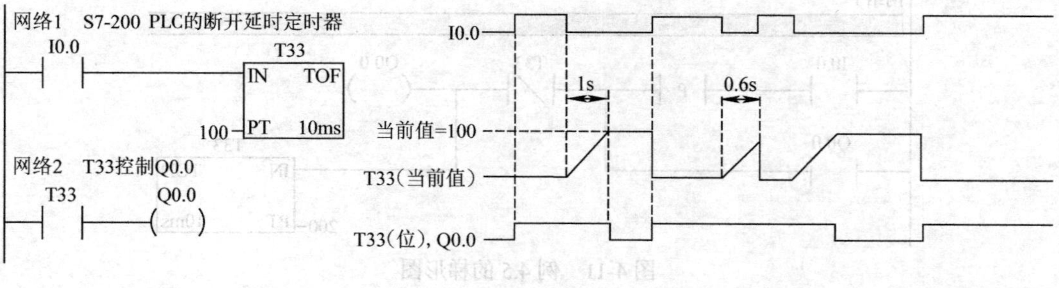

图 4-10　S7-200 PLC 的断开延时定时器指令和时序图

1）当使能输入端 IN 接通时，TOF 的状态位为 ON（被置位），其常开触点闭合，常闭触点断开，定时器的当前值仍为 0。

2）当使能输入端 IN 断开时，TOF 开始计时。当定时器当前值大于等于设定值 PT 时，定时器被复位，常开触点断开，常闭触点闭合，定时器停止计时。如果使能输入端的断开时间小于设定值，则定时器的状态位始终为 ON，而当前值为 0（处于被置位状态）。

3）从 TOF 指令的用法来看，TOF 在定时时间到了之后会自动地复位。

4）TOF 定时器的启动信号是使能输入端为下降沿。

4.3.6 不同时基的定时器的刷新方式

1. 1ms 定时器的刷新方式

1ms 定时器采用中断的方式刷新当前值。每隔 1ms 系统自动刷新一次定时器位和当前值，与扫描周期无关。也就是说，定时器位和当前值的更新不与扫描周期同步，当一个扫描周期大于 1ms 时，定时器位和当前值将被刷新多次。

2. 10ms 定时器的刷新方式

对于 10ms 的定时器，定时器位和当前值总是在每个扫描周期的开始时被刷新，之后在整个扫描周期内定时器位和当前值保持不变。扫描周期开始后定时器继续对 10ms 计数，当下一个扫描周期到来时将定时器位和当前值按前一个扫描周期内的计数值刷新。

3. 100ms 定时器的刷新方式

100ms 定时器的刷新与上面两种不同，是在该定时器指令被执行时刷新。当该定时器的使能输入端通电后定时器被启动，则应保证在每个扫描周期内只执行一次 100ms 定时器指令。因为 100ms 定时器在每个扫描周期内的计时累计数只能保持一个扫描周期，如果有的扫描周期 1 次都不执行定时器指令，则会丢失时基脉冲；如果多次执行，则会多次累计时基脉冲，使定时器提前动作。

4.3.7 定时器的应用举例

例 4.5 使某个输出保持一定时间，如图 4-11 所示。

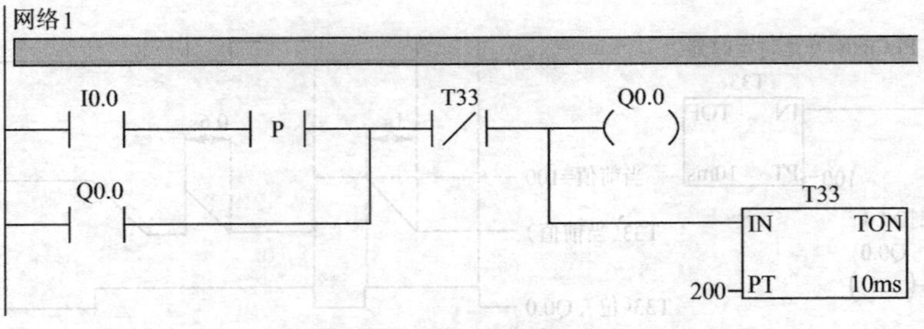

图 4-11 例 4.5 的梯形图

程序说明：按下 I0.0 后，Q0.0 导通，并自锁，当定时器 T33 定时时间为 2s 时，T33 动作，常闭触点断开，Q0.0 断开。

例 4.6 脉冲发生器。

程序及时序图如图 4-12 所示。程序说明：按下 I0.0 后，T33 开始计时，1s 后定时时间到，触点动作，T33 常开触点闭合，Q0.0 接通，T34 开始计时；到了 4s 后，T34 的触点动作，T34 常闭触点断开，T33 断电复位，Q0.0 断开，T34 断电复位；T34 的常闭触点重新闭合，开始循环计时。这样，T33 就输出 4s 的高电平，1s 的低电平，周期为 5s 的连续脉冲。若要改变占空比或脉冲周期，只要将 T33 和 T34 的设定值改变即可。

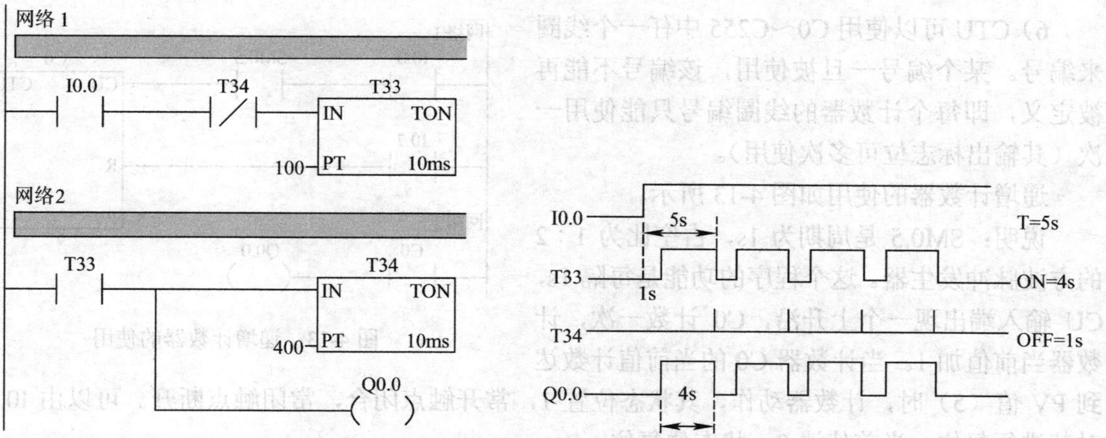

图 4-12　脉冲发生器的编程及其时序图

4.4　计数器指令

4.4.1　计数器指令概述

计数器用来计算输入脉冲的数量。在 S7-200 PLC 中，普通计数器有三种类型：递增计数器（CTU）、递减计数器（CTD）和增减计数器（CTUD），共计 256 个。可根据实际编程需要，对某个计数器的类型进行定义，编号为 C0～C255。每个计数器有一个 16 位的当前值寄存器和状态位，最大计数值为 32 767。

4.4.2　递增计数器指令

递增计数器（CTU）指令形式如表 4-7 所示。

表 4-7　递增计数器指令形式

指令名称	梯形图	说明	操作数
递增计数器	CXXX CU　CTU R PV	CU 为计数脉冲输入端 R 为复位脉冲输入端 PV 为计数器的设定值输入端	PV：VW、T、C、IW、QW、MW、SMW、AC、AIW、常数

指令使用说明如下：

1）CTU 在首次扫描时，其状态位初始状态为 OFF，当前值为 0。

2）当计数输入端（CU）有上升沿输入时，计数器当前值加 1。

3）当复位输入端（R）接通时，计数器复位（当前值清 0，输出标志位清 0）。

4）最大设定值（PV）为 32 767。

5）在当前值大于等于设定值 PV 时，计数器状态位被置位为 1；当前值大于 32 767 时，停止计数。

6）CTU 可以使用 C0～C255 中任一个线圈来编号。某个编号一旦被使用，该编号不能再被定义，即每个计数器的线圈编号只能使用一次（其输出标志位可多次使用）。

递增计数器的使用如图 4-13 所示。

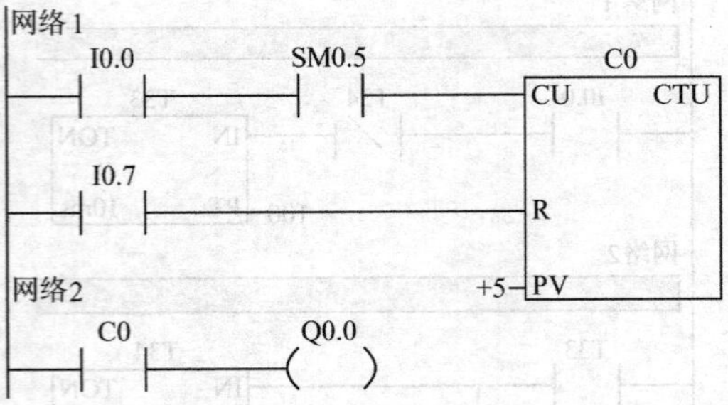

图 4-13 递增计数器的使用

说明：SM0.5 是周期为 1s，占空比为 1∶2 的方波脉冲发生器。这个程序的功能是每隔 1s，CU 输入端出现一个上升沿，C0 计数一次，计数器当前值加 1。当计数器 C0 的当前值计数达到 PV 值（5）时，计数器动作，其状态位置 1，常开触点闭合，常闭触点断开。可以由 I0.7 对其进行复位，当前值清 0，状态位复位。

4.4.3 递减计数器指令

递减计数器（CTD）指令形式如表 4-8 所示。

表 4-8 递减计数器指令形式

指令名称	梯形图	说 明	操作数
递减计数器	CXXX CD CTD LD PV	CD 为计数脉冲输入端 LD 为设定值装载输入端 PV 为计数器的设定值输入端	PV：VW、T、C、IW、QW、MW、SMW、AC、AIW、常数 CXXX=C0～C255

指令使用说明如下：

1）当计数输入端（CD）有上升沿输入时，计数器当前值减 1。

2）当装载输入端（LD）接通时，计数器输出标志位清 0，并把设定值（PV）装入当前计数寄存器。

3）最大设定值（PV）为 32 767。

4）当前计数值为 0 时，计数器输出标志位被置为 1。

5）递减计数器（CTD）中无 R 端，但也可以使用单独的复位指令（R）对计数器进行复位（当前计数值清 0，计数器输出标志位清 0）。

6）LD 端无论何时有效，计数器均执行将设定值装载入当前值寄存器，且输出标志位（状态位）为 OFF。

7）首次扫描的情况比较复杂，与计数器当前值的初始值和 CD 端的接通状况有关。

递减计数器的使用如图 4-14 所示。

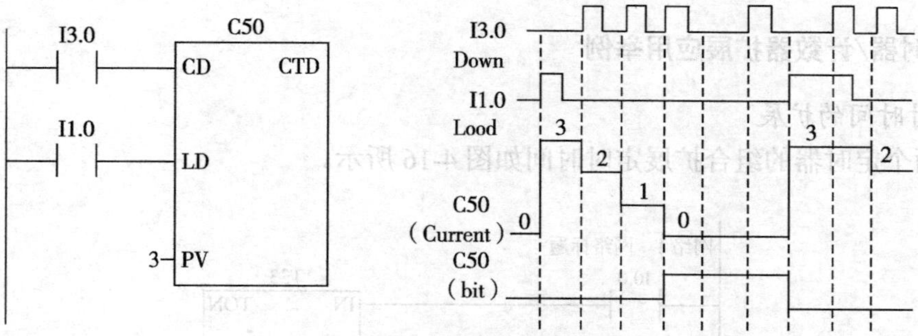

图 4-14　递减计数器的使用

4.4.4　增减计数器指令

增减计数器（CTUD）指令形式如表 4-9 所示。

表 4-9　增减计数器指令形式

指令名称	梯形图	说明	操作数
增减计数器	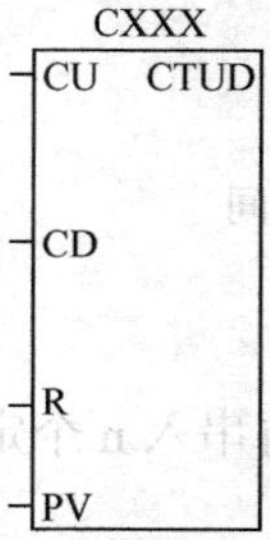	CD 为计数脉冲输入端 CU 为计数脉冲输入端 R 为复位脉冲输入端 PV 为计数器的设定值输入端	PV：VW、T、C、IW、QW、MW、SMW、AC、AIW、常数 CXXX=C0～C255

指令使用说明如下：

1）首次扫描时，其状态位为 OFF，当前值为 0。

2）当计数输入端（CU）有上升沿输入时，计数器当前计数值加 1。

3）当计数输入端（CD）有上升沿输入时，计数器当前计数值减 1。

4）当复位输入端（R）接通时，计数器复位（当前计数值清 0，输出标志位清 0）。

5）若当前计数值大于等于设定值 PV，计数器输出标志位被置为 1。

6）若当前计数值大于等于 32 767 或小于等于–32 768，计数器停止计数。

增减计数器的使用如图 4-15 所示。

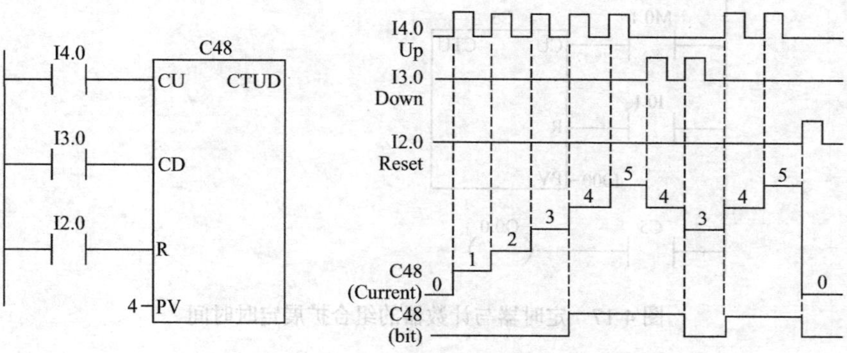

图 4-15　增减计数器的使用

4.4.5　定时器/计数器扩展应用举例

1. 定时时间的扩展

（1）两个定时器的组合扩展定时时间如图 4-16 所示。

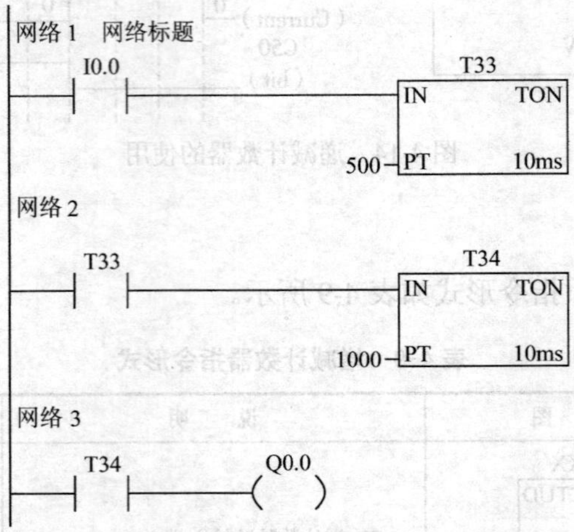

图 4-16　两个定时器的组合扩展定时时间

例 4.7　实现定时总时间 T=T1+T2=5s+10s=15s。

图 4-16 中，I0.0 导通后要经过 15s，Q0.0 才有输出。可以再串入 n 个定时器，实现 T=T1+T2+T3+T4+…+Tn。

（2）定时器与计数器的组合扩展定时时间如图 4-17 所示。

例 4.8　实现定时总时间 T=Ti×N。

图 4-17 中，每隔 5s，C5 将获得一个计数脉冲，当 C5 计满 1 000 个脉冲（即当 I0.0 导通 5000s）后，Q0.0 才有输出。

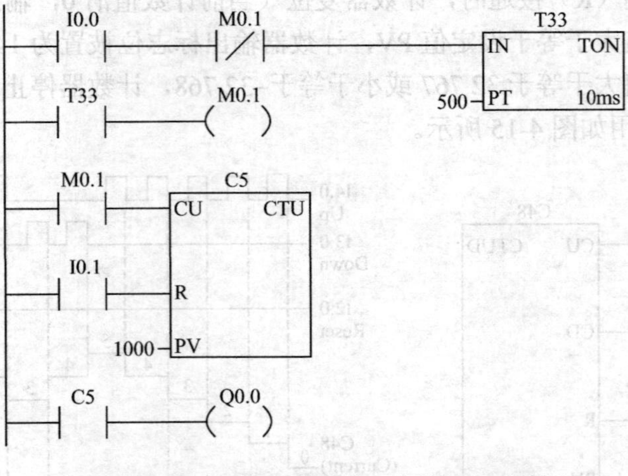

图 4-17　定时器与计数器的组合扩展定时时间

2. 计数次数的扩展

在 S7-200 PLC 中，单个计数器的计数寄存器是 16 位的，最大计数范围是 32 767，若要求的计数值超过 32 767，可用计数器组合的方法来增加计算范围，如例 4.9 所示的程序。

例 4.9　计数范围的扩展。

计数范围的扩展如图 4-18 所示，其中 SM0.5 为 C5 提供周期为 1s 的脉冲。计数器 C5 计数 5 次后，状态位 C5 闭合，M0.0 闭合，一方面 M0.0 使 C5 复位，使 C5 重新计数；另一方面给 C6 提供计数脉冲，使 C6 当前值加 1。若 C6 计数 20 次，则 Q0.0 有输出。整个程序的功能是，当 I0.0 导通后计数器要计 100 个脉冲，Q0.0 才导通。该程序也可以通过手动按钮输入 I0.1 提供计数脉冲。

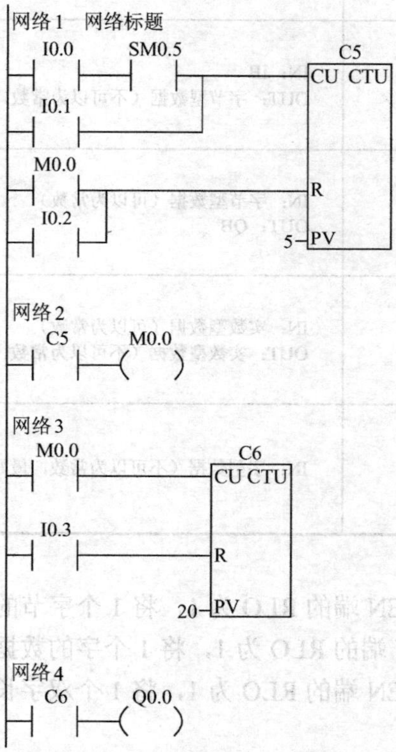

图 4-18　计数范围的扩展

4.5　传送、比较、移位与转换指令

4.5.1　传送类指令

1. 传送指令

传送指令如表 4-10 所示。

表 4-10 传送指令

指令名称	梯形图	操作对象
字节传送	MOV_B EN ENO IN OUT	IN：字节型数据（可以为常数） OUT：字节型数据（不可以为常数，最好不用输入变量 I）
字传送	MOV_W EN ENO IN OUT	IN：字型数据（可以为常数） OUT：字型数据（不可以为常数，最好不用输入变量 I）
双字传送	MOV_DW EN ENO IN OUT	IN：双字型数据（可以为常数） OUT：双字型数据（不可以为常数，最好不用输入变量 I）
立即字节读传送指令	MOV_BIR EN ENO IN OUT	IN：IB OUT：字节型数据（不可以为常数，最好不用输入变量 I）
立即字节写传送指令	MOV_BIW EN ENO IN OUT	IN：字节型数据（可以为常数） OUT：QB
实数传送	MOV_R EN ENO IN OUT	IN：实数型数据（可以为常数） OUT：实数型数据（不可以为常数，最好不用输入变量 I）
字节交换	SWAP EN ENO IN	IN：字型数据（不可以为常数，最好不用输入变量 I）

指令功能说明如下：

1）字节传送指令。只要 EN 端的 RLO 为 1，将 1 个字节的数据传送到输出（OUT）。

2）字传送指令。只要 EN 端的 RLO 为 1，将 1 个字的数据传送到 OUT 指定的单元中。

3）双字传送指令。只要 EN 端的 RLO 为 1，将 1 个双字长的数据传送到 OUT 指定的单元中。

4）立即字节读传送指令。只要 EN 端的 RLO 为 1，该指令立即读取由 IN 指定的物理输入端（不是映像寄存器）的数据，并写入到 OUT 指定的内存地址中。

5）立即字节写传送指令。只要 EN 端的 RLO 为 1，该指令立即将由 IN 指定地址内存里的数据写入到 OUT 指定的物理输出端，同时刷新内存相应的内存映像寄存器。

6）实数传送指令。只要 EN 端的 RLO 为 1，即将 1 个实数数据传送到 OUT 中。

7）字节交换指令的功能是将字型输入数据 IN 的高位字节与低位字节进行交换，也称为半字交换。

特别需要注意的是，EN 端的 RLO 的值在每个周期可能不同。以上所有的指令能否执行，就看每个周期的 RLO 的值是否为 1。若 RLO 一直等于 1，则每个周期都重复执行一次传送操作。若在一定条件下，只想执行一次，一般需要用边沿触发指令进行控制。

例 4.10　电动机Y-△起动。

为了降低电动机的起动电流，采用Y-△减压起动控制电路。使接触器 KM2 得电，Y联结的电路接通，然后使三相电源接触器 KM1 得电，接通总电源，等电动机转速上升接近额定转速时，将定子绕组的Y联结的电路断开，接通△联结的电路，即电源接触器 KM1 继续得电，Y联结的接触器 KM2 失电，△联结的接触器 KM3 得电，电动机进入正常运行的工作状态，如图 4-19 所示。

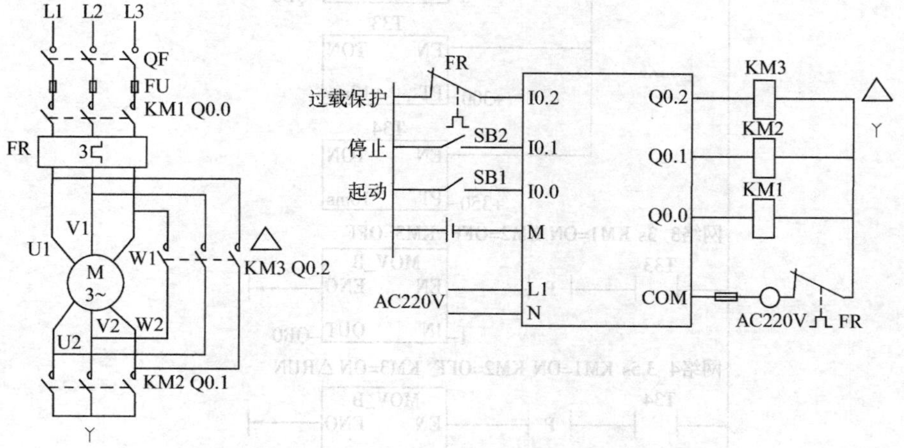

图 4-19　主电路及控制电路接线图

Y-△起动的程序图如图 4-20 所示。I0.0 对应起动按钮 SB1，I0.1 对应停止按钮 SB2，I0.2 对应热继电器触点，KM1、KM2、KM3 分别对应总电源、Y联结和△联结的接触器触点。

2. 块传送指令

块传送指令如表 4-11 所示。这种指令一次可传送多个数据，最多可达 255 个数据，组成 1 个数据块。数据块的类型可以是字节块、字块和双字块。

指令说明：当允许输入端 EN 有效时，从输入端 IN 指定的地址开始，将 N 个字节（字、双字）型数据传送到 OUT 端指定地址开始的 N 个字节（字、双字）存储单元内。

表 4-11　块传送指令

指令名称	梯形图	操作对象
字节块传送指令	BLKMOV_B EN ENO IN OUT N	IN：字节型数据（不可以为常数） OUT：字节型数据（不可以为常数，最好不用输入变量 I） N：1~255，可以以变量给出，字节型数据，下同
字块传送指令	BLKMOV_W EN ENO IN OUT N	IN：字型数据（不可以为常数） OUT：字型数据（不可以为常数，最好不用输入变量 I） N：1~255
双字块传送指令	BLKMOV_D EN ENO IN OUT N	IN：双字型数据（不可以为常数） OUT：双字型数据（不可以为常数，最好不用输入变量 I） N：1~255

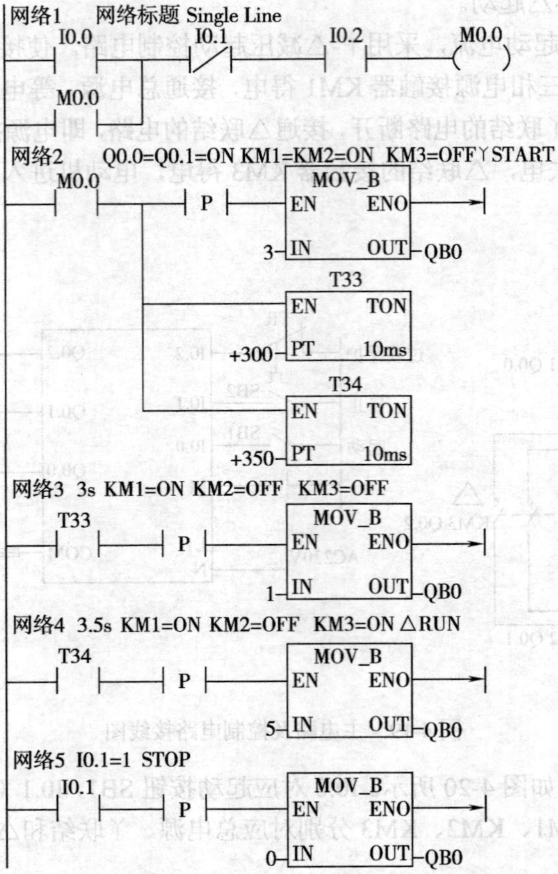

图 4-20 丫-△起动的程序图

4.5.2 比较指令

比较指令用于两个相同数据类型的有符号数或无符号数 IN1 和 IN2 的比较判断操作。比较运算符号有等于（=）、大于等于（>=）、小于等于（<=）、大于（>）、小于（<）和不等于（<>）。比较指令的数据类型有字节、整数、双字整数和实数。鉴于比较指令大部分存在着相似的功能，故将它们合在一张表内介绍，如表 4-12 所示。

表 4-12 比较指令

指令名称	梯形图	说明	操作对象
字节比较	IN1 —| ==B |— IN2	若 IN1=IN2，则触点闭合；否则触点不闭合 比较式还可以是 IN1>=IN2、IN1<=I2、IN1>IN2、IN1<IN2 和 IN1<>IN2	IN1、IN2：无符号的字节型数据
整数比较	IN1 —| ==I |— IN2	与字节比较类似，不同的是两比较数是有符号数 16#7FFF>A6#8000	IN1、IN2：有符号数的字型整数
双字整数比较	IN1 —| ==D |— IN2	两个双整型有符号数比较 16#7FFFFFFF>A6#80000000	IN1、IN2：有符号数的双字型整数
实数比较	IN1 —| ==R |— IN2	两个实数型数据进行比较	IN1、IN2：实数，双字长度

图 4-21 给出了比较指令在程序中的使用方法。预先通过传送指令将要比较的值存放在指定的存储区内，如 MW10，然后在比较时使用直接寻址的方式来访问。例如，执行传送指令后，MW10 的值为 1001，而不是 1000，所以该比较指令将闭合，在 I0.1 导通情况下，Q0.1 将导通。

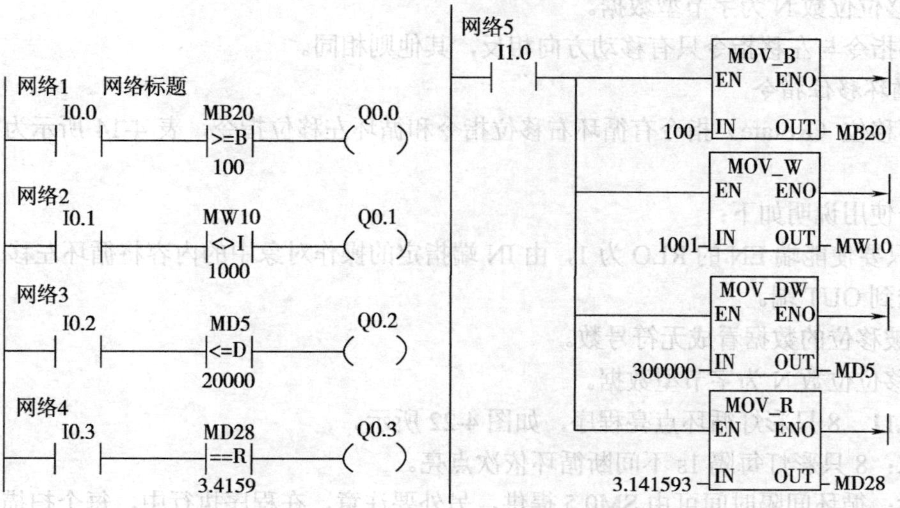

图 4-21　比较指令的使用说明

该例子中的程序在执行时应先导通 I1.0，给各个操作数赋值，然后再执行其他程序段。

4.5.3　移位指令

移位指令主要分为普通移位指令和循环移位指令。

1. 普通移位指令

普通移位（Shift）指令根据移位方向可以分为左移位指令和右移位指令。根据操作数的类型可以分为字节型、字型和双字型移位。表 4-13 列出了左移位指令。

表 4-13　左移位指令

指令名称	梯形图	操作对象
字节左移	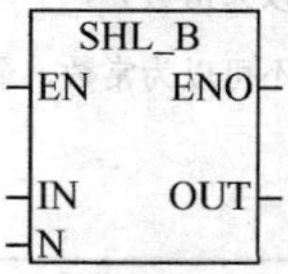	IN：字节型数据（可以为常数） OUT：字节型数据（可以为常数，最好不用输入变量 I） N：1~255，可以以变量给出，字节型数据，下同
字左移	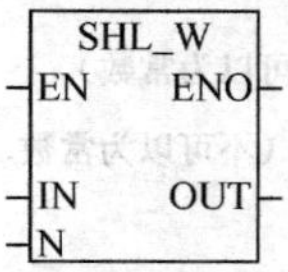	IN：字型数据（可以为常数） OUT：字型数据（不可以为常数，最好不用输入变量 I） N：1~255
双字左移	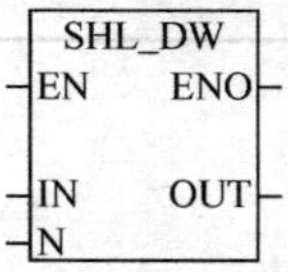	IN：双字型数据（可以为常数） OUT：双字型数据（不可以为常数，最好不用输入变量 I） N：1~255

指令使用说明如下：

1）只要使能端EN的RLO为1，由IN端指定的操作对象中的内容每个扫描周期将左（右）移N位，空出的位依次用0填充，每次移位的结果送到OUT端指定的地址内。

2）被移位的数据被看成无符号数。

3）移位位数N为字节型数据。

右移指令与左移指令只有移动方向相反，其他则相同。

2. 循环移位指令

循环移位（Rotate）指令有循环右移位指令和循环左移位指令，表4-14所示为循环左移位指令。

指令使用说明如下：

1）只要使能端EN的RLO为1，由IN端指定的操作对象中的内容将循环左移N位，并把结果送到OUT端。

2）被移位的数据看成无符号数。

3）移位位数N为字节型数据。

例4.11　8只彩灯循环点亮程序，如图4-22所示。

要求：8只彩灯每隔1s不间断循环依次点亮。

提示：循环间隔时间可由SM0.5提供，另外要注意，在程序执行中，每个扫描周期都会检测移位指令EN的RLO是否等于1。若等于1，则进行移位操作。

如果将图4-22中的循环左移位指令换成普通移位指令，程序依然可以执行，只是彩灯依次亮过后，不再循环点亮。

表4-14　循环左移位指令

指令名称	梯形图	操作对象
字节循环左移	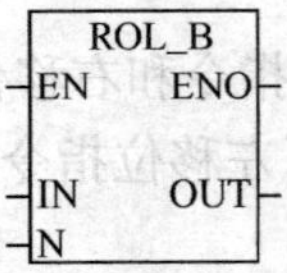	IN：字节型数据（可以为常数） OUT：字节型数据（不可以为常数，最好不用输入变量I） N：1~255，可以以变量给出，字节型数据，下同
字循环左移	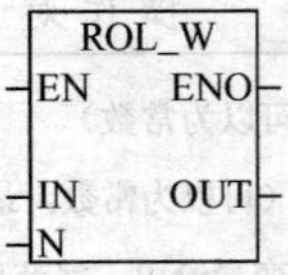	IN：字型数据（可以为常数） OUT：字型数据（不可以为常数，最好不用输入变量I） N：1~255
双字循环左移	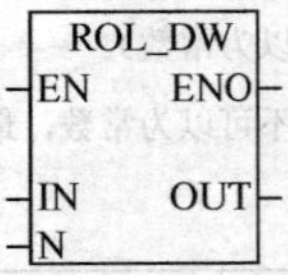	IN：双字型数据（可以为常数） OUT：双字型数据（不可以为常数，最好不用输入变量I） N：1~255

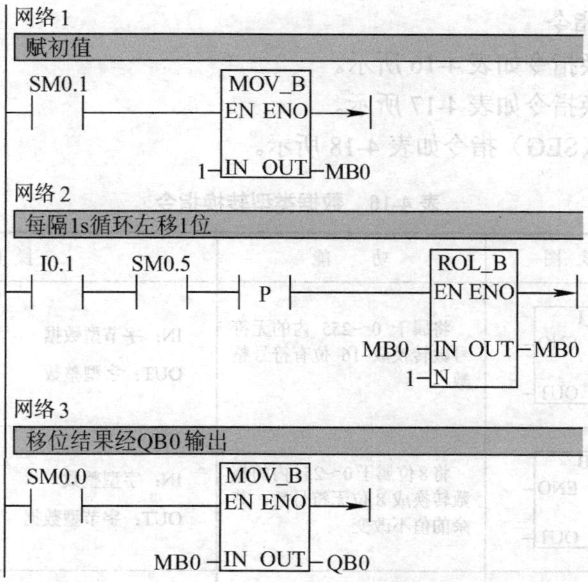

图 4-22　8 只彩灯循环点亮程序

另外，移位指令的操作数有字节型（8 位）、字型（16 位）和双字型（32 位）。对于 8 只、16 只、32 只的彩灯可以简单地使用移位指令，但对于其他数量的彩灯（如 10 只），为了保证彩灯不间断地依次点亮，应该在一个点亮周期后重新赋值给操作数，请读者自行编写程序。

为了设计出花样各异的彩灯点亮方案，赋初值和每次移位的个数和移位方向都是设计者应该考虑的问题。

4.5.4　数据转换指令

S7-200 PLC 具有数据类型转换的功能，以实现数据类型之间的转换。数据类型 ASCII 码的转换，及进行编码和译码操作，可产生七段码的输出。

1. 数据类型简介

在介绍数据转换指令前，先来回顾 PLC 指令的数据类型，如表 4-15 所示。

表 4-15　PLC 指令常用的数据类型

数据类型	位数	符号数	十进制范围	十六进制范围
BOOL	1		1 或 0	1、0
BYTE	8	无	0～255	00～FF
WORD	16	无	0～65 535	0000～FFFF
DWORD	32	无	0～4 294 967 295	00000000～FFFF FFFF
INT	16	有	–32 768～32 767	1000～7FFF
DINT	32	有	–2 147 483 648～2 147 483 647	10000000～7FFFFFFF
REAL	32	有	浮点数	

BCD（Binary-Coded Decimal）码，是二-十进制代码，即用二进制编码的十进制代码，一般是用 4 位二进制数来表示一位十进制数（0～9）。

2. 数据类型转换指令

（1）数据类型转换指令如表 4-16 所示。

（2）编、解码转换指令如表 4-17 所示。

（3）七段码转换（SEG）指令如表 4-18 所示。

表 4-16 数据类型转换指令

指令名称	梯形图	功能	操作对象
字节数向整数转换	B_I EN ENO IN OUT	将属于 0～255 内的无符号数转换成 16 位有符号整数	IN：字节型数据 OUT：字型整数
整数到字节数转换	I_B EN ENO IN OUT	将 8 位属于 0～255 内的整数转换成 8 位无符号数，其余的值不改变	IN：字型整数 OUT：字节型数据
整数到双整数转换	I_DI EN ENO IN OUT	16 位整数扩展成 32 位后，多出的位扩展	IN：字型整数 OUT：双字型整数
双整数到整数转换	DI_I EN ENO IN OUT	将 32 位的属于–32 768～32 767 内的整数转换成 16 位整数，其余的值不能转换	IN：双字型整数 OUT：字型整数
双整数向实数转换	DI_R EN ENO IN OUT	32 位双整型数转换成 32 位实型浮点数	IN：双字型整数 OUT：实数（双字型数据）
取整指令	ROUND EN ENO IN OUT	四舍五入后取整数	IN：实数（双字型数据） OUT：双字型整数
	TRUNC EN ENO IN OUT	直接舍去小数部分取整数	
整数到 BCD 码转换	I_BCD EN ENO IN OUT	输入是字型数据，输出是 0～9999 的 BCD 码数	IN：字型整数 OUT：字型 BCD 码数
BCD 码到整数转换	BCD_I EN ENO IN OUT	输入是 0～9999 的 BCD 码数，输出字型数据	IN：字型 BCD 码数 OUT：字型整数

表 4-17　编、解码转换指令

指令名称	梯形图	功能	操作对象
编码转换指令	ENCO EN ENO IN OUT	将 IN 输入的字型数据的最低有效位（值为 1 的位）所在的位置输出到 OUT 指定的字节单元的低 4 位	IN：字型整数 OUT：字节型数据
解码转换指令	DECO EN ENO IN OUT	根据 IN 输入的字节型数据的低 4 位值，将 OUT 指定的字型数据对应位设为 1，其他位为 0	IN：字节型数据 OUT：字型整数

表 4-18　七段码转换指令

指令名称	梯形图		操作对象
七段码转换指令	SEG EN ENO IN OUT	生成输入数据低 4 位的字型码	IN：字节型数据 OUT：字节型数据

SEG 指令的 IN 端所接的是字节型数据，其低 4 位数据（0~F）通过 SEG 指令转换成显示码，输出到 OUT 指定的单元中，若该单元是 QB，则可直接驱动数码管。表 4-19 列出了 OUT 端的数据与七段码的对应关系。

表 4-19　OUT 端的数据与七段码的对应关系

（进）LSD	段显示	（OUT）-gfe	dcba
0	0	0011	1111
1	1	0000	0110
2	2	0101	1011
3	3	0100	1111
4	4	0110	0110
5	5	0110	1101
6	6	0111	1101
7	7	0000	0111

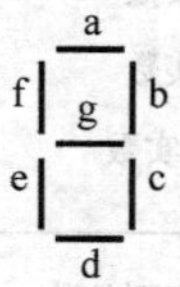

（进）LSD	段显示	（OUT）-gfe	dcba
8	8	0111	1111
9	9	0110	0111
A	A	0111	0111
B	b	0111	1100
C	C	0011	1001
D	d	0101	1110
E	E	0111	1001
F	F	0111	0001

4.6 数学运算指令

运算指令包括数学运算和逻辑运算两大类指令。数学运算指令有加法、减法、乘法、除法和数学函数，数据类型为 INT、DINT 和 REAL。逻辑运算指令有逻辑与、或、非、异或和数据比较，数据类型为 BYTE、WORD 和 DWORD。

4.6.1 算术运算指令

S7-200 PLC 算术运算指令的运算参数只能是整数、双整数和实数的格式，指令的名称和形式如表 4-20 和表 4-21 所示。

表 4-20　算术运算指令

指 令 名 称	梯 形 图	操 作 对 象	举 例 说 明
整数加法指令	ADD_I EN　ENO IN1　OUT IN2	IN1 为字型整数 IN2 为字型整数 OUT 为字型整数	两个 16 位的整数相加，产生 1 个 16 位的整数
双整数加法指令	ADD_DI EN　ENO IN1　OUT IN2	IN1 为双字型整数 IN2 为双字型整数 OUT 为双字型整数	两个 32 位的整数相加，产生 1 个 32 位的整数
实数相加	ADD_R EN　ENO IN1　OUT IN2	IN1 为实数 IN2 为实数 OUT 为实数	两个 32 位的实数相加，产生 1 个 32 位的实数
整数减法指令	SUB_I EN　ENO IN1　OUT IN2	IN1 为字型整数 IN2 为字型整数 OUT 为字型整数	两个 16 位的有符号整数相减，产生 1 个 16 位的整数
双整数减法指令	SUB_DI EN　ENO IN1　OUT IN2	IN1 为双字型整数 IN2 为双字型整数 OUT 为双字型整数	两个 32 位的整数相减，产生 1 个 32 位的整数
实数相减	SUB_R EN　ENO IN1　OUT IN2	IN1 为实数 IN2 为实数 OUT 为实数	两个 32 位的实数相减，产生 1 个 32 位的实数
整数乘法指令	MUL_I EN　ENO IN1　OUT IN2	IN1 为字型整数 IN2 为字型整数 OUT 为字型整数	两个 16 位的有符号整数相乘，产生 1 个 16 位的整数
双整数乘法指令	MUL_DI EN　ENO IN1　OUT IN2	IN1 为双字型整数 IN2 为双字型整数 OUT 为双字型整数	两个 32 位的双整数相乘，产生 1 个 32 位的双整数
扩展乘法指令	MUL EN　ENO IN1　OUT IN2	IN1 为字型整数 IN2 为字型整数 OUT 为双字型整数	两个 16 位的有符号整数相乘，产生 1 个 32 位的整数
实数乘法指令	MUL_R EN　ENO IN1　OUT IN2	IN1 为实数 IN2 为实数 OUT 为实数	两个 32 位的实数相乘，产生 1 个 32 位的实数

（续）

指令名称	梯形图	操作对象	举例说明
整数除法指令	DIV_I EN ENO IN1 OUT IN2	IN1 为字型整数 IN2 为字型整数 OUT 为字型整数	两个 16 位的整数相除，产生 1 个 16 位的整数
双整数除法指令	DIV_DI EN ENO IN1 OUT IN2	IN1 为双字型整数 IN2 为双字型整数 OUT 为双字型整数	两个 32 位的有符号整数相除，产生 1 个 32 位的整数
实数除法	DIV_R EN ENO IN1 OUT IN2	IN1 为实数 IN2 为实数 OUT 为实数	两个 32 位的有符号实数相除，产生 1 个 32 位的实数
扩展除法指令	DIV EN ENO IN1 OUT IN2	IN1 为字型整数 IN2 为字型整数 OUT 为双字型整数	两个 16 位的有符号实数相除，产生 1 个 32 位的整数

表 4-21　加 1 和减 1 指令

指令名称	梯形图	功能说明	操作对象
加 1 指令			
字节加 1 指令	INC_B EN ENO IN OUT	只要 EN 端有效，则每个扫描周期执行一次加 1 指令，因此在实际应用中大多与边沿检测指令组合使用	字节型数据
字加 1 指令	INC_W EN ENO IN OUT		字型数据
双字加 1 指令	INC_DW EN ENO IN OUT		双字型数据
减 1 指令			
字节减 1 指令	DEC_B EN ENO IN OUT	只要 EN 端有效，则每个扫描周期执行一次减 1 指令，因此在实际应用中大多与边沿检测指令组合使用	字节型数据
字减 1 指令	DEC_W EN ENO IN OUT		字型数据
双字减 1 指令	DEC_DW EN ENO IN OUT		双字型数据

算术运算指令的使用如图 4-23 所示。

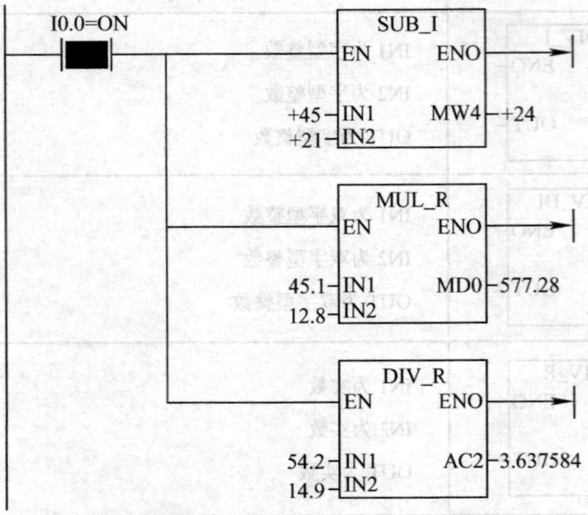

图 4-23 算术运算指令的使用

4.6.2 逻辑运算指令

逻辑与、逻辑或、逻辑异或、取反等逻辑操作均属于逻辑运算指令。操作数的数据长度可以是字节（byte）、字（word）、双字（dword）。表 4-22 中列出了逻辑运算指令梯形图的格式，以及操作数的范围和类型。

表 4-22 逻辑运算指令汇总表

指令名称	梯形图	说明	操作对象
		字节操作	
字节逻辑与指令	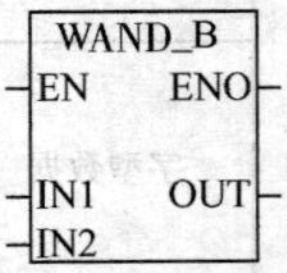	当输入端 EN 有效时，IN1 和 IN2 按位相与，结果存入 OUT	字节型数据
字节逻辑或指令	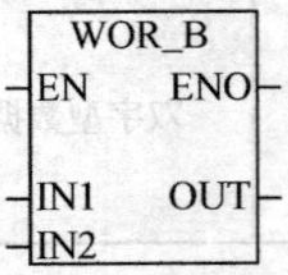	当输入端 EN 有效时，IN1 和 IN2 按位相或，结果存入 OUT	字节型数据
		字节操作	
字节逻辑异或指令	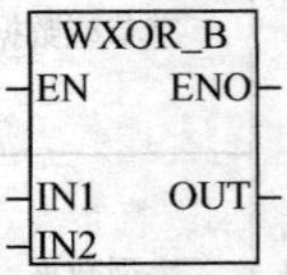	当输入端 EN 有效时，IN1 和 IN2 按位异或，结果存入 OUT	字节型数据
取反指令	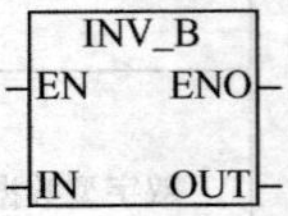	当输入端 EN 有效时，IN 端按位取反，结果存入 OUT	字节型数据

（续）

字型、双字型数据的逻辑运算与字节型的操作类似，这里仅将方框图指令列在下表			
字 取 反	双 字 取 反	字　与	双 字 与
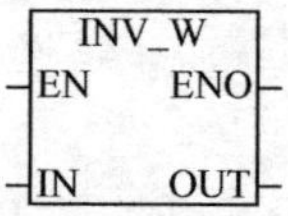	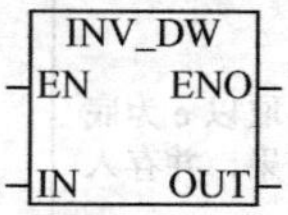	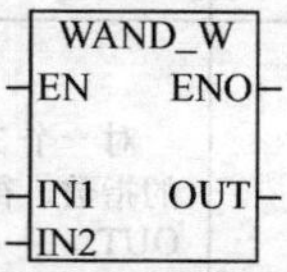	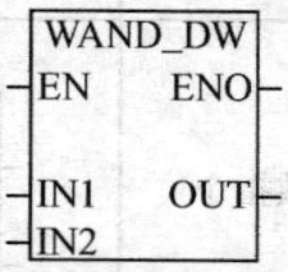
字　或	双 字 或	字 异 或	双 字 异 或
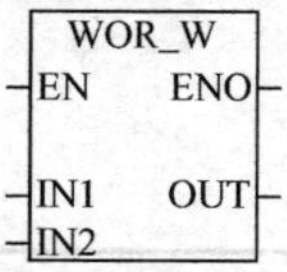	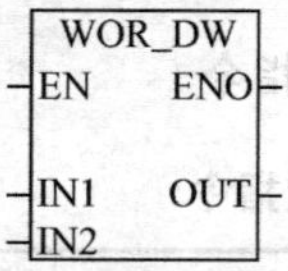	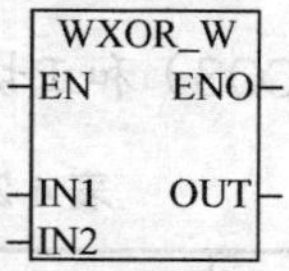	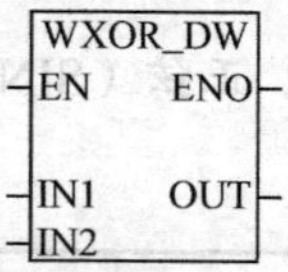

字逻辑运算指令的使用如图 4-24 所示，给累加器 AC0 清 0。

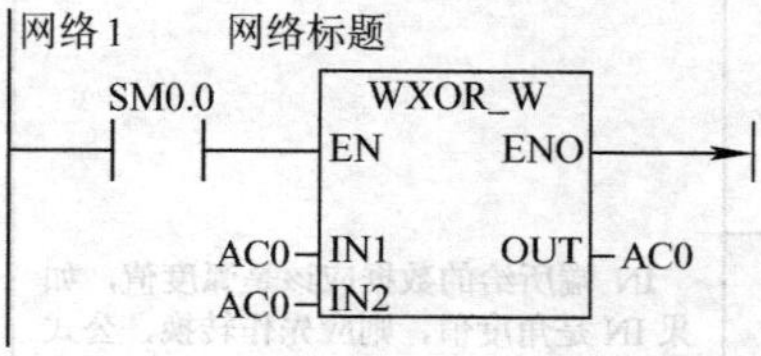

图 4-24　字逻辑运算指令的使用

4.6.3　数学功能指令

除了算术运算指令，S7-200 PLC 的指令系统还包括平方根运算、指数运算、对数运算、正弦函数、余弦函数和正切函数等，这些指令被归入到浮点数运算指令，如表 4-23～表 4-26 所示。

1. 平方根（SQRT）指令

表 4-23　平方根指令

指 令 名 称	梯　形　图	说　　明	操 作 对 象
平方根指令	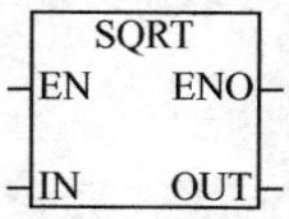	32 位的 REAL 数据执行 IN 端开平方，结果存入 OUT	双字型实数

2. 自然对数（LN）指令

表 4-24　自然对数指令

指 令 名 称	梯　形　图	说　　明	操 作 对 象
自然对数指令	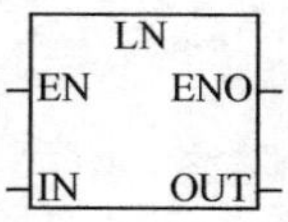	该指令对一个 32 位的双字数据 IN 求以 e 为底的自然对数，得到的仍是一个 32 位数	双字型实数

3. 指数函数（EXP）

表 4-25 指数函数指令

指令名称	梯形图	说明	操作对象
指数指令	EXP EN ENO IN OUT	对一个 32 位的实数 IN 取以 e 为底的指数，得到 32 位的结果，并存入 OUT	双字型实数

4. 正弦（SIN）、余弦（COS）和正切（TAN）指令

表 4-26 三角函数指令

指令名称	梯形图	说明	操作对象
正弦指令	SIN EN ENO IN OUT	IN 端所给的数据应该是弧度值，如果 IN 是角度值，则应先作转换，公式如下： IN×π/180，对这一结果再求正弦或者余弦	双字型实数
余弦指令	COS EN ENO IN OUT		
正切指令	TAN EN ENO IN OUT		

4.7 表功能指令

4.7.1 填充指令

填充（FILL）指令的形式、用法以及操作数如表 4-27 所示。

指令使用说明如下：

1）当 EN 端的 RLO 为 1 时，将从 OUT 端指定的地址开始的存储区中，依次填充 N 个 IN 端所包含的数据。

2）IN 端的数据为字型数据，从 OUT 端开始的存储区按字长存储。

3）该指令可以用于一段存储区的清 0 操作。

表 4-27　填充指令

指令名称	梯形图	说明	操作数
填充指令	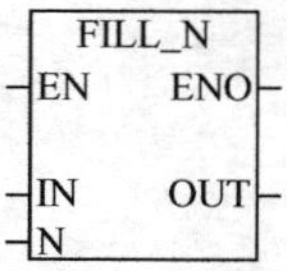	IN 是要填入的数据 OUT 是填充区的起始地址 N 是填充区的大小，字节型	N 为字节型 IN 为字型 OUT 为字型

填充指令的实现过程如图 4-25 所示。

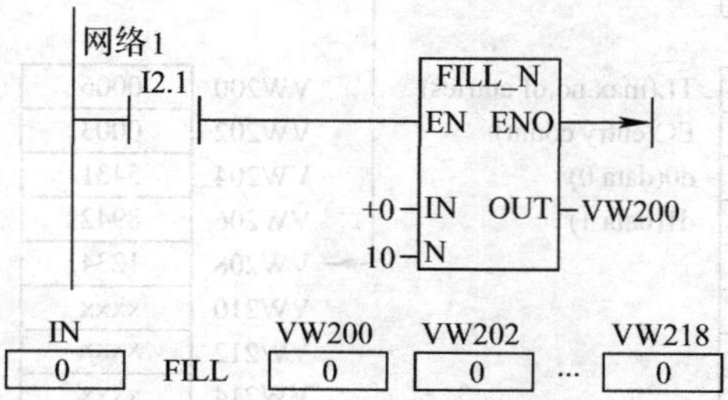

图 4-25　填充指令的实现过程

执行后，从 VW200 开始到 VW218 结束，每个单元均为 0。

4.7.2　填表指令

填表（ATT）指令如表 4-28 所示。

表 4-28　填表指令

指令名称	梯形图	说明	操作数
填表指令	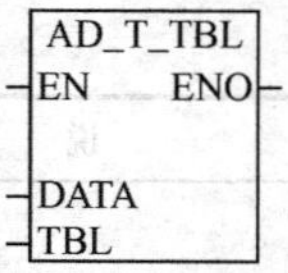	DATA 整型数据（地址） TBL：表头地址，其数据指定表的大小（字型单元存储个数）	DATA 为字型整数 TBL 为字型

指令使用说明如下：

1）当 EN 端 RLO 为 1 时，将 DATA 包含的字型数据写入到 TBL 指定的表格中。

2）表格从 TBL 所指定的地址开始，其中的数据表明了该表格所能容纳的最大数据量，紧随 TBL 后的地址存有当前表格中实际存储的数据个数，用 EC 表示。

3）新数据总是被写入到表格最后一个数据的后面，且每写入一个，EC 的值加 1。

4）TBL 指定的地址与 EC 不占表格的大小。

假设 VW100 内的数据为 1234，表的起始地址为 VW200。填表指令的实现过程如图 4-26 所示。

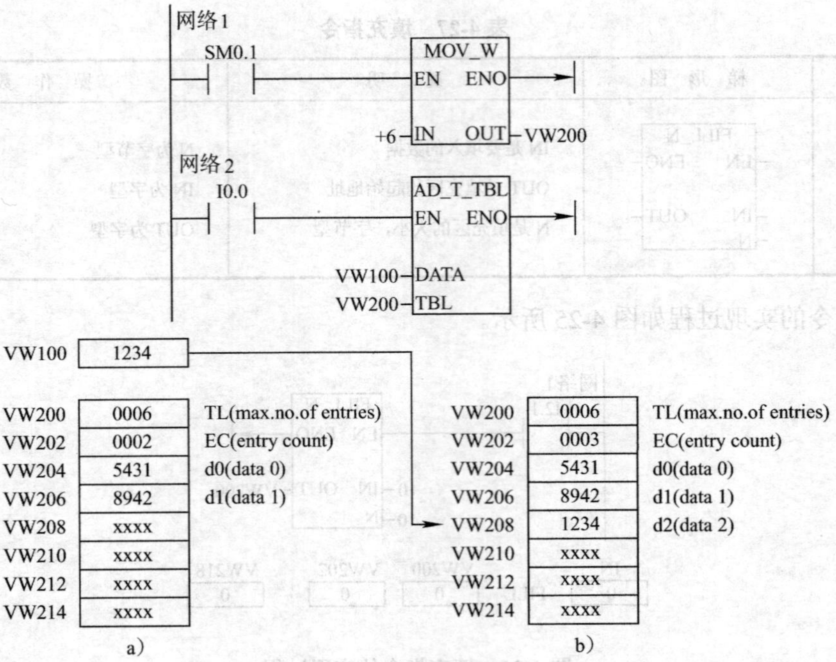

图 4-26　填表指令的实现过程

a）数据写入前表格状态　b）数据写入后表格状态

4.7.3　表中取数指令

表中取数指令有先入先出（FIFO）取数和后入先出（LIFO）取数两种形式。

1. 先入先出取数指令

先入先出（FIFO）取数指令的形式及用法如表 4-29 所示。

表 4-29　先入先出取数指令

指令名称	梯形图	说明
先入先出	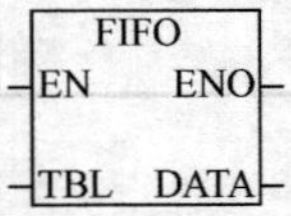	DATA：整型数据地址 TBL：表头字型地址

指令使用说明如下：

1）当 EN 端有效时，从 TBL 指定的表中，将最先存入的数据取出送入由 DATA 指定的存储单元中，其余的数据则依次向上移。

2）若表空，则 SM1.5 置 1。

FIFO 的应用与执行结果如图 4-27 所示。

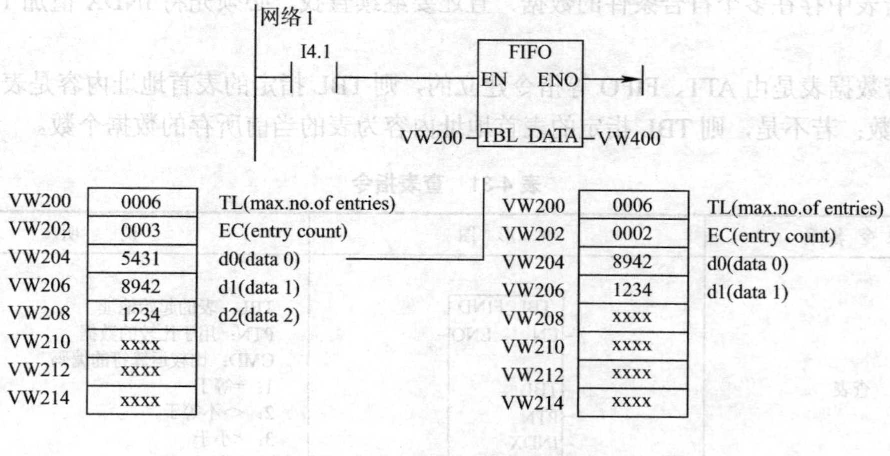

图 4-27　FIFO 的应用与执行结果

在图 4-27 中，最先进入的数据是 5431，因此，执行 FIFO 后，5431 被取出并存入到 VW400 中。

2. 后入先出取数指令

后入先出（LIFO）取数指令的形式及用法如表 4-30 所示。

表 4-30　后入先出取数指令

指令名称	梯形图	说　明
后入先出	LIFO EN　ENO TBL　DATA	DATA：字型数据地址 TBL：表头地址

指令使用说明如下：

1）当 EN 端有效时，从 TBL 指定的表中，将最后存入的数据取出送入由 DATA 指定的存储单元中。

2）若表空，则 SM1.5 置 1。

LIFO 指令是将后填入的数据先取出，如图 4-27 所示，在执行 LIFO 指令后，数据 1234 被先取出存入到 VW400 中。

4.7.4　查表指令

查表（FIND）指令的功能是从首地址为 TBL 的字型数据中，找到符合 PTN 与 CMD 条件的数据在表中的编号，编号的范围为 0～99，并将结果存放到 INDX 中。

查表指令的形式及用法如表 4-31 所示。

指令使用说明如下：

1）查找前，必须对 INDX 指定的内存单元清 0。

2）查找时，从 INDX 的值所对应的单元开始，按照指令所指定的条件 PTN 和 CMD 搜索表，若找到符合条件的数据，则将该数据在表中的相对地址（数据编号）存入到 INDX 中；若没有找到，则将表的 EC 值存入到 INDX 中。

3）若表中存在多个符合条件的数据，且还要继续查找，必须先将 INDX 值加 1，以便重新查找。

4）若数据表是由 ATT、FIFO 等指令建立的，则 TBL 指定的表首地址内容是表容纳的最大数据个数；若不是，则 TBL 指定的表首地址内容为表的当前所存的数据个数。

表 4-31　查表指令

指令名称	梯形图	说明
查表	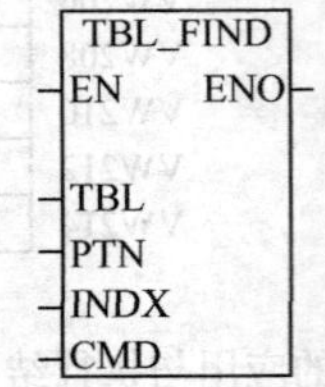	TBL：表的起始地址 PTN：用于比较的数据 CMD：比较运算符的编码 1：=等于 2：<>不等于 3：<小于 4：>大于

查表指令的实现过程如图 4-28 所示。

首先将 INDX 内清 0，然后从数据 0 所对应的单元（VW204）开始查找等于 3130HEX 的数据，从图 4-28 中可以看出，数据 2 符合条件，则把 2 存入 INDX 内。若还要查找，则将 INDX 加 1，从数据 3 所对应的单元查找，得到的结果是 4，则把 4 送给 INDX。由 TBL（表的首地址）与 INDX 组合即可找到该数据的绝对地址。

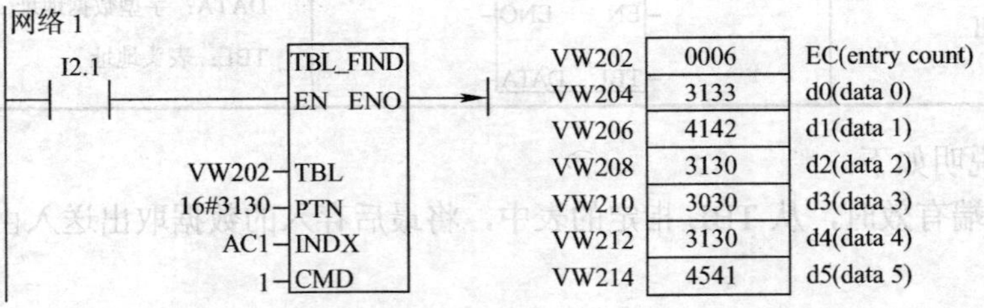

图 4-28　查表指令的实现过程

4.8　字符串操作指令

字符串操作指令如表 4-32 所示，其中功能栏介绍指令的用法。

指令使用说明如下：

1）查找字符串指令。搜索从 OUT 指定位置开始，如果找到一个与字符串 IN2 完全符合的字符系列，则该系列的第一个字符位置被写入 OUT；如果在字符串 IN1 中未找到字符串 IN2，则 OUT 被设为 0。

2）查找字符串中的字符指令。搜索从起始位置 OUT 开始，如果找到一个相符的字符，则该字符位置被写入 OUT；如果未找到相符的字符，则 OUT 被设为 0。

表 4-32　字符串操作指令

指令名称	梯形图	功能	操作对象
求字符串长度指令	STR_LEN EN ENO IN OUT	返回输入端 IN 指定的字符串长度，存入 OUT	IN 为 VB、常数字符串、LB、*VD、*LD、*AC OUT 为 VB、IBQB、MB、SB、SMB、LB、AC、*VD、*LD、*AC
字符串复制指令	STR_CPY EN ENO IN OUT	将 IN 指定的字符串复制至 OUT 指定的单元内	IN 为 VB、常数字符串、LB、*VD、*LD、*AC OUT 为 VB、*VD、LB、*LD、*AC
复制子字符串	SSTR_CPY EN ENO IN OUT INDX N	将（从索引（INDX）开始）IN 指定的具体字符串数目复制至 OUT 指定的单元	IN 为 VB、常数字符串、LB、*VD、*LD、*AC INDX、N 为 VB、IBQB、MB、SB、SMB、LB、AC、常数、*VD、*LD、*AC OUT 为 VB、*VD、LB、*LD、*AC
字符串连接指令	STR_CAT EN ENO IN OUT	将 IN 指定的字符串附加至 OUT 指定的字符串之后	IN 为 VB、常数字符串、LB、*VD、*LD、*AC OUT 为 VB、LB、*VD、*LD、*AC
查找字符串指令	STR_FIND EN ENO IN1 OUT IN2	在字符串 IN1 中搜索首次出现的字符串 IN2，详细见说明	IN 为 VB、常数字符串、LB、*VD、*LD、*AC OUT 为 VB、IBQB、MB、SB、SMB、LB、AC、*VD、*LD、*AC
查找字符串中的字符指令	CHR_FIND EN ENO IN1 OUT IN2	在首次出现的字符串 IN1 中，搜索字符串 IN2 中描述的字符集合的任何字符	IN 为 VB、常数字符串、LB、*VD、*LD、*AC OUT 为 VB、IBQB、MB、SB、SMB、LB、AC、*VD、*LD、*AC

执行网络程序之前 VB 中字符串的初始值如表 4-33 所示。

表 4-33　VB 中字符串的初始值

VB0	VB1	VB2	VB3	VB4	VB5	VB6
6	H	e	1	1	0	

字符串操作综合示意图如图 4-29 所示。

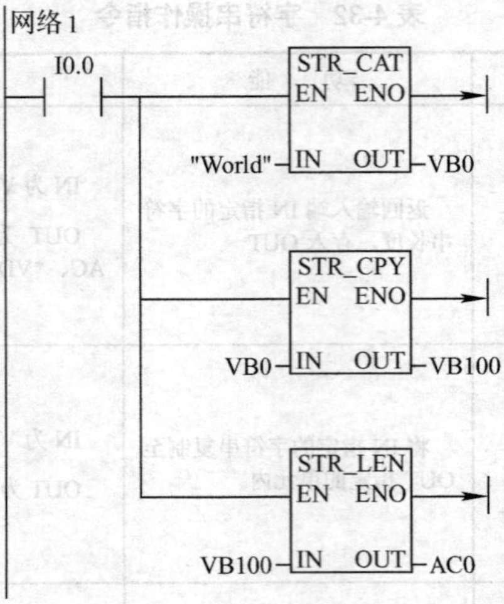

图 4-29 字符串操作综合示意图

执行图 4-29 中的程序之后，VB 中的结果如表 4-34 所示。

表 4-34 执行字符串操作后的 VB 中的结果

VB0	VB1	VB2	VB3	VB4	VB5	VB6	VB7	VB8	VB9	VB10	VB11
11	H	e	l	l	0		W	o	r	l	d
VB100	**VB101**	**VB102**	**VB103**	**VB104**	**VB105**	**VB106**	**VB107**	**VB108**	**VB109**	**VB110**	**VB111**
11	H	e	l	l	0		W	o	r	l	d

4.9 其他指令

4.9.1 S7-200 PLC 的时钟指令

S7-200 PLC 的时钟指令如表 4-35 所示。

表 4-35 S7-200 PLC 的时钟指令

指令名称	梯形图	说明
读时钟	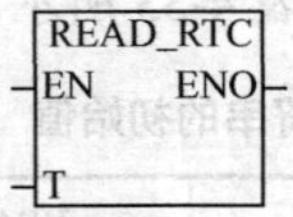	从硬件时钟读取当前时间和日期，并将其载入以地址 T 起始的 8B 的时间缓冲器中
设定时钟	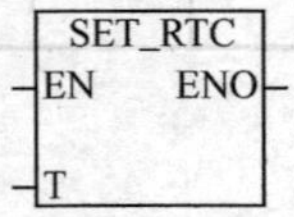	将当前时间和日期写入用 T 指定的在 8B 的时间缓冲器开始的硬件时钟

所有日期和时间值必须采用 BCD 格式编码（例如，16#97 代表 2002 年），如表 4-36 所示。

表 4-36　8B 时间缓冲器格式（T）

T 字节	字节数据的说明
0	年（0～99）当前年份（BCD 值）
1	月（1～12）当前月份（BCD 值）
2	日期（1～31）当前日期（BCD 值）
3	小时（0～23）当前小时（BCD 值）
4	分钟（0～59）当前分钟（BCD 值）
5	秒（0～59）当前秒（BCD 值）
6	00　保留　始终设置为 00
7	星期几（1～7）当前是星期几，1=星期日（BCD 值）

S7-200 PLC 的 CPU 不会根据日期核实星期几是否正确。无效日期，如 2 月 30 日，可能被接受；使用时，应当确保输入了正确的日期。

4.9.2 其他指令举例

除了以上指令外，S7-200 PLC 还有中断和程序控制指令，这些指令将在第 6 章介绍。

通信类指令包括网络读取和网络写入（NETR 和 NETW）指令，第 10 章中将涉及；通信类指令还包括自由通信发送和接收（XMT 和 RCV）指令，以及读取和设定网络地址（GET_ADDR 和 SET_ADDR）指令。

思考与练习题

4.1　根据梯形图程序，完成时序图，如图 4-30～图 4-33 所示。

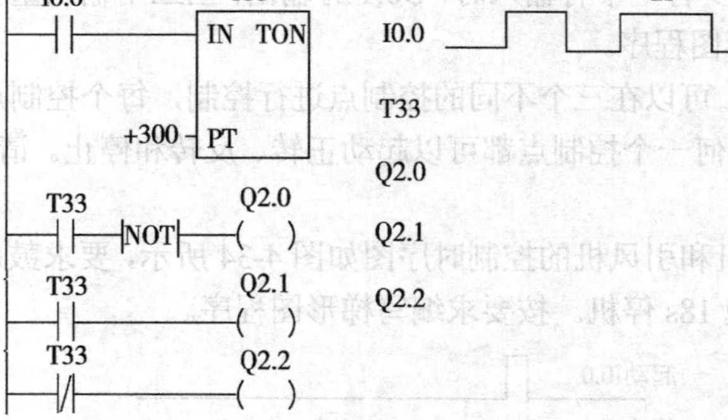

图 4-30　练习题 4.1 的图 1

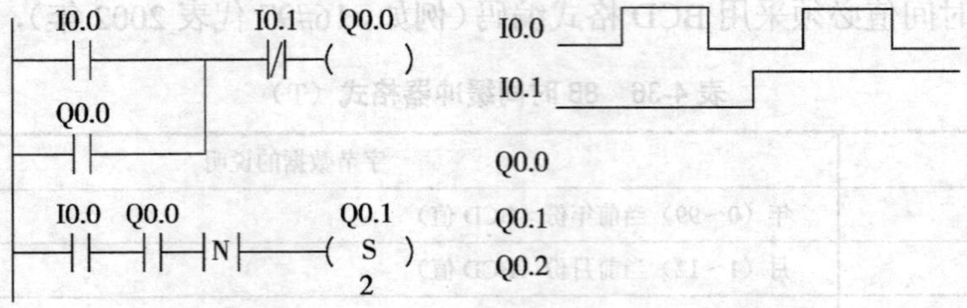

图 4-31 练习题 4.1 的图 2

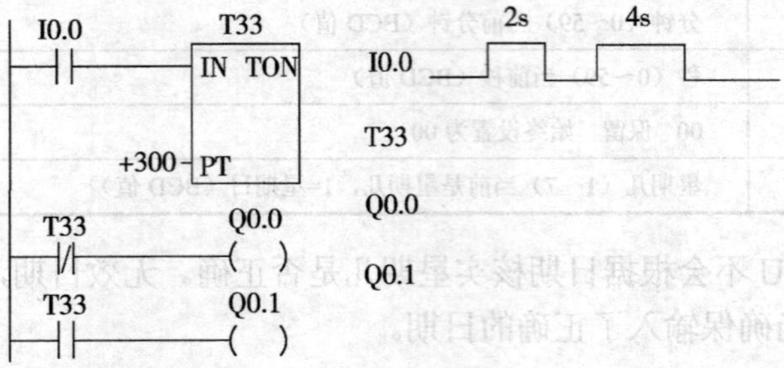

图 4-32 练习题 4.1 的图 3

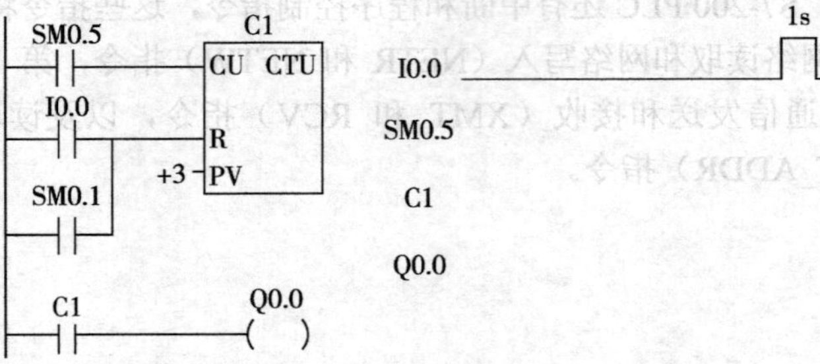

图 4-33 练习题 4.1 的图 4

4.2 有 I0.0、I0.1 和 I0.2 三个开关量输入，当三个输入量有且只有一个有输入时，Q0.0 有输出；当三个输入量至少有一个有输入时，Q0.1 有输出；当三个输入量全部有输入时，Q0.2 有输出。按要求编写梯形图程序。

4.3 有一台电动机，可以在三个不同的控制点进行控制，每个控制点都有正转、反转、停止三个按钮。要求在任何一个控制点都可以起动正转、反转和停止。请进行 PLC 控制系统设计。

4.4 某锅炉的鼓风机和引风机的控制时序图如图 4-34 所示，要求鼓风机比引风机晚 10s 起动，引风机比鼓风机晚 18s 停机。按要求编写梯形图程序。

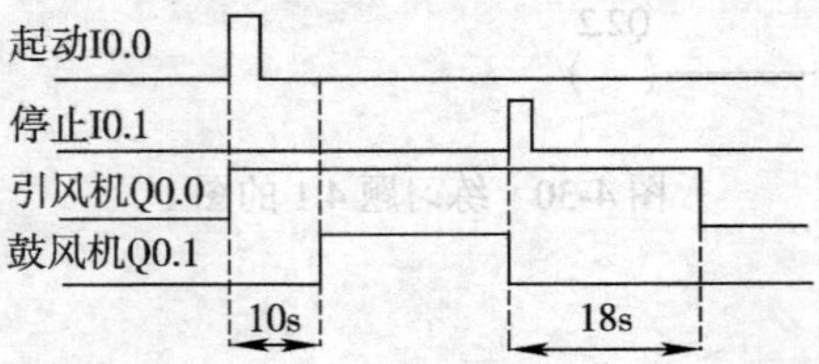

图 4-34 练习题 4.4 的图

4.5　用 S7-200 PLC 指令系统编程，满足图 4-35 所示的时序图。

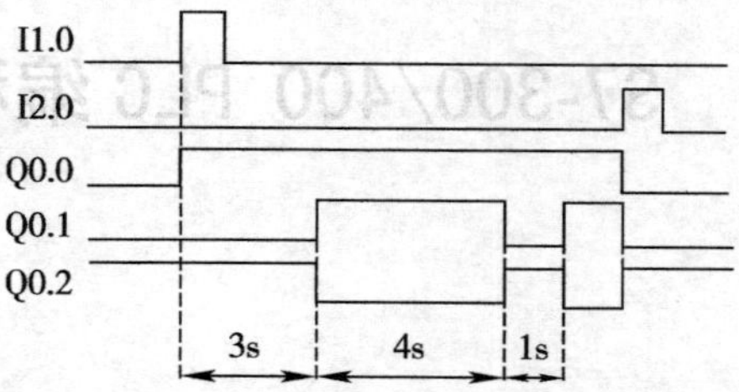

图 4-35　练习题 4.5 的图

4.6　I0.0 接按钮，Q0.0 接信号灯；当 I0.0 有输入时，Q0.0 周期性闪烁，周期为 1s，占空比为 1∶1；当 I0.0 没有输入时，Q0.0 周期性闪烁，周期为 5s，占空比为 2∶3。按要求编写梯形图程序。

4.7　按要求设计一个 PLC 控制系统，实现三相异步电动机的能耗制动控制。能耗制动是在电动机脱离三相交流电源之后，在定子绕组上加一个直流电压（3s），利用转子感应电流与静止磁场的作用达到制动的目的。

为了使图 4-36 所示的电动机在 KM1 断开后能够快速地停下来，可通过闭合触点 KM3，在电动机的定子绕组上接入直流电，利用该直流电的静止磁场和转子的感应电动势的相互作用，实现电动机的快速制动。图 4-37 给出了 PLC 的电气接线图，请编写 PLC 控制程序。

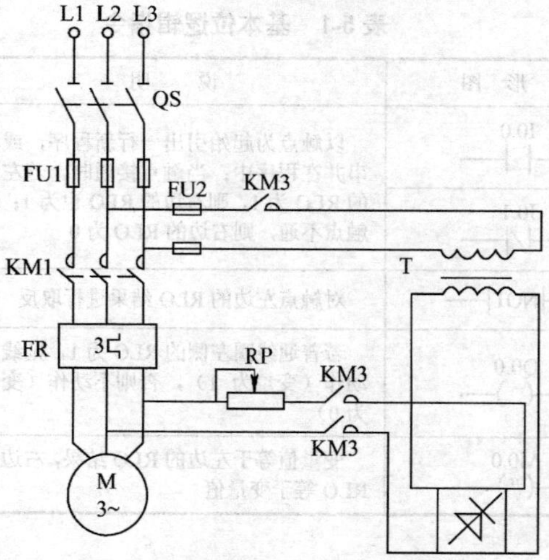

图 4-36　能耗制动控制系统主电路示意图

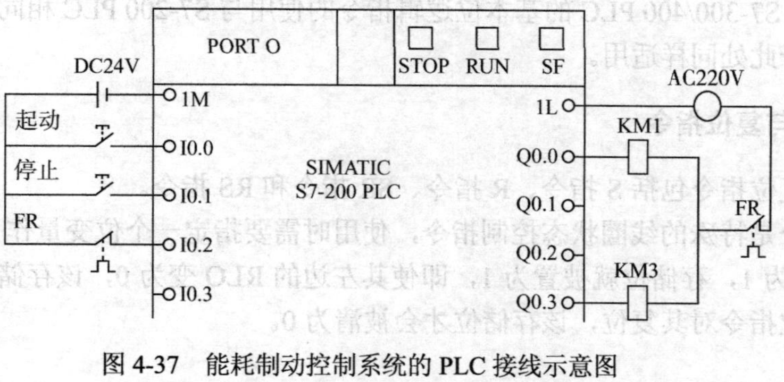

图 4-37　能耗制动控制系统的 PLC 接线示意图

第 5 章　S7-300/400 PLC 编程指令

5.1　位逻辑指令

5.1.1　位逻辑指令概述

S7-300/400 PLC 的位逻辑指令与 S7-200 PLC 的类似，包括常开触点、常闭触点、输出线圈、边沿触发等指令。由这些触点指令可以形成与、或、非的基本逻辑关系，也可以组合成更加复杂的逻辑关系。

5.1.2　基本位逻辑指令

基本位逻辑指令包括常开触点、常闭触点、取反触点、普通线圈和中间线圈指令，如表 5-1 所示。

表 5-1　基本位逻辑指令

指令名称	梯形图	说　明	操作对象
常开触点	I0.0 ─┤ ├─	以触点为起始引出一行新程序，或者串并在程序中；当触点接通时，若左边的 RLO 为 1，则右边的 RLO 也为 1；若触点不通，则右边的 RLO 为 0	位变量，如 I、Q、M、T、C、S、DB 和 L 等存储区的位操作
常闭触点	I0.1 ─┤/├─		
取反触点	─┤NOT├─	对触点左边的 RLO 结果进行取反	无操作对象
普通线圈	Q0.0 ─(　)─	若普通线圈左侧的 RLO 为 1，则线圈动作（变量为 1），否则不动作（变量为 0）	位变量，如 Q、M、DB 和 L 等存储区的位操作
中间线圈	M0.0 ─(#)─	变量值等于左边的 RLO 结果，右边的 RLO 等于变量值	位变量，如 Q、M、DB 和 L 等存储区的位操作

由表 5-1 中给出的触点可以按照与、或、非的逻辑关系组合成更加复杂的逻辑块，控制线圈的执行。S7-300/400 PLC 的基本位逻辑指令的使用与 S7-200 PLC 相同，例 4.1~例 4.3 的编程形式对于此处同样适用。

5.1.3　置位与复位指令

置位与复位指令包括 S 指令、R 指令、SR 指令和 RS 指令。

置位指令是特殊的线圈状态控制指令，使用时需要指定一个位变量作为存储位。只要其左边的 RLO 为 1，存储位就被置为 1，即使其左边的 RLO 变为 0，该存储位始终保持为 1，只有使用复位指令对其复位，该存储位才会被清为 0。

复位指令也是特殊的线圈状态控制指令，使用时同样需指定一个位变量作为存储位，即复位的对象。它的主要功能是对置位后的地址进行复位，经常与置位指令配合使用。

置位与复位指令如表 5-2 所示。

表 5-2　置位与复位指令

指令名称	梯形图	说　明	操作对象
置位 S	Q0.0 —(S)	线圈左侧的 RLO 等于 1，使 Q0.0 置 1 并保持，直到被复位为止	
复位 R	Q0.0 —(R)	线圈左侧的 RLO 等于 1，使 Q0.0 复位为 0 并保持，直到被置位为止	
SR	M0.1 SR：S、R 输入，Q 输出	置位和复位的组合，复位优先；输出端子 Q 的 RLO 与线圈的状态一致	位变量
RS	M0.0 RS：R、S 输入，Q 输出	置位和复位的组合，置位优先；输出端子 Q 的 RLO 与线圈的状态一致	

西门子 S7-200 PLC 和 S7-300/400 PLC 的置位与复位指令是基本相同的。在 S7-200 PLC 中，置位 S 和复位 R 指令可以同时对多位进行操作，而在 S7-300/400 PLC 中只能对一位进行操作。

5.1.4　边沿检测指令

边沿检测指令的功能主要是通过比较相邻两个扫描周期间该指令左侧的 RLO 的值，从而决定自身导通与否以及导通时间是多长。根据检测的对象可以分为以下两种边沿检测指令。

1. RLO 边沿检测指令

在图 5-1 中，（P）是上升沿触发指令，M0.0 是其指定的存储位，用于存储上一个扫描周期其左侧的 RLO。每次（P）指令执行时，总是将当前扫描周期内其左侧的 RLO 与存储在 M0.0 的上一个扫描周期的 RLO 进行比较，如果 M0.0 为 0，当前左侧 RLO 为 1，则认为检测到上升沿，该指令就导通一个扫描周期，之后断开；如果 M0.0 为 1，无论当前左侧的 RLO 状态如何，均认为没有上升沿发生，该指令不导通。每一个扫描周期其左侧的 RLO 均被存储在其指定的存储位内。

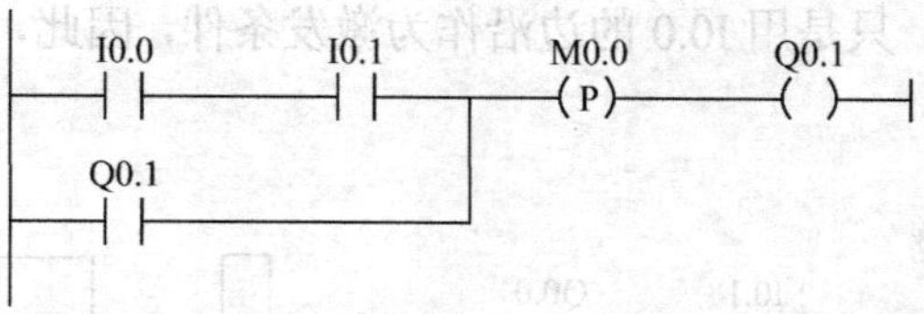

图 5-1　上升沿触发指令的使用

在图 5-2 中，（N）是下降沿触发指令，M0.1 是其指定的存储位，用于存储上一个扫描周期其左侧的 RLO。每次（N）指令执行时，总是将当前扫描周期内其左侧的 RLO 与存储在 M0.1 的上一个扫描周期的 RLO 进行比较，如果 M0.0 为 1，当前左侧 RLO 为 0，则认为检测到下降沿，该指令就导通一个扫描周期，之后断开；如果 M0.0 为 0，无论当前左侧的 RLO 状态如何，均认为没有下降沿发生，该指令不导通。每一个扫描周期其左侧的 RLO 均被存储在其指定的存储位内。

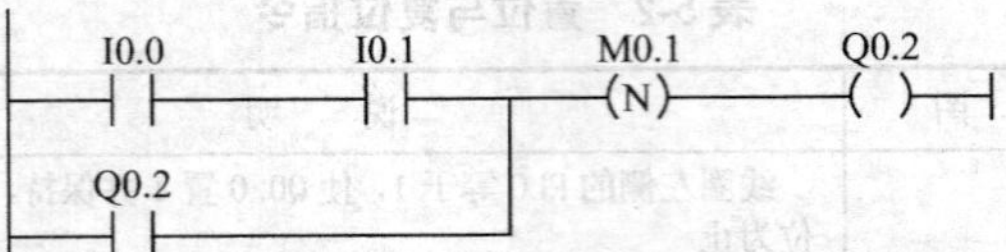

图 5-2 下降沿触发指令的使用

特别提醒，图 5-1 和图 5-2 的程序不能形成自保持功能。

已经定义为（P）和（N）线圈的变量，不应再在程序中的任何位置出现。

2. 地址边沿检测指令

与 RLO 边沿检测指令不同的是，地址边沿检测指令不是检测其左侧 RLO 的变化，而是检测其指定地址单元的状态变化。

在图 5-3 中，POS 指令对其指定的地址位 I0.3 的状态进行检测，I0.3 的上一扫描周期的状态存储在 M0.0 内。当 I0.0、I0.1、I0.2 的 RLO 为 1 时，POS 指令执行，将 M0.0 和当前扫描周期的 I0.3 进行比较，如果是上升沿，则 Q 端输出 1；否则，Q 端输出 0，后面的元件就不导通。

在图 5-4 中，NEG 指令对其指定的地址位 I0.3 的状态进行检测，I0.3 的上一扫描周期的状态存储在 M0.0 内。当 I0.0、I0.1、I0.2 的 RLO 为 1 时，NEG 指令执行，将 M0.0 和当前扫描周期的 I0.3 进行比较，如果是下降沿，则 Q 端输出 1；否则，Q 端输出 0，后面的元件就不导通。

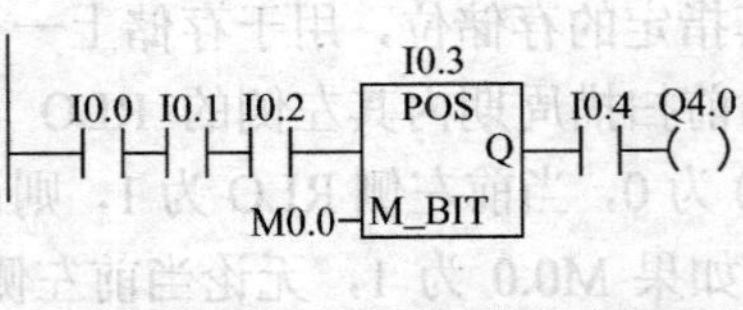

图 5-3 地址正边沿检测触发指令的使用

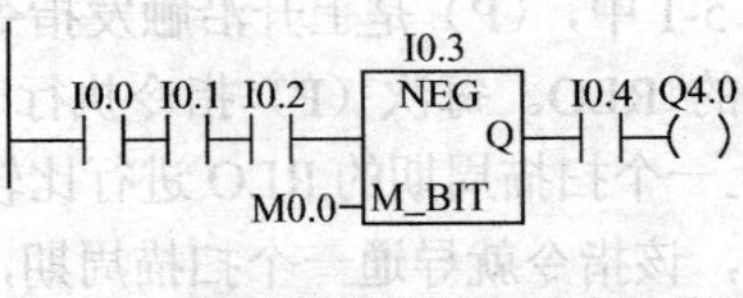

图 5-4 地址负跳沿触发指令的使用

例 5.1 带边沿检测的自保持电路。

该例子与例 4.1 类似，只是用 I0.0 的边沿作为激发条件，因此，Q0.0 的输出有一定变化，如图 5-5 所示。

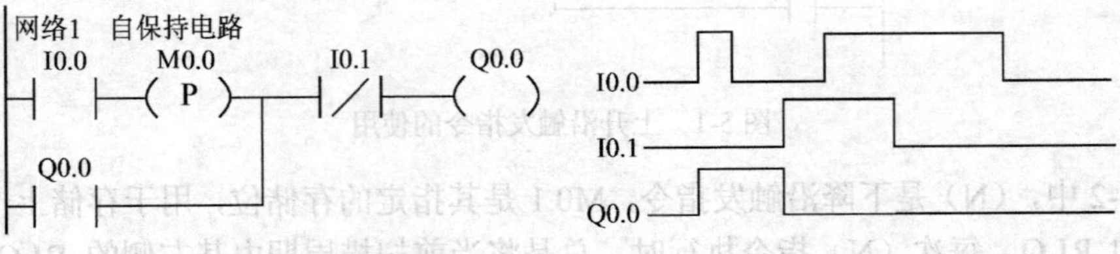

图 5-5 带边沿检测的自保持电路

例 5.2　单按钮控制电路。一个按钮接在 I0.0 端子上，按下按钮，Q0.0 有输出，再次按下则没有输出，如此不断循环，如图 5-6 所示。

另外，S7-300/400 PLC 的位逻辑指令中，还有一个线圈输出指令（SAVE），功能是将其前面的 RLO 存储在系统状态字（status word）的 BR 位内。于是，在下一个网络中 BR 的状态将参加与逻辑操作。但是该指令一般不推荐使用，因为该位的值在保存和检查时可能被修改多次，不一定是编程者真正想要的值。

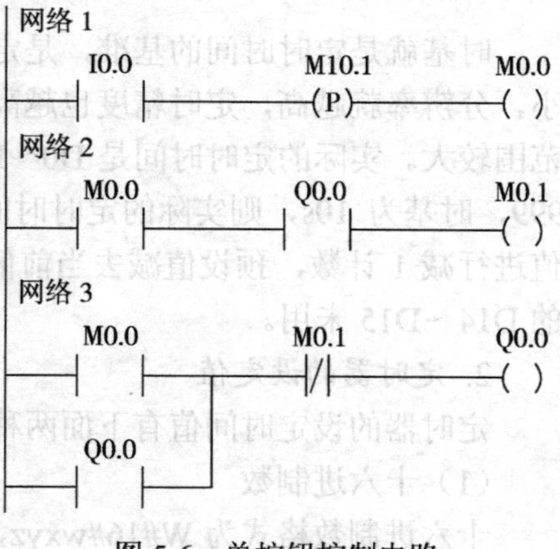

图 5-6　单按钮控制电路

5.2　定时器指令

5.2.1　定时器指令概述

定时器类似于电气控制电路里的时间继电器，基本功能是通过一段时间的定时对某个操作做延时响应。现在定时器的功能越来越强大，用途也越来越广，经过组合使用，定时器可以产生宽度可调的脉冲序列，实现振荡器功能。

S7-300/400 PLC 提供了五种定时器，分别为脉冲定时器（SP）、扩展脉冲定时器（SE）、接通延时定时器（SD）、保持型接通延时定时器（SS）和断开延时定时器（SF）。这五种定时器在梯形图语言中既有方框形式的线圈，又有一般形式的线圈。

5.2.2　定时器的设定值、当前值和状态值

1. 定时器字

定时器字在内存中的存储格式如图 5-7 所示。

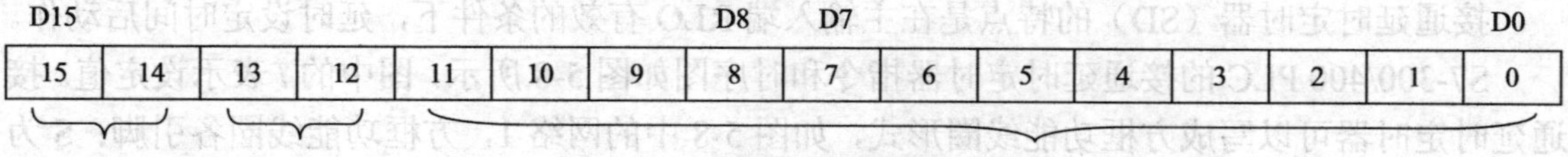

图 5-7　定时器字的存储格式

其中，D0～D11 存储当前 BCD 码时间值，范围是 0～999，用户预设的时间值存储在 D0～D11 内。D0～D3 为时间值的个位，0～9；D4～D7 为时间值的十位，0～9；D8～D11 为时间值的百位，0～9。D12～D13 为存储定时器的时基，定时器的时基设定如表 5-3 所示。

表 5-3　定时器的时基设定

D13	D12	时基
0	0	10ms
0	1	100ms
1	0	1s
1	1	10s

时基就是定时时间的基准，是定时器定时的最小单位，也称为定时器的分辨率。时基越小，分辨率就越高，定时精度也越高，但是定时范围较小。时基越大，分辨率就越低，定时范围较大。实际的定时时间是 D0～D11 存储的 BCD 码时间值乘以对应的时基，如定时值为 999，时基为 10s，则实际的定时时间为 9990s。定时器其实是以某个时间基准为单位对预设值进行减 1 计数，预设值减去当前值后再乘以时基，就是定时器定时耗去的时间。定时器字的 D14～D15 未用。

2. 定时器的设定值

定时器的设定时间值有下面两种格式。

（1）十六进制数

十六进制数格式为 W#16#wxyz，其中，w 为时间基准，xyz 为 BCD 码格式的时间值。

（2）S5 时间格式

S5 时间格式为 S5T#aH_bM_cS_dMS，其中，a 表示小时，b 表示分钟，c 表示秒，d 表示毫秒。

例如，S5T#1H_13M_8S 表示时间为 1 小时 13 分 8 秒。a、b、c、d 四个参数不需要全部给出，需要什么就给出什么。例如，定时 100s，直接给出 S5T#100s 即可，系统会自动写成 S5T#1M40S。用 S5 格式给出的定时时间不需要考虑时基，系统会自行选择，原则是在满足定时范围的要求下选择最小时基。

3. 定时器的当前值和状态值

定时器除了有设定值之外，还有当前值和状态值。由于定时器字的格式比较特殊，是个特殊的 16 位数，不方便用户获取当前值。S7-300/400 PLC 定时器的方框线圈提供了输出整数形式和 BCD 码形式的当前值的引脚。

定时器的状态值为 1 或 0，是一个布尔量，长度为 1 位（bit）。也可以将定时器看成继电器，其状态分为动作与不动作两种。

5.2.3 接通延时定时器

接通延时定时器（SD）的特点是在主输入端 RLO 有效的条件下，延时设定时间后动作。

S7-300/400 PLC 的接通延时定时器指令和时序图如图 5-8 所示，图中的 t 表示设定值。接通延时定时器可以写成方框功能线圈形式，如图 5-8 中的网络 1，方框功能线圈各引脚：S 为主输入引脚，该引脚的 RLO 将决定定时器的状态；TV 为设定值引脚；R 为复位引脚；Q 为状态输出引脚，其 RLO 的值与定时器状态一致；BI 和 BCD 分别以整数和 BCD 码形式输出定时器的当前值。其他类型 S7-300/400 PLC 定时器的各输入/输出引脚的定义与此处相同，不再赘述。

S7-300/400 PLC 接通延时定时器的工作时序图说明了定时器的使用方法，如图 5-8 所示。从时序图可以看出，接通延时定时器的 S 端 RLO 出现上升沿时，定时器开始定时（从设定值开始减少）。定时期间内，如果 S 端 RLO 保持为 1 不变，当定时时间到（当前值减为 0）时，定时器动作，输出端 Q 由 0 变为 1，并一直保持到 S 端的 RLO 变为 0 为止。

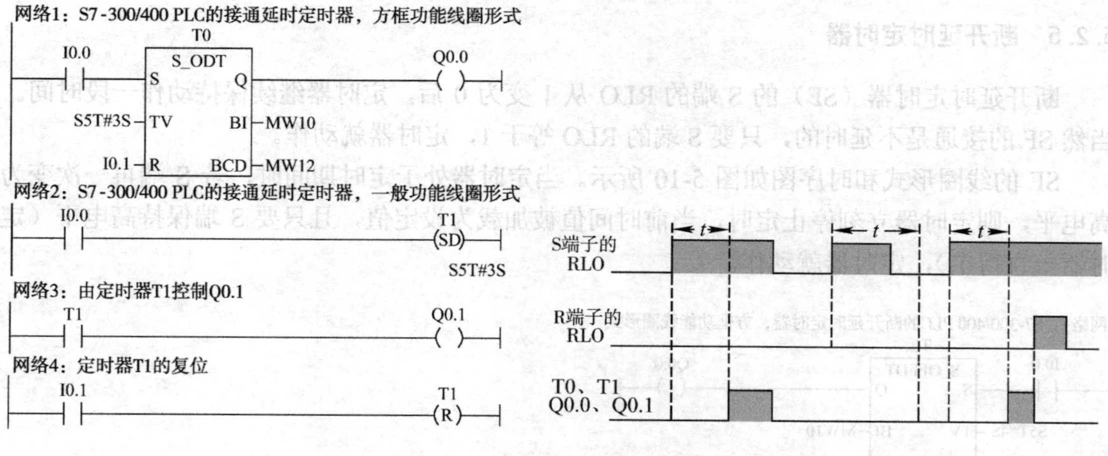

图 5-8　S7-300/400 PLC 的接通延时定时器指令和时序图

如果未到定时时间，S 端 RLO 由 1 变为 0，则定时器马上不动作，但当前值保持不变。当下次 S 端 RLO 由 0 变为 1 时，定时器重新开始定时，从设定值开始减少。复位端 R 的 RLO 为 1 时，定时器被复位，当前值为 0，定时器状态值为 0。

需要注意的是，S 端的 RLO 等于 1，定时器延时设定时间动作；当 S 端的 RLO 从 1 变为 0 后，定时器立刻不动作。简单地说，SD 断开时是不延时的。

5.2.4　保持型接通延时定时器

保持型接通延时定时器（SS）的使用与 SD 类似，只有一点不同，当 S 端 RLO 由 1 变为 0 后，SS 类型的定时器不会自动复位；当 S 端 RLO 再次由 0 变为 1 后，继续计时。

与接通延时定时器一样，保持型接通延时定时器也有一般功能线圈指令形式，在不需要复位和输出的情况下，一般功能线圈指令更加简练。保持型接通延时定时器的功能如图 5-9 所示，图中 Q0.0 的值与定时器的状态一致。

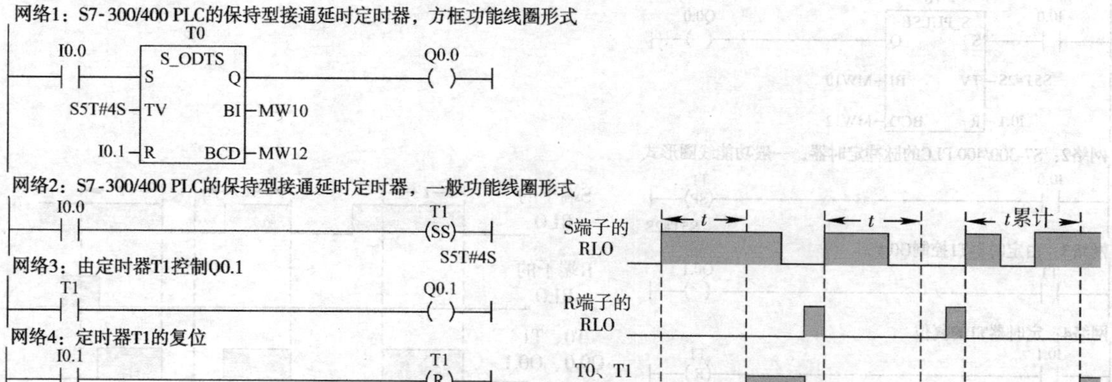

图 5-9　S7-300/400 PLC 的保持型接通延时定时器指令和时序图

5.2.5　断开延时定时器

断开延时定时器（SF）的 S 端的 RLO 从 1 变为 0 后，定时器继续保持动作一段时间。当然 SF 的接通是不延时的，只要 S 端的 RLO 等于 1，定时器就动作。

SF 的线圈形式和时序图如图 5-10 所示。当定时器处于定时期间时，若 S 端再一次变为高电平，则定时器立刻停止定时，当前时间值被加载为设定值，且只要 S 端保持高电平（定时器一直得电），定时器就动作。

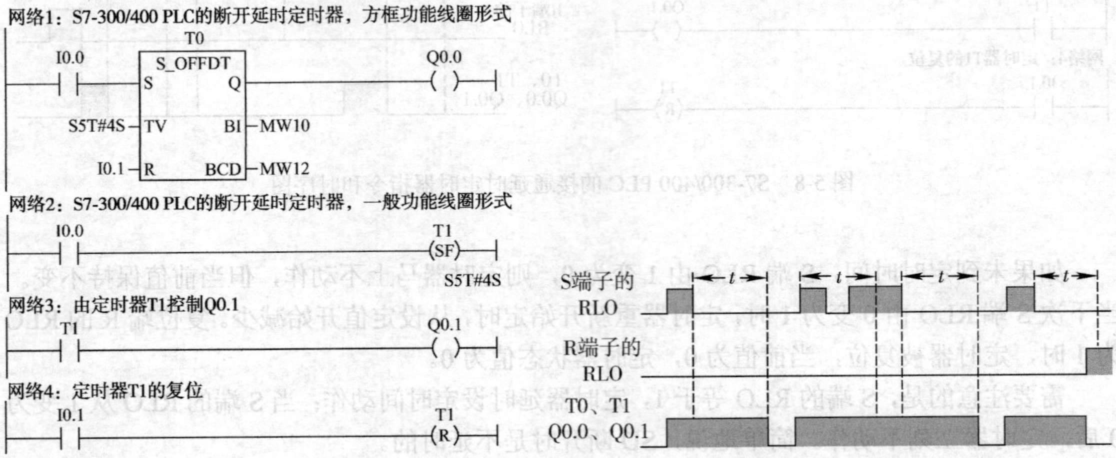

图 5-10　S7-300/400 PLC 的断开延时定时器指令和时序图

5.2.6　脉冲定时器

S7-300/400 PLC 的脉冲定时器（SP）是以 S 端的 RLO 的上升沿作为激发条件，动作设定时间。在定时器动作的过程中，要求 S 端的 RLO 一直保持为 1，否则定时器不动作。

脉冲定时器（SP）的方框图用 S_PULSE 表示，具体形式如图 5-11 所示。

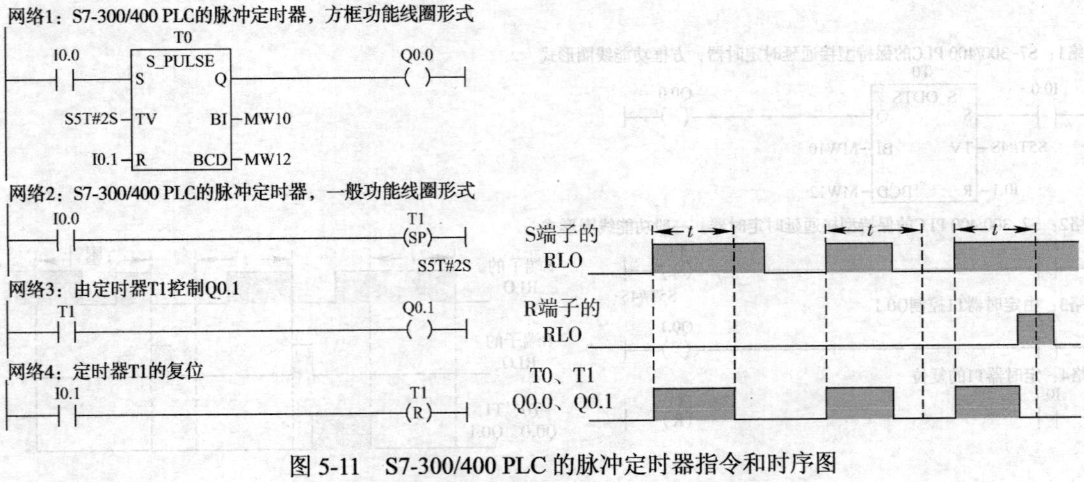

图 5-11　S7-300/400 PLC 的脉冲定时器指令和时序图

5.2.7　扩展脉冲定时器

扩展脉冲定时器（SE）的使用比 SP 更容易一些，只要 S 端的 RLO 有上升沿，定时器就动作设定时间，不需要 S 端的 RLO 保持为 1，如图 5-12 所示。

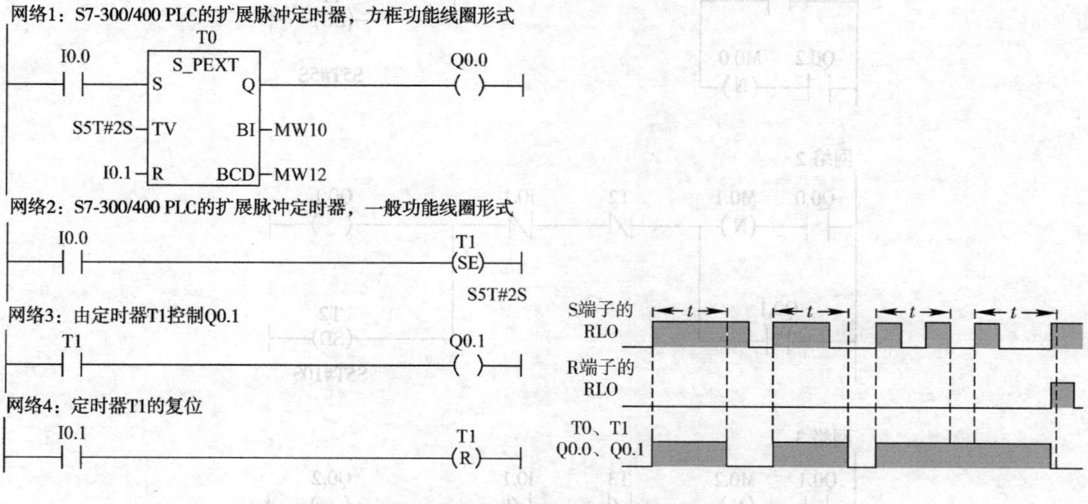

图 5-12　S7-300/400 PLC 的扩展脉冲定时器指令与时序图

例 5.3　使某个继电器动作规定时间。

用扩展脉冲定时器实现使某个继电器动作规定时间，如图 5-13 所示。

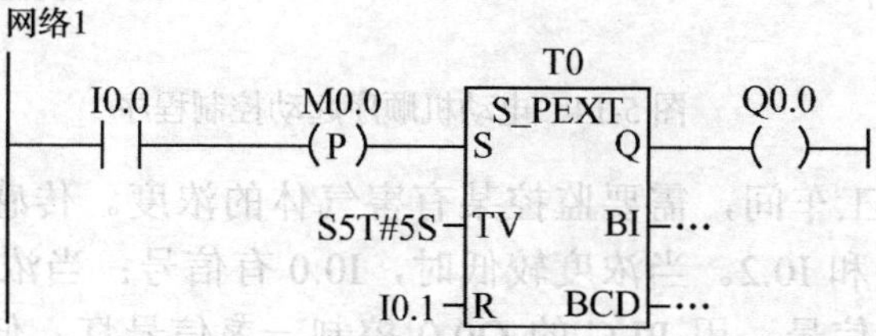

图 5-13　使某个继电器动作规定时间的程序

5.2.8　应用举例

例 5.4　控制电动机顺序起动。

两个按钮控制三台电动机顺序循环运转。起动按钮接 I0.0，停止按钮接 I0.1，三台电动机的接触器分别接 Q0.0、Q0.1 和 Q0.2。要求按下起动按钮后，电动机 1 起动，运行 5s 后自动停止；电动机 2 接着起动，运行 10s 后自动停止；电动机 3 接着起动，运行 5s 后自动停止；然后电动机 1 接着起动，不断循环；停止按钮按下后，所有电动机停止。

电动机顺序起动控制程序如图 5-14 所示。在这个程序中，Q0.0、Q0.1 和 Q0.2 依次动作，每个动作是由前一个动作的下降沿激发的。激发后，自保持设定时间后自动复位。

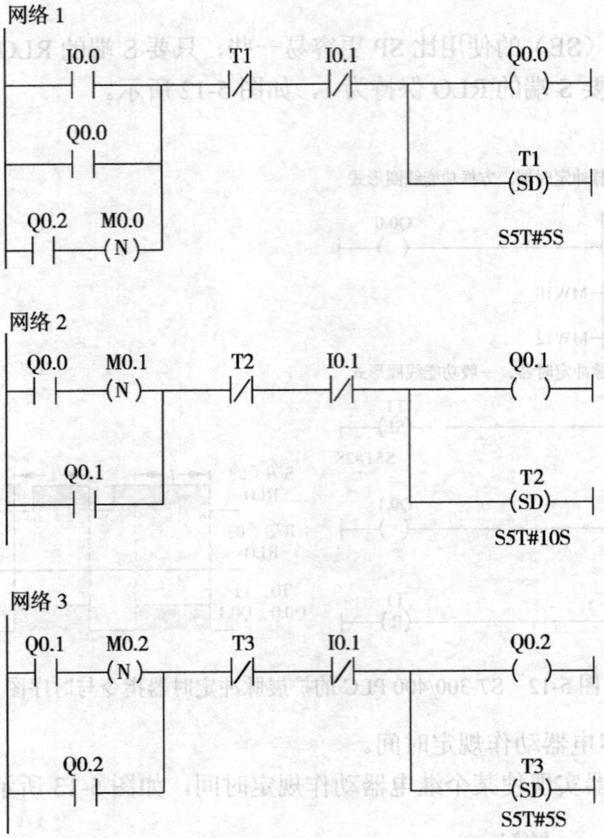

图 5-14　电动机顺序起动控制程序

例 5.5　在某化工车间，需要监控某有害气体的浓度。传感器提供三个信号，分别接 PLC 的 I0.0、I0.1 和 I0.2。当浓度较低时，I0.0 有信号；当浓度中等时，I0.1 有信号；当浓度高时，I0.2 有信号。用 PLC 的 Q0.0 控制一盏信号灯。低浓度时，信号灯常亮；中等浓度时，以 0.5Hz 闪烁；高浓度时，以 2Hz 闪烁。本例中分别用 SD 和 SP 实现两个脉冲电路。

控制程序如图 5-15 所示。

程序中，网络 1 和网络 2 为脉冲电路，用接通延时定时器实现，T1 是周期为 0.5s，占空比为 3:5 的脉冲。

网络 3 和网络 4 也是脉冲电路，用脉冲定时器实现，T3 和 T4 都是脉冲，周期为 2s，占空比均为 1:2。

网络 5，根据 I0.0、I0.1 和 I0.2 的输入情况，控制 Q0.0 的输出。在这行程序中，使用了网络 1～4 生成的脉冲 T1 和 T3。

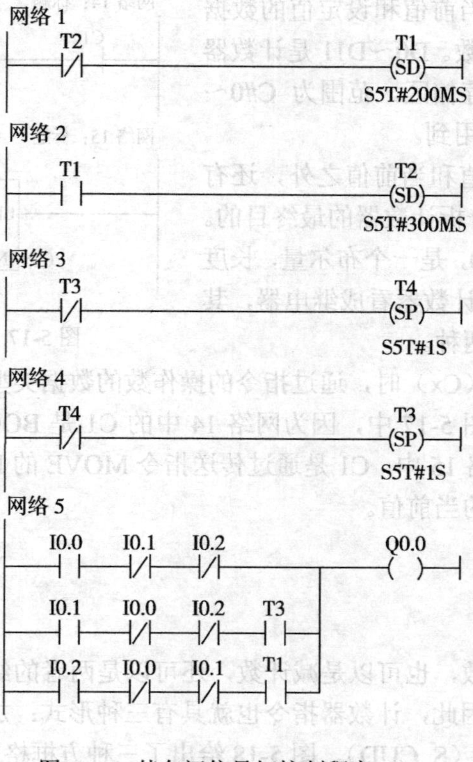

图 5-15　某车间信号灯控制程序

5.3　计数器指令

5.3.1　计数器指令概述

变量的值在程序的执行中可能会发生变化，这种变化也可以转化为程序中某一点的 RLO 的变化。当需要对 RLO 的变化的次数进行统计，并以此控制其他变量的值时，就需要使用计数器了。计数器及其指令专门用于数量控制的编程场合。

5.3.2　计数器的设定值、当前值和状态值

在计数器中需要设定一个设定值，以便在计数时，计数器当前值从设定值开始逐步减小到 0，或从设定值逐步增加。当前值是指当前的计数器内所计的数量。

在 S7-300/400 PLC 中，CPU 为每个计数器保留了 2B 大小的存储区，称为计数器字。不同的 CPU 支持的计数器个数也不一样。计数器字的格式如图 5-16 所示。

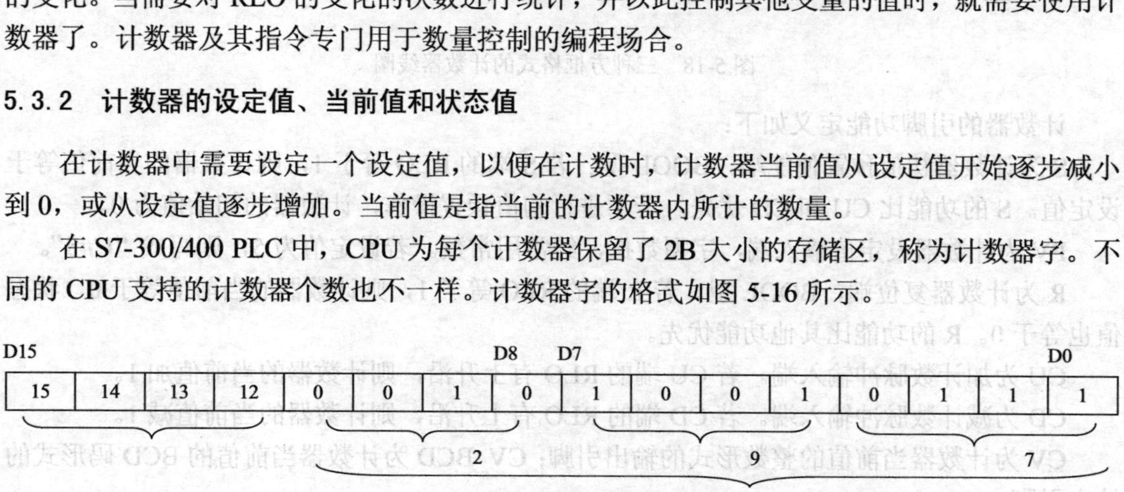

图 5-16　计数器字的格式

计数器字是计数器当前值和设定值的数据格式，是个特殊的16位数。D0～D11是计数器当前计数值的BCD码存储区，范围为C#0～C#999；D12～D15没有用到。

计数器除了有设定值和当前值之外，还有状态值。分析状态值是分析计数器的最终目的。计数器的状态值为1或0，是一个布尔量，长度为1位（bit）。也可以将计数器看成继电器，其状态分为动作与不动作两种。

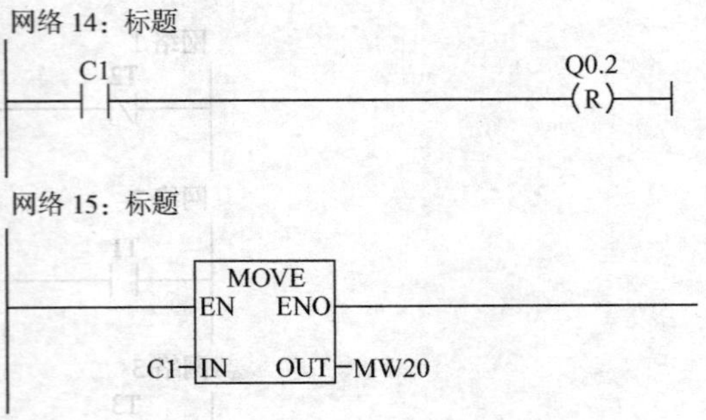

图5-17　计数器位和当前值的访问

程序在访问计数器（Cx）时，通过指令的操作数的数据类型来判断是访问计数器当前值还是状态值。例如，在图5-17中，因为网络14中的C1是BOOL型操作数，故访问的是计数器的状态值；而在网络15中，C1是通过传送指令MOVE的IN端访问，由于OUT端是字型，故访问的是计数器的当前值。

5.3.3　计数器指令形式

1. 指令形式

计数器可以是加计数，也可以是减计数，还可以是两者的结合，即在同一个指令中既有加计数，也有减计数。因此，计数器指令也就具有三种形式：加计数器（S_CU）、减计数器（S_CD）和加减计数器（S_CUD）。图5-18给出了三种方框格式的计数器线圈。

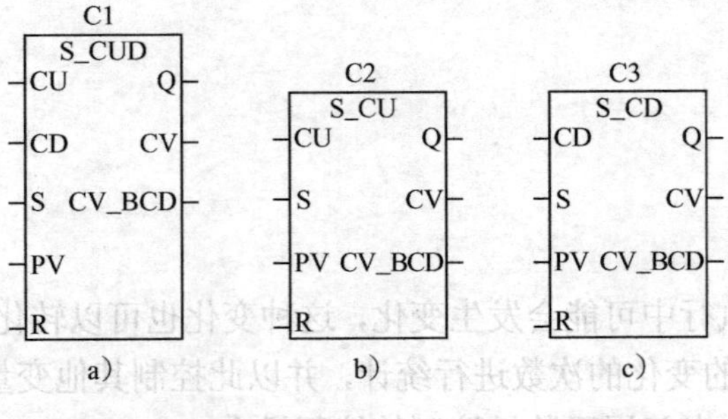

图5-18　三种方框格式的计数器线圈

计数器的引脚功能定义如下：

S为计数器初值预置使能端，BOOL型。若S端的RLO等于1，则计数器的当前值等于设定值。S的功能比CU和CD优先。若不进行初值预置操作，计数器的初始值为0。

PV为计数器设定值输入端，字型数据，经常用常数。若设定值为5，则写成“C#5”。

R为计数器复位端，BOOL型。若R端的RLO等于1，则计数器的当前值等于0，状态值也等于0。R的功能比其他功能优先。

CU为加计数脉冲输入端。若CU端的RLO有上升沿，则计数器的当前值加1。

CD为减计数脉冲输入端。若CD端的RLO有上升沿，则计数器的当前值减1。

CV为计数器当前值的整数形式的输出引脚；CV_BCD为计数器当前值的BCD码形式的输出引脚。

Q 为输出端，其 RLO 等于计数器的状态值。

计数器的状态值等于 1 或 0。在 S7-300/400 PLC 中，确定计数器状态值的规则是统一的，当当前值大于等于 1 时，则状态值等于 1；否则状态值等于 0。

2. 加减计数器

加减计数器（S_CUD）有两个计数脉冲输入端 CU 和 CD，计数器开始计数前，先加载计数初值，之后计数器便以此初值为基础进行加计数或减计数。

S 端的 RLO 等于 1，使计数器加载初值，加载后，加计数或减计数均以此值为基础。复位端 R 为 1，则计数器复位，计数器的当前值清 0，计数器输出端 Q 的 RLO 等于 0。

若 CU 端有上升沿且计数器当前值小于 999，则计数器加 1。若 CD 端有上升沿且计数器当前值大于 0，则计数器减 1，在做减计数之前，应该先加载 PV 预先设定值。若 CU、CD 端同时有上升沿输入，则加、减指令同时被执行，但是计数器当前值保持不变。若计数器当前值大于 0,则计数器动作,且输出端 Q 的 RLO 等于 1；若计数器当前值等于 0，则计数器不动作，且输出端 Q 的 RLO 等于 0。

加减计数器编程形式如图 5-19 所示。

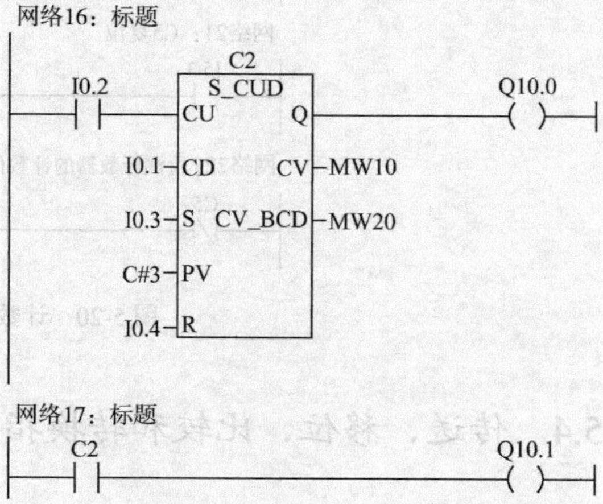

图 5-19　加减计数器指令的使用

3. 加计数器

加计数器（S_CU）的方框指令如图 5-18b 所示。加计数器除了缺少减计数脉冲输入端外，其余引脚定义均与加减计数器相同。使用时的注意事项如下：

1）S 端的 RLO 等于 1，使计数器加载初值，加载后，加计数以此值为基础。

2）复位端 R 为 1，则计数器复位，计数器当前值清 0，计数器输出端 Q 的 RLO 等于 0。

3）若 CU 端的 RLO 有上升沿且计数器当前值小于 999，则计数器加 1。

4）若计数器当前值大于 0，则计数器动作，并且输出端 Q 的 RLO 等于 1；若计数器当前值等于 0，则计数器不动作，并且输出端 Q 的 RLO 等于 0。

4. 减计数器

减计数器（S_CD）的方框指令如图 5-18c 所示。减计数器除了缺少加计数脉冲输入端外，其余引脚定义均与加减计数器相同。使用时的注意事项如下：

1）S 端的 RLO 等于 1，使计数器装载初值，装载后，减计数以此值为基础。

2）复位端 R 为 1，则计数器复位，计数器当前值清 0，计数器输出端 Q 的 RLO 等于 0。

3）若 CD 端的 RLO 有上升沿且计数器当前值大于 0，则计数器减 1，在做减计数之前，一般应该先加载 PV 预先设定值。

4）若计数器当前值大于 0，则计数器动作，并且输出端 Q 的 RLO 等于 1；若计数器当前值等于 0，则计数器不动作，并且输出端 Q 的 RLO 等于 0。

5. 计数器指令的一般线圈形式

使用计数器指令时，除了可以使用图 5-18 所示的方框形式的线圈外，也可以使用一般形式的线圈。图 5-20 为一般线圈形式的计数器梯形图程序，具体使用见每个网络的说明。

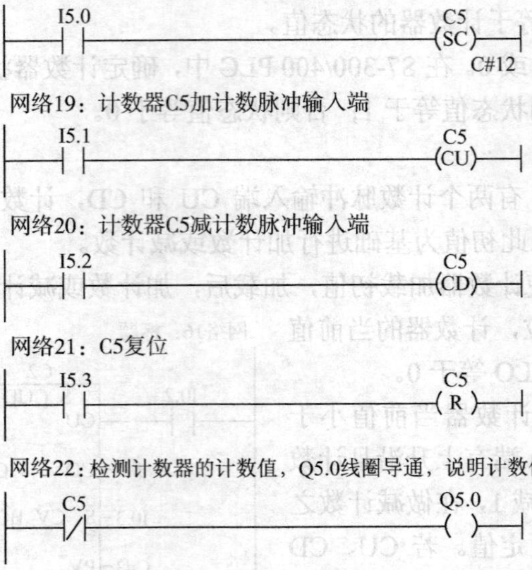

图 5-20 计数器线圈指令的使用

5.4 传送、移位、比较和转换指令

5.4.1 传送指令

传送指令的功能是在存储器之间或存储器与输入/输出寄存器之间传递数据。传送指令需要累加器参与，需要传送的数据必须先送入累加器内，然后再送入目的存储器。

梯形图编程的传送指令是 MOVE 方框图。MOVE 指令的操作数可以是字节、字和双字。表 5-4 列出了其参数定义和使用说明。

表 5-4 MOVE 指令的使用说明

梯形图指令	操作数	数据类型	存储区	说明
MOVE EN ENO IN OUT	源操作数 IN	字节、字和双字	Q、I、M、L、DB、常数	EN 端有效，则源操作数的数据被送入目的操作数 OUT 指定的地址内
	目的操作数 OUT		Q、M、L、DB,不推荐 I	

S7-300/400 PLC 中，所有类型的传送功能均由 MOVE 指令完成。MOVE 指令主要用于给某个存储单元赋值、读写外部数据（如 AD/DA 转换的数据）等。在给存储单元赋初值时，为了避免重复赋值，最好和边沿触发指令配合使用。

如图 5-21 所示，CPU 上电，第一个扫描周期内初值 10 被赋给 MW20。以后的扫描周期因为 P 指令没有上升沿，故不导通，MOVE 指令不被执行；如果指令被正确执行，则 Q4.0 置 1，否则输出 0。也可以将 EN 端直接接至母线处，这样在每个扫描周期内都会无条件执行一次 MOVE 指令。

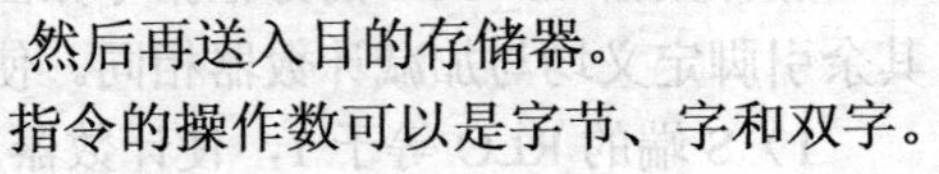

图 5-21 存储单元赋初值

5.4.2　移位指令

移位指令有普通移位指令和循环移位指令之分，基本功能主要是将源操作数向左或者向右移动一位或几位。

1. 普通移位指令

普通移位指令将被移动的数据逐位向左或向右移动，移出去的位自动丢弃，被移动的最后一位保存在系统状态字（STW）的 CC1 中。左移指的是将源操作数的二进制数据从低位向高位逐位移动，移出的位丢弃，空出的位补 0，如图 5-22 所示。右移指的是从高位向低位移动，移出的位丢弃，空出的位补 0，如 5-23 所示。

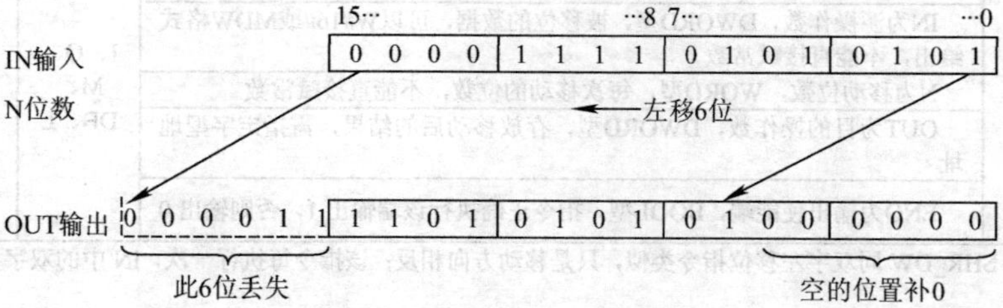

图 5-22　字型数据左移示意图

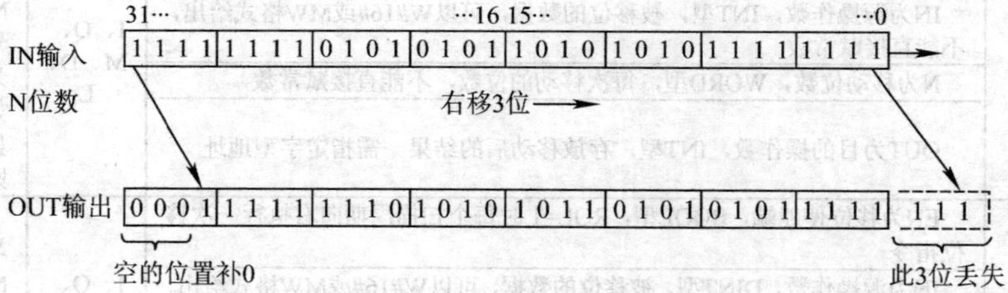

图 5-23　双字型数据右移示意图

对于源操作数来说，无符号数和有符号数在移位时是不同的，有符号字型数据的移位如图 5-24 所示。具体的参数定义和使用说明如表 5-5 所示。

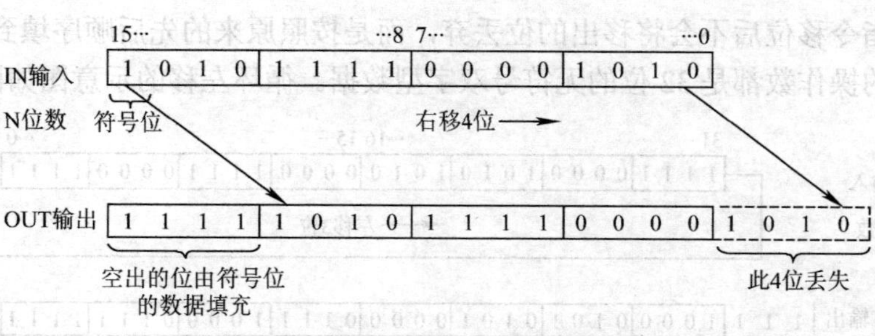

图 5-24　有符号字型数据的移位示意图

表 5-5 普通移位指令的参数定义和使用说明

无符号移位指令			
梯形图指令	参数定义	存储区	功能说明
字左移位指令 SHL_W EN ENO IN OUT N	EN为移位使能端，BOOL型，ROL=1 时每个扫描周期向左执行一次移位指令	I、Q、M、DB、L	SHL_W,左移位指令，该指令每个扫描周期执行一次，IN 中的字型数据被逐位左移 N 位，空出位补 0；如果 N 大于 16，则 OUT 输出 0
	IN为源操作数，WORD型，被移位的数据，可以W#16#或MW格式给出，不能直接赋常数		
	N为移动位数，WORD型，每次移动的位数，不能直接赋常数		
	OUT为目的操作数，WORD型，存放移动后的结果，需指定字型地址		
	ENO为输出使能端，BOOL型，指令正确执行该端输出 1，否则输出 0		
无符号字右移位指令 SHR_W，除了移动的方向同左移位相反外，其余定义都相同，该指令每个扫描周期执行一次，IN 中的字型数据被逐位右移 N 位，空出位补 0			
双字左移位指令 SHL_DW EN ENO IN OUT N	EN为移位使能端，BOOL型，ROL=1 时每个扫描周期向左执行一次移位指令	I、Q、M、DB、L	SHL_DW，左移位指令，该指令每执行一次，IN 中的双字型数据被逐位左移 N 位，空出位补 0；类似地，如果 N 大于 32，则 OUT 端输出 0
	IN为源操作数，DWORD型，被移位的数据，可以W#16#或MDW格式给出，不能直接赋常数		
	N为移动位数，WORD型，每次移动的位数，不能直接赋常数		
	OUT为目的操作数，DWORD型，存放移动后的结果，需指定字型地址		
	ENO为输出使能端，BOOL型，指令正确执行该端输出 1，否则输出 0		
双字右移位指令 SHR_DW 同双字左移位指令类似，只是移动方向相反；该指令每执行一次，IN 中的双字型数据被逐位右移 N 位，空出位补 0			

有符号移位指令			
梯形图指令	参数定义	存储区	功能说明
整型右移指令 SHR_I EN ENO IN OUT N	EN为移位使能端，BOOL型，ROL=1 时每个扫描周期向右执行一次移位指令	I、Q、M、D、L	EN 端有效，IN 端数据逐位右移 N 位，空出位补符号位的数字（正数为 0，负数为 1），如图 5-24 所示；如果 N 大于 16，则设 N=16
	IN为源操作数，INT型，被移位的数据，可以W#16#或MW格式给出，不能直接赋常数		
	N为移动位数，WORD型，每次移动的位数，不能直接赋常数		
	OUT为目的操作数，INT型，存放移动后的结果，需指定字型地址		
双整型右移位指令 SHR_DI EN ENO IN OUT N	EN为移位使能端，BOOL型，ROL=1 时每个扫描周期向右执行一次移位指令	I、Q、M、D、L	EN 端有效，IN 端数据逐位右移 N 位，空出位补符号位的数字（正数为 0，负数为 1）；如果 N>32，则设 N=32
	IN为源操作数，DINT型，被移位的数据，可以W#16#或MW格式给出，不能直接赋常数		
	N为移动位数，WORD型，每次移动的位数，不能直接赋常数		
	OUT为目的操作数，DINT型，存放移动后的结果，需指定字型地址		

注：无符号普通移位指令有左移位和右移位指令之分。有符号普通移位指令只有右移位指令。

2. 循环移位指令

循环移位指令移位后不会将移出的位丢弃，而是按照原来的先后顺序填到空出的位里。循环移位指令的操作数都是 32 位的无符号双字型数据。循环左移的示意图如图 5-25 所示。

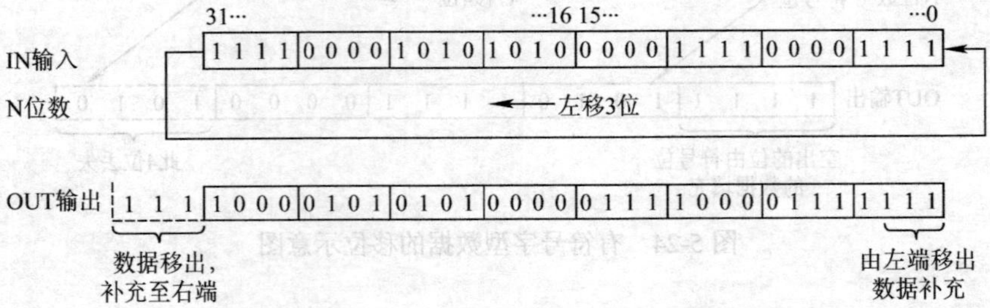

图 5-25 循环左移示意图

表 5-6 给出了循环移位指令的参数定义和使用说明。移位指令的应用如图 5-26 所示。从图 5-26 中可以看出，M6.0 导通，MW10 内的数据右移 3 位，结果依然赋给 MW10。在这个例子中，移位指令的源操作数和目的操作数是相同的。在 EN 端 ROL=1 时，移位指令将被执行多次（每个扫描周期执行一次），这样用户就无法控制何时移位以及每次移了几位。解决的办法是在 EN 端和用户控制移位指令之间插入一个边沿触发指令。边沿触发指令可以捕捉用户控制指令的上升沿（即动作），使 EN 端的高电平只保持一个扫描周期，从而保证移位指令在用户发出移位命令后只执行一次。

表 5-6　循环移位指令的参数定义和使用说明

梯形图指令	参数定义	存储区	功能说明
双字循环左移位指令 ROL_DW EN　ENO IN　OUT N	EN为移位使能端，BOOL型，ROL=1 时每个扫描周期向左执行一次移位指令	I、Q、M、DB、L	该指令每执行一次，IN 数据被逐位左移 N 位，移出的位依次移入空出的位中，即循环移动；如果 N 大于 32，则移位位数等于((N–1)%32)+1
	IN为源操作数，DWORD型，被移位的数据，可以W#16#或MDW格式给出，不能直接赋常数		
	N为移动位数，WORD型，每次移动的位数，可以W#16#赋值，不能直接赋常数		
	OUT为目的操作数，DWORD型，存放移动后的结果，需指定字型地址		
	ENO为输出使能端，BOOL型，指令正确执行该端输出 1，否则输出 0		
双字循环右移位指令 ROR_DW EN　ENO IN　OUT N	EN为移位使能端，BOOL型，ROL=1 时每个扫描周期向右执行一次移位指令	I、Q、M、D、L	该指令每执行一次，IN 中的数据被逐位右移 N 位，移出的位依次移入空出的位中；如果 N 大于 32，则移位位数等于((N–1)%32)+1
	IN为源操作数，DWORD型，被移位的数据，可以W#16#或MDW格式给出，不能直接赋常数		
	N为移动位数，WORD型，每次移动的位数，不能直接赋常数		
	OUT为目的操作数，DWORD型，存放移动后的结果，需指定字型地址		
	ENO为输出使能端，BOOL型，指令正确执行该端输出 1，否则输出 0		
循环移位指令每次移位后都影响系统状态字（STW）的 CC0 和 OV 位			

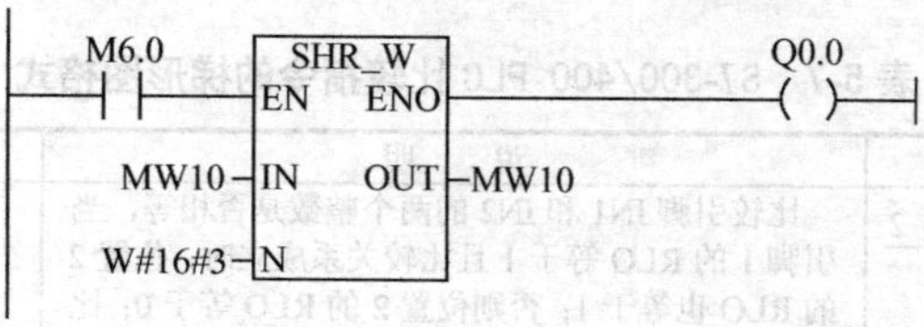

图 5-26　移位指令的应用

例 5.6　有 10 只彩灯，每隔 2s 同时亮 1 只，依次循环连续点亮。

首先要解决的是每隔 2s 的问题，可以使用两个脉冲定时器 SP 实现周期为 2s 的脉冲发生器。另外，由于是 10 只灯，而移位指令的操作数最小是 16 位，因此在移位过程中不能出现停顿现象。综合考虑，编制程序如图 5-27 所示，其中 I0.0 给定脉冲信号。

在网络 3 中，用 M10.2 来重新给 MW10 赋初始值，解决了中间有几位停顿的现象，实现了不间断循环移位的效果。

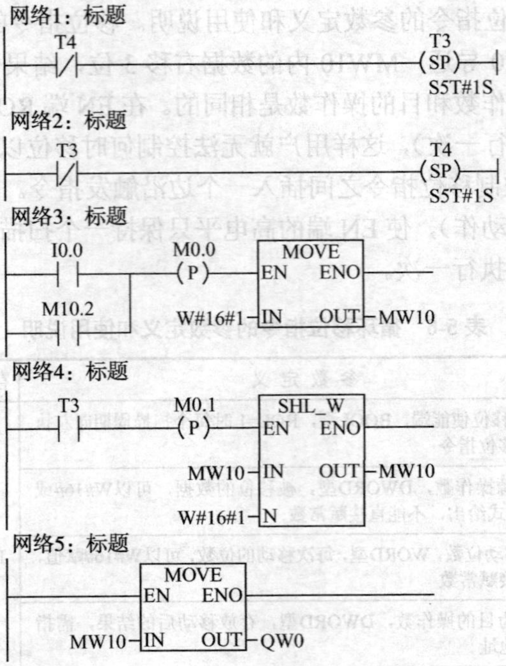

图 5-27　10 只彩灯循环移位

5.4.3　比较指令

比较指令用于比较两个相同数据类型的有符号数或无符号数 IN1 和 IN2 的大小。比较运算的大小关系有六种：等于（EQ，==）、大于等于（GE，>=）、小于等于（LE，<=）、大于（GT，>）、小于（LT，<）和不等于（NE，<>）。

S7-300/400 PLC 中，比较指令的数据类型有整数、双字整数和实数，同一数据类型均可以比较六种大小关系。表 5-7 中列出了比较指令，每一种数据类型均列出一种大小关系，其他与之类似。在 S7-300/400 PLC 中，当引脚 1 的 RLO 等于 1 且比较关系成立时，位置 2 的 RLO 也等于 1；否则位置 2 的 RLO 等于 0。

表 5-7　S7-300/400 PLC 比较指令的梯形图格式

指令名称	梯形图	说明	操作对象
整数比较	1 CMP==I 2 IN1 IN2	比较引脚 IN1 和 IN2 的两个整数是否相等，当引脚 1 的 RLO 等于 1 且比较关系成立时，位置 2 的 RLO 也等于 1；否则位置 2 的 RLO 等于 0；比较式还可以是 IN1>=IN2、IN1<=IN2、IN1>IN2、IN1<IN2 和 IN1<>I2，以下相同	IN1、IN2：所有整数
双字整数比较	1 CMP==D 2 IN1 IN2	比较引脚 IN1 和 IN2 的两个双字整数是否相等，当引脚 1 的 RLO 等于 1 且比较关系成立时，位置 2 的 RLO 也等于 1；否则位置 2 的 RLO 等于 0	IN1、IN2：所有双字整数
实数比较	1 CMP==R 2 IN1 IN2	比较引脚 IN1 和 IN2 的两个实数是否相等，当引脚 1 的 RLO 等于 1 且比较关系成立时，位置 2 的 RLO 也等于 1；否则位置 2 的 RLO 等于 0	IN1、IN2：所有实数

5.4.4　转换指令

PLC 的基本数据类型有整数、双整数、浮点数和 BCD 码数。在不同的场合对数据的精度要求也不一样，因此在编程时经常要进行数据类型之间的转换。S7-300/400 PLC 提供了这方面的指令，利用这些指令用户可以实现 BCD 码数和整数之间的转换、整数和双整数之间的转换、双整数和浮点数之间的转换。另外，还有其他的一些转换指令，如字节交换、求相反数等指令，在某些特殊的场合使用起来非常方便。

S7-300/400 PLC 的数据类型包括 BYTE、WORD、DWORD、INT、DINT 和 BCD 码数等，这些数据类型的详细介绍可以参照第 2 章的有关章节。S7-300/400 PLC 的转换指令如表 5-8 所示。

表 5-8　S7-300/400 PLC 的转换指令

梯形图指令		参数定义	存储区	功能说明
BCD_I EN　ENO IN　OUT	BCD 码数与整型数转换指令	IN：WORD 型，存放 3 位 BCD 码数（+/–999） OUT：INT 型，存放 BCD 码数的整型值	I、Q、M、L、D	读取 IN 存储区的 3 位 BCD 码数并转换成 16 位的单整型数
I_BCD EN　ENO IN　OUT	BCD 码数与整型数转换指令	IN：INT 型，存放单整型数值 OUT：WORD 型，3 位 BCD 码数	I、Q、M、L、D	读取 IN 存储区的 16 位单整型数并转换成 3 位 BCD 码数
BCD_DI EN　ENO IN　OUT	BCD 码数与整型数转换指令	IN：DWORD 型，7 位 BCD 码数 OUT：DINT 型，32 位双整型数	I、Q、M、L、D	读取 IN 存储区的 7 位 BCD 码数并转换成 32 位双整型数
DI_BCD EN　ENO IN　OUT	BCD 码数与整型数转换指令	IN：DINT 型，32 位双整型数 OUT：DWORD 型，存放 7 位 BCD 码数	I、Q、M、L、D	读取 IN 存储区的 32 位双整型数并转换成 7 位 BCD 码数
I_DI EN　ENO IN　OUT	整型转双整型	IN：INT 型，16 位整型数 OUT：DINT 型，存放 32 位双整型数	I、Q、M、L、D	读取 IN 存储区的 16 位单整型数并转换成 32 位双整型数
DI_R EN　ENO IN　OUT	双整型转实型	IN：DINT 型，32 位整型数 OUT：REAL 型，存放浮点型转换结果	I、Q、M、L、D	读取 IN 存储区的 32 位双整型数并转换成浮点型数据
INV_I EN　ENO IN　OUT	取反	IN：INT 型，源操作数 OUT：INT 型，目的操作数	I、Q、M、L、D	IN 端的整型数据按位取反（IN 端数据与 W#16#FFFF 异或），结果存入 OUT
INV_DI EN　ENO IN　OUT	取反	IN：DINT 型，源操作数 OUT：DINT 型，目的操作数	I、Q、M、L、D	IN 端的双整型数据按位取反（IN 端数据与 W#16#FFFFFFFF 异或），结果存入 OUT

（续）

梯形图指令		参数定义	存储区	功能说明
NEG_I EN ENO IN OUT	求相反数	IN：INT 型，源操作数 OUT：INT 型，目的操作数	I、Q、M、L、D	求 IN 端数据的相反数，即将源操作数的符号位取反，如 IN=100，则 OUT=–100，ENO 端与 EN 同状态
NEG_DI EN ENO IN OUT		IN：DINT 型，源操作数 OUT：DINT 型，目的操作数		求 IN 端双整型数据的相反数，源操作数的符号位取反，如 IN=1000，则 OUT=–1000
NEG_R EN ENO IN OUT		IN：REAL 型，源操作数 OUT：REAL 型，目的操作数		对一实型数据求相反数，如 IN=+6.28，则 OUT=–6.28
ROUND EN ENO IN OUT	取整指令	IN：REAL 型，源操作数 OUT：DINT 型，目的操作数		将浮点数按四舍五入转换成双整型数
TRUNC EN ENO IN OUT		IN：REAL 型，源操作数 OUT：DINT 型，目的操作数		截取浮点数的整数部分，并转换成双整型数，结果存入 OUT
FLOOR EN ENO IN OUT	取整指令	IN：REAL 型 OUT：DINT 型		将浮点数转换成小于等于源操作数的最大双整型数
CEIL EN ENO IN OUT		IN：REAL 型 OUT：DINT 型		将浮点数转换成大于等于源操作数的最小双整型数

1. 整数与 BCD 码数的转换

整数与 BCD 码数的转换指令在表 5-8 中已列出。这里需要指出的是，由于一个 16 位整型数（–32 768～32 767）所能表达的范围远远超过 3 位 BCD 码数（–999～999），所以整型数转换成 BCD 码数应该考虑结果溢出的问题。双整型转换成 BCD 码数的情况也是如此。

2. 取反与求相反数指令

这类指令的框图指令在表 5-8 中已列出。具体的操作在功能说明一栏中有介绍。

3. 取整指令

取整指令的指令形式在表 5-8 中已列出。需要注意的是，这些指令的源操作数都是有符号数，其中，ROUND 指令是取浮点数按四舍五入转换成的双整型数，而 TRUNC 指令是简单取浮点数的整数部分； FLOOR（语句表为 RND-）指令是取小于等于源操作数的最大双整型数，而 CEIL 指令是取大于等于源操作数的最小双整型数。它们之间的区别可以参照图 5-28 和图 5-29 中各个指令的执行效果来加深理解。

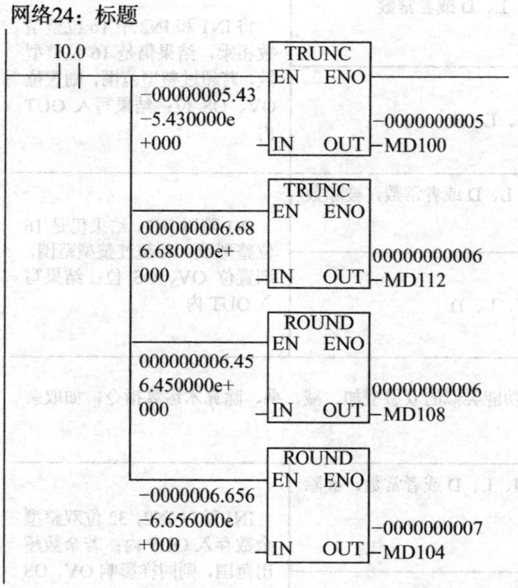

图 5-28　TRUNC 指令与 ROUND 指令的执行效果的区别

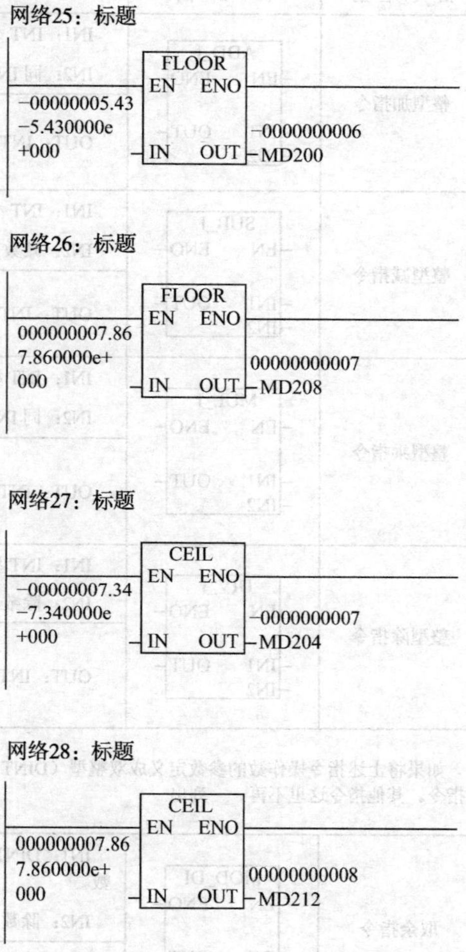

图 5-29　FLOOR 指令与 CEIL 指令的执行效果的区别

5.5　数学运算指令

数学运算指令包括整型算术运算指令、浮点数数学运算指令、字逻辑运算指令，这些指令的执行结果会影响系统状态字（STW）的 CC1、CC0、OV、OS 等状态位。用户可以根据这些状态位来判断结果的正确与否，以控制程序的流程。

5.5.1　整型算术运算指令

整型算术运算指令包括整型和双字整型的加、减、乘、除运算指令。其梯形图的指令形式与功能说明如表 5-9 所示。

表 5-9 整型算术运算指令的形式及定义

指令名称	梯形图	参数定义	功能说明
整型加指令	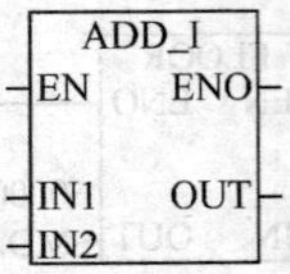	IN1：INT 型，I、Q、M、L、D 或者常数 IN2：同 IN1 OUT：INT 型，I、Q、M、L、D	将 IN1 和 IN2 中 16 位整型数相加，结果仍是 16 位整型数，若超过整型范围，则置位 OV、OS 位；结果写入 OUT 内
整型减指令	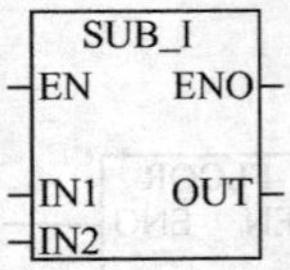	IN1：INT 型，I、Q、M、L、D 或者常数，被减数 IN2：减数，其余同 IN1 OUT：INT 型，I、Q、M、L、D	IN1 减去 IN2 中 16 位整型数，结果仍是 16 位整型数，若超过整型范围，则置位 OV、OS 位；结果写入 OUT 内
整型乘指令	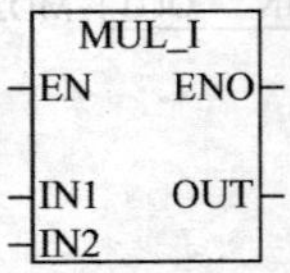	IN1：INT 型，I、Q、M、L、D 或者常数 IN2：同 IN1 OUT：INT 型，I、Q、M、L、D	将 IN1 和 IN2 中 16 位整型数相乘，结果仍是 16 位整型数，若超过整型范围，则置位 OV、OS 位；结果写入 OUT 内
整型除指令	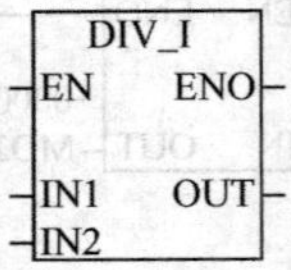	IN1：INT 型，I、Q、M、L、D 或者常数，被除数 IN2：除数，其余同 IN1 OUT：INT 型，I、Q、M、L、D	IN1 除以 IN2，结果仍是 16 位整型数，若超过整型范围，则置位 OV、OS 位；结果写入 OUT 内

如果将上述指令操作数的参数定义成双整型（DINT），则将产生功能类似的双整型加、减、乘、除算术运算指令，如取余指令。其他指令这里不再一一列出

取余指令	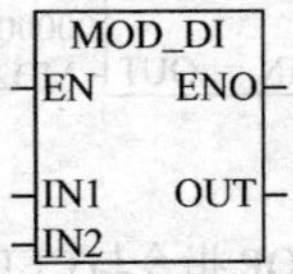	IN1：DINT 型，I、Q、M、L、D 或者常数，被除数 IN2：除数，其余同 IN1 OUT：DINT 型，I、Q、M、L、D	IN1 除以 IN2，32 位双整型余数存入 OUT 内；若余数超出范围，则同样影响 OV、OS 位

例 5.7 某系统要求对按钮按下的次数进行计数。若计数次数为偶数次，则指示灯以 1Hz 的频率闪烁；若计数次数为奇数次，则指示灯以 10Hz 的频率闪烁。

分析：首先应该对计数脉冲计数，偶数次数可以被 2 整除，奇数次数不能被 2 整除，这里可以用取余指令来解决。

解：1Hz、10Hz 的频率可以用时钟存储器 M10.5 和 M10.0 来实现，在硬件组态时对 CPU 属性加以设置即可。程序如图 5-30 所示。

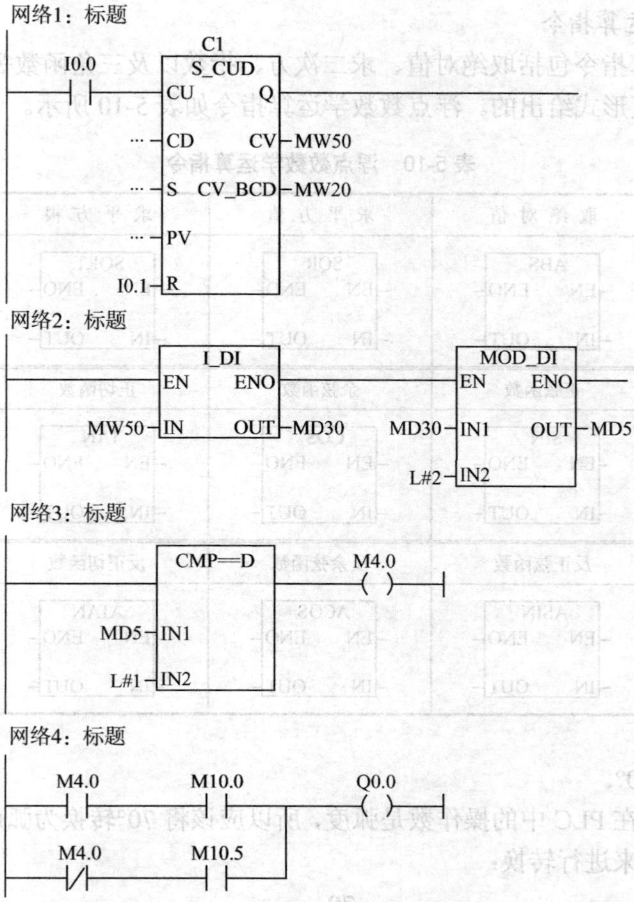

图 5-30　指示灯显示不同频率程序

5.5.2　浮点数数学运算指令

浮点数数学运算指令执行时，操作数存入累加器 1 和累加器 2 中，运算结果在累加器 1 中，累加器 2 中的内容不变。在双累加器的 CPU 中，浮点数数学运算不会改变累加器 2 的值，而在 4 个累加器的 CPU 中，累加器 3 的内容被复制到累加器 2 中，累加器 4 的内容被传送到累加器 3 中，累加器 4 的内容保持不变。

1. 浮点数算术运算指令

浮点数算术运算指令与整型数算术运算指令除了操作数的数据类型不同外，其指令功能是一样的。浮点数算术运算后的结果依然是浮点数。图 5-31 列出了浮点数算术运算的方框图指令，依次为加、减、乘、除浮点数运算指令。

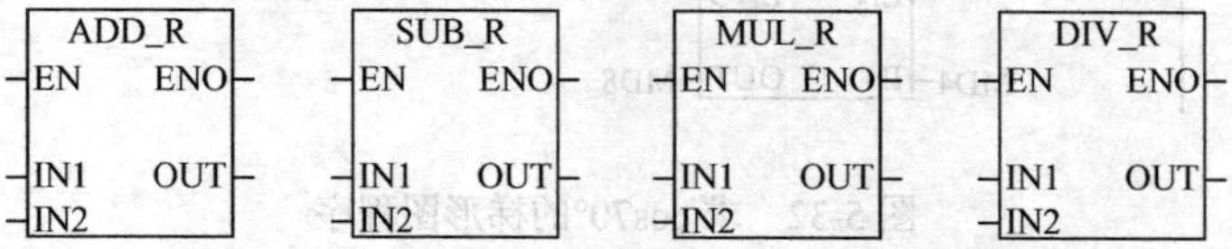

图 5-31　浮点数算术运算指令

2. 其他浮点数运算指令

其他浮点数运算指令包括取绝对值、求二次方、指数以及三角函数等。三角函数指令的源操作数都是以弧度形式给出的。浮点数数学运算指令如表 5-10 所示。

表 5-10　浮点数数学运算指令

指令名称	取绝对值	求平方值	求平方根	取自然对数
方框图指令	ABS EN ENO IN OUT	SQR EN ENO IN OUT	SQRT EN ENO IN OUT	LN EN ENO IN OUT
指令名称	正弦函数	余弦函数	正切函数	EXP 指数函数
方框图指令	SIN EN ENO IN OUT	COS EN ENO IN OUT	TAN EN ENO IN OUT	EXP EN ENO IN OUT
指令名称	反正弦函数	反余弦函数	反正切函数	
方框图指令	ASIN EN ENO IN OUT	ACOS EN ENO IN OUT	ATAN EN ENO IN OUT	

例 5.8　求 cos70°。

cos 等三角函数在 PLC 中的操作数是弧度，所以应该将 70°转换为弧度值，然后对弧度值再求 cos。按照下式来进行转换：

$$\frac{70}{180}\times\pi$$

式中的 π 根据实际的精度要求来选择。这里选择 π =3.14，程序如图 5-32 所示。

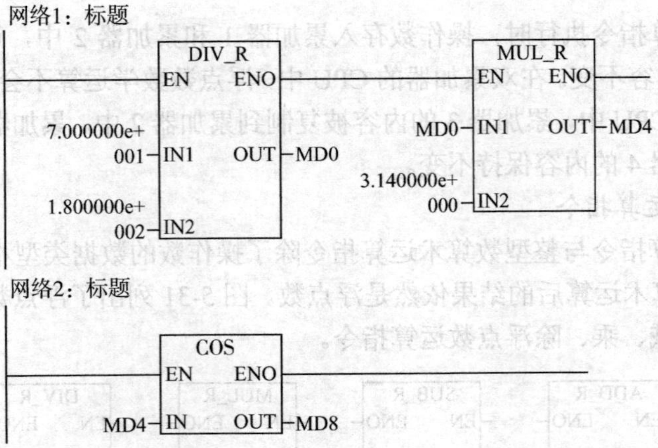

图 5-32　求 cos70°的梯形图程序

5.5.3　字逻辑运算指令

字逻辑运算指令在功能上包括逻辑与、或、异或。根据操作数的数据类型又分为字型和双字型，两者的功能相同，指令形式相似，只是数据宽度不同，前者是 16 位的，后者是 32 位的。两者也都是按位操作的。

字逻辑运算指令的方框图形式如表 5-11 所示。

表 5-11　字逻辑运算指令

与	或	异或	说　明
WAND_W EN ENO IN1 OUT IN2	WOR_W EN ENO IN1 OUT IN2	WXOR_W EN ENO IN1 OUT IN2	IN1、IN2 的数据类型为 WORD
WAND_DW EN ENO IN1 OUT IN2	WOR_DW EN ENO IN1 OUT IN2	WXOR_DW EN ENO IN1 OUT IN2	IN1、IN2 的数据类型为 DWORD

字异或指令的使用如图 5-33 所示，2#表示后面的数为二进制。

MD10=2# 0000 0000 0000 1000 0000 1001 0000 1101

MD12=2# 0000 0000 0000 0000 0000 1101 0010 1001

执行后的结果为

MD20=2# 0000 0000 0000 1000 0000 0100 0010 0100

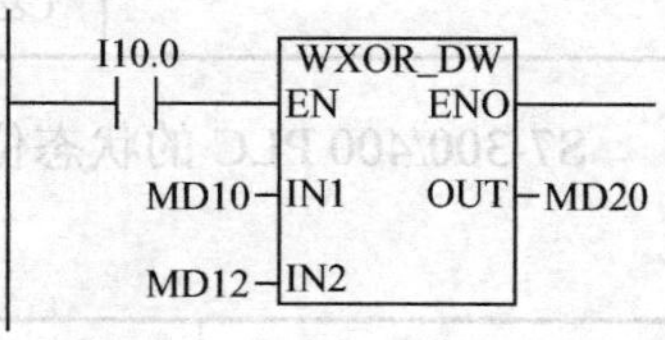

图 5-33　字异或指令的使用

5.6　其他指令

5.6.1　S7-300/400 PLC 的状态位指令

在 S7-300/400 PLC 中还有一类触点型指令，与状态位有关；也有些指令与前一功能指令的执行结果有关。S7-300/400 PLC 的状态字是程序执行过程中的一些标志位，如表 5-12 所示。S7-300/400 PLC 状态字的有效位为 9 位（其余 7 位未用），其中有 RLO 标志位。

表 5-12　S7-300/400 PLC 的状态位

状态位	说　明
二进制结果位 BR	状态字第 8 位。在 LAD 的方块指令中，BR 位与 ENO 有对应关系，用于表明方块指令是否被正确执行：如果执行出现了错误，BR 位为 0，ENO 也为 0；如果功能被正确执行，BR 位为 1，ENO 也为 1
条件码 CC0、CC1	状态字的第 6 和 7 位。这两位结合起来用于表示在累加器 1 中产生的算术运算或逻辑运算结果与 0 的大小关系；比较指令的执行结果或移位指令的移出位状态

（续）

状 态 位	说 明
存储溢出位 OS	状态字的第 5 位，又称为溢出状态保持位。OV 被置 1 时 OS 也被置 1；OV 被清 0 时 OS 仍保持。所以它保存了 OV 位，可用于指明在先前的一些指令执行中是否产生过错误。只有下面的指令才能复位 OS 位：JOS（OS=1 时跳转）；块调用指令和块结束指令
溢出位 OV	状态字的第 4 位。溢出位被置 1，表明一个算术运算或浮点数比较指令执行时出现错误（错误：溢出、非法操作、不规范格式）。后面的算术运算或浮点数比较指令执行结果正常的话 OV 位就被清 0
或位 OR	状态字的第 3 位。在先逻辑“与”后逻辑“或”的逻辑串中，OR 位暂存逻辑“与”的操作结果，以便进行后面的逻辑“或”运算。其他指令将 OR 位清 0
状态位 STA	状态字的第 2 位。状态位不能用指令检测，它只是在程序测试中被 CPU 解释并使用。如果一条指令是对存储区操作的位逻辑指令，则无论是对该位的读或写操作，STA 总是与该位的值取得一致；对不访问存储区的位逻辑指令来说，STA 位没有意义，此时它总被置为 1
逻辑操作结果 RLO	状态字的第 1 位（Result of Logic Operation）。该位存储逻辑指令或算术比较指令的结果。在逻辑串中，RLO 位的状态能够表示有关信号流的信息。RLO 的状态为 1，表示有信号流（通）；为 0，表示无信号流（断）。可用 RLO 触发跳转指令
首位检测 FC	状态字的第 0 位。若该位的状态为 0，则表明一个梯形逻辑网络的开始，或指令为逻辑串的第一条指令。CPU 对逻辑串第一条指令的检测（称为首位检测）产生的结果直接保存在状态字的 RLO 位中，经过首次检测存放在 RLO 中的 0 或 1 被称为首位检测结果。位在逻辑串的开始时总是 0，在逻辑串指令执行过程中位为 1，输出指令或与逻辑运算有关的转移指令（表示一个逻辑串结束的指令）将清 0

S7-300/400 PLC 的状态位指令如表 5-13 所示，该类指令根据状态位，决定触点的通断。

表 5-13 S7-300/400 PLC 的状态位指令

指 令 名 称	梯 形 图	说 明
溢出异常位	OV ─┤ ├─，OV ─┤/├─	当溢出位 OV 为 1 时，常开触点闭合，常闭触点断开；为 0 时相反
存储溢出位	OS ─┤ ├─，OS ─┤/├─	当溢出位 OS 为 1 时，常开触点闭合，常闭触点断开；为 0 时相反
无序异常位	UO ─┤ ├─，UO ─┤/├─	如果浮点运算的结果（UO）无效，则 UO=1。当 UO 为 1 时，常开触点闭合，常闭触点断开；为 0 时相反
二进制结果位	BR ─┤ ├─，BR ─┤/├─	当二进制结果位 BR 为 1 时，常开触点闭合，常闭触点断开；为 0 时相反
运算结果与零比较	==0 ─┤ ├─，==0 ─┤/├─	该指令一般接在算术运算之后，将前一指令的结果与 0 比较，若关系成立，则常开触点闭合，常闭触点断开；关系不成立时相反。除图示的等于关系之外，还有<>、>、<、>=、<=共六种关系

5.6.2 其他指令举例

除以上介绍的指令外，S7-300/400 PLC 中还有 DB 调用指令、跳转指令和程序控制指令。此外，组态软件中，还有各种功能库，用户可以调用库里的功能模块。这些指令将在第 6 章中介绍。

思考与练习题

5.1　用 PLC 控制电动机的正反转，I0.0 接正转按钮，I0.1 接反转按钮，I0.2 接停止按钮，Q0.0 接正转接触器，Q0.1 接反转接触器；正反转之间的转换需电动机停止后进行。请按要求编写梯形图程序。

5.2　用 S7-300 PLC 控制 8 只彩灯循环点亮（同例 4.11 的控制要求），8 只彩灯每隔 1s 依次不间断循环点亮。分配 I/O，编写控制程序。

5.3　用 S7-300/400 PLC 指令，完成第 4 章课后思考与练习题的第 4.2~4.7 题。

第 6 章　程序结构与中断系统

6.1 西门子 PLC 的程序结构

6.1.1 西门子 PLC 的程序结构概述

本章主要介绍 PLC 的程序结构。这里的程序指的是用户程序，即用户根据控制要求编写的控制程序。用户程序是在系统程序之上运行的。西门子 PLC 的用户程序都是编写在一定的程序块中的。在西门子 PLC 中，程序块是存放程序的基本单元，所有的程序必定属于特定的程序块，所有指令编写的所有程序均可以根据需要放在任意的程序块中。

西门子 PLC 的程序总体结构由主程序（组织块）和子程序（功能块）等组成。S7-200 和 S7-300/400 PLC 程序结构相似，只是各部分的名称不一样。

西门子 PLC 中程序块的执行和调用是按一定规则进行的。根据程序执行的调用机制不同，可以将程序块分为两类。一类是系统调用程序块，这一类程序块在系统事件或中断事件发生后由系统程序激发，从而得以执行。如主程序块 OB1，由于 PLC 的“循环扫描”的原理，每个周期的开始是一个最重要的事件，系统会在该事件发生后，调用主程序块 OB1；又如中断响应子程序（程序块），当相应的中断事件发生后，系统会调用对应的中断响应子程序（程序块）。另一类是程序调用程序块，这一类程序块由其他程序调用后得以执行，如 S7-200 PLC 中的子程序、S7-300/400 PLC 中的功能（FC）和功能块（FB）等。

在控制任务简单时，经常将一个工程的全部控制任务都按照工程控制的顺序写在一个程序中，如写在 OB1 中。程序执行过程中，CPU 不断地扫描 OB1，按照事先准备好的顺序去执行工作。一般情况下，只要任务稍微复杂一些，就要把一个复杂的过程分解成多个简单的过程，从而写在不同的程序块中。分为多个不同程序块后，程序容易编写，容易调试，从总体上看，分块程序的优势是十分明显的。

6.1.2 S7-200 PLC 的程序结构

1. 程序结构

西门子 S7-200 PLC 的程序在结构上由主程序、子程序和中断子程序组成，如图 6-1 所示。主程序只有一个，每个循环扫描周期，主程序会被执行一遍。主程序执行过程中可以调用子程序。子程序在 S7-200 PLC 中最多可以有 64 个，名称为 SBR_0～SBR_63。子程序可以由主程序、其他子程序或中断子程序调用。子程序调用后，才能执行。中断子程序是一类特殊的子程序，在系统规定的中断请求到来时，调用对应的中断子程序。中断子程序最多有 128 个，名称为 INT_0～INT_127。中断的内容在 6.3 节中讲解。

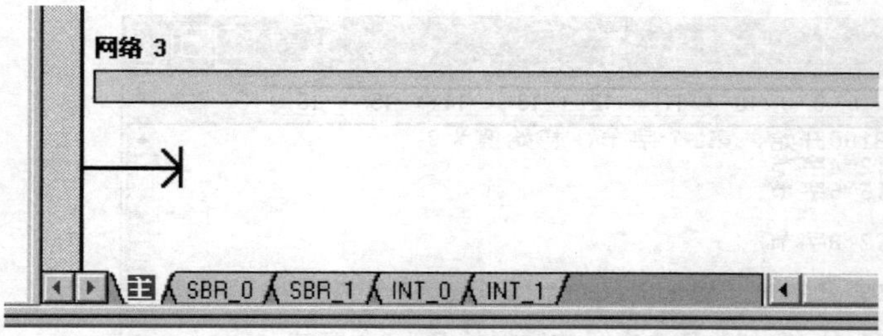

图 6-1　西门子 S7-200 PLC 的程序结构

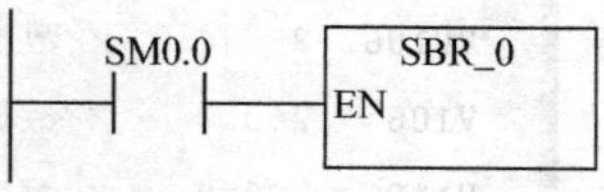

图 6-2　不带参数的子程序的调用

2. 子程序

子程序调用有时不带参数，这时调用比较简单，如图 6-2 所示。在图示程序中，SM0.0 是一直接通的，这是无条件调用。若换成其他触点，则称为有条件调用。在不带参数子程序的调用中，子程序和主程序也可以通过全局变量来交换数据。

子程序调用也可以带参数。子程序编写时，首先定义输入/输出参数，最多为 16 个，如图 6-3 所示。在子程序的编写中，使用临时变量 L。

	Name	Var Type	Data Type	Comment
	EN	IN	BOOL	
L0.0	IN1	IN	BOOL	
LB1	IN2	IN	BYTE	
L2.0	IN3	IN	BOOL	
LD3	IN4	IN	DWORD	
		IN		
LD7	INOUT	IN_OUT	REAL	
		IN_OUT		
LD11	OUT	OUT	REAL	
		OUT		

图 6-3　子程序的局部变量表

在带参数的子程序的调用中，参数必须与子程序局部变量表中定义的变量完全匹配。参数顺序必须以输入参数开始，其次是输入/输出参数，然后是输出参数。子程序带参数调用可以充分利用局部变量的优势，使程序更具模块化。图 6-4 为带参数子程序调用的举例。带参数子程序相当于用户自己定义的功能块。

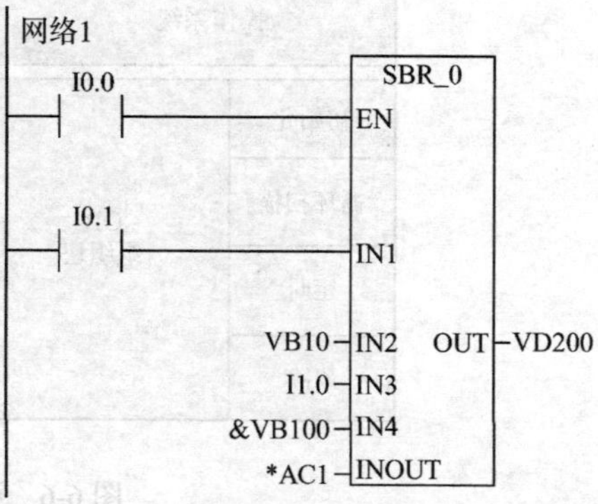

图 6-4　带参数子程序调用的举例

3.数据块、符号表与状态图

S7-200 PLC 可以定义数据块，数据块定义在 V 区，因此 S7-200 PLC 中定义数据块并没有新建变量，而是对已有的变量区域进行再定义，如图 6-5 所示。

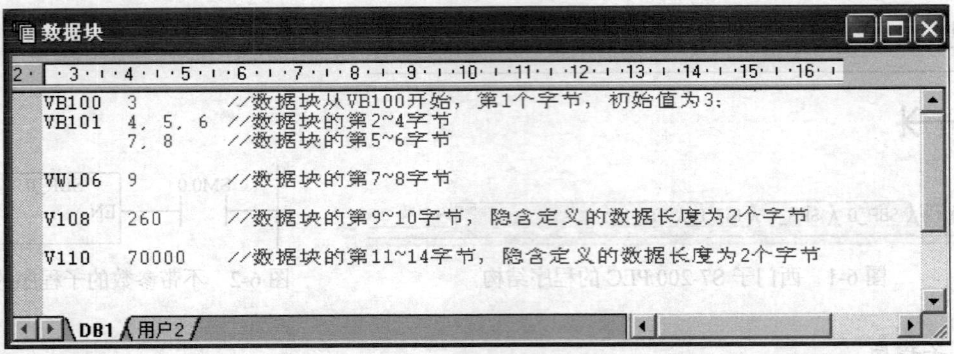

图 6-5 S7-200 PLC 数据块的定义

S7-200 PLC 的数据块定义完成后，这些数据有了初始值，访问这些数据的时候，还使用 V 区的访问办法进行访问。可以对所有变量的名称和子程序块的名称定义符号名称，在符号表中完成。符号表是给已有的变量等另外取个更容易阅读和理解的名称，主要是注释的功能，不会下载到 PLC 中。

S7-200 PLC 中还有一个概念叫状态图，也是一个表格，用于在线监控时，把需要监控的变量以各种格式集中在一起，方便变量的监控和程序的调试。状态图既不会创建新的变量，也不会下载到 PLC 中。

6.1.3 S7-300/400 PLC 的程序结构

1. 程序结构

西门子 S7-300/400 PLC 的程序在结构上由若干块组成。根据块的不同特点，分为组织块（OB）、功能块（FB）、功能（FC）、系统功能块（SFB）、系统功能（SFC）和数据块（DB），如图 6-6 所示。

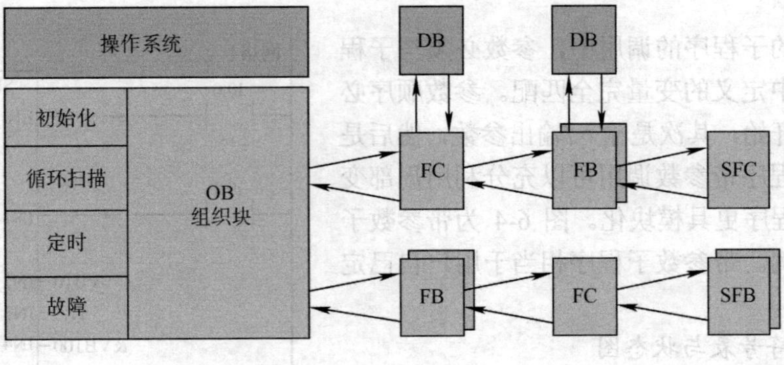

图 6-6 西门子 S7-300/400 PLC 的块

组织块是系统自动调用的程序块。根据组织块的不同作用，系统会在相应的时候和条件下进行调用。例如，组织块 OB1，系统会在每个循环扫描周期调用一次，称为主程序。当程序不是很复杂时，可以将程序全部写在 OB1 中。组织块 OB100 是初始化组织块，系统会在上电后自动调用一次 OB100，可以把初始化程序写在 OB100 中。如图 6-6 所示，除初始化和循环扫描可以调用相应组织块外，定时和故障会激发相应的中断，从而调用相应的组织块，中断组织块的内容在 6.4 节中讲解。对 PLC 来说，不同的组织块具有不同的功能。用户不能定义组织块的调用规则，从而不能创建新名称的组织块，而只能将系统的组织块插入程序中，然后编写组织块的程序。

在 STEP7 中，可以在工程的程序中插入块。如图 6-7 所示，在工程 test 的 S7 Program（1）的 Blocks 中，可以插入 OB、FB、FC 块和 DB。而 SFC 和 SFB，则通过程序调用，由系统自动插入。例如，在图 6-8 中调用了 SFC14（DPRD_DAT），则系统会把 SFC14 自动加入程序中，如图 6-7 所示。

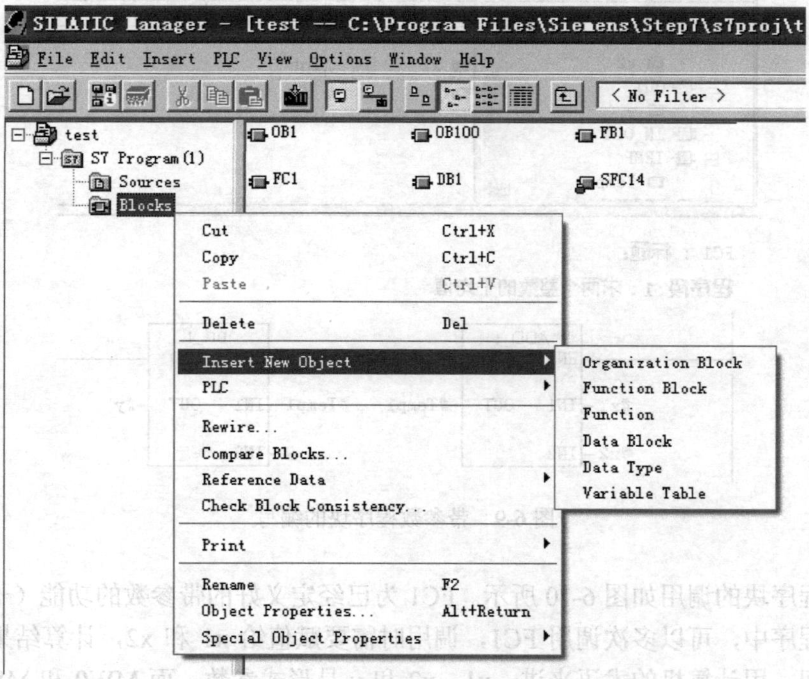

图 6-7　插入块的操作

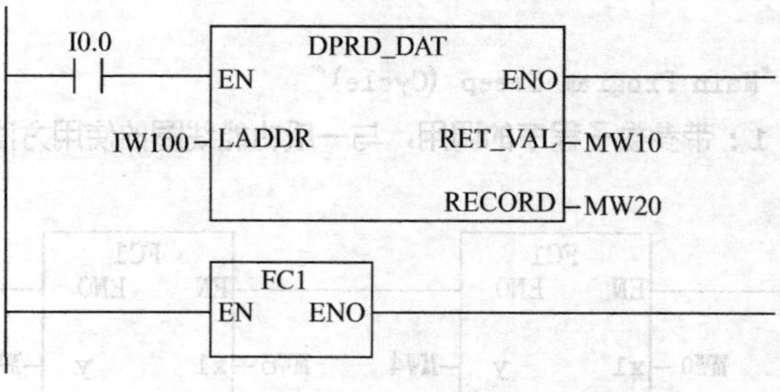

图 6-8　块的调用

2. 功能与功能块

功能块（FB）和功能（FC）是用户定义的子程序，可以在程序中任何地方通过程序调用功能块（FB）和功能（FC）。FB 和 FC 是有区别的，FB 带有专用的背景数据块，FB 既可以访问自己的背景数据块，也可以访问共享数据块；FC 不带有专用的背景数据块，可以访问共享数据块。除此之外，FB 和 FC 的使用是一致的。不带参数的 FC 和 FB 的调用很方便，直接调用即可，如图 6-8 的第 2 行所示。

与 S7-200 PLC 相似，在 S7-300/400 PLC 的块中，可以使用局部变量 L，从而支持带参数的调用。局部变量 L 存储区的大小与 PLC 型号有关，一般大于 256B。局部变量 L 在块被调用时才分配存储空间，当调用结束后，释放存储空间。

图 6-9 为一带参数程序块的程序。需要首先定义该程序块的输入和输出参数，当然这些参数是局部变量，在调用时，用实际参数代替局部变量。该图中，定义了输入参数 x1 和 x2，输出参数 y，临时的中间变量 Temp1。程序中，计算 x1 和 x2 的平均值，保存在 y 中。

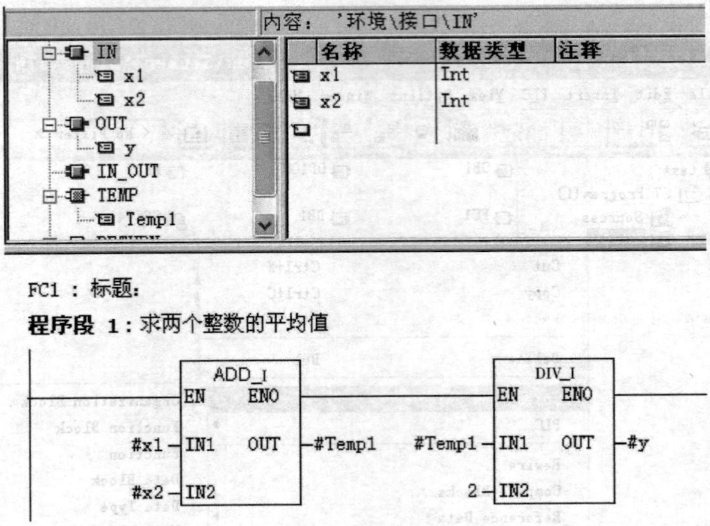

图 6-9 带参数程序块的编写

带参数程序块的调用如图 6-10 所示。FC1 为已经定义好的带参数的功能（子程序）在主程序或其他程序中，可以多次调用 FC1，调用时需要赋值给 x1 和 x2，计算结果也要指定实际的存储空间。用计算机的术语来讲，x1、x2 和 y 是形式参数，而 MW0 和 MW2 等是实际参数。

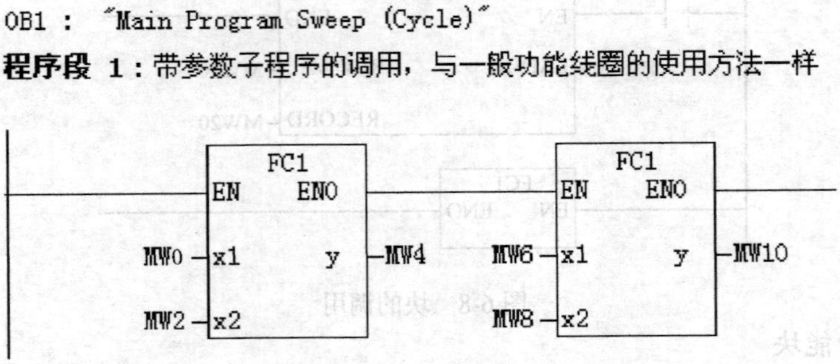

图 6-10 带参数程序块的调用

此外，FB 和 FC 的调用是可以嵌套的，在 FB 和 FC 中可以调用其他的 FB 和 FC，根据 PLC 的不同，可以嵌套 8～20 层。实际上，目前有些 FB、FC 也是由系统预设好后供用户调用的，如用于 PID 调节的 FB41。

系统功能块（SFB）和系统功能（SFC）是系统定义的子程序，是 PLC 生产厂家将具有特定功能的子程序编好后，提供给用户使用，用户可以直接调用，如 SFC14/15 是 PROFIBUS 数据发送/接收功能。SFB 带有背景数据块，而 SFC 不带。SFB 和 SFC 的调用方法与 FC 的调用一致。了解和掌握系统功能对程序的编写会带来很大的便利。SFC 和 SFB 的具体内容在 6.5 节中介绍。

3. 数据块

数据块（DB）分为共享数据块和背景数据块。数据块的创建，就是给 PLC 定义了新的变量，程序可以访问这些变量。数据块的名称是按数字进行编号的，如 DB1、DB2 等。

在如图 6-7 所示的界面中，插入数据块。然后对数据块进行定义，如图 6-11 所示。数据块的创建就是填一张表格，一行一行去填写。“地址”是数据块中的物理地址，由系统自动依次生成；“名称”是数据块中变量的符号名；“类型”是变量的数据类型；在数据块中还可以设定数据的初始值和注释。

地址	名称	类型	初始值	注释
0.0		STRUCT		
+0.0	b0	BOOL	TRUE	
+0.1	b1	BOOL	TRUE	
+1.0	x0	BYTE	B#16#4	
+2.0	x1	WORD	W#16#0	
+4.0	x2	ARRAY[0..9]		
*1.0		BYTE		
=14.0		END_STRUCT		

图 6-11　数据块 DB1 的创建

用户可以在程序中访问数据块中的数据，变量的表达有规定的形式。访问某一位，用 DB1.DBXx.y 表示，如 DB1.DBX0.0 和 DB1.DBX0.1 表示 DB1 的第 1 个字节的第 1 位和第 2 位，当然也可以用 DB1.b0 和 DB1.b1 来表示。访问某一字节，用 DB1.DBBx 表示，如 DB1.DBB1 表示 DB1 的第 2 个字节，也可以用 DB1.x0 表示。访问某一个字，用 DB1.DBWx 表示，如 DB1.DBW2 表示以 DB1 的第 3 个字节开始的一个字，也可以用 DB1.x1 表示。访问某个双字，用 DB1.DBDx 表示。以上“x”表示数据块中的字节单元地址。

S7-300/400 PLC 中，可以使用“OPN”指令打开某一数据块，如图 6-12 的程序段 2 所示。打开数据块后，访问该数据块，就不要加前缀“DB1.”了，如图 6-12 的程序段 3 所示。

创建数据块时，可以创建一些位、字节和字等，而使用时可以把数据块看成一定字节长度的空间，用任意格式访问数据块，不受定义的限制。图 6-12 中，程序段 3 的后半段，DBW0 表示 DB1 的前两个字节。因此，有时直接定义成“ARRAY[0..9] BYTE”，表示 10 个字节的数组。

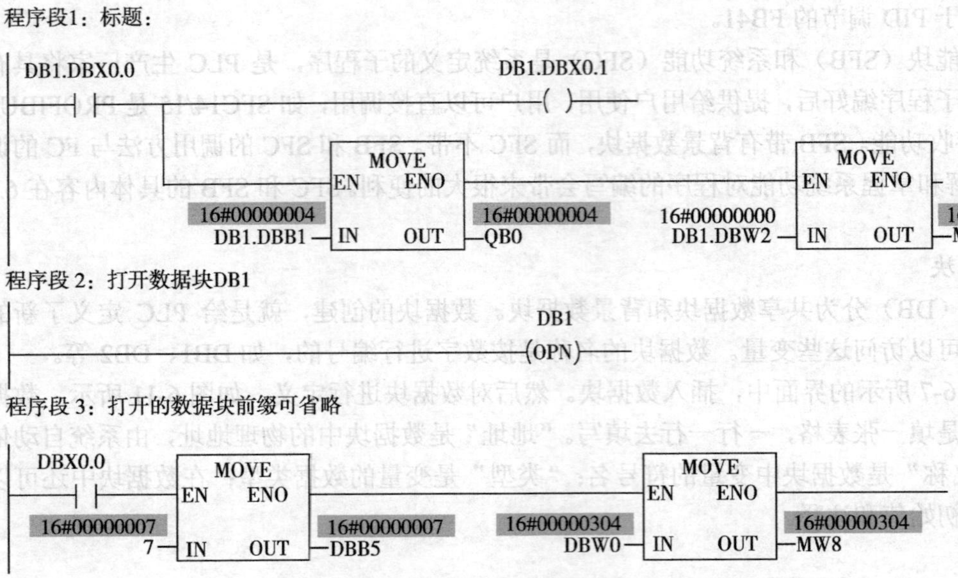

图 6-12 数据块的访问

4. 变量表与符号表

在如图 6-7 所示的界面中，可以插入变量表，用于在线监控。变量表把需要监控的变量以各种格式集中在一起，方便变量的监控和程序的调试，如图 6-13 所示。变量表既不创建新的变量，也不必下载到 PLC 中。

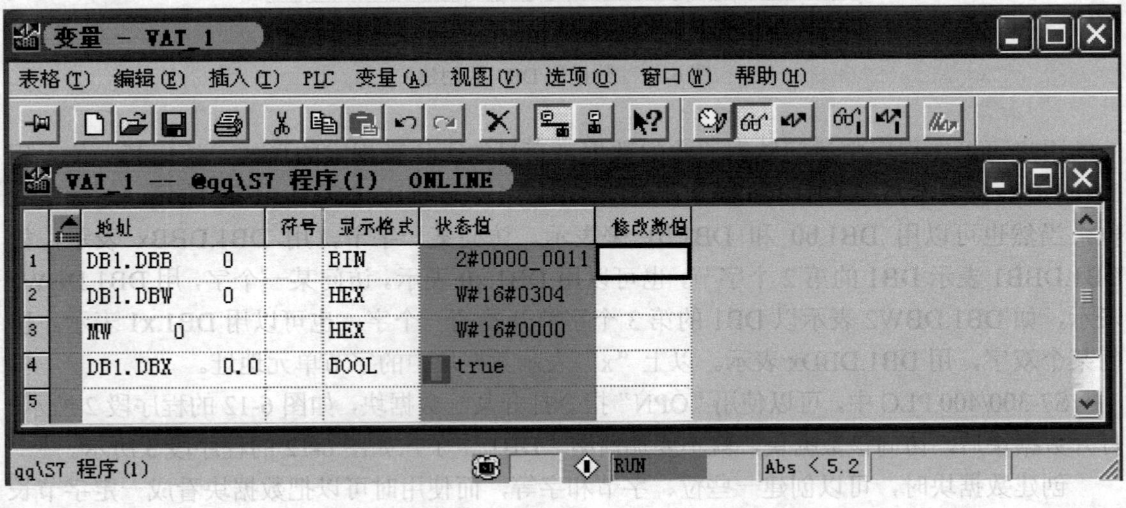

图 6-13 S7-300/400 PLC 的变量表

S7-300 PLC 中，可以对所有变量的名称和程序块的名称定义符号名称，在符号表中完成。符号表是为了方便程序的阅读和理解，主要是注释的功能，不下载到 PLC 中。

6.2　程序控制指令与结构化编程

6.2.1　程序控制概述

在某一具体的程序块内，编写 PLC 控制程序也要对程序的流程进行控制。PLC 的程序控制是通过程序控制指令完成的。

PLC 最基本的结构是顺序结构，即执行完上一行程序再执行下一行。除此之外，分支结构、循环结构和子程序结构也是常见的程序结构。需要注意的是，这里所讲的结构是相对于一个 PLC 扫描周期而言的。

6.2.2　程序控制指令

跳转指令是程序控制常用的指令。当逻辑条件满足时，使用该指令可以有选择地执行程序中的某些部分，完成某些特定的功能，这样可以使程序结构更加灵活，减少扫描时间，加快系统的响应速度。跳转指令由两条指令组成：JMP 和 LBL，这两条指令必须配合使用，且必须使用在同一个程序块中。跳转指令既可以在主程序中使用，也可以在子程序中使用，还可以在中断程序中使用，但不允许从主程序跳转到子程序或中断程序中，也不允许从一个子程序跳到另一个子程序或者中断程序、主程序中。程序控制指令如表 6-1 所示。

表 6-1　程序控制指令

指令名称	梯形图	S7-200 PLC	S7-300/400 PLC
跳转指令	n —(JMP)	n 是标号地址，其范围为 0～255	跳转到标号位置
标号指令	n LBL	与 JMP n 共同实现程序的跳转	LABEL 的名称以字母开头，由字母和数字组成
子程序调用	SBR_n EN	n 是标号地址，其范围为 0～63	调用 FB、FC、SFB 和 SFC
返回指令	—(RET)	子程序返回	块返回
主控指令	MCR<MCR>，MCRA，MCRD	—	主控功能
循环指令	FOR EN ENO INDX INIT FINAL	标记程序循环开始 INDX 指定存储当前计数值对象；INIT 用于置循环初始值；FINAL 指定循环终止值	—
循环结束指令	—(NEXT)	标记循环体结束	—

6.2.3　分支结构

分支结构又称为选择分支结构。如果在不同条件下，需要执行不同的程序段时，就需要用分支结构。例如，机电设备控制中，经常存在手动和自动两种模式，这两种模式下的控制程序是不同的，这时就可以用分支结构实现有选择的控制。

分支结构中是由判定条件来控制程序运行方向的，如图 6-14 所示。当条件成立时，执行程序段 2；当条件不成立时，执行程序段 1。分支结构一般通过跳转指令来实现，在图 6-15 中，根据 I0.0 的状态决定执行程序段 1 还是程序段 2。若 I0.0 有输入，则执行程序段 2；否则执行程序段 1。程序段 1 和程序段 2 也可以写成子程序形式。

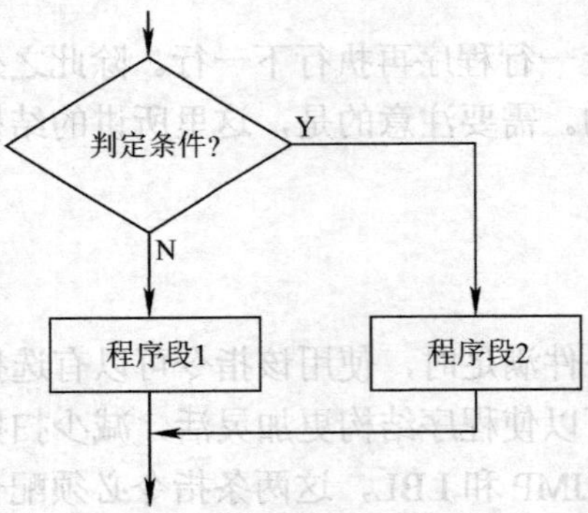

图 6-14 分支结构

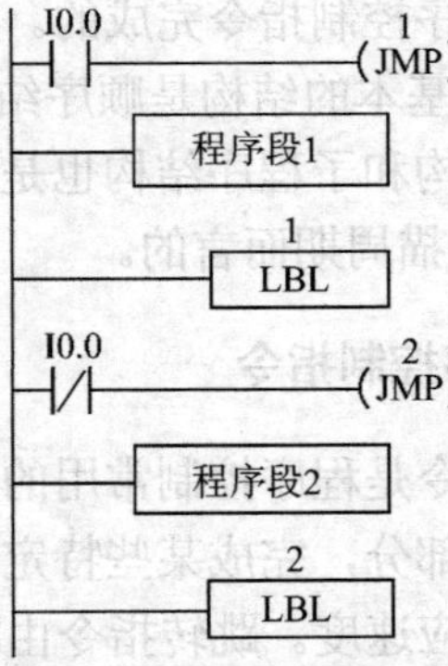

图 6-15 用 JMP 指令实现分支结构

6.2.4 循环结构

循环结构是计算机程序的基本结构。在 PLC 中，需要注意 PLC 程序本身也是循环的。所谓循环结构是指 PLC 大循环中间的一段循环程序，在应用时特别需要注意。

循环结构如图 6-16 所示，循环变量是循环的控制变量，每次循环中循环变量的值都会改变。循环结构中有一个分支结构，用于判断是否结束循环。图 6-17 为用 FOR 指令实现循环结构的例子，当 I2.0=1 时，外循环执行 100 次；当 I2.1=1 时，外循环每执行 1 次，内循环执行 2 次。

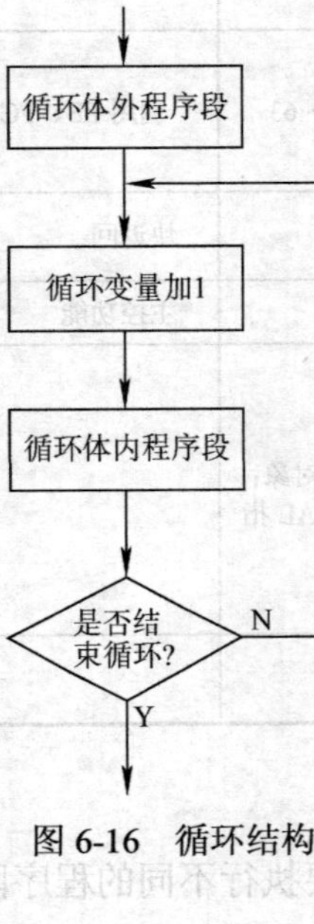

图 6-16 循环结构

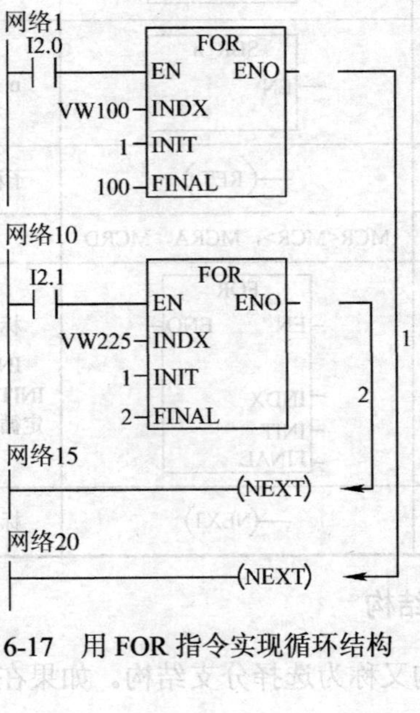

图 6-17 用 FOR 指令实现循环结构

西门子 S7-300/400 PLC 的基本指令中没有 FOR 指令，这时也可以用 JMP 等指令实现循环结构。在实际应用中，循环结构的应用是比较少的。

6.2.5　子程序结构

子程序的使用有两种情况：一是程序比较长，为了使其结构清楚，将其分成若干段，每一段写出一个子程序；二是某些程序段需要反复执行，这时将其写成子程序形式，可以减少代码长度，降低系统内存资源的占用，提高程序的效率和结构化程度。

子程序结构如图 6-18 所示。子程序分为一般子程序和中断子程序，两者从程序的角度来看是一致的，只是调用的方法不同。一般子程序用程序调用，而中断子程序是由中断调用的，所以又称为中断服务子程序。

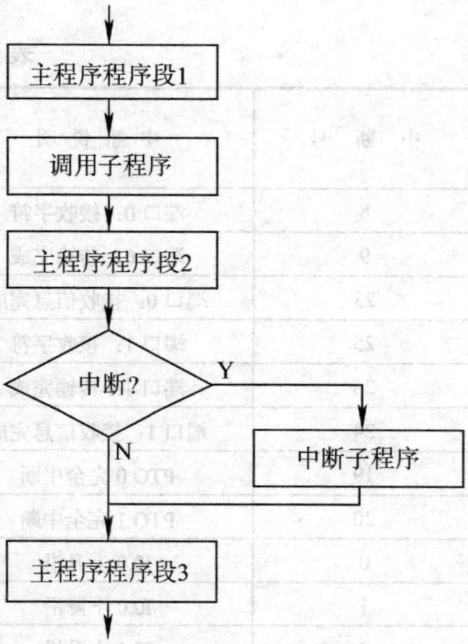

图 6-18　子程序结构

6.3　S7-200 PLC 的中断系统

6.3.1　中断程序类型与优先级

S7-200 PLC 支持以下中断程序类型：

1）通信端口中断。S7-200 PLC 生成允许程序控制通信端口的事件。

2）I/O 中断。S7-200 PLC 生成用于各种 I/O 状态不同变化的事件。这些事件允许程序对高速计数器、脉冲输出或输入的升高或降低状态做出应答。

3）时基中断。S7-200 PLC 生成允许程序按照具体间隔做出应答的事件。

不同的中断事件有不同的中断号和优先级，如表 6-2 所示。

6.3.2　中断指令与中断设置

中断指令如表 6-3 所示。要使用中断，首先必须启动中断，并且将中断事件和中断服务子程序相关联。可以将多个中断和一个中断服务子程序相关联。

中断的应用如图 6-19 所示，在完成启动中断（ENI 指令）后，将中断事件（0 号中断，I0.0 上升沿）和中断响应子程序建立关联。当 I0.0 有上升沿，0 号中断事件出现时，系统会自动调用中断子程序 INT_0。中断子程序在中断启动的条件下，在中断事件发生时被调用。注意，用户不能在程序中通过子程序调用指令来调用中断子程序。

中断的应用很多。例如，经常通过定时中断来读取模拟转换的数值，程序如图 6-20 所示。

表 6-2 S7-200 PLC 中断的优先级

中 断 号	中 断 说 明	中断类别	优先级	支持的 CPU			
				221	222	224	224XP 以上
8	端口 0：接收字符	通信（最高）	0	√	√	√	√
9	端口 0：传输完成		0	√	√	√	√
23	端口 0：接收信息完成		0	√	√	√	√
25	端口 1：接收字符		1	—	—	—	√
26	端口 1：传输完成		1	—	—	—	√
24	端口 1：接收信息完成		1	—	—	—	√
19	PTO 0 完全中断	I/O（中等）	0	√	√	√	√
20	PTO 1 完全中断		1	√	√	√	√
0	I0.0 上升沿		2	√	√	√	√
1	I0.0 下降沿		6	√	√	√	√
2	I0.1 上升沿		3	√	√	√	√
3	I0.1 下降沿		7	√	√	√	√
4	I0.2 上升沿		4	√	√	√	√
5	I0.2 下降沿		8	√	√	√	√
6	I0.3 上升沿		5	√	√	√	√
7	I0.3 下降沿		9	√	√	√	√
12～18，28～33	HSC		10～23	部分	部分	√	√
10	定时中断 0	时基（最低）	0	√	√	√	√
11	定时中断 1		1	√	√	√	√
21	定时器 T32 CT=PT 中断		2	√	√	√	√
22	定时器 T96 CT=PT 中断		3	√	√	√	√

表 6-3 S7-200 PLC 的中断指令

指 令	名 称	功 能
ENI	启动中断	全局性启用所有附加中断事件进程
DISI	禁用中断	全局性禁用所有中断事件进程
RETI	中断返回	可根据先前逻辑条件用于从中断返回
ATCH	附加中断	将中断事件（EVNT）与中断例行程序号码（INT）相联系，并启用中断事件
DTCH	分离中断	取消中断事件（EVNT）与所有中断例行程序之间的联系，并禁用中断事件

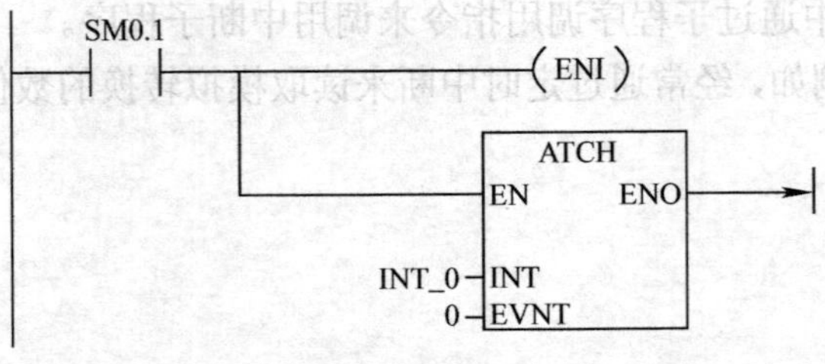

图 6-19 启动中断和附加中断程序

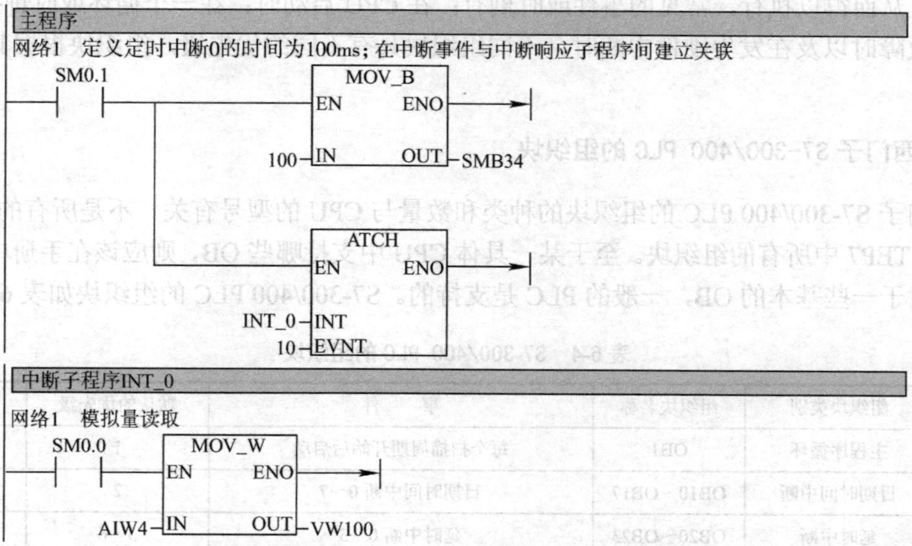

图 6-20　通过定时中断读取模拟转换的数值

6.3.3　共享数据

用户可以在主程序和一个或多个中断程序之间共享数据。因为无法预测 S7-200 PLC 何时可能生成中断，最好限制中断程序和主程序中其他位置使用的变量数目。由于主程序中指令执行被中断事件中断时，中断程序采取的措施会导致共享数据一致性故障。使用中断例行程序局部变量表，以确保中断例行程序仅使用临时内存，并且不改写程序其他位置使用的数据。

用户可以使用各种编程技巧，以确保在主程序和中断程序之间正确地共享数据。这些技巧采用限制存取共享内存位置的方法，或者使用共享内存位置预防出现指令序列中断。对于共享单一变量的 LAD 程序，如果共享数据是单字节、字或双字变量，且程序在 LAD 中写入，则可使用“移动”指令（MOVB、MOVW、MOVD、MOVR）存取共享内存位置的常规方法，确保正确地共享数据。尽管很多 LAD 指令由 STL 指令的可中断序列组成，但这些移动指令却由单个 STL 指令组成，此类指令的执行不受中断事件的影响。对于共享多个变量的 STL 或 LAD 程序，如果共享数据由各种相关的单字节、字或双字组成，则可使用中断禁用/启用指令（DISI 和 ENI）控制中断例行程序的执行。在主程序中，共享内存位置操作即将开始的点禁用中断。一旦所有影响共享内存位置的措施均完成后，重新启用中断。在中断被禁用的时间内，不得执行中断程序，因此无法存取共享内存位置。但是，此种方法会导致对中断事件的延迟响应。

6.4　S7-300/400 PLC 的中断与组织块

6.4.1　S7-300/400 PLC 的中断与组织块概述

在 S7-300/400 PLC 中，将所有的中断服务子程序称为组织块，用 OB 表示。组织块是系统程序和用户程序之间的接口，是系统调用程序块，在系统事件或中断事件发生后由系统程序调用，从而得以执行。常见的事件或时刻有：在CPU启动时；在一个循环或时钟执行时；在发生故障时以及在发生硬件中断时。不同组织块具有不同的优先级，组织块根据其优先级执行。

6.4.2 西门子S7-300/400 PLC的组织块

西门子S7-300/400 PLC的组织块的种类和数量与CPU的型号有关。不是所有的CPU都能处理STEP7中所有的组织块。至于某一具体CPU中支持哪些OB，则应该在手册中进行确定。但对于一些基本的OB，一般的PLC是支持的。S7-300/400 PLC的组织块如表6-4所示。

表6-4 S7-300/400 PLC的组织块

序号	组织块类别	组织块名称	事件	默认的优先级	说明
1	主程序循环	OB1	每个扫描周期开始后启动	1	
2	日期时间中断	OB10～OB17	日期时间中断0～7	2	
3	延时中断	OB20～OB23	延时中断0～3	3～6	
4	循环中断	OB30～OB38	循环中断0～4	7～15	
5	硬件中断	OB40～OB47	硬件中断0～7	16～23	
6	状态中断	OB55	状态中断	2	DPV1中断
7	刷新中断	OB56	刷新中断	2	
8	制造商用中断	OB57	制造商用特殊中断	2	
9	多处理器中断	OB60	SFC 35 "MP_ALM"调用	25	
10	同步循环中断	OB61～OB64	周期同步中断1～4	25	
11	冗余故障	OB70、OB72和OB73	I/O冗余故障、CPU冗余故障和通信冗余故障	25、28和25	只对于H CPU
12	异步故障中断	OB80～OB88	分别为时间故障、电源故障、诊断中断、模板插/拔中断、CPU硬件故障、程序故障、I/O从站故障、通信故障、过程中断	26（启动时28）	
13	背景循环	OB90	暖或冷启动或删除一个正在OB90中执行的块或装载一个OB90到CPU或中止OB90	29（实际为0.29）	
14	启动中断	OB100～OB102	分别为暖启动、热启动和冷启动	27	
15	同步错误响应中断	OB121、OB122	分别为编程错误和I/O访问错误	同引起故障OB	

1. 主程序循环组织块（OB1）

PLC的系统程序周期性地执行组织块OB1程序。CPU启动后，OB1循环执行，每个扫描周期执行一次。用户可以在OB1中调用其他功能块（FB，SFB）或功能（FC，SFC）。

OB1执行完后，系统程序发送全局数据。再次启动OB1之前，系统程序会将输出映像存储区数据写入输出接口，然后进行输入采样，刷新输入映像存储区并接收全局数据。PLC的系统程序会监视最长的循环周期时间，保证最长的响应时间。最长循环时间默认设置为150ms。用户可以在CPU属性中设一个新值或通过SFC43"RE_TRIGR"重新启动时间监视功能。如果用户程序超过了OB1最长循环时间，系统程序将调用OB80（时间故障OB）；如果 OB80 不存在，则 CPU 停机。除了监视最长循环时间外，系统程序还可以保证最短循环时间，系统程序将延长下一个新循环（将输出映像存储区数据传送到输出模板）直到最短循环时间到。

除 OB90 以外，OB1 的优先级最低，其他所有 OB 均可中断 OB1 的执行。

由于 OB1 在每个扫描周期中均会被执行一次，因此称为主程序。

2. 日期时间中断组织块（OB10～OB17）

S7-300/400 PLC 提供最多 8 个日期时间中断组织块（OB10～OB17），它们可以运行一次或周期性地运行。用户可以运用 SFC 或 STEP7 给 CPU 分配参数。

在启动日期时间中断时，必须首先设置和激活中断。可以用三种方式设置和激活中断：第一种方式是组态启动日期时间中断，通过 STEP7 设置并激活中断；第二种方式是在 STEP7 中设置日期时间中断，然后通过程序调用 SFC30“ACT-TINT”激活日期时间中断；第三种是程序设置和激活方式，通过调用 SFC28“SET_TINT”设置日期时间中断，并且通过调用 SFC30“ACT_TINT”激活日期时间中断。还可以用 SFC39～SFC42 禁止、延迟和重新启动日期时间中断。

日期时间中断组织块还可以设置成单次激活和周期性激活两种方式。只激活一次的日期时间中断组织块，日期时间中断运行一次后，日期时间中断 OB 自动取消。周期性地激活，当日期时间中断发生后，CPU 根据当前的时间计算下一次的中断启动时间。

如果设定的日期时间中断相应的 OB 是单次执行，那么日期时间（DATE_AND_TIME）不能是过去（与 CPU 的实时时钟相关）的日期时间。如果设定的日期时间中断相应的 OB 是按周期性来执行，日期时间（DATE_AND_TIME）是过去的日期和时间，那么日期时间中断按同样的时间间隔执行。常见的周期性激活的日期时间中断的间隔时间为每分钟、每小时、每天、每周、每月初和每月底等。

3. 延时中断组织块（OB20～OB23）

S7-300/400 PLC 最多提供 4 个延时中断组织块（OB20～OB23），它们经过一段指定的延时后运行。每一个 OB 在调用 SFC32（SRT_DINT）后启动，在 SFC 中需要设定 OB 号、延时时间和一个用户指定的标识符。当延时时间到（毫秒时间和 OB 号一起传给 SFC32）时，系统程序启动相应的 OB。还可以调用 SFC33（CAN_DINT）取消没有启动的延时中断。

运用延时中断，必须注意：延时中断 OB 只有在 CPU 处于运行状态时才运行。一个暖启动或冷启动清除任何延时中断 OB 的启动事件。延时时间分辨率为 1ms，如果延时时间超出则立即再次启动延时中断。通过调用 SFC34（QRY_DINT）可以查询延时中断的状态。

如果以下事件发生，系统程序调用一个异步故障中断 OB：在调用 SFC32（SRT_DINT）时启动的 OB 并没有下载到 CPU 中；一个延时中断 OB 执行未结束，下一个延时中断启动事件发生。

用户可以运用 SFC39~SFC42 取消、延时和再次激发延时中断。

4. 循环中断组织块（OB30～OB38）

S7-300/400 PLC 提供最多 9 个循环中断组织块（OB30～OB38），它们经过一段固定的时间间隔产生中断。表 6-4 显示了循环中断 OB 默认的时间间隔和优先级。

循环中断 OB 的等距时间间隔，是由时间间隔和相位偏移量确定的。注意：必须确认循环中断 OB 每一次运行的时间一定要短于中断的间隔。如果一个循环中断 OB 没有执行完，循环中断时间到，又要求循环中断 OB 运行，则时间故障组织块 OB80 启动。循环中断导致故障程序的运行，可以运用 SFC39～SFC42 取消、延时和再次激发循环中断，也可以用 STEP7 软件修改参数设置。

5. 硬件中断组织块（OB40～OB47）

S7-300/400 PLC 提供多达 8 个独立的硬件中断组织块（OB40～OB47）。通过 STEP7 进行参数赋值，可以为能够触发硬件中断的每一个信号模板指定以下参数：哪个通道在哪种条件下触发一个硬件中断；一个硬件中断 OB 被分配到哪个单独的通道组；每一个硬件中断 OB 的优先级。

在硬件中断被模板触发之后，系统程序识别相应的槽和相应的硬件中断 OB。如果这个 OB 比当前激活的 OB 优先级高，则启动该 OB。在硬件中断 OB 执行之后，将发送通道确认。如果在处理硬件中断的同时，同一中断模板上有另一个硬件中断，则这个新的硬件中断的识别与确认过程如下：如果事件发生在以前触发硬件中断的通道，旧的硬件中断触发程序正在执行，则新中断丢失；如果事件发生在同一模板的另一个通道，那么该硬件中断暂时不触发，这个中断没有丢失，系统记录了新的中断申请，在空闲后会执行该中断。

用 SFC39～SFC42 可以禁止、延时和再次激发硬件中断，也可以用 STEP7 中的 SFC55～SFC57 为硬件中断模板分配参数。

6. 状态中断组织块（OB55）

一个状态中断组织块（OB55）只在有 DPV1 能力的 CPU 中存在。如果状态中断通过 DPV1 从站槽触发，CPU 运行系统程序调用 OB55。这可能是一个 DPV1 从站组件更改其操作模式的情况，如从运行到停止。事件触发一个状态中断的详细信息，参见 DPV1 从站手册。

7. 刷新中断组织块（OB56）

一个刷新中断组织块（OB56）只在有 DPV1 能力的 CPU 中存在。如果刷新中断通过 DPV1 从站槽触发，CPU 运行系统程序调用 OB56。这可能是用户变换了 DPV1 从站槽的参数（通过本地或远程访问）。详细的刷新中断触发事件信息，参见 DPV1 从站手册。

8. 制造商用中断组织块（OB57）

制造商指定的中断组织块（OB57）只在有 DPV1 能力的 CPU 中存在。如果制造商用中断通过 DPV1 从站槽触发，CPU 运行系统程序调用 OB57。

9. 多处理器中断组织块（OB60）

使用多处理器中断，可以确定在多处理器运行期间 CPU 的反应是否与一个事件同步。同硬件中断由信号模板触发相反，多处理器中断仅由 CPU 输出。

10. 同步循环中断组织块（OB61～OB64）

同步循环中断给用户提供与 DP 周期同步启动程序的选择。OB61 作为接口 OB 提供周期同步中断 TSAL1，可以在 0（不选择 OB）和 2～26 之间为 OB61 设定优先级。

11. 冗余故障组织块（OB70、OB72 和 OB73）

当 PROFIBUS-DP 上的冗余丢失（例如，主动的 DP 主站总线故障或 DP 从站的接口模板出现故障时）时或当主动的 DP 主站的 DP 从站连接的 I/O 改变时，HCPU 的系统程序调用 OB70。I/O 冗余故障组织块（OB70）仅可用在 H CPU。如果启动事件出现且 OB70 未编程，则 CPU 不变为 STOP 方式。如果 OB70 已下载且该 H 系统处于冗余方式，则两个 CPU 都执行 OB70。

当下列事件出现时 H CPU 的系统程序调用 OB72：CPU 冗余丢失、预定的主站切换、同步故障、SYNC 模板故障、刷新终止和比较故障（如 RAM、PIQ）。所有处于 RUN 或 STARTUP 方式的 CPU 随着相应的启动事件执行 OB72。

当首次冗余丢失出现在容错 S7 连接（容错 S7 连接仅用于 S7 通信）时，HCPU 的系统程序调用 OB73。如果冗余丢失出现在以后的容错 S7 连接，则不再有 OB73 启动，直到所有容错 S7 连接的冗余恢复之前，OB73 都不会再次启动。如果启动事件发生且 OB73 未编程，则 CPU 不变为 STOP 方式。

12. 异步故障中断组织块（OB80～OB88）

所谓异步故障是指一些与 PLC 硬件或者系统程序有关的故障，这种故障与程序执行无关，不能跟踪到程序中的某个具体位置。在发生异步故障时，调用相应的中断组织块。异步故障中断组织块如表 6-5 所示。

表 6-5　异步故障中断组织块

故障类型	例　子	中断组织块	优先级
时间故障	超出最大循环扫描时间	OB80	26
电源故障	后备电池失效	OB81	26/28
诊断中断	有诊断能力模块的输入断线	OB82	
插入/移除中断	在运行时移除 S7-400 PLC 的信号模块	OB83	
CPU 硬件故障	MPI 接口上出现故障的信号电平	OB84	
程序执行故障	更新映像区错误（如模块错误）	OB85	
机架故障	扩展设备错误	OB86	
通信故障	读取信息格式错误	OB87	
过程中断	在一个程序块的执行被中断后 CPU 的系统程序调用	OB88	

13. 背景循环组织块（OB90）

STEP7 可以监视最大扫描周期时间，并可以保证最小扫描周期时间。如果 OB1 包括所有的嵌套中断和系统功能的执行时间小于指定的最小扫描周期时间，则系统程序反应如下：它调用背景循环 OB（如果 CPU 中 OB90 已存在）；它延时下一次 OB1 启动（如果 CPU 中 OB90 不存在）。

OB90 在所有 OB 中优先级最低。它可以被任何系统功能和任务所中断只有系统设定的最小扫描周期时间还没有到达时，才可以执行 OB90；若 OB1 的执行时间超过设定的最小扫描周期时间时，则不会调用 OB90。

14. 启动中断组织块（OB100～OB102）

启动中断包括热启动中断 OB101、暖启动中断 OB100 和冷启动中断 OB102。根据启动事件，特定的 CPU 和它的参数，启动相应的 OB（OB100、OB101 或 OB102）。

15. 同步错误响应中断组织块（OB121 和 OB122）

所谓同步错误是指在程序的执行过程中，在程序的某个特定位置上发生的错误。同步错误响应中断与当前 OB 具有相同的优先级。同步错误响应中断包括编程错误 OB121 和访问错误 OB122。

当程序中发生如 BCD 转换错误、调用一个不存在的块、访问数据块中没有经过编辑的地址等错误时，系统程序调用 OB121；当程序中发生如访问一个不存在的外设地址、访问的模块有故障等错误时，系统程序调用 OB122。

发生同步/异步错误时，系统程序会调用相应的错误响应中断组织块。若其存在（即便是空的），则 PLC 的状态为 RUN，SF 亮；若调用不到，则转为 STOP，并将诊断信息记录在诊断缓存区。

6.5 S7-300/400 PLC 的系统功能（SFC）与系统功能块（SFB）

6.5.1 S7-300/400 PLC 的系统功能（SFC）与系统功能块（SFB）概述

用户为了实现特定的控制与运算功能，经常需要编写一些子程序，在 S7-300/400 PLC 中称为功能（FC）与功能块（FB），它们的区别在于 FB 有自己专用的背景数据块。然而西门子作为其自动化系统的研制开发者和设备供应商，了解用户的这种需求，除了提供了基本的编程指令之外，还提供了实现一些常见功能的程序块，称为库，如图 6-21 所示。SFB 和 SFC 就是标准库中的系统功能块。

本节只介绍库的标准库中系统功能块，库中的其他块请参考相关资料。

SFB 和 SFC 是由西门子公司开发人员开发的，用户并不能对程序块进行读取和编辑，用户可以调用不同功能的 SFC 和 SFB。根据西门子公司的相关手册或 STEP7 中的帮助文件，用户可以知道系统提供的 SFC 和 SFB 的功能和相关的参数。

用户在使用中可以把某一个 SFC 和 SFB 看成一个模块或一个函数，在熟悉其功能的基础上，正确调用，实现相应的控制作用，用户无须了解 SFC 和 SFB 是怎么编写的。

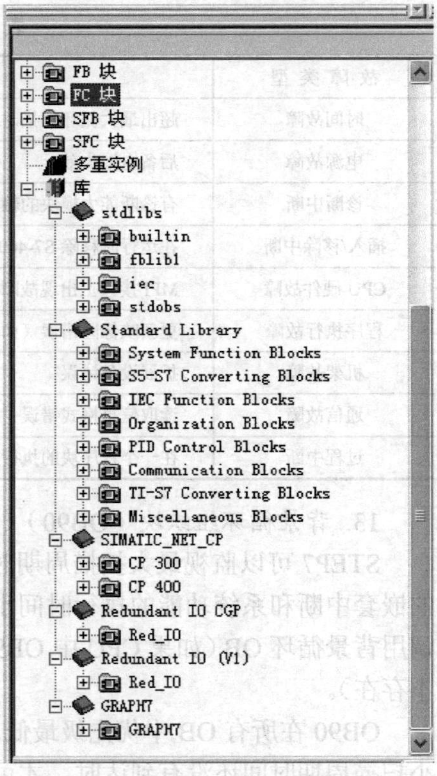

图 6-21 S7-300/400 PLC 的库

使用 SFC 和 SFB 还需要注意到，SFC 和 SFB 与相应的 PLC 有关，并不是所有的 PLC 均支持所有的 SFC 和 SFB。若将 SFC 或 SFB 用在不支持它的 PLC 中将发生系统错误。另外，有些 SFC 和 SFB 写在一些 FC 和 FB 中，但它们的功能一般不变。例如，对于 CPU315-2DP/PN，该 PLC 不支持 SFB41/42/43，但用户可以使用系统提供的 FB41/42/43 来实现 PID 运算功能。也就是说，在部分 PLC 中，有些 FC/FB 也作为系统程序块使用了。

SFC 和 SFB 的区别在于 SFB 有自己专用的背景数据块。

6.5.2　S7-300/400 PLC 的系统功能（SFC）

S7-300/400 PLC 提供了 100 多个 SFC，可以查阅附录中的附录表 1。

SFC 的使用是非常方便的，用户在程序中直接调用标准库中的 SFC 就可以了。一旦在用户程序中调用某个 SFC 之后，该 SFC 会自动添加到用户的工程中。以 SFC0“SET_CLK”(设定系统时钟）为例，如图 6-22 所示。使用 SFC0 可以设定 CPU 时钟的时间和日期，调用 SFC0 会启动时钟，时钟将从设定时间和设定日期开始运行。如果这个时钟是主时钟，则在调用 SFC0 的同时，CPU 启动同步时间的功能，可使用 STEP7 设定同步周期，以数据类型 DT 输入日期和时间。例如，2008 年 10 月 6 日，上午 10 点 10 分 30 秒，输入为 DT#2008-10-06-10:10:30，输入时间值要精确到秒级，由 SFC0“SET_CLK”从日期推算周的天数。

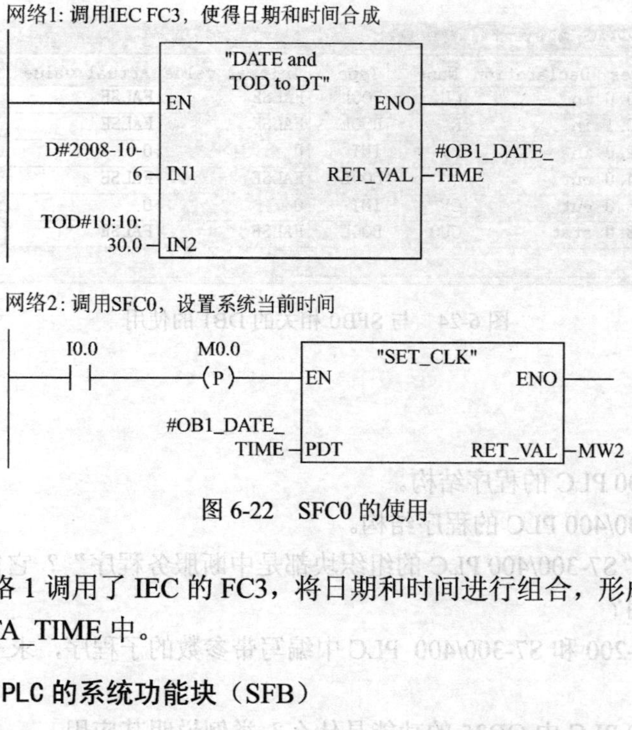

图 6-22　SFC0 的使用

图 6-22 中的网络 1 调用了 IEC 的 FC3，将日期和时间进行组合，形成日期时间值，并将其保存在#OB1_DATA_TIME 中。

6.5.3　S7-300/400 PLC 的系统功能块（SFB）

S7-300/400 PLC 提供了 40 多个 SFB，可以查阅附录中的附表 2。在使用 SFB 时需要指定其对应的背景数据块 DB。若指定的背景数据块 DB 不存在，则 STEP7 会创建一个背景数据块。

以 SFB0 为例，如图 6-23 所示。可以使用 SFB0“CTU”进行递增计数，CU 输入出现上升沿将使计数器递增 1（与 S7-200 PLC 中的 CTU 一致）。如果计数值达到上限 32 767，将不再递增。CU 输入出现任何后续上升沿都将不再起作用。不管 CU 输入的当前值是什么，R 输入信号级别为 1 时将把计数器重置为 0。Q 输出指示当前计数值是否大于或等于预设值 PV。SFB0“CTU”符合 IEC61131-3 标准。

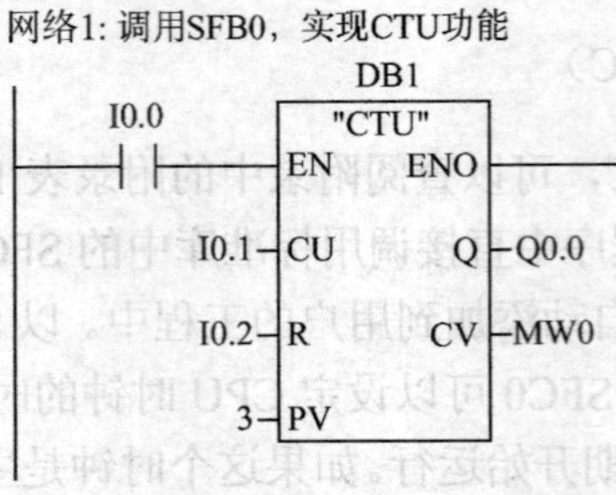

图 6-23 SFB0 的使用

图 6-24 为与 SFB0 相对应的背景数据块。这里定义为 DB1，也可以定义其他的数据块作为背景数据块。

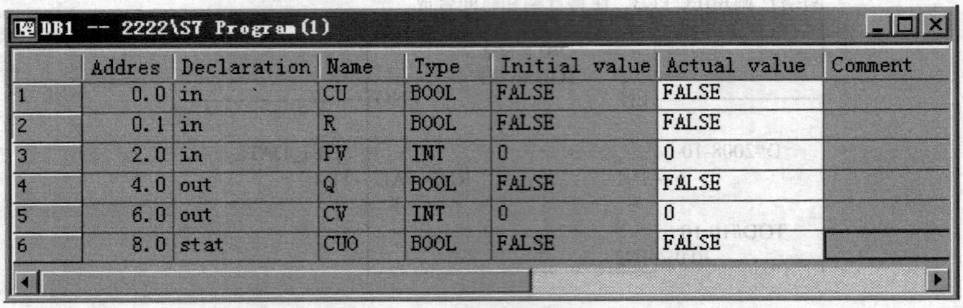

DB1 -- 2222\S7 Program(1)

	Addres	Declaration	Name	Type	Initial value	Actual value	Comment
1	0.0	in	CU	BOOL	FALSE	FALSE	
2	0.1	in	R	BOOL	FALSE	FALSE	
3	2.0	in	PV	INT	0	0	
4	4.0	out	Q	BOOL	FALSE	FALSE	
5	6.0	out	CV	INT	0	0	
6	8.0	stat	CUO	BOOL	FALSE	FALSE	

图 6-24 与 SFB0 相关的 DB1 的使用

思考与练习题

6.1 简述 S7-200 PLC 的程序结构。

6.2 简述 S7-300/400 PLC 的程序结构。

6.3 怎样理解“S7-300/400 PLC 的组织块都是中断服务程序”？它们由用户程序调用，还是由系统程序调用？

6.4 分别在 S7-200 和 S7-300/400 PLC 中编写带参数的子程序，求三个整数的最大值，并在主程序中调用。

6.5 S7-300/400 PLC 中 OB35 的功能是什么？举例说明其应用。

第7章　顺序控制

7.1　顺序控制概述

7.1.1　顺序控制的基本概念

顺序流程控制是按照生产工艺预先规定的顺序，在各个输入信号的作用下，根据内部的状态和时间的顺序，在生产过程中各个执行机构自动有序地进行操作。它是一种效率较高的编程调试方法，其基本思想方法就是将系统的一个工作周期划分为若干个顺序相连的阶段，通过步进的方式，实现系统的各种要求。在工程上，用梯形图或语句表的一般指令编程，程序虽然简单但需要一定的编程技巧，特别是工艺过程比较复杂的控制系统。对于一些顺序控制过程，各过程之间的逻辑关系复杂，给编程带来较大的困难。此时，利用顺序控制语言来编制程序会比较方便。

应用中，先根据控制要求绘制顺序功能图，然后根据顺序功能图编写程序。S7-200、S7-300/400 PLC 都提供了顺序控制编程语言。

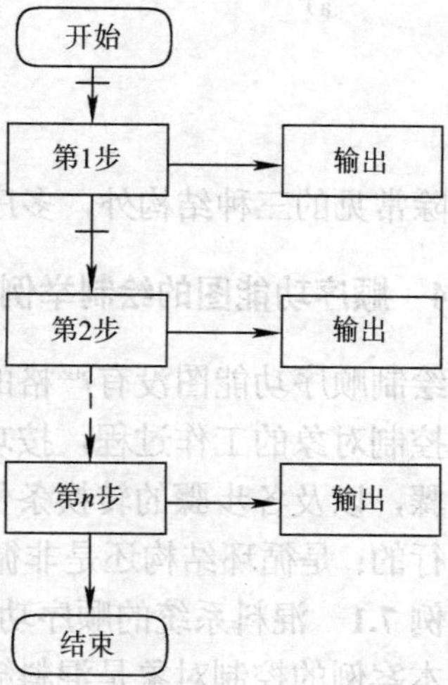

图 7-1　顺序功能图

7.1.2　顺序控制图与步进的基本结构

顺序功能图将控制过程分成若干个“步”，每一步按条件执行，连在一起构成了程序控制的流程图，称为顺序功能图，如图 7-1 所示。顺序功能图的概念和传统的电气控制中的概念是完全一致的，这给电气工程师使用 PLC 带来了很大的方便。

顺序功能图中的“步”是一个很重要的概念。在顺序功能图中，一个“步”对应一个控制步骤。

“步”有三要素：步的开始与结束、步内操作和转移条件，如图 7-2 所示。

7.1.3　顺序控制的结构形式

顺序功能图的常见结构分为三种形式：单流程、选择性分支流程和并进分支流程。

在单流程设计中，每个前一级步的后面只有一个转换，每个转换的后面只有一步，每一步都按顺序相继激活，如图 7-3a 所示。在选择性分支流程设计中，一个前级步的后面紧跟着若干后续步可供选择，但一

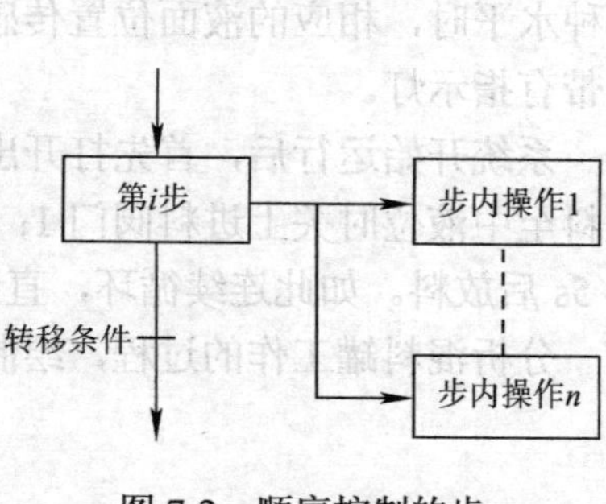

图 7-2　顺序控制的步

般只允许选择其中的一条分支，如图 7-3b 所示。在并进分支流程设计中，一个前级步的后面紧跟着若干后续步，当转换实现时将后续步同时激活，如图 7-3c 所示。注：用双线表示并进并出。

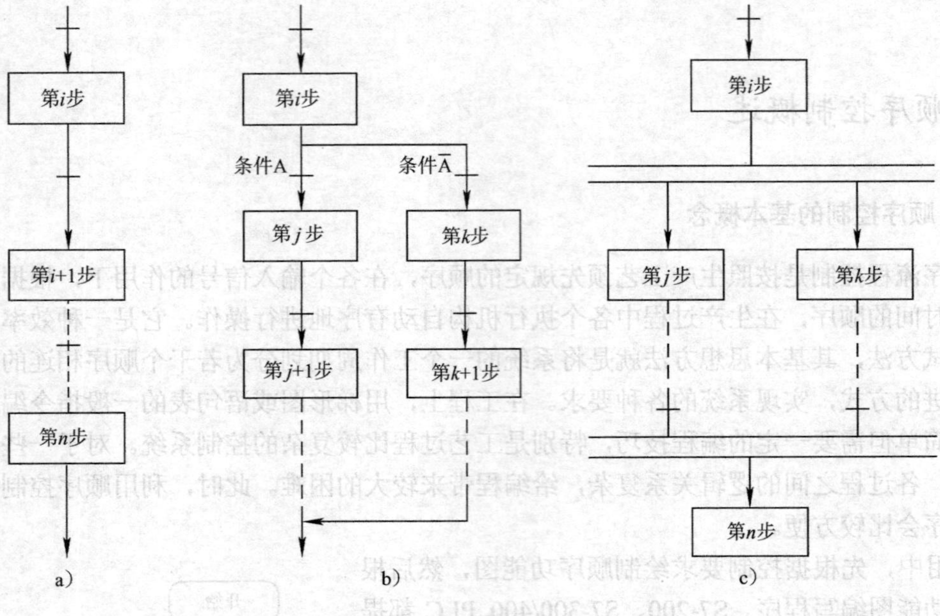

图 7-3 顺序控制的结构形式

除常见的三种结构外，多序列结构、跳转结构等也可以实现。

7.1.4 顺序功能图的绘制举例

绘制顺序功能图没有严格的规律可寻，工程上常用的方法就是仔细地分析控制系统的要求和控制对象的工作过程，按功能、时间进行归类总结，并在时间上划分出有一定次序的工作步骤，以及各步骤的转换条件；在这些步骤中确定哪些是需要并行执行的，哪些是依次顺序执行的；是循环结构还是非循环结构。下面以某混料系统为例来说明如何绘制顺序功能图。

例 7.1 混料系统的顺序功能图的绘制。

本案例的控制对象是混料罐，如图 7-4 所示。混料罐有两个进料口，一个出料口，上部有搅拌电动机。混料罐上有三个液面位置传感器，分别指示液面的高、中和低。当液面处于某种水平时，相应的液面位置传感器有信号。操作面板上有开始和停止两个按钮，两个按钮上带有指示灯。

系统开始运行后，首先打开出料阀门，放料 5s 后关上出料阀门；接着打开进料阀门 1，进料至中液位时关上进料阀门 1；接着打开进料阀门 2，进料至高液位时关上进料阀门 2；搅拌 5s 后放料。如此连续循环，直到系统停止。

分析混料罐工作的过程，绘制出混料罐工作的顺序功能图，如图 7-5 所示。

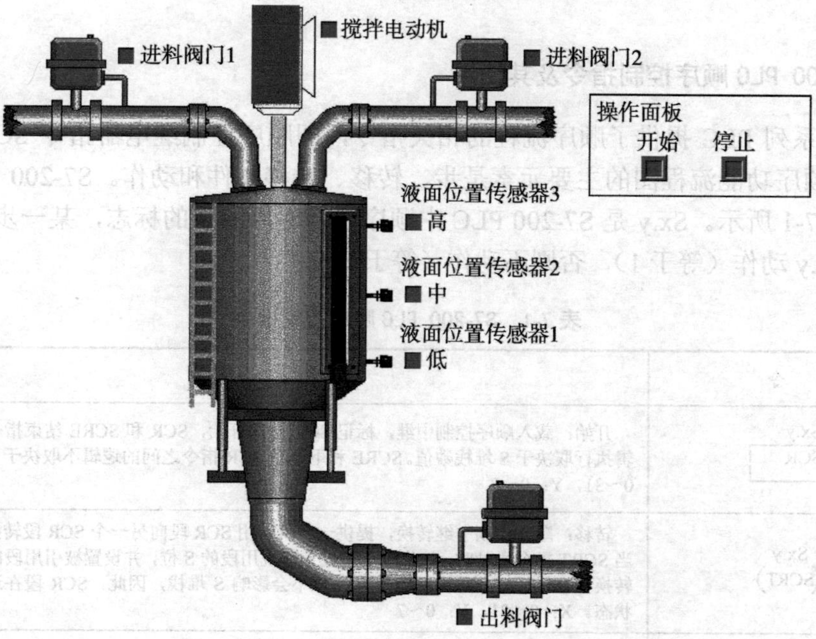

图 7-4　控制对象示意图

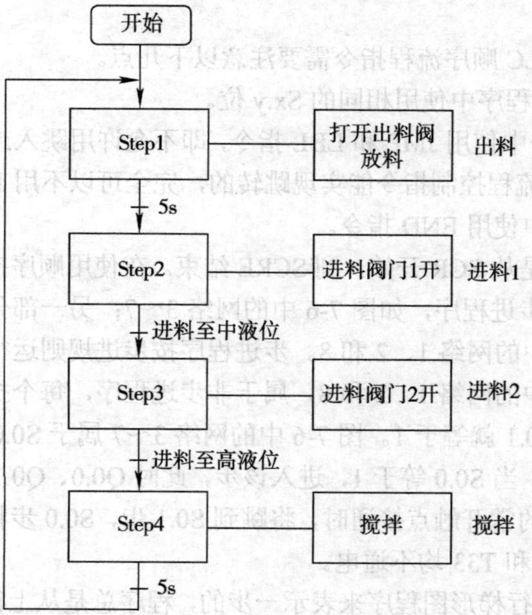

图 7-5　PLC 控制程序流程图

7.2 S7-200 PLC 顺序控制指令与程序编写

7.2.1 S7-200 PLC 顺序控制指令及其使用

S7-200 系列 PLC 提供了顺序流程的相关指令，即顺序控制继电器指令 SCR、SCRT、SCRE 等。顺序功能流程图的主要元素是步、转移、转移条件和动作。S7-200 PLC 顺序控制指令如表 7-1 所示。Sx.y 是 S7-200 PLC 中顺序控制专用的步的标志，某一步激活，则该步的标志 Sx.y 动作（等于 1），否则不动作（等于 0）。

表 7-1 S7-200 PLC 顺序控制指令

指　令	注　释
Sx.y SCR	开始：载入顺序控制中继，标记 SCR 段的开始，SCR 和 SCRE 结束指令之间的所有逻辑执行取决于 S 堆栈数值。SCRE 和下一条 SCR 指令之间的逻辑不取决于 S 堆栈数值。X：0～31，Y：0～7
Sx.y (SCRT)	转移：顺序控制中继转换，提供一种从现用 SCR 段向另一个 SCR 段转换控制的方法。当 SCRT 指令激励时，该指令会重设当前现用段的 S 位，并设置被引用段的 Sx.y。在 SCR 转换指令执行时，重设现用段的 S 位不会影响 S 堆栈，因此，SCR 段在退出前保持激励状态。X：0～31，Y：0～7
(SCRE)	结束：顺序控制中继结束标记

使用 S7-200 系列 PLC 顺序流程指令需要注意以下几点。

1）不能在一行以上程序中使用相同的 Sx.y 位。

2）不能在 SCR 指令中使用 JMP 和 LBL 指令，即不允许用跳入或跳出的方法跳入或跳出 SCR 段，其实对用顺序流程控制指令能实现跳转的，完全可以不用 JMP。

3）不能在 SCR 段中使用 END 指令。

步进程序的每一步是从 SCR 开始，到 SCRE 结束。在使用顺序控制指令时，程序会分成两部分。一部分程序为步进程序，如图 7-6 中的网络 3～7；另一部分程序不属于任何步，为非步进程序，如图 7-6 中的网络 1、2 和 8。步进程序按步进规则运行，非步进程序按一般的规则循环执行。图 7-6 中的网络 1、2 和 8，属于非步进程序，每个扫描周期执行一遍，只要 I0.1 有输入，Q0.3 和 M0.1 就等于 1。图 7-6 中的网络 3～7 属于 S0.0 步，是步进程序，只有在该步有效时才能执行。当 S0.0 等于 1，进入该步，此时 Q0.0、Q0.1 和 T33 均通电；当网络 6 的 I0.0、T33 或 M0.1 的常开触点接通时，将跳到 S0.1 步，S0.0 步将自动复位，S0.0 本身也复位，此时 Q0.0、Q0.1 和 T33 均不通电。

由于 S7-200 是用多行梯形图程序来表示一步的，程序总是从上往下执行。从前一步跳到下一步时需要注意，程序执行的规则是先执行“下一步”的步内操作，再在下一个扫描周期回过头来复位上一步的步内操作。这样，假设两步的步内操作都有 Q0.0 的普通线圈，则 Q0.0 在后一步中不能动作。解决这一问题的办法是，在不同步中使用不同的 M 代替相同的 Q，在步外程序中，用 M 并联控制 Q。

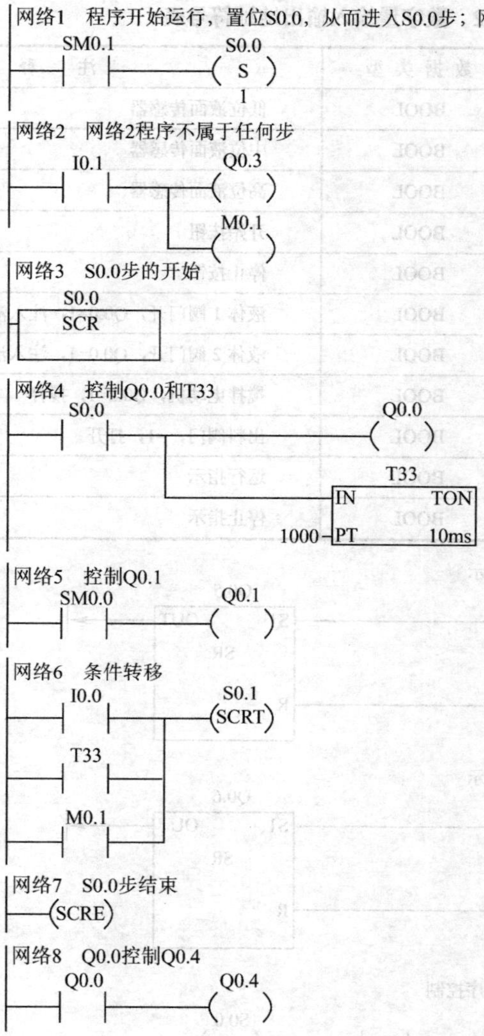

图 7-6　步进程序与非步进程序

步进程序和非步进程序分别执行，执行的结果可能相互影响，如网络 1 的执行结果会使步进程序进入 S0.0 步，网络 2 的执行结果可能会使步进程序从 S0.0 步转移至其他步，网络 4 中 S0.0 步的执行结果会决定网络 8 的执行结果。

另外，图 7-6 中的网络 4 和 5 中的条件是 S0.0 和 SM0.0，它们在这里是等效的，在 S0.0 步内是一直接通的。

7.2.2　应用举例

本节将再次讲解 7.1 节的混料罐 PLC 程序开发，使用顺序控制实现控制要求。程序流程图和 7.1 节的相同。本节将使用 S7-200 PLC 的步进指令完成程序的编写。

例 7.2　混料罐顺序控制程序设计。

混料罐的地址符号表如表 7-2 所示。混料罐的 S7-200 PLC 步进控制程序如图 7-7 所示。

表 7-2 数字量输入输出地址符号表

符　号	地　址	数 据 类 型	注　释
1B	I0.0	BOOL	低位液面传感器
2B	I0.1	BOOL	中位液面传感器
3B	I0.2	BOOL	高位液面传感器
1S	I0.4	BOOL	开始按钮
2S	I0.5	BOOL	停止按钮
1Y	Q0.0	BOOL	液体 1 阀门开，Q0.0=1，注入液体 1
2Y	Q0.1	BOOL	液体 2 阀门开，Q0.0=1，注入液体 2
3Y	Q0.2	BOOL	搅拌电动机，Q0.2=1，搅拌
4Y	Q0.3	BOOL	出料阀门，=1，打开
H1	Q0.5	BOOL	运行指示
H2	Q0.6	BOOL	停止指示

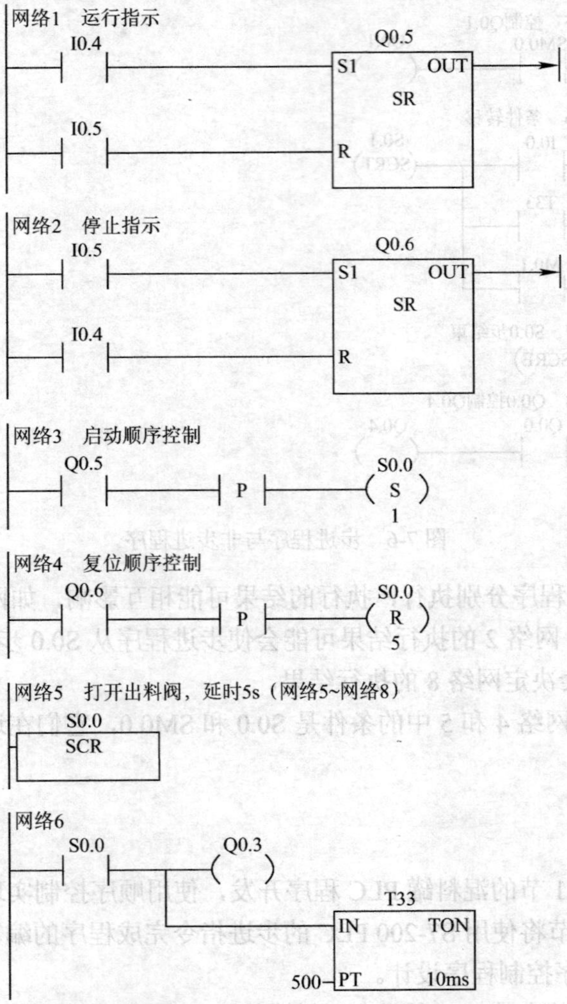

图 7-7 混料罐的 S7-200 PLC 步进控制程序

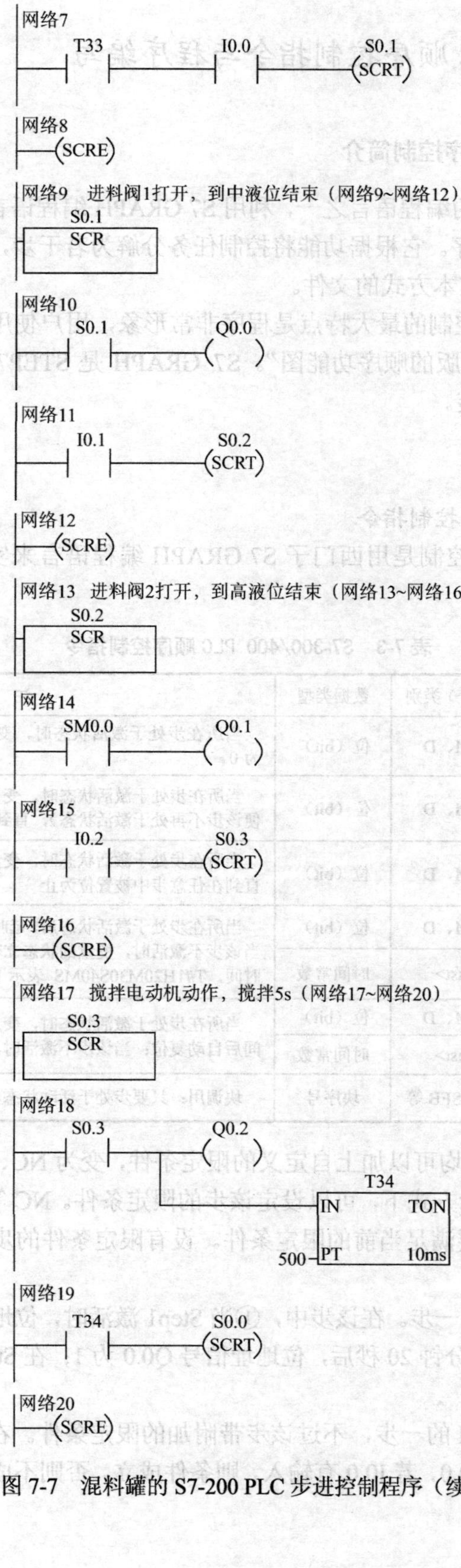

图 7-7 混料罐的 S7-200 PLC 步进控制程序（续）

7.3 S7-300/400 PLC 顺序控制指令与程序编写

7.3.1 S7-300/400 PLC 顺序控制简介

S7 GRAPH 是 STEP7 的编程语言之一，利用 S7 GRAPH 编程语言，可以快速地组织和编写 PLC 系统的顺序控制程序。它根据功能将控制任务分解为若干步，其顺序用图形方式显示出来，并且可形成图形和文本方式的文件。

S7-300/400 PLC 顺序控制的最大特点是程序非常形象，用户使用方便，主要工作就是在 GRAPH 中绘制一张“PLC 版的顺序功能图”。S7 GRAPH 是 STEP7 的一个软件包，包括在 STEP7 的光盘中，需要安装。

7.3.2 S7 GRAPH 基本指令

1. S7-300/400 PLC 顺序控制指令

S7-300/400 PLC 顺序控制是用西门子 S7 GRAPH 编程语言来实现的，其指令如表 7-3 所示。

表 7-3 S7-300/400 PLC 顺序控制指令

指令	指令名称	变量（地址）类别	数据类型	注释
N	步进普通线圈	Q、I、M、D	位（bit）	当所在步处于激活状态时，变量的状态为 1；否则变量的状态为 0
S	步进 S 线圈	Q、I、M、D	位（bit）	当所在步处于激活状态时，变量的状态置为 1，并保持为 1（即便该步不再处于激活状态），直到在任意步中被复位为止
R	步进 R 线圈	Q、I、M、D	位（bit）	当所在步处于激活状态时，变量的状态复位为 0，并保持为 0，直到在任意步中被置位为止
D	步进接通延时	Q、I、M、D	位（bit）	当所在步处于激活状态后，延时设定的时间后变量的状态变为 1；当该步不激活时，变量的状态立刻为 0。T#（const）为设定的一段时间，T#1H20M30S40MS 表示 1 小时 20 分钟 30 秒 40 毫秒
		T#<const>	时间常数	
L	步进保持延时	Q、I、M、D	位（bit）	当所在步处于激活状态时，变量的状态变为 1，并保持设定的时间后自动复位；当该步不激活时，变量的状态立刻为 0
		T#<const>	时间常数	
CALL	块调用	FB、FC、SFB 等	块序号	块调用：只要步处于活动状态，指定块被调用

在表 7-3 中，所有指令均可以加上自定义的限定条件，变为 NC、SC、RC、DC 和 LC 等。这时在 GRAPH 的单步显示方式下，可以设定该步的限定条件。NC 等指令执行时，不仅要求该步处于激活状态，而且要满足当前的限定条件。设有限定条件的步在图形上有“C”标志。

2. S7 GRAPH 的步

图 7-8 是 S7 GRAPH 的一步。在该步中，①当 Step1 激活时，位地址信号 M0.0 置 1；②在 Step1 激活期间，1 小时 20 分钟 20 秒后，位地址信号 Q0.0 为 1；在 Step1 不激活期间，位地址信号 Q0.0 为 0。

图 7-9 也是 S7 GRAPH 的一步，不过该步带附加的限定条件。在单步显示方式下，可以看到，该步的限定条件为 I0.0，若 I0.0 有输入，则条件成立，否则不成立。在该步中，当 Step1

激活时，位地址信号 Q0.0 置 1；而 Q0.1 是否能够动作，则还要取决于限定条件是否满足。若 I0.0 有输入，则条件满足，Q0.1 有输出。

限定条件也可以是多个触点的组合。

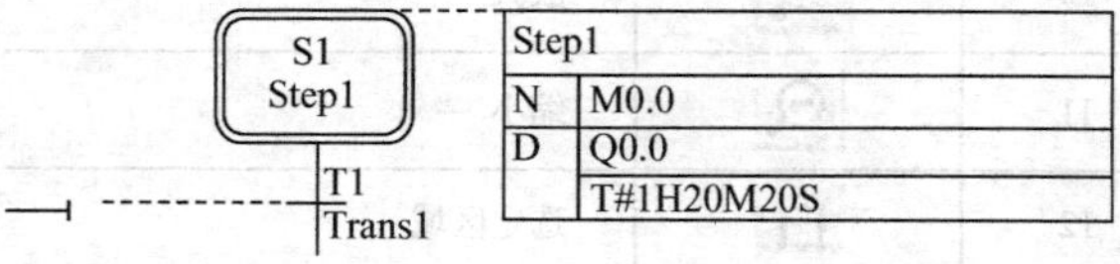

图 7-8　GRAPH 中的一步

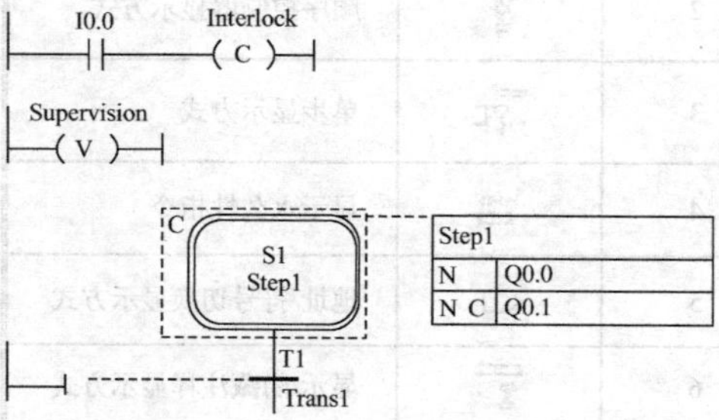

图 7-9　GRAPH 中带限定条件的一步

7.3.3　GRAPH 程序的编辑

1. GRAPH 窗口与工具栏图标

GRAPH 的编程窗口如图 7-10 所示。由于 GRAPH 编程过程就是顺序功能图的绘制过程，因此窗口中增加了很多绘图和控制图形显示方式的工具栏。图 7-10 的区域 1 为显示控制工具栏，这些按钮将控制顺序功能图的显示比例、单步或全部等，具体功能如表 7-4 所示。

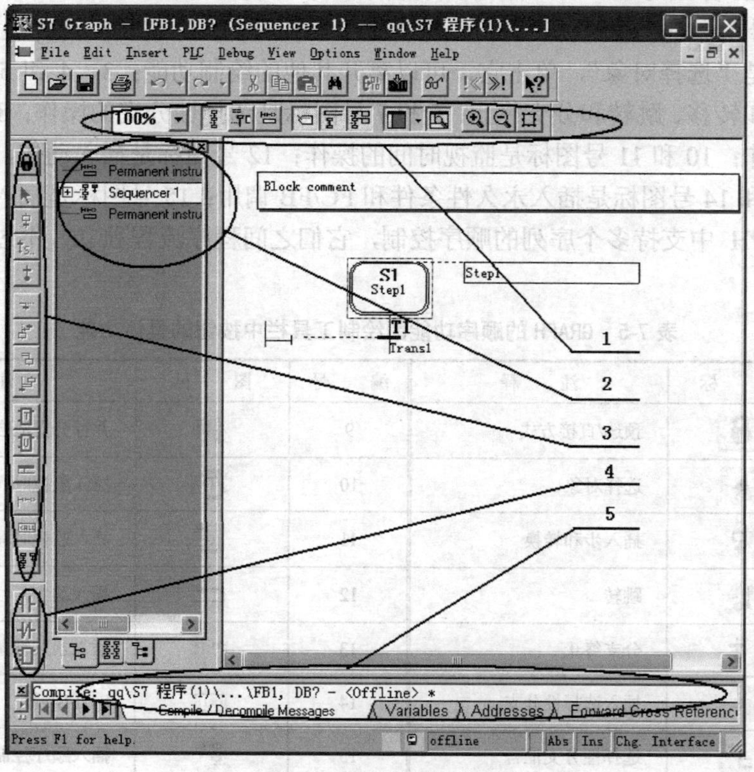

图 7-10　GRAPH 的编程窗口

表 7-4 GRAPH 的显示方式工具栏中按钮的具体功能

编 号	图 标	注 释	编 号	图 标	注 释
1	100%	显示比例	7		显示/隐藏步的条件和动作方式
2		顺序控制器显示方式	8		显示图 7-10 中区域 2 所示的浏览窗口
3		单步显示方式	9		显示图 7-10 中区域 5 所示的状态窗口
4		显示永久性指令	10		放大
5		地址/符号切换显示方式	11		缩小
6		显示/隐藏注释显示方式	12		选定区域

图 7-10 的区域 2 为 GRAPH 的浏览窗口。用于选择浏览当前顺序控制器 Sequencers，如果程序中有多个顺序控制器，可以通过 Graphic 选项卡来选择显示哪一个顺序控制器。GRAPH 的浏览窗口中还有永久性指令的选项。永久性指令是指顺序控制之外的程序代码，选择 GRAPH 的浏览窗口中的永久性指令，可以对顺序控制器之前或之后的永久性指令进行编程。如果顺序控制器中的步很多，可以用 Sequencer（顺序控制器选项卡）来浏览顺序控制器的总体结构，或显示顺序控制器不同的部分，便于查看。变量选项卡中的变量是编程时可以用到的各种基本元素，在该选项卡中可以编辑和修改现有的变量，也可以定义新变量。

图 7-10 的区域 3 为 GRAPH 的顺序功能图绘制工具栏，按钮的具体功能如表 7-5 所示。表 7-5 中的 1 号图标是一个过滤器，可以选择把一些图标隐藏，也可以选择显示所有图标；2 号图标的功能是“选择对象”，单击它，可以离开其他的绘制功能；3、4 和 5 号图标的功能分别是插入步和转移、跳转和分支终止；6 和 7 号图标是选择性分支的操作；8 和 9 号图标是并行分支的操作；10 和 11 号图标是监视时间的操作；12 号图标是插入动作，是定义步内操作的按钮；13 和 14 号图标是插入永久性条件和 FC/FB 调用；15 号图标是插入新的顺序控制器序列，GRAPH 中支持多个序列的顺序控制，它们之间程序流程独立，不过变量可以相互关联。

表 7-5 GRAPH 的顺序功能图绘制工具栏中按钮的具体功能

编 号	图 标	注 释	编 号	图 标	注 释
1		预选/直接方式	9		并行分支汇合
2		选择对象	10		插入监视时间 T
3		插入步和转换	11		插入监视时间 U
4		跳转	12		插入动作
5		分支终止	13		插入永久性条件
6		插入选择性分支	14		FC/FB 调用
7		选择性分支汇合	15		插入顺序控制器
8		插入并行分支			

图 7-10 的区域 4 为 GRAPH 的转移条件和限定条件编辑工具栏，这些条件可以用功能块图（FBD）或梯形图（LAD）两种方式编辑。在 GRAPH 窗口的 View 中可以进行选择。

GRAPH 的转移条件和限定条件编辑工具栏中的按钮功能如表 7-6 所示。

表 7-6　GRAPH 的转移条件和限定条件编辑工具栏中的按钮功能

编　号	图　标	注　释	编　号	图　标	注　释
1		常开触点（LAD）	6		插入与门（FBD）
2		常闭触点（LAD）	7		插入或门（FBD）
3		功能框（LAD）	8		插入比较指令（FBD）
4		引出向下一行（LAD）	9		管脚输入（FBD）
5		并联到上一行（LAD）	10		管脚反相输入（FBD）

图 7-10 的区域 5 为 GRAPH 的状态窗口，可以显示 GRAPH 操作的一些状态，如程序的编译结果等。

2. *程序的编辑步骤*

在项目的程序中，插入 FB 块，选择用 GRAPH 语言编写这个 FB 块；在 GRAPH 编程窗口中，编写程序，使用各种工具栏绘制“PLC 版”的顺序功能图；编译保存该 FB 块，生成相关的 DB 块和其他程序块。生成的 DB 块在程序调用时，作为 FB 的背景数据块使用；而其他程序块是帮助 FB 运行的辅助程序块，将来需要与 FB 及 DB 一起下载到 PLC 中。

3. *程序编辑举例*

例 7.3　混料罐的 GRAPH 程序的编辑。

下面结合混料罐程序的编写，来介绍 S7 GRAPH 的编程。

1）双击按钮，新建项目名为“混料罐”，插入站 S7 Program（1），如图 7-11 所示。

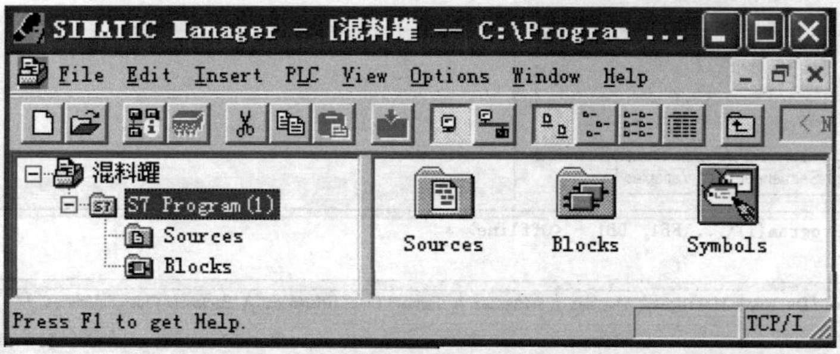

图 7-11　新建工程和插入 S7 程序

2）单击 S7 Program（1），然后双击 Symbols，可以编辑符号表。本例中使用与例 7.2 相同的 I/O 分配办法，如表 7-2 所示。

3）单击文件夹 Blocks，新建功能块 FB1，选择创建语言为 GRAPH，如图 7-12 所示。

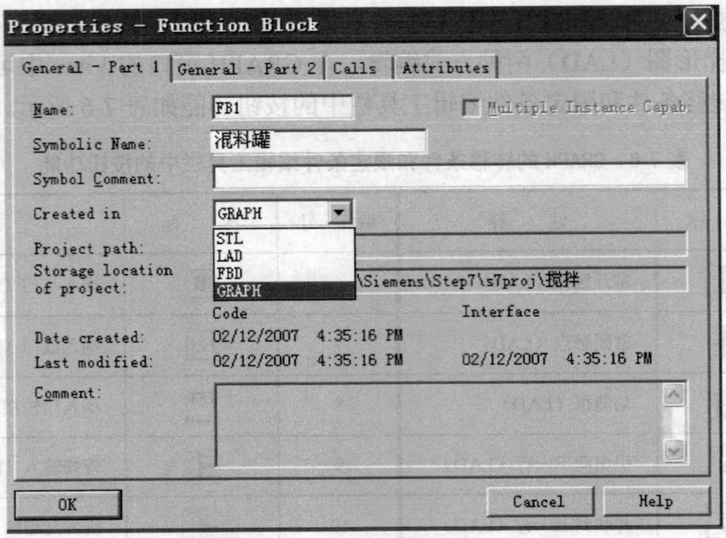

图 7-12　新建功能块 FB1

4）双击功能块 FB1，进入 S7-300/400 顺序功能编辑器 GRAPH，如图 7-13 所示。

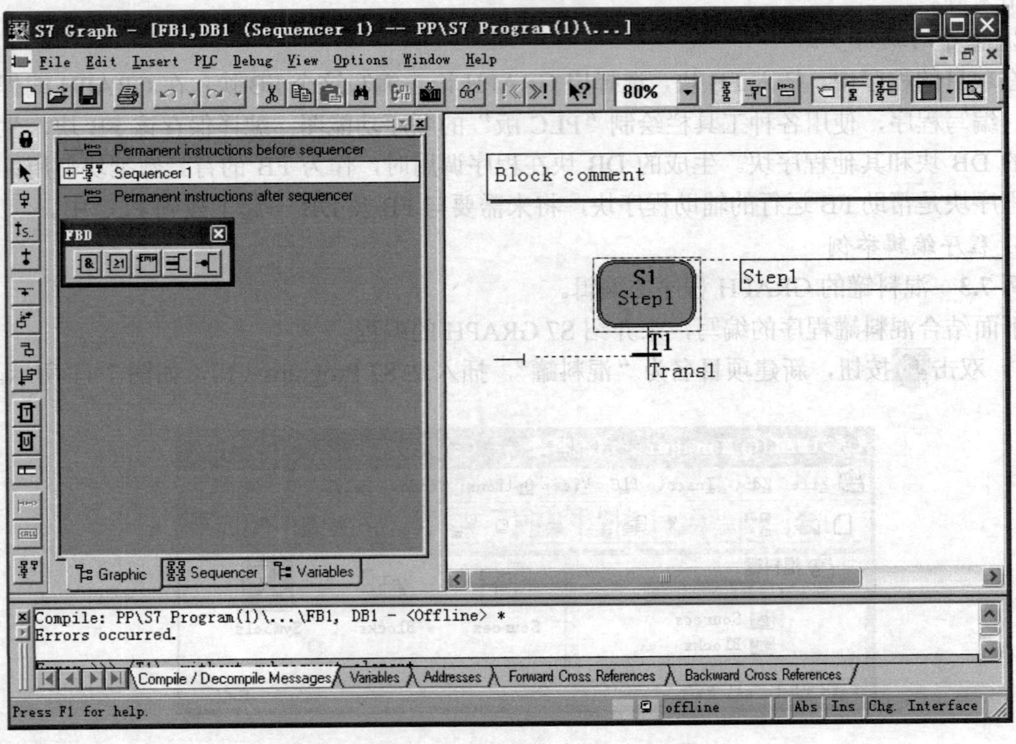

图 7-13　顺序功能编辑器 GRAPH

5）编写混料罐程序，如图 7-14 所示。

6）编好程序后保存 FB1，此时 FB1 自动编译，无错误则关闭 FB1。同时，STEP7 系统自动生成 FC72 和 SFC64 功能块，如图 7-15 所示。

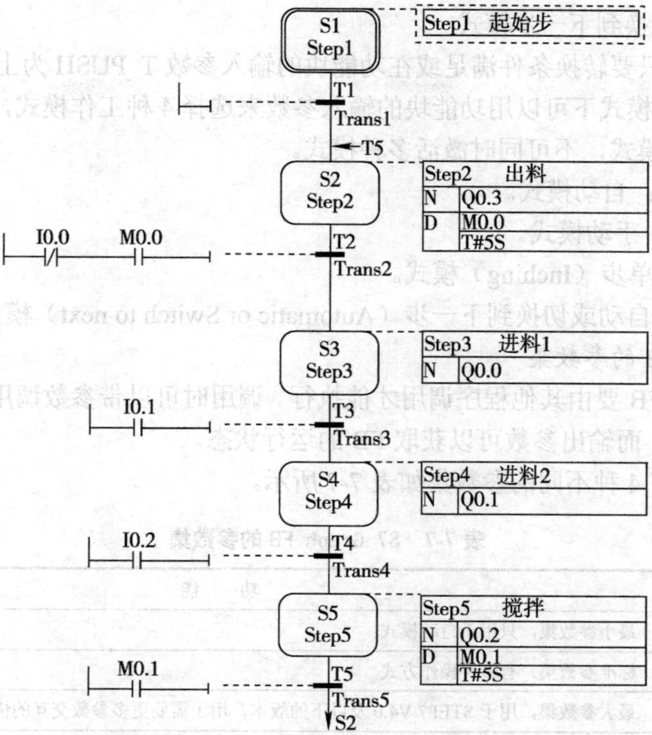

图 7-14　混料罐 S7　GRAPH 程序

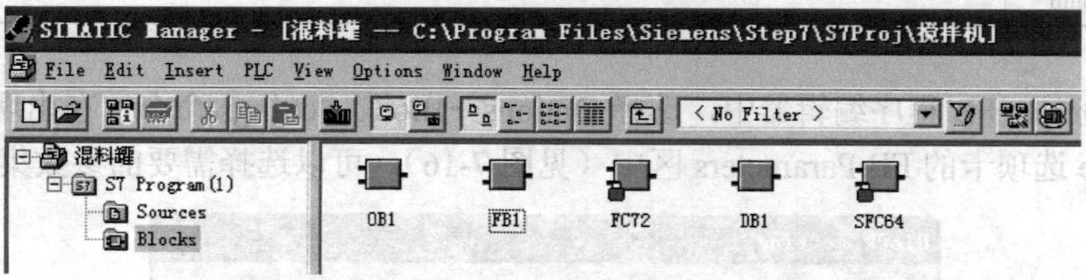

图 7-15　STEP7 自动生成 FC72、SFC64 功能块

7.3.4　GRAPH 程序的调用与程序调试

1. 顺序控制系统的运行模式

顺序控制系统的运行有 4 种运行模式，从而决定顺序控制器对步与步之间的转换的处理方式。用户通过对 S7 Graph FB 的参数设置进行模式的选择。

（1）手动模式

在手动模式下，每个执行器的动作必须按下相应的动作按钮才能实现。满足转换条件也不能转换到下一步，步的活动或不活动状态的控制是用手动完成的。

（2）自动模式

在自动模式下，当转换条件满足时，由当前步转换到下一步，程序自动运行。

（3）单步模式

在单步模式下，转换条件满足并且功能块的输入参数 T_PUSH 为上升沿时，才能转换　到下一步。它与自动模式的区别在于它对步与步之间的转换有附加的条件（T_PUSH 为上升沿）。

（4）自动或切换到下一步模式

在该模式下，只要转换条件满足或在功能块的输入参数 T_PUSH 为上升沿时，都能转换到下一步。在 RUN 模式下可以用功能块的输入参数来选择 4 种工作模式，在下列参数的上升沿激活相应的工作模式，不可同时激活多种模式。

1）SW_AUTO：自动模式。

2）SW_MAN：手动模式。

3）SW_TAP：单步（Inching）模式。

4）SW_TOP：自动或切换到下一步（Automatic or Switch to next）模式。

2. S7 Graph FB 的参数集

Graph 编写的 FB 要由其他程序调用才能执行。调用时可以带参数调用，输入参数可以决定 FB 的运行方式，而输出参数可以获取 FB 的运行状态。

S7 Graph FB 有 4 种不同的参数集如表 7-7 所示。

表 7-7 S7 Graph FB 的参数集

名　称	功　能
最小 Minimum	最小参数集，只用于自动模式
标准 Standard	标准参数集，有多种操作方式
最大 Maximum	最大参数集，用于 STEP7 V4.0 及以下的版本，用于需要更多参数交互的情况
自定义/最大 Definable/Maximum	自定义，最多可以是最大参数集的所有参数，用于 STEP7 V5.0 及以上的版本

在 S7 Graph FB 程序编辑器中，选择 Options→Block Settings 命令，在出现的对话框的 Compile/Save 选项卡的 FB Parameters 区中（见图 7-16），可以选择需要的参数集。

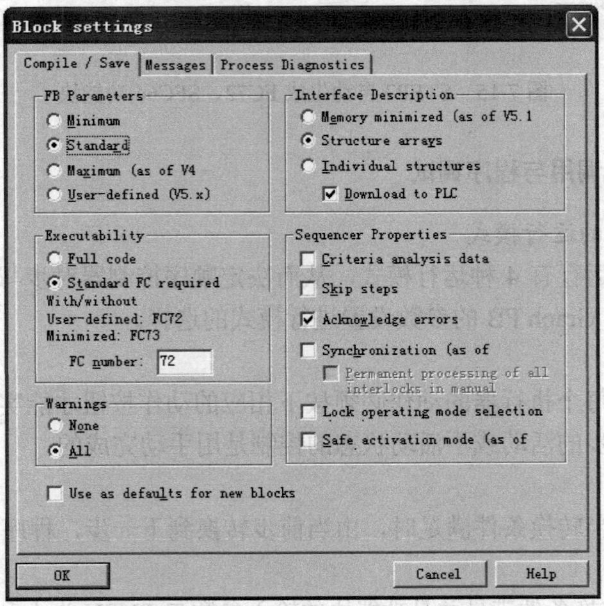

图 7-16 功能块的参数设置

若选择最小参数集，则 FB 在调用时只有“EN”和“INIT_SQ”两个输入参数和“ENO”一个输出参数。“INIT_SQ”的功能是激活起始步。图 7-17 是梯形图中最小参数集情况下的 FB 的调用。

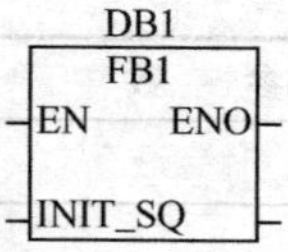

图 7-17　S7 Graph FB 最小参数集的功能块

若选择标准或最大参数集，则 FB 在调用时有更多的输入输出参数。S7 Graph FB 的标准和最大参数集的输入参数如表 7-8 所示，FB 的输出参数如表 7-9 所示。

表 7-8　S7 Graph FB 的标准和最大参数集的输入参数

参　　数	数据类型	参 数 说 明	标准	最大
EN	BOOL	使能输入，控制 FB 的执行，如果直接连接 EN，将始终执行 FB	√	√
OFF_SQ	BOOL	OFF_SEQUENCE：关闭顺序控制器，使所有的步变为不活动步	√	√
INIT_SQ	BOOL	INIT_SEQUENCE：激活初始步，复位顺序控制器	√	√
ACK_EF	BOOL	ACKNOWLEDGE_ERROR_FAULT：确认错误和故障，强制切换到下一步	√	√
HALT_SQ	BOOL	HALT_SEQUENCE：暂停/重新激活顺序控制器		√
HALT_TM	BOOL	HALT_TIMES：暂停/重新激活所有步的活动时间和顺序控制器与时间有关的命令（L 和 N）		√
ZERO_OP	BOOL	ZERO_OPERANDS：将活动步中 L、N 和 D 命令的地址复位为 0，并且不执行动作/重新激活的地址和 CALL 指令		√
EN_IL	BOOL	ENABLE_INTERLOCKS：禁止/重新激活限定条件		√
EN_SV	BOOL	ENABLE_SUPERVISIONS：禁止/重新激活监控		√
S_PREV	BOOL	PREVIOUS_STEP：自动模式从当前活动步后退一步，步序号在 S_NO 中显示手动模式，在 S_NO 参数中指明序号较低的前一步	√	√
S_NEXT	BOOL	NEXT_STEP：自动模式从当前活动步前进一步，步序号在 S_NO 中显示手动模式，在 S_NO 参数中显示下一步	√	√
SW_AUTO	BOOL	SWITCH_MODE_AUTOMATIC：切换到自动模式	√	√
SW_TAP	BOOL	SWITCH_MODE_TRANSITION_AND_PUSH：切换到半自动模式	√	√
SW_MAN	BOOL	SWITCH_MODE_MANUAL：切换到手动模式，不能触发自动执行	√	√
S_SEL	INT	STEP_SELECT：选择用于输出参数 S_ON 的指定的步，手动模式用 S_ON 和 S_OFF 激活或禁止步	√	√
S_SELOK	BOOL	STEP_SELECT_OK：将 S_SEL 中的数值用于 S_ON	√	√
S_ON	BOOL	STEP_ON：在手动模式激活显示的步	√	√
S_OFF	BOOL	STEP_OFF：在手动模式使显示的步变为不活动步	√	√
T_PUSH	BOOL	PUSH_TRANSITION：条件满足并且在 T_PUSH 的上升沿时，转换实现。只用于单步和 automatic or step-by-step（SW_TOP）模式。如果块是 V4 或更早的版本，第一个有效的转换将实现。如果块的版本为 V5，且设置了输入参数 T_NO，被显示编号的转换将实现，否则第一个有效转换实现	√	√

表 7-9 S7 Graph FB 的标准和最大参数集的输出参数

参 数	数据类型	参 数 说 明	标准	最大
ENO	BOOL	Enable Output：使能输出，FB 被执行且没有出错，ENO 为 1，否则为 0	√	√
S_NO	INT	STEP_NUMBER：显示步的编号	√	√
S_MORE	BOOL	MORE_STEPS：有其他步是活动步	√	√
S_ACTIVE	BOOL	STEP_ACTIVE：被显示的步是活动步	√	√
ERR_FLT	BOOL	IL_ERROR_OR_SV_FAULT：组故障	√	√
SQ_HALTED	BOOL	SEQUENCE_IS_HALTED：顺序控制器暂停	√	
TM_HALTED	BOOL	TIMES_ARE_HALTED：定时器停止		√
OP_ZEROED	BOOL	OPERANDS_ARE_ZEROED：地址被复位		√
IL_ENABLED	BOOL	INTERLOCK_IS_ENABLED：互锁被使能		√
SV_ENABLED	BOOL	SUPERVISION_IS_ENABLED：监控被使能		√
AUTO_ON	BOOL	AUTOMATIC_IS_ON：显示自动模式	√	√
TAP_ON	BOOL	T_AND_PUSH_IS_ON：显示单步自动模式		
TOP_ON	BOOL	T_OR_PUSH_IS_ON：显示 SW_TOP 模式	√	√
MAN_ON	BOOL	MANUAL_IS_ON：显示手动模式	√	√

3. FB 的调用与调试

FB 的调用与调试将用例 7.4 进行说明。

例 7.4 混料罐的 GRAPH 程序的调用与调试。

双击 OB1 功能块，编写运行指示与停止指示的程序，然后在指令树中的图标 FB blocks 下插入功能块混料罐 FB1，如图 7-18 所示。

在程序中，网络 1 和网络 2 用两个按钮控制两盏指示灯。网络 3 调用 FB，“EN”由 Q0.5 和 Q0.6 并联控制；Q0.6 控制“OFF_SQ”，表示在系统停止状态下，不进行顺序操作，并且复位 FB 中的所有步内操作；Q0.5 的上升沿控制“INIT_SQ”，表示在系统启动后，进入起始步，并开始顺序控制。

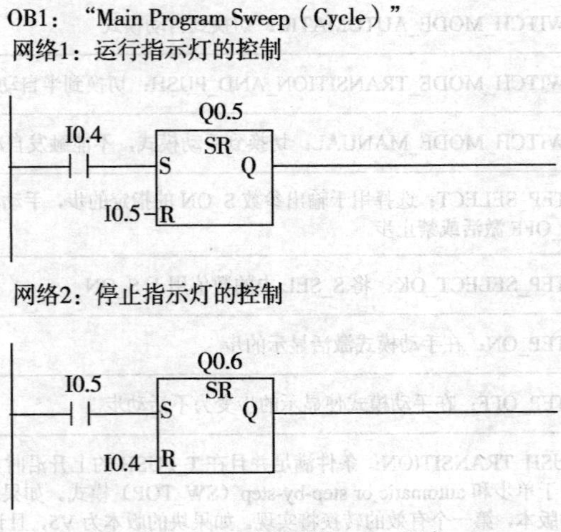

图 7-18 混料罐 OB1 程序

网络3：调用FB

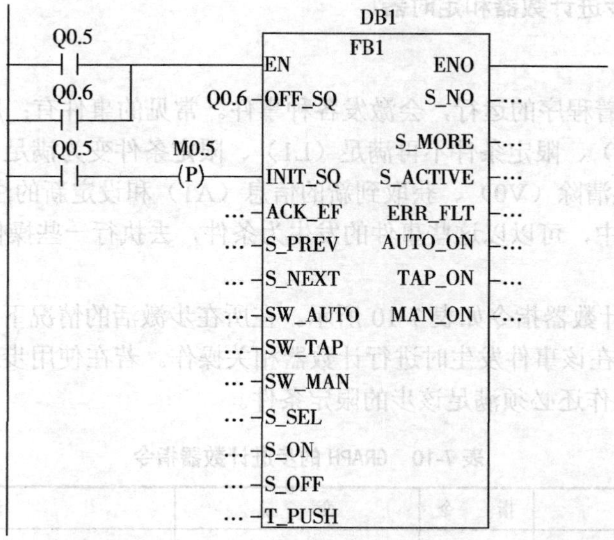

图 7-18　混料罐 OB1 程序（续）

保存 OB1 模块，打开模拟仿真器（处于 RUN_P 模式），下载所有的功能块 Blocks，如图 7-19 所示。

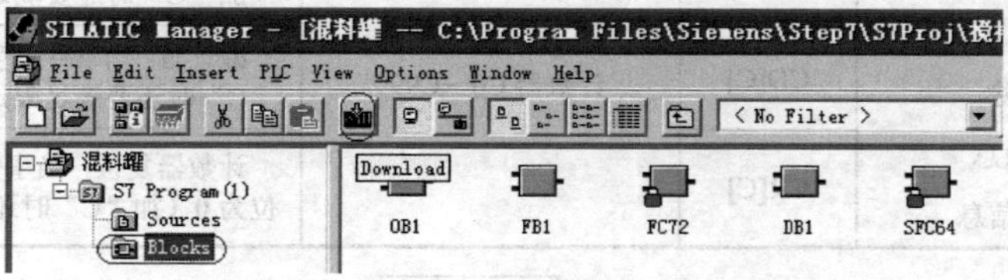

图 7-19　下载所有的功能块 Blocks

打开 FB1 功能块，单击监控按钮，如图 7-20 所示。

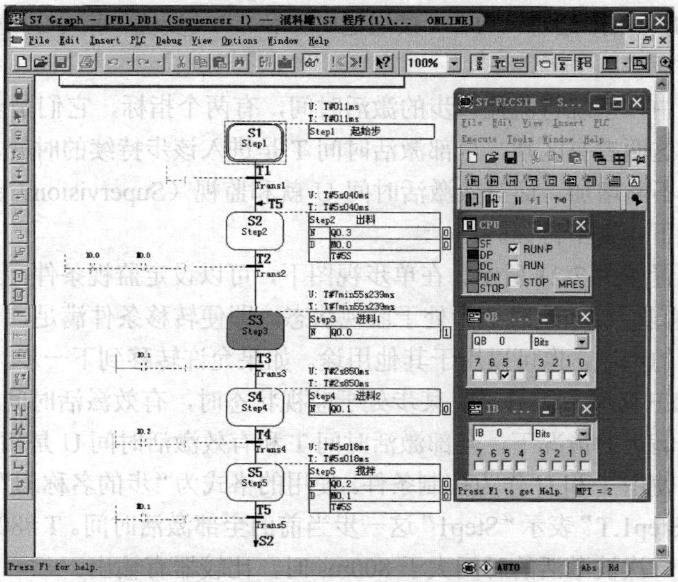

图 7-20　顺序控制 S7　GRAPH 监控

7.3.5 步进事件、步进计数器和定时器

1. 步进事件

GRAPH 中，随着程序的运行，会激发各种事件。常见的事件有：所在步激活（S1）、所在步停止激活（S0）、限定条件不再满足（L1）、限定条件变为满足（L0）、发生监视错误（V1）、监视错误清除（V0）、获取到新的信息（A1）和设定新的注册信息（R1）。

在 GRAPH 程序中，可以以这些事件的发生为条件，去执行一些操作。

2. 步进计数器

GRAPH 的步进计数器指令如表 7-10 所示。在所在步激活的情况下，计数器的动作还必须依赖于某一事件，在该事件发生时进行计数器相关操作。若在使用步进计数器指令时加上“C”，则计数器的动作还必须满足该步的限定条件。

表 7-10 GRAPH 的步进计数器指令

事 件	指 令	变 量	注 释
S1：所在步激活 S0：所在步停止激活 L1：限定条件不再满足 L0：限定条件变为满足 V1：发生监视错误 V0：监视错误清除 A1：获取到新的信息 R1：设定新的注册信息	CS[C]	计数器 C0～C999	计数器设初值：当事件发生，设定计数值的初值（加“C”时还要满足限定条件）
		初始值：常数或其他变量	计数器的初值
	CU[C]	计数器 C0～C999	增计数：当事件发生，计数值当前值增加 1（加“C”时还要满足限定条件）
	CD[C]		减计数：当事件发生，计数值当前值减 1（加“C”时还要满足限定条件）
	CR[C]		计数器复位：当事件发生，计数值当前值复位为 0（加“C”时还要满足限定条件）

步进计数器使用时要和事件相结合，如 [S1 CS | C0 / C#10] 表示所在步激活后（事件 S1），计数器 C0 设初值为 10；[S0 CU | C0] 表示所在步停止激活后（事件 S0），计数器 C0 当前值加 1。

步进定时器 TL（保持延时）、TD（接通延时）和 TR（复位）指令的使用与计数器类似。

3. 步的监视时间

步在运行过程中，系统将监控该步的激活时间，有两个指标，它们是全部激活时间 T 和有效激活时间 U。这两者有区别，全部激活时间 T 是进入该步持续的时间，是无条件的，只要在这步，T 就会不断增加。而有效激活时间 U 就和监视（Supervision）条件有关了，在监视条件满足的情况下，则不再计时。

监视条件的设置如图 7-21 所示。在单步视图下，可以设定监视条件，当监视条件成立时（图 7-21 中 I0.1 有输入），这时该步处于监视状态，即便转移条件满足，也不能转移。这是为了方便对某一步的调试，也可以用于其他用途。如果允许转移到下一步，则调用程序块 FB 的输入参数 ACK_EF 必须有上升沿。某步处于监视状态时，有效激活时间 U 是不计时的。

在监视条件不满足的情况下，全部激活时间 T 和有效激活时间 U 是相等的。

在程序中可以使用 T 和 U 作为控制条件。使用的格式为“步的名称.U”和“步的名称.T”，例如，图 7-22 中“Step1.T”表示“Step1”这一步当前的全部激活时间。T #800MS 表示当 Step1 这一步当前或最后一次被激活的时间大于 800ms 时，比较器有输出。

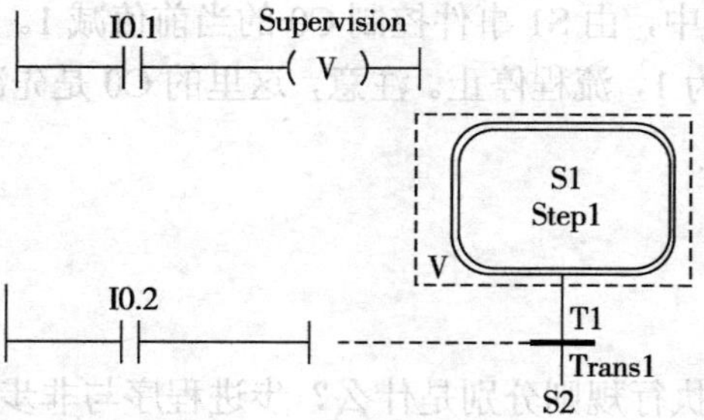

图 7-21　监视条件的设置

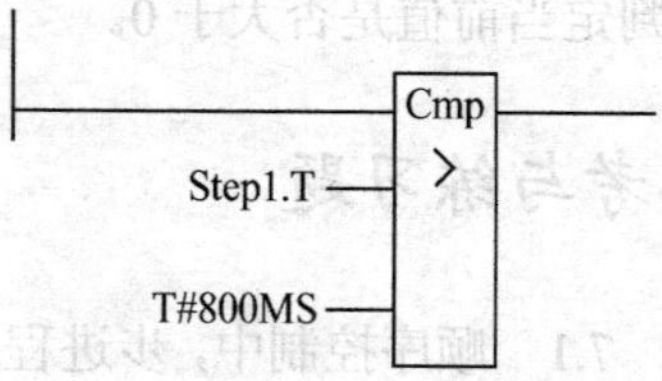

图 7-22　步中的监控

4. 应用举例

可以使用步进事件控制程序的执行。例 7.5 中利用 S1 事件控制计数器，再以计数器的状态作为转移条件，控制程序的流程。

例 7.5　循环有限次的混料罐控制。

混料罐控制中，要求控制过程循环 4 次后自动终止。循环有限次的混料罐控制程序如图 7-23 所示。

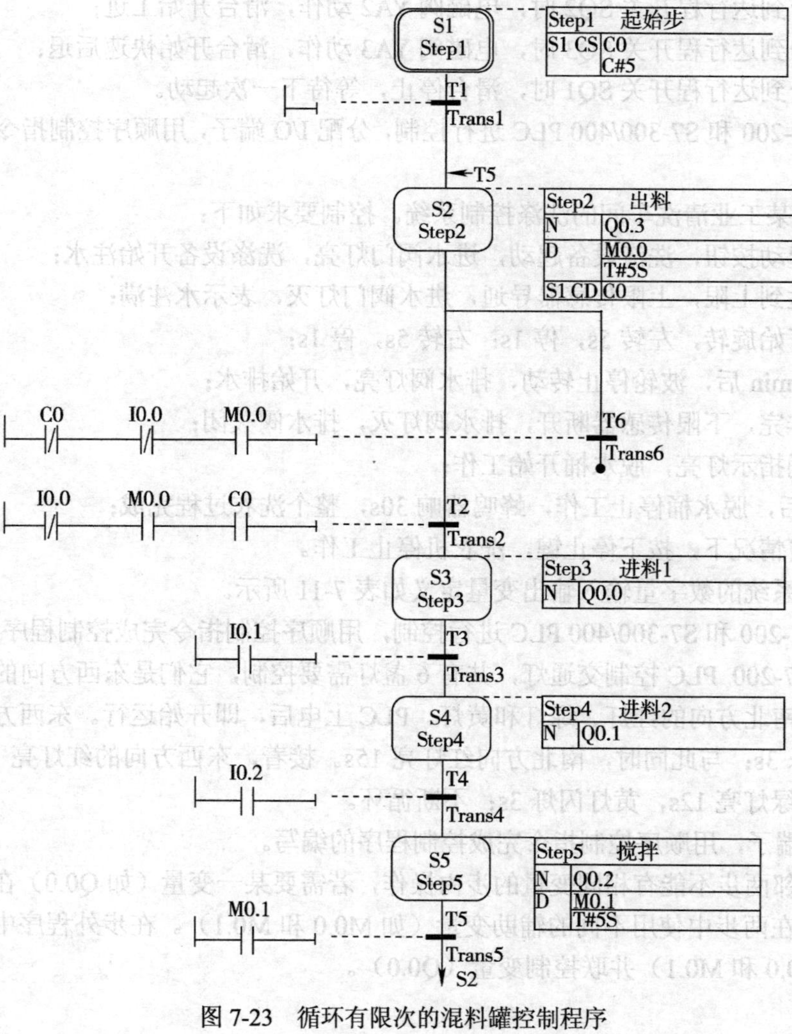

图 7-23　循环有限次的混料罐控制程序

Step1 为起始步，设定 C0 的初值为 5。Step2 中，由 S1 事件控制 C0 的当前值减 1。转移条件 T2 和 T6 中包含了 C0，当完成 4 次后，T6 为 1，流程停止。注意，这里的 C0 是先减 1，再判定当前值是否大于 0。

思考与练习题

7.1 顺序控制中，步进程序与非步进程序的执行规则分别是什么？步进程序与非步进程序之间有什么关系？

7.2 设计某组合机床液压工作台控制系统，工作过程如图 7-24 所示。控制要求如下：

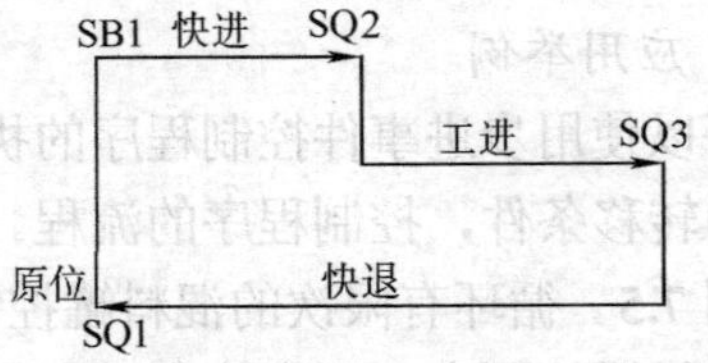

图 7-24 某组合机床液压工作台的工作过程示意图

1）开始时滑台在行程开关 SQ1 处，当按下起动按钮 SB1 时，电磁阀 YA1 动作，滑台开始快速前进；

2）当滑台到达行程开关 SQ2 时，电磁阀 YA2 动作，滑台开始工进；

3）当滑台到达行程开关 SQ3 时，电磁阀 YA3 动作，滑台开始快速后退；

4）当滑台到达行程开关 SQ1 时，滑台停止，等待下一次起动。

分别用 S7-200 和 S7-300/400 PLC 进行控制，分配 I/O 端子，用顺序控制指令完成控制程序的编写。

7.3 设计某工业清洗车间的洗涤控制系统。控制要求如下：

1）按下起动按钮，洗涤设备起动，进水阀门灯亮，洗涤设备开始注水；

2）水位达到上限，上限传感器导通，进水阀门灯灭，表示水注满；

3）波轮开始旋转，左转 5s，停 1s；右转 5s，停 1s；

4）运行 4min 后，波轮停止转动，排水阀灯亮，开始排水；

5）水位排完，下限传感器断开，排水阀灯灭，排水阀关闭；

6）脱水桶指示灯亮，脱水桶开始工作；

7）1min 后，脱水桶停止工作，蜂鸣器响 30s，整个洗衣过程完成；

8）在任何情况下，按下停止键，洗衣机停止工作。

洗涤控制系统的数字量输入输出变量定义如表 7-11 所示。

分别用 S7-200 和 S7-300/400 PLC 进行控制，用顺序控制指令完成控制程序的编写。

7.4 用 S7-200 PLC 控制交通灯，共有 6 盏灯需要控制，它们是东西方向的红灯、绿灯和黄灯，以及南北方向的红灯、绿灯和黄灯。PLC 上电后，即开始运行。东西方向的绿灯亮 12s，黄灯闪烁 3s；与此同时，南北方向红灯亮 15s。接着，东西方向的红灯亮 15s；与此同时，南北方向绿灯亮 12s，黄灯闪烁 3s；不断循环。

分配 I/O 端子，用顺序控制指令完成控制程序的编写。

说明：相邻两步不能有相同变量的步内操作，若需要某一变量（如 Q0.0）在相邻两步中皆动作，则应在两步中使用不同的辅助变量（如 M0.0 和 M0.1）。在步外程序中，用这两个辅助变量（M0.0 和 M0.1）并联控制变量（Q0.0）。

表7-11　数字量输入输出变量定义

符　　号	变　　量	数据类型	注　　释
起动按钮	I0.0	BOOL	起动按钮
上限传感器	I0.1	BOOL	上限传感器
下限传感器	I0.2	BOOL	下限传感器
停止按钮	I0.3	BOOL	停止按钮
进水阀门及其灯	Q0.0	BOOL	进水阀门灯及进水阀门
波轮电动机左转	Q0.1	BOOL	波轮电动机左转
波轮电动机右转	Q0.2	BOOL	波轮电动机右转
排水阀门及其灯	Q0.3	BOOL	排水阀门灯及排水阀门
脱水及其灯	Q0.4	BOOL	脱水指示灯及脱水电动机
蜂鸣器	Q0.5	BOOL	蜂鸣器

第 8 章　西门子 PLC 模拟量控制

8.1　模拟量输入/输出概述

8.1.1　PLC 模拟量控制的原理

在自动化生产现场，存在着大量的模拟量，如压力、温度、流量、转速和浓度等，这些物理量是连续变化的数值，而 PLC 作为数字控制器不能直接处理物理量。因此，必须对这些物理量进行处理，将其转化为标准的电流或电压信号，并将它们转化成 PLC 的 CPU 能够处理的数据，这就是模/数（A/D）转换。另外，很多执行器需要接收模拟量作为执行器的输入信号，所以，PLC 处理过的数据有时还需要进行数/模（D/A）转换，用模拟信号（如电压、电流）来驱动执行器动作，从而达到控制物理量的目的。

PLC 对模拟量的处理，是通过模拟量模块或模拟量接口完成。PLC 对模拟量的处理不需要考虑电路的设计等底层问题，而是对装置的正确使用。模拟量模块实现了标准的电信号（0～10V 或 0～20mA 等）与 PLC 中的整数的映射。这种映射关系在经过组态和设置后就会一直存在。这是一种线性映射，是由模拟量模块的制造者来保证的。

例如，一路模拟量输入信号，范围为 0～10V，用户经设置后将它与数字量的 0～27 648 相映射，若需要知道当前的模拟量的大小，用户直接读 PLC 的特定存储器空间（S7-200 为 AIW，而 S7-300/400 为 PIW），若读的数据是 13 824（27 648 的一半），则表示电压为 5V（10V 的一半）。A/D 转换无须用户去干预。

再如，一路模拟量输出信号需要控制，范围为 0～10V，用户经设置后将它与数字量的 0～27 648 相映射。用户直接将数据写到 PLC 的特定存储器空间（S7-200 为 AQW，而 S7-300/400 为 PQW），若写的数据是 13 824（27 648 的一半），则表示输出的电压为 5V（10V 的一半）。D/A 转换也无须用户去干预。模拟量与数字量的对应关系如图 8-1 所示。

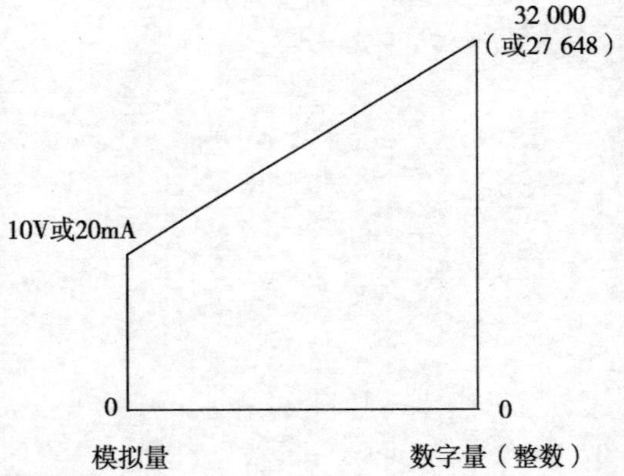

图 8-1　模拟量与数字量的对应关系

8.1.2　西门子模拟量控制概述

西门子 S7-200 系列的模拟量模块主要有 EM231 模拟量输入模块、EM232 模拟量输出模块、EM235 模拟量混合模块、EM231 热电偶模块和 EM231 热电阻模块。可以根据实际情况来选择合适的转换模块。

S7-200 PLC 的模拟量模块可以处理各种标准模拟量信号，当信号不同时通过模块上的设置开关进行设置。对应的数字量的数据范围也可以由用户自己设定。

西门子 S7-300 系列的模拟量模块主要有 SM331、SM332 和 SM334。其中，SM331 是仅具有模拟量输入通道的模块，该模块可以连接电压/电流传感器、热电偶、热电阻和电阻式温度计。SM332 仅带有模拟量输出通道，可以与执行器直接相连。而 SM334 既有模拟量输入通道，又有模拟量输出通道，该模块使用起来比较简单。

S7-300 PLC 的模拟量模块也可以处理各种标准模拟量信号，当信号不同时，通过硬件组态进行设置。对应的数字量的数据范围只能是 0～27 648（单极性）或−27 648～27 648（双极性），“27 648”只是一个稍小于 32 767 的数据，西门子已经确定使用它作为最大的数字量，这是已经规定好的。

8.2 S7-200 PLC 的模拟量控制指令及编程

8.2.1 模块简介

S7-200 PLC 的模拟量模块的使用比较简单，只要正确地选择好模块，了解接线方法并对模块正确地接线，不需要过多的准备与操作，就能够顺利地实现模拟量的输入与输出。下面介绍一下这些模拟量模块。

根据不同的输入信号，EM231、EM232 和 EM235 模拟量模块可以细分成电压电流型、热电偶型和热电阻型，这些可以从其订货号上加以区分。模拟量模块的订货号如表 8-1 所示。

表 8-1　模拟量模块的订货号

订货号	扩展模块	输入	输出	可拆卸连接
6ES7 231-0HC22-0XA0	EM231 模拟量输入，4 输入	4	—	否
6ES7 232-0HB22-0XA0	EM232 模拟量输出，2 输出	—	2	否
6ES7 235-0KD22-0XA0	EM235 模拟量混合模块 4 输入/1 输出	4	1①	否
6ES7 231-7PD22-0XA0	EM231 模拟输入热电偶，4 输入	4 热电偶	—	否
6ES7 231-7PB22-0XA0	EM231 模拟输入 RTD，2 输入	2RTD	—	否

① CPU 为该模块保留两个模拟量输出通道，但是使用的时候只能选择一种输出模式。

1. EM231 和 EM235 模拟量输入模块

EM231 与 EM235 模拟量输入模块的外形如图 8-2 所示。

从图 8-2 中可以看出，模块的上面部分是输入接线端子，下面部分有输出接线端子、增益旋钮和配置开关。模块的面板右边还标注了该模块的型号、通道数、分辨率以及订货号等。

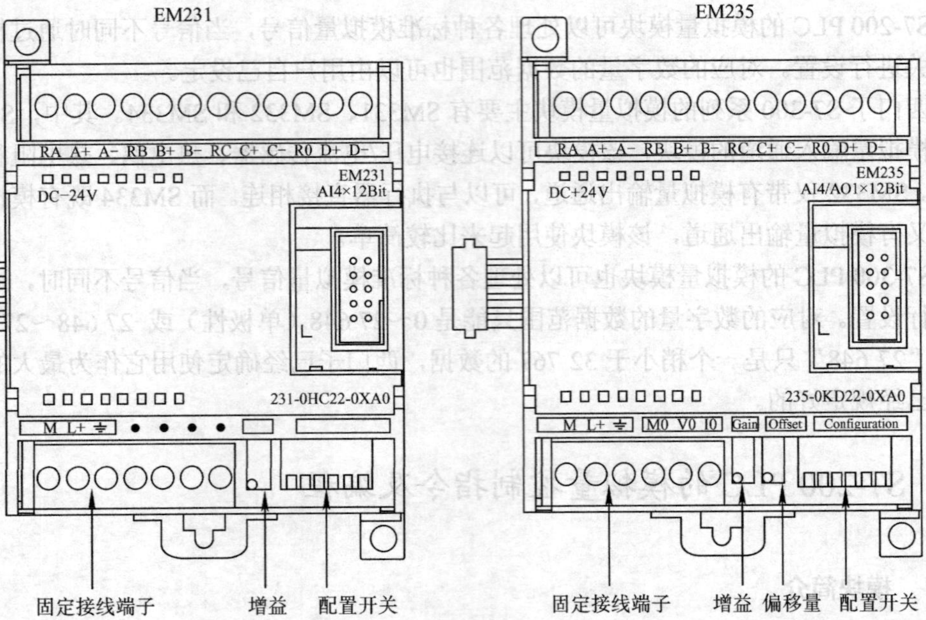

图 8-2 EM231 和 EM235 模拟量输入模块的外形图

EM231 和 EM235 模拟量输入模块的一些重要参数和说明如表 8-2 所示，其中包括用户在选型时最关心的量程、输入/输出电压范围和 A/D 转换时间等参数。

表 8-2 EM231 和 EM235 模拟量输入模块的重要参数及说明

常 规	6ES7 231-0HC22-0XA0	6ES7 235-0KD22-0XA0
双极性，满量程 单极性，满量程	−32 000～32 000 0～32 000	−32 000～32 000 0～32 000
DC 输入阻抗	≥10MΩ电压输入 250Ω电流输入	≥10MΩ电压输入 250Ω电流输入
输入滤波衰减	−3dB，3.1kHz	−3dB，3.1kHz
最大输入电压	DC30V	DC30V
最大输入电流	32mA	32mA
精度 双极性 单极性	11 位，加 1 符号位 12 位	
隔离（现场与逻辑）	无	无
输入类型	差分	差分
输入范围 电压 电流	可选择的，对于可用的范围，见表 8-8 0～20mA	可选择的，对于可用的范围，见表 8-9 0～20mA
输入分辨率	见表 8-8	见表 8-9
模拟到数字转换时间	< 250μs	< 250μs
模拟输入阶跃响应	1.5ms 到 95%	1.5ms 到 95%
共模抑制	40dB，DC 到 60Hz	40dB，DC 到 60Hz
共模电压	信号电压加共模电压必须小于或等于±12V	信号电压加共模电压必须小于或等于±12V
电压范围	DC20.4～28.8V（等级 2，有限电源，或来自 PLC 的传感器电源）	

用户在选型时，可以查看表 8-2 中所列出的参数，特别要注意的就是模块的极性、转换量程、精度和转换时间。

2. EM232 和 EM235 模拟量输出模块

EM232 与 EM235 模拟量输出模块的外形可以参照图 8-2。需要提出的是，EM232 只有模拟量输出通道，用户在选择时应特别注意。

表 8-3　EM232 和 EM235 模拟量输出模块的重要参数及说明

常　规	6ES7 232-0HB22-0XA0	6ES7 235-0KD22-0XA0
隔离（现场与逻辑）	无	无
信号范围		
电压输出	±10V	±10V
电流输出	0～20mA	0～20mA
分辨率，满量程		
电压	12 位，加符号位	11 位，加符号位
电流	11 位	11 位
数据字格式		
电压	–32 000～32 000	–32 000～32 000
电流	0～32 000	0～32 000
精度		
最差情况，0～50℃		
电压输出	±2%满量程	±2%满量程
电流输出	±2%满量程	±2%满量程
典型，25℃		
电压输出	±0.5%满量程	±0.5%满量程
电流输出	±0.5%满量程	±0.5%满量程
建立时间		
电压输出	100μs	100μs
电流输出	2ms	2ms
最大驱动		
电压输出	5 000Ω最小	5 000Ω最小
电流输出	500Ω最大	500Ω最大
电压范围	DC20.4～28.8V（等级 2，有限电源，或来自 PLC 的传感器电源）	

表 8-3 给出了 EM232 和 EM235 模拟量输出模块的一些重要参数和说明。对于模拟量输出模块的选择，应该注意模块的信号输出范围、数字格式、精度和驱动能力等。西门子公司建议，不要将前面介绍的 EM231 和 EM235 输入模块用做热电偶输入模块。用户选用表 8-4 中所列出的热电偶模块会更合适。

3. EM231 热电偶和热电阻（RTD）模块

EM231 热电偶模块为 S7-200 系列产品提供了 7 种连接和使用方便且带隔离的接口，接口类型有 J、K、E、N、S、T 和 R。它可以使 S7-200 连接低电平模拟信号，测量范围为±80mV。所有连接到该模块的热电偶都必须是同一类型的。

EM231 热电阻模块为 S7-200 连接各种型号的热电阻提供了方便的接口，它允许 S7-200 测量不同的电阻范围，连接到模块的热电阻必须是相同的类型。EM231 热电偶和 RTD（热电阻）模块的技术规范如表 8-4 所示。

表 8-4 EM231 热电偶和热电阻（RTD）模块的技术规范

常　规	6ES7 231-7PD22-0XA0 热电偶	6ES7 231-7PB22-0XA0RTD
隔离		
现场侧到逻辑地	AC500V	AC500V
现场侧到 DC24V	AC500V	AC500V
DC24V 到逻辑地	AC500V	AC500V
共模输入范围（输入通道到输入通道）	120DVC	0
共模抑制	>120dB@120VAC	>120dB@120VAC
输入类型	悬浮型热电偶	模块参考接地的热电阻
输入范围	TC 类型（选择一种） S、T、R、E、N、K、J 电压范围为±80mV	热电阻类型（选择一种） 铂（Pt）铜（Cu）镍（Ni）或电阻
输入分辨率		
温度	0.1℃/0.1℉	0.1℃/0.1℉
电压	15 位加符号位	—
电阻	—	15 位加符号位
测量原理	Sigma-delta	Sigma-delta
模块更新时间：所有通道	405ms	405ms（Pt10 000 为 700ms）
导线长度	到传感器最长为 100m	到传感器最长为 100m
导线回路电阻	100Ω最小	20Ω，2.7Ω（Cumax）
干扰抑制	85dB 在 50Hz/60Hz/400Hz 时	85dB 在 50Hz/60Hz/400Hz 时
数据字格式	电压为−27 648～27 648	电阻为 0～27 648
传感器最大散热	—	1mW
输入阻抗	≥1MΩ	≥10MΩ
最大输入电压	DC30V	DC30V（检测），DC5V（源）
输入滤波衰减	−3dB 21kHz	−3dB 3.6kHz
基本误差	0.1%FS（电压）	0.1%FS（电阻）
重复性	0.05%FS（电压）	0.05%FS
冷端误差	±1.5℃	—
电压范围	DC20.4～28.8V	DC20.4～28.8V

表 8-4 中所列出的技术规范为选型提供了依据。根据该表，在选型时应该注意使用时的隔离事项、输入类型、分辨率、导线长度的设定、数据格式、冷端补偿等。只有严格地遵守这些规范，才能在使用中尽量排除干扰所造成的不必要的麻烦，加快设计周期。

EM231 热电偶和热电阻（RTD）模块在使用时的接线方式如图 8-3 所示。

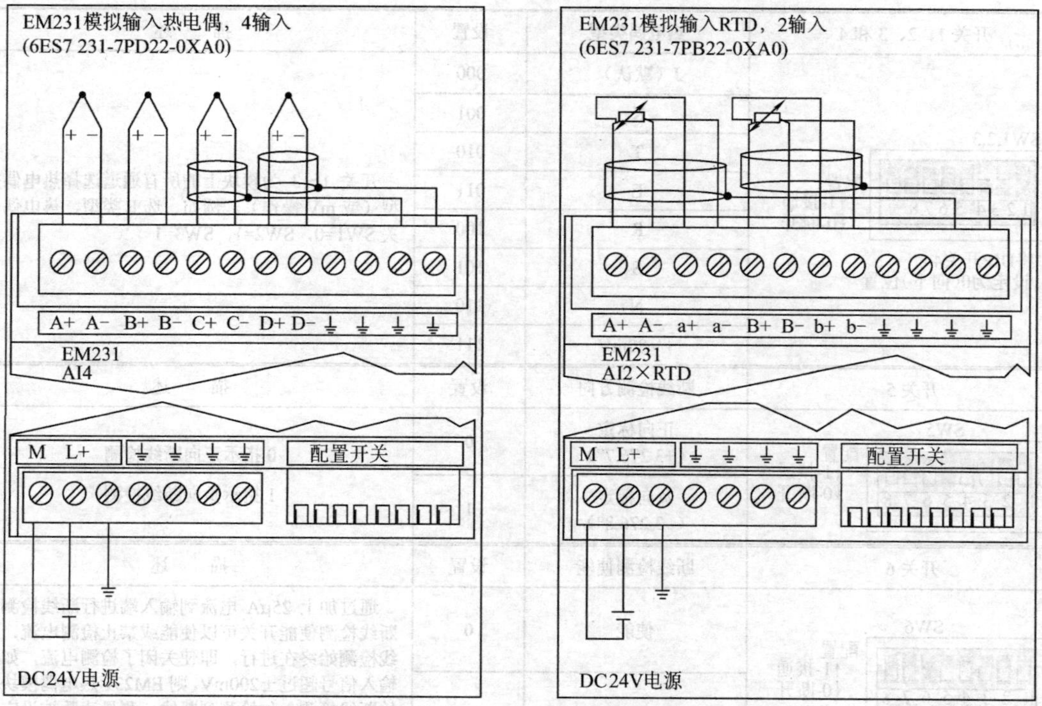

图 8-3　EM231 热电偶模块的接线图

EM231 热电偶模块有专门的冷端补偿电路，该电路在模块连接器处测量温度，并对测量值做出必要的修正，以补偿基准温度和模块处温度之间的温度差。如果 EM231 热电偶模块安装环境的温度变化很剧烈，则会引起附加的误差。

为了达到最大的精度和重复性，西门子公司建议，S7-200 RTD 和热电偶模块要安装在环境温度稳定的地方。

对没有使用的热电偶输入，则短接未使用的通道，或者将其并联到其他通道上，这样可以有效地抑制噪声。

在使用热电偶模块前，必须了解并能够正确地配置位于模块底部的 DIP 开关。通过一定设置可以选择热电偶模块的类型、断线检测、温度范围和冷端补偿。要使 DIP 开关设置起作用，需要循环地给 PLC 或用户的 24V 电源上电。

DIP 开关 4 为以后的应用保留，将 DIP 开关 4 设置为 0 位置（向下），其他 DIP 开关的设置如表 8-5 所示。

同样地，通过正确地设置 DIP 开关，可以选择 EM231 RTD 模块的类型、接线方式、温度测量单位和传感器熔断方向。DIP 配置开关位于模块的底部，要使 DIP 开关设置起作用，需要循环地给 PLC 或用户的 24V 电源上电。

可以通过设置 DIP 开关 1～5 来选择 RTD 的类型，如表 8-6 所示。对于 6～8DIP 开关的设置，如表 8-7 所示。

表 8-5 EM231 热电偶模块 DIP 开关的设置

开关 1、2、3 和 4	热电偶类型	设置	描 述
SW1,2,3 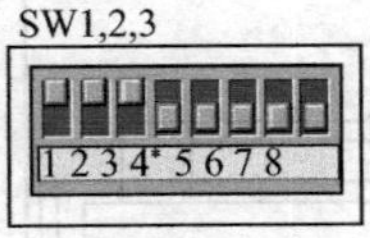 配置 ↑1-接通 ↓0-断开 *将DIP开关4 设定为0(向下)位置	J（默认）	000	开关 1~3 为模块上的所有通道选择热电偶类型（或 mV 操作）。例如，选 E 类型，热电偶开关 SW1=0，SW2=1，SW3=1
	K	001	
	T	010	
	E	011	
	R	100	
	S	101	
	N	110	
	+/−80mV	111	
开关 5	**断线检测方向**	**设置**	**描 述**
SW5 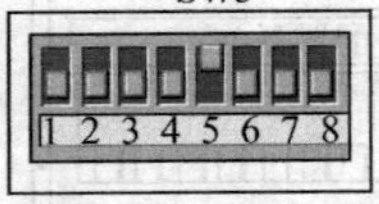 配置 ↑1-接通 ↓0-断开	正向标定（+3 276.7°）	0	0 指示正向断线检测
	负向标定（−3 276.8°）	1	1 指示负向断线检测
开关 6	**断线检测使能**	**设置**	**描 述**
SW6 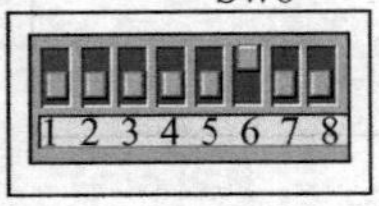 配置 ↑1-接通 ↓0-断开	使能	0	通过加上 25μA 电流到输入端进行断线检测，断线检测使能开关可以使能或禁止检测电流，断线检测始终在进行，即使关闭了检测电流，如果输入信号超过±200mV，则 EM231 热电偶模块开始断线检测，如检测到断线，测量读数被设定成由断线检测所选定的值
	禁止	1	
开关 7	**温度单位**	**设置**	**描 述**
SW7 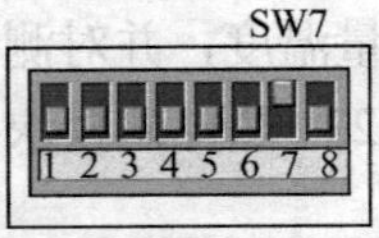 配置 ↑1-接通 ↓0-断开	摄氏度（℃）	0	EM231 热电偶模块能够报告摄氏温度和华氏温度，摄氏温度和华氏温度的转化在内部进行
	华氏度（℉）	1	
开关 8	**冷端补偿**	**设置**	**描 述**
SW8 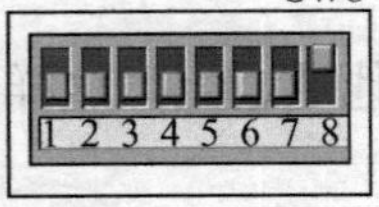 配置 ↑1-接通 ↓0-断开	冷端补偿使能	0	使用热电偶必须进行冷端补偿，如果没有进行冷端补偿，模块的转换则会出现错误，以为热电偶导线连接到模块连接器时会产生电压，但选择±80mV 的范围时，冷端补偿会自动禁止
	冷端补偿禁止	1	

表 8-6 EM231 RTD 类型选择

RTD 类型	SW1	SW2	SW3	SW4	SW5	RTD 类型	SW1	SW2	SW3	SW4	SW5
100ΩPt0.003 850	0	0	0	0	0	100ΩPt0.003 902	1	0	0	0	0
200ΩPt0.003 850	0	0	0	0	1	200ΩPt0.003 902	1	0	0	0	1
500ΩPt0.003 850	0	0	0	1	0	500ΩPt0.003 902	1	0	0	1	0
1 000ΩPt0.003 850	0	0	0	1	1	1 000ΩPt0.003 902	1	0	0	1	1
100ΩPt0.003 920	0	0	1	0	0	SPARE	1	0	1	0	0
200ΩPt0.003 920	0	0	1	0	1	100ΩNi0.006 72	1	0	1	0	1
500ΩPt0.003 920	0	0	1	1	0	120ΩNi0.006 72	1	0	1	1	0
1 000ΩPt0.003 920	0	0	1	1	1	1 000ΩNi0.006 72	1	0	1	1	1
100ΩPt0.003 850 55	0	1	0	0	0	100ΩNi0.006 178	1	1	0	0	0

（续）

RTD 类型	SW1	SW2	SW3	SW4	SW5	RTD 类型	SW1	SW2	SW3	SW4	SW5
200ΩPt0.003 850 55	0	1	0	0	1	120ΩNi0.006 178	1	1	0	0	1
500ΩPt0.003 850 55	0	1	0	1	0	1 000ΩNi0.006 178	1	1	0	1	0
1 000ΩPt0.003 850 55	0	1	0	1	1	10 000ΩPt0.003 850	1	1	0	1	1
100ΩPt0.003 916	0	1	1	0	0	10ΩCu0.004 270	1	1	1	0	0
200ΩPt0.003 916	0	1	1	0	1	150ΩFS 电阻	1	1	1	0	1
500ΩPt0.003 916	0	1	1	1	0	300ΩFS 电阻	1	1	1	1	0
1 000ΩPt0.003 916	0	1	1	1	1	600ΩFS 电阻	1	1	1	1	1

表 8-7　EM231 RTD 模块其他 DIP 设置

开关 6	断线检测/超出范围	设置	描　述
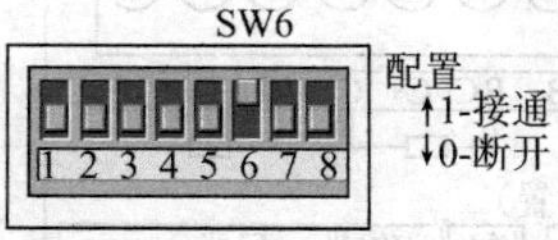	正向标定（+3 276.7°）	0	指示断线或超出范围的正极
	负向标定（−3 276.8°）	1	指示断线或超出范围的负极
开关 7	**温度单位**	**设置**	**描　述**
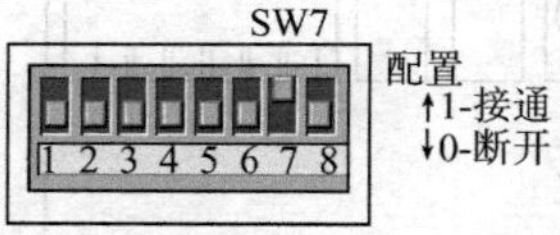	℃	0	RTD 模块可报告摄氏温度或华氏温度，摄氏温度与华氏温度的转换在内部进行
	℉	1	
开关 8	**接线方式**	**设置**	**描　述**
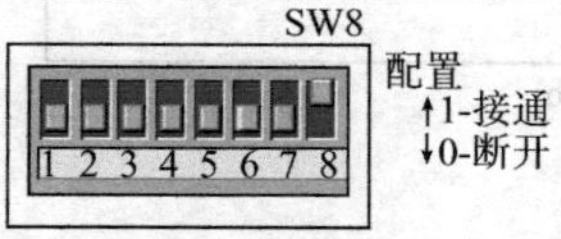	3 线	0	RTD 模块与传感器的接线有 3 种方式，精度最高的是 4 线连接；2 线连接精度最低，推荐用于可忽略接线误差的场合
	2 线或 4 线	1	

其中，RTD 3 线制、4 线制和 2 线制的接线方式如图 8-4 所示。

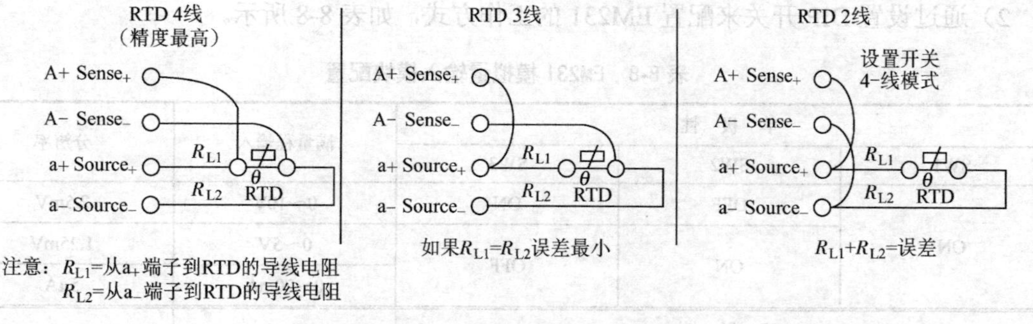

图 8-4　RTD 的 3 种接线方式

8.2.2　模块的使用

本节以 EM231 和 EM235 模块为例来具体说明 S7-200 系列模拟量的使用。

1. EM231 模拟量输入模块的使用

EM231 模拟量输入模块具有 4 个输入通道，没有输出通道。在投入使用前，用户必须对其进行正确的配置和接线，才能达到预期的效果。

1）按照图 8-5a 所示接线。需要指出的是，可以单独接入电压信号或者电流信号，也可以同时接入电压信号和电流信号。

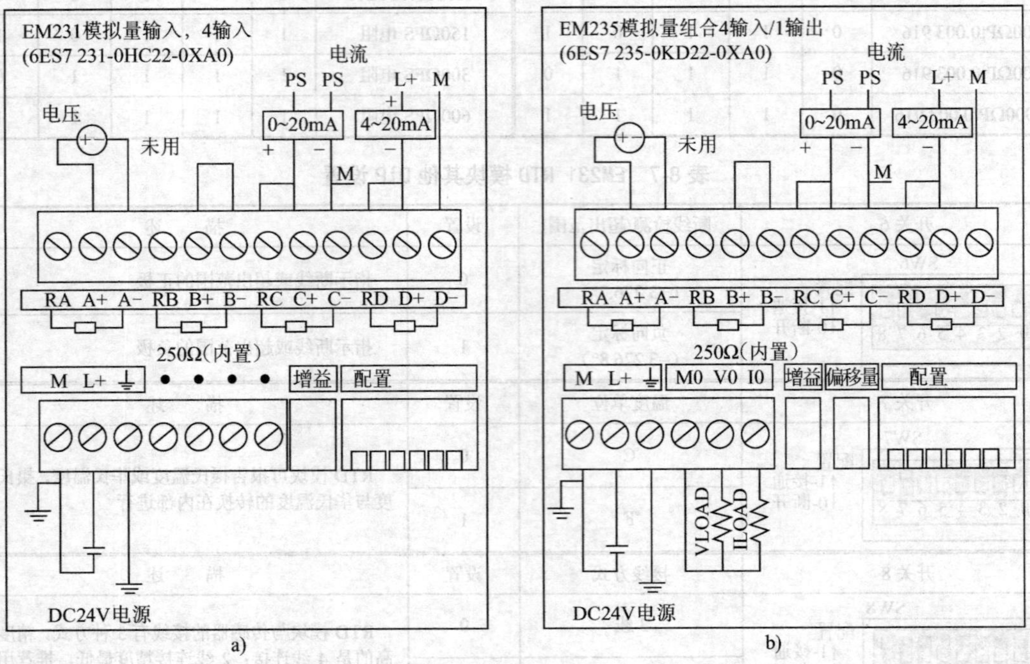

图 8-5　模拟量模块 EM231 和 EM235 的接线图

对于未用的输入通道应该用导线短接。图中的 RA、RB、RC、RD 分别与各通道的“−”端在模块内部接了一个 250Ω的电阻（不需另接）。

2）通过设置 DIP 开关来配置 EM231 的工作方式，如表 8-8 所示。

表 8-8　EM231 模拟量输入模块配置

单极性			满量程输入	分辨率
SW1	SW2	SW3		
ON	OFF	ON	0～10V	2.5mV
	ON	OFF	0～5V	1.25mV
			0～20mA	5μA
双极性			**满量程输入**	**分辨率**
SW1	SW2	SW3		
OFF	OFF	ON	±5V	2.5mV
	ON	OFF	±2.5V	1.25mV

注：SW1 规定了输入信号的极性：ON 配置模块按单极性转换；OFF 配置模块按双极性转换。SW2 和 SW3 分别配置了模块的不同量程和分辨率。

3）输入信号校准。其步骤如下：

① 切断模块电源，选择需要的输入范围。

② 接通 CPU 和模块电源，使模块稳定 15min。

③ 送一个变送器、一个电压源或一个电流源，将零值信号加到一个输入端。

④ 读取适当的输入通道在 CPU 中的测量值。

⑤ 调节 OFFSET（偏置）电位器，直到读数为 0 或所需的数字。

⑥ 将一个满刻度值信号接到输入端子中的一个，并在程序中读出该值。

⑦ 调节 GAIN（增益）电位器，直到读数为 32 000 或所需要的数字。

⑧ 必要时，重复偏置和增益校准过程。

经过上面的步骤，就可以编写程序来直接读取 A/D 转换的数据了，程序如图 8-6 所示。

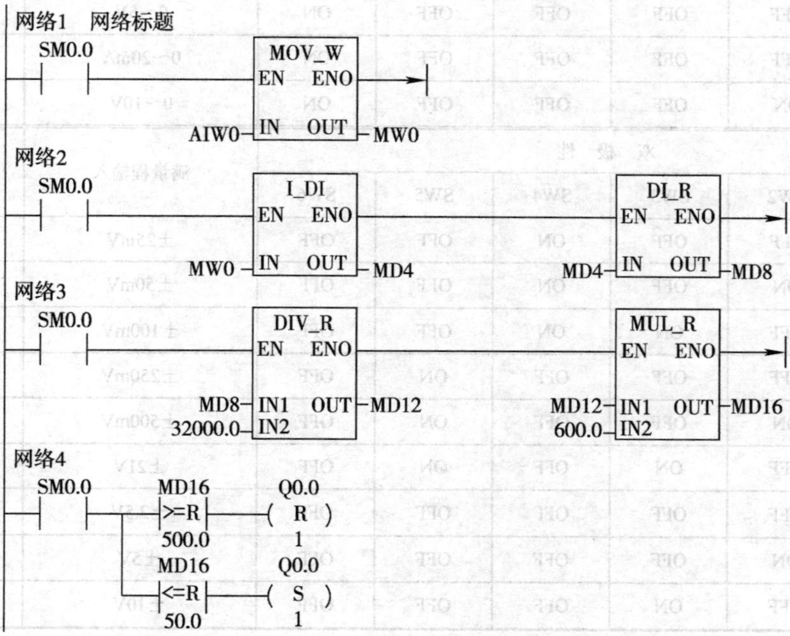

图 8-6　水泵水位的控制程序

2. EM235 模拟量输入模块的使用

EM235 具有 4 个输入通道，1 个输出通道。4 个输入通道可以接入标准的电压信号或者电流信号，没有用到的通道需要用导线进行短接。1 个输出通道既可以用做电压输出也可以用做电流输出，但是不能同时用做两种输出。

例 8.1　有一水箱的容积是 600L，当水量达到 500L 的时候，进水泵停止进水，当水位低于 50L 的时候，进水泵重新起动进水。水位的模拟信号通过压力传感器测量得到。试编写程序实现此过程。

1）硬件安装。将 EM235 安装到导轨上，通过总线接到 CPU22X 上。这里要特别注意的是不同型号的 CPU 带负载能力不同，应该将 EM235 安装到合适的位置。

2）模块配置。EM235 同样需要设置 DIP 开关来配置工作方式，如表 8-9 所示。

SW6 为 ON 表示输入信号为单极性，SW6 为 OFF 表示输入信号为双极性。SW4、SW5

规定了增益，SW1、SW2、SW3 规定了衰减。

这里选择单极性 0～5V 的满量程输入。通过查表 8-9，正确配置 DIP 开关。

表 8-9 EM235 模拟量输入模块配置

单极性						满量程输入	分辨率
SW1	SW2	SW3	SW4	SW5	SW6		
ON	OFF	OFF	ON	OFF	ON	0～50mV	12.5μV
OFF	ON	OFF	ON	OFF	ON	0～1 000mV	25μV
ON	OFF	OFF	OFF	ON	ON	0～500mV	125μV
OFF	ON	OFF	OFF	ON	ON	0～1V	250μV
ON	OFF	OFF	OFF	OFF	ON	0～5V	1.25mV
ON	OFF	OFF	OFF	OFF	ON	0～20mA	5μA
OFF	ON	OFF	OFF	OFF	ON	0～10V	2.5mV
双极性						满量程输入	分辨率
SW1	SW2	SW3	SW4	SW5	SW6		
ON	OFF	OFF	ON	OFF	OFF	±25mV	12.5μV
OFF	ON	OFF	ON	OFF	OFF	±50mV	25μV
OFF	OFF	ON	ON	OFF	OFF	±100mV	50μV
ON	OFF	OFF	OFF	ON	OFF	±250mV	125μV
OFF	ON	OFF	OFF	ON	OFF	±500mV	250μV
OFF	OFF	ON	OFF	ON	OFF	±21V	500μV
ON	OFF	OFF	OFF	OFF	OFF	±2.5V	1.25mV
OFF	ON	OFF	OFF	OFF	OFF	±5V	2.5mV
OFF	OFF	ON	OFF	OFF	OFF	±10V	5mV

使用一个 0～5V 标准电压信号接到 RA 通道的（A+、A-），其余通道用导线短接来完成本次实验。

3）按照图 8-5b 所示正确接线，未用通道同样用导线短接。

① 将 0～5V 电源的两根线接到 RA 的 A+和 A-端，未用的通道短接。

② 准备一块万用表，用于测量输出端的电压变化情况。

4）校准的方法和步骤可以参照 EM231 的输入校准。

5）程序编写如图 8-6 所示。

为了使参与计算的数据更有实际意义，在网络 3 中对模拟量数据进行了归一化，因为 AI 转换的数据范围是 0～32 000（单极性）。在自动控制系统中（如 PID 控制），控制器一般都是对设定值和过程值的差值进行计算，设定值可以是实际的物理值，也可以是没有单位的比例值（如 0～100%），所以过程值必须归一化，使该值与设定值具有同等的意义。

为了能够准确地读取和输出模拟转换结果，设计者应该清楚每个转换通道与 CPU 内存的接口地址。模拟量模块转换通道与 CPU 的接口如表 8-10 所示。

表 8-10　模拟量模块转换通道与 CPU 的接口

模拟量通道	CPU 内存地址
CH0（RA）	AIW0
CH1（RB）	AIW2
CH2（RC）	AIW4
CH3（RD）	AIW6
OUT（V）	AQW0
OUT（I）	AQW2

8.3　S7-300 PLC 的模拟量控制指令及编程

8.3.1　模块简介

与 S7-200 PLC 的模拟量模块相比，S7-300 PLC 的模拟量控制稍显复杂一些。主要体现在 S7-300 的部分模拟量模块具有量程盒，在使用前需要用户根据手册说明选择合适的量程。另外，在硬件组态时必须对输入信号的性质预先设定。其他方面，S7-300 PLC 的模拟量使用与 S7-200 系列模拟量模块基本相同。

SM331、SM332 和 SM334 是 S7-300 PLC 处理模拟量信号的前向通道和后向通道。其中，SM331 仅具有模拟量输入通道，该模块可以连接电压/电流传感器、热电偶、热电阻和电阻式温度计。SM332 仅带有模拟量输出通道，可以与执行器直接相连。SM332 与 SM331 模块背面还有量程盒，用户在使用的时候应该根据实际情况选择传感器的类型、量程，以及能够正确地接线。而 SM334 既有模拟量输入通道，又有模拟量输出通道，不需要设置量程盒，该模块使用起来比较简单。

1. SM331 模拟量模块

SM331 有多路输入通道可供选择的模块，如 AI2×12bit、AI4×12bit、AI8×12bit、AI8×16bit、AI8×RTD 等。下面以 AI4×12bit 模块为例来说明 SM331 的使用。

SM331（AI8×12bit）是一个具有 8 个输入测量通道的模块，2 个通道为一组。通过改变模块背面的量程盒的位置，每个通道测量可以分别设置 4 个不同的测量范围，如图 8-7 所示。

1 号框内给出了 4 种测量信号的范围，分别如下：

A：80/250/500/1 000mV/Pt100 的热电偶、热电阻测量。

B：2.5V/5V/1～5V/10V 电压测量。

C：标准 4～20mA、0～20mA、+/–10mA、+/–3.2mA、+/–20mA 的 4 线制电流（4DMU）。

D：标准 4～20mA 的 2 线制电流（2DMU）。

2 号框内给出了 1 号通道组，包括两个通道 CH0 和 CH1；2 号通道组，包括通道 CH2 和 CH3；

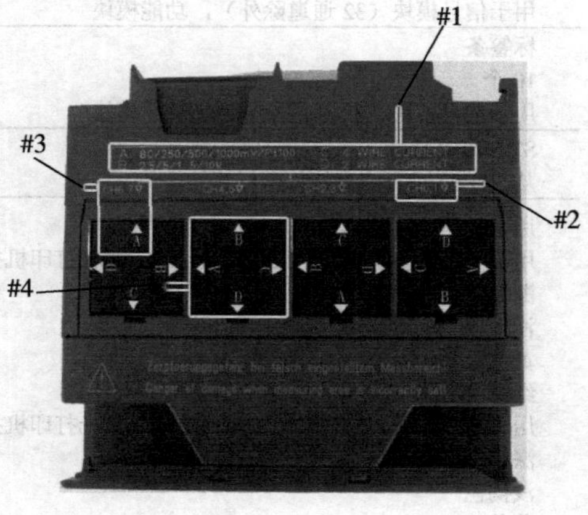

图 8-7　SM331 的量程盒设定

3 号通道组，包括通道 CH4 和 CH5；4 号通道组，包括通道 CH6 和 CH7。

4 号框显示的是一个量程盒，每个通道组内的两个通道的测量信号可以设定成 1 号框内指示的 A、B、C、D 四种信号模式。

在 3 号框内，当 A 的箭头指向通道号的时候，说明 CH6 和 CH7 的输入信号为+/–80/250/500/1 000mV/Pt100 的电压信号。类似地，其他通道组的量程盒可以根据实际情况选择恰当的信号类型，如 3 号框，只要将该信号的类型号（A、B、C 和 D）的箭头指向通道号即可。

如果要改变某个通道组的测量范围，只要用螺钉旋具取出量程盒，然后将需要的测量范围标记号（A、B、C、D）指向通道号嵌入进去即可。

2. SM334 模拟量模块

SM334 既有模拟量输入通道，又有模拟量输出通道。该模块本身没有量程盒供用户选择。SM334 模拟量模块有不同的订货号，每个订货号的产品其功能上略有差别，这一点从表 8-11 中可以看出。

表 8-11 SM334 模拟量模块的技术规范

订 货 数 据	订 货 号
SM334 模拟量输入/输出模块 包括标签和总线连接器 4 输入，2 输出 4 输入，2 输出；电阻测量，Pt100	 6ES7 334-0CE01-0AA0 6ES7 334-0KE00-0AB0
前连接器 20 针	6ES7 392-1AJ00-0AA0
前门，增强型① 如 32 通道模块，允许连接 1.3mm²/16AWG 导线	6ES7 328-0AA00-7AA0
SIMATIC TOP 连接	
总线连接器 1 个（备件）	6ES7 390-0AA00-0AA0
屏蔽连接元件 80mm 宽，2 排，每排 4 个端子	6ES7 390-5AA00-0AA0
端子元件 2 个 用于 2 根电缆，直径 2～6mm 用于 1 根电缆，直径 3～8mm 用于 1 根电缆，直径 4～13mm	 6ES7 390-5AB00-0AA0 6ES7 390-5BA00-0AA0 6ES7 390-5CA00-0AA0
标签盖 10 个 用于信号模块（32 通道除外），功能模块	6ES7 392-2XY00-0AA0
标签条 10 个 用于信号模块（32 通道除外），功能模块	6ES7 392-2XX00-0AA0
S7-SmartLabel 从 STEP7 项目中直接打印标签的软件	2XV9 450-1SL01-0YX0
用于机器铭牌的标签纸 用于 16 通道信号模块，DIN A4，用于激光打印机打印；10 个 深绿色 浅褐色 黄色 红色 用于 32 通道信号模块，DIN A4，用于激光打印机打印；10 个 深绿色 浅褐色 黄色 红色	 6ES7 392-2AX00-0AA0 6ES7 392-2BX00-0AA0 6ES7 392-2CX00-0AA0 6ES7 392-2DX00-0AA0 6ES7 392-2AX10-0AA0 6ES7 392-2BX10-0AA0 6ES7 392-2CX10-0AA0 6ES7 392-2DX10-0AA0

以订货号 6ES7 334-0CE01-0AA0 的 SM334 模块为例，该模块有 4 个输入通道，2 个输出通道。每个输入通道既可以连接电压信号，也可以连接电流信号，但不能在连接电压信号的同时又连接电流信号。每个输出通道也是既可以连接电压信号，也可以连接电流信号，但不能同时使用。

图 8-8　SM331 模块的接线结果

8.3.2　SM331 模块的使用

SM331 模块的正确接线对整个模/数转换过程至关重要。如果接线不正确，则无法读到正确的数据，严重的还可能烧毁模块。下面将详细地列出接线的步骤。图 8-8 是接线完成后的情况。

用户可以按照表 8-12 所示的步骤进行接线。

表 8-12　SM331（AI8×12bit）的前端接线方法

步　骤	接 线 方 法	注　释
1	打开 SM331 的端盖	前盖板印有接线连接图
2	剥线，露出 6mm 铜线	
3	端子 1：L+	用红线接入 24V 电源
4	端子 2：传感器 1 的 M+ 端子 3：传感器 1 的 M–	用绿色线接一个标准的 2 线制电流变送器信号
5	端子 4 和 5 之间接一个 1.5～3.3kΩ的电阻	为了保证通道组 0 具有诊断能力
6	端子 6：传感器 2 的 M+ 端子 7：传感器 2 的 M–	用绿色线接入一个 4 线制的电流变送器信号
7	端子 8：传感器 3 的 M+ 端子 9：传感器 3 的 M–	
8	端子 10 与端子 11 连接到端子 20（24V 的 M 端），其余未用的通道用蓝线短接，并连接到 M 端	这样可以取得最佳的抗干扰效果

设定好 SM331 的量程盒，就可以将该模块安装到导轨上，通过背板总线与 PLC 相连，并在硬件组态里组态 SM331。

1）对 SM331 进行硬件组态

在 Step7 的项目管理器内新建一个项目，并插入一个 S7-300 的站点，如图 8-9 所示。具体操作如下：在 SIMATIC Manager 内选择“File”→“New”，给项目取名，单击“确定”按钮，在新项目名上右击，在弹出的快捷菜单中选择“Insert New Object”→“SIMATIC 300 Station”，出现“SIMATIC 300（1）”，单击“SIMATIC 300（1）”，双击右边的“硬件组态”，找到机架 RACK，并将其拖到左边空白处，出现如图 8-10 所示对话框。其中机架 0 内有很多插槽，分别为 1、2、3、4、…。

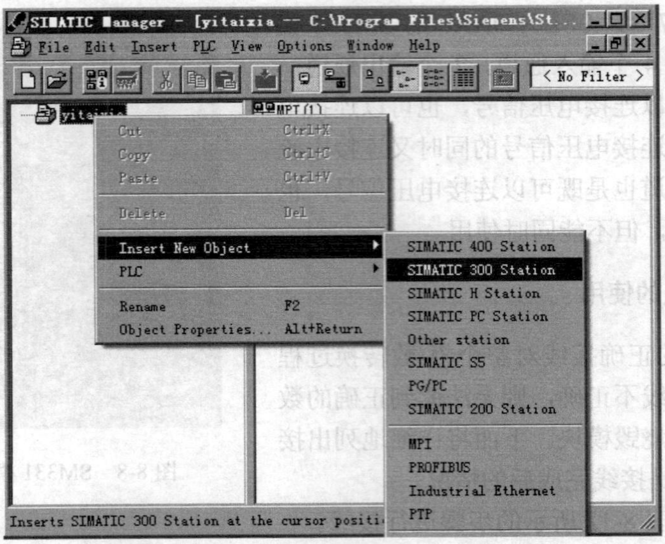

图 8-9 插入一个 S7-300 站点

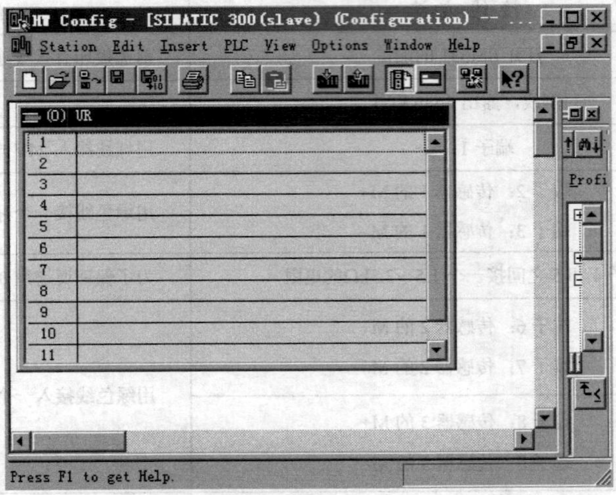

图 8-10 插入一个机架

第 1 号插槽，用来插入电源 PS。如果 PLC 直接由 24V 电源供电，此插槽可以空出。

第 2 号插槽，用来插入一个 CPU。如本例中将插入一个 CPU313C-2DP。

第 3 号插槽，用来插入一个接口模块（IM），该模块用来扩展机架数。当机架 0 上还有模块等待插入，但电源负载不能驱动时，可以利用该模块来连接机架 1、2 等。若不需要扩展机架，则该插槽空出。

4 号以上的插槽，可根据实际的硬件来选择相应的模块插入，如可以插入数字量输入/输出模块、模拟量输入/输出模块、以太网模块等。

在图 8-11 右侧的目录树内依次找到 SIMATIC 300、PS-300、PS 307 2A 插入到 1 号插槽。用同样方法找到 CPU-300、CPU313C-2DP，选择一个订货号同物理硬件上标注相同的 CPU 插入到 2 号插槽；3 号槽空出；在 4 号槽内插入 SM331（AI8×12bit）模块。

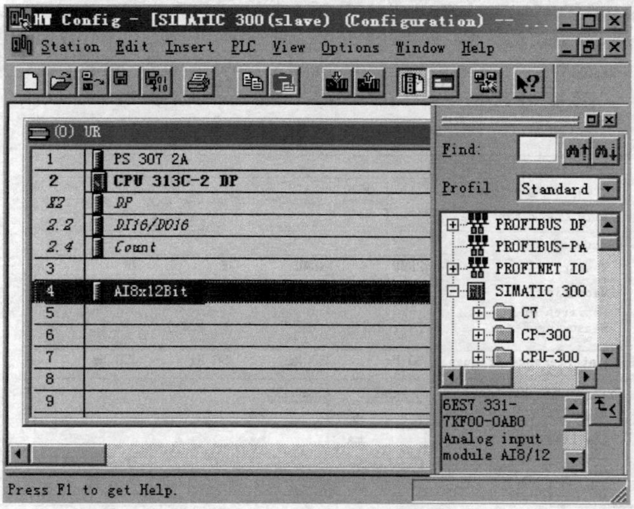

图 8-11　插入模拟量模块

双击 4 号槽，出现图 8-12 所示对话框。

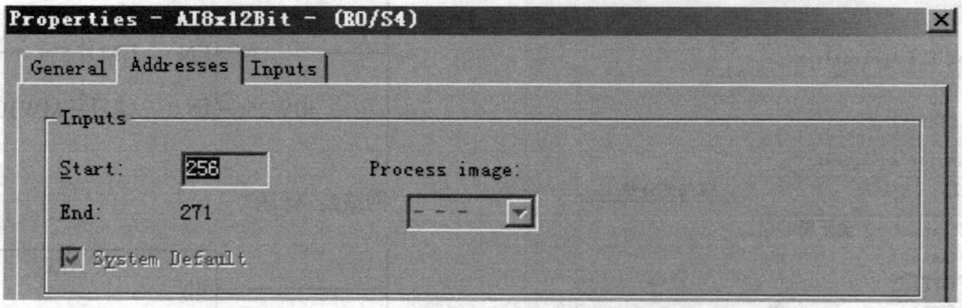

图 8-12　SM331 的属性地址选项卡

在图 8-12 内，选择 Addresses 选项卡，可以看到模拟量转换与 PLC 的接口地址，从 256B 开始，到 271B 结束，共 16B，每个输入通道占用 2B，如通道 0 转换的结果存入到 PIW256 中，通道 1 的转换结果存在 PIW258 内，依次类推，通道 8 的转换结果存入 PIW270 内。在图 8-12 中单击 Inputs 选项卡，如图 8-13 所示。

在 Enable 域内选择两个复选框，即允许诊断和硬件中断。

按照图 8-7 的量程盒位置，在 Measuring 域内设置通道 0、1 为 2DMU（D）；设置通道 2、3 为 4DMU（C）；设置通道 4、5 为 1～5V（B）；设置通道 6、7 为+/−80mV（A）；其他域暂不设置。设置完成后单击“OK”按钮。

2）设置 PG/PC

在控制面板内双击 Set PG/PC，如图 8-14 所示，在列表框中选择 PC Adapter（MPI），在 Properties 中选择 USB 接口，然后单击“OK”按钮确定。

3）返回图 8-11 界面，单击编译保存按钮，没有错误后单击按钮下载硬件组态。

4）程序编写。在 OB1 中编写的程序如图 8-15 所示。

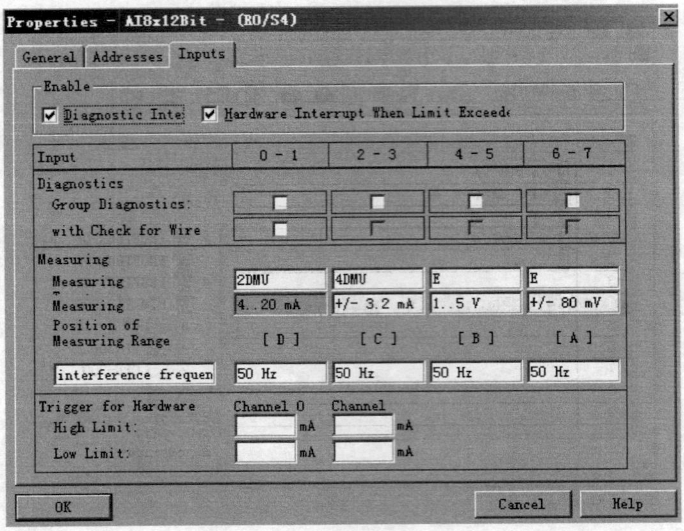

图 8-13 模拟量模块输入通道属性设置

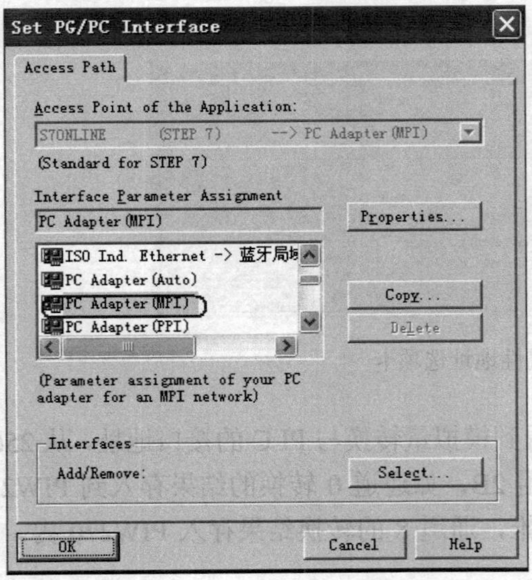

图 8-14 设置 PG/PC

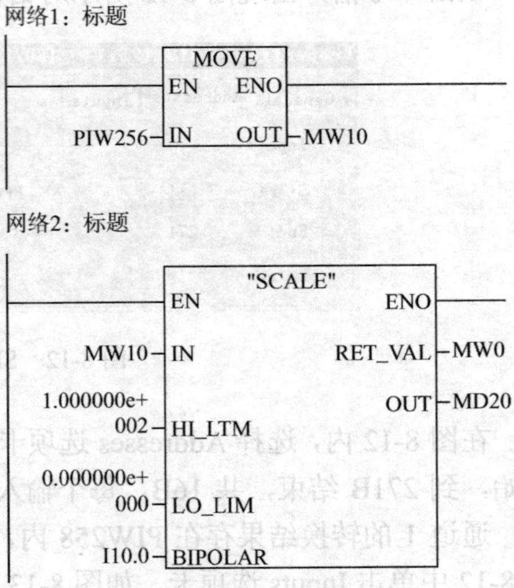

图 8-15 在 OB1 中编写的程序

在网络 1 中，PIW256 是通道 1 的存储区，程序将转换结果读入 MW10。由图 8-13 可知，通道 1 的信号是单极性的，模拟转换的结果为 0～27 648 之间的数据。

A/D 转换是将 0～20mA 的标准信号转换为 0～27 648 之间的数据，这个数据没有实际的单位。一般来说，工程人员习惯用带有实际工程单位的工程量来计算，如 50℃的水、10MPa 的压力等。因此，可以通过网络 2 的定标功能 FC105 来转换。假设这里的转换区间定为 0～100℃，这样，A/D 转换的结果就介于 0～100℃之间了。结果存入 MD20 中，以备后面的使用。

5）调试与监控

在项目管理器界面中单击 Blocks，在右边的空白处右击，插入"变量表"，如图 8-16 所示。

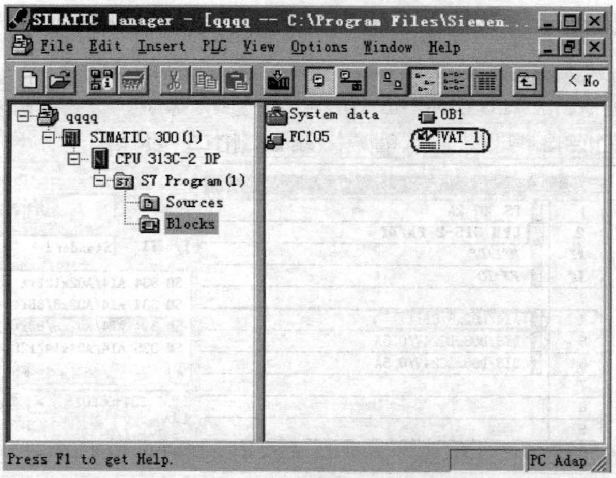

图 8-16　新建一个变量表

双击 VAT_1，进入变量监控，输入 PIW256、MD20、MW10，如图 8-17 所示，可以通过变量表来观察程序的执行情况。

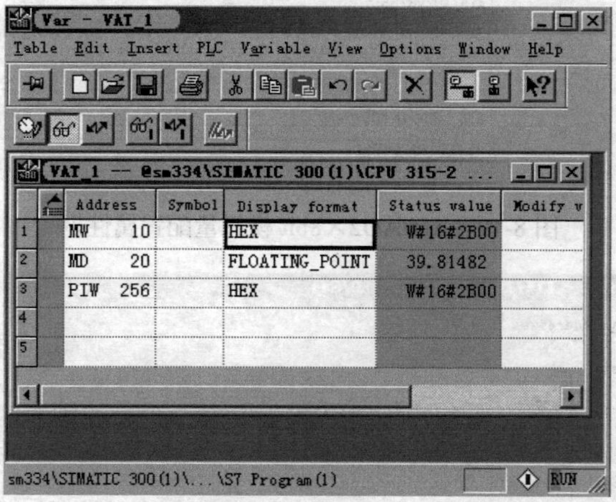

图 8-17　通过变量表监控程序的执行

8.3.3　SM334 模块的使用

SM334 模拟量模块使用起来比较简单。用户在对控制对象的物理量、精度、分辨率、实时性等参数进行充分地了解和分析后，可以选用 SM334 的某个订货号的模块。以订货号 6ES7 334-0CE01-0AA0 为例，将该模块安装到靠近 PLC 的导轨上，将 0～10V 的标准电压信号接到通道 0 的电压接线端子上，然后接入 DC24V 电源，通电后模块即可使用。

硬件组态与组态 SM331 的过程相同，先建立一个项目，插入一个 S7-300 的站点，然后进入硬件组态画面（见图 8-10 与图 8-11）。在图 8-11 的 4 号插槽内插入 SM334（AI4/AO2×8bit）模块，如图 8-18 所示。双击 4 号插槽，设置模拟量模块，如图 8-19 所示。

属性框内有两个选项卡：“General（常规）”、“Addresses (地址)”。在“常规”选项卡内，描述了该模块的基本功能，如图 8-19 所示。在“地址”选项卡内，描述了模块转换通道的输入、输出区，如图 8-20 所示。该输入、输出区采用了系统默认的地址，每个通道占用 2B。

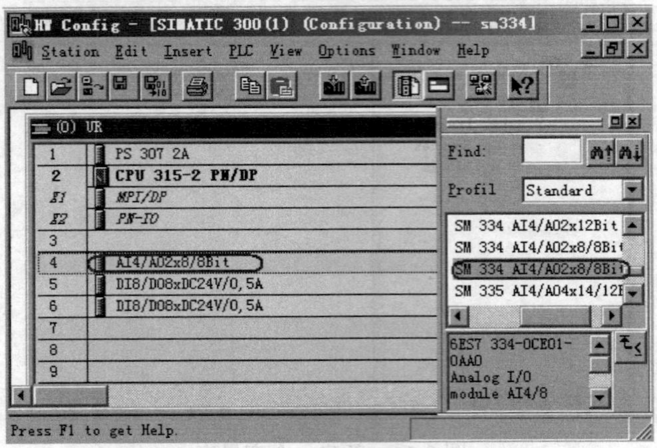

图 8-18 插入 SM334 模块

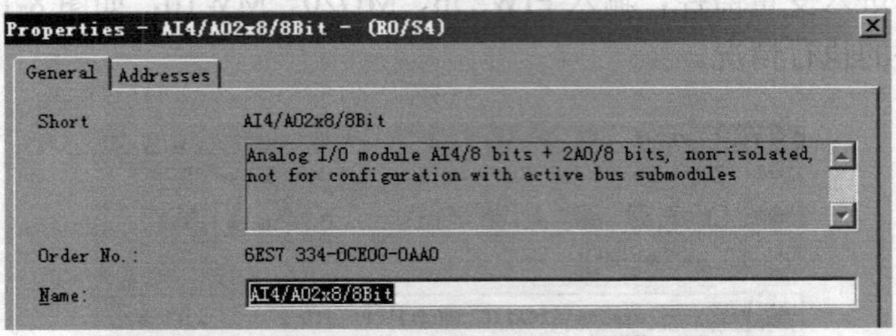

图 8-19 AI4/AO2×8bit 模拟量配置属性框

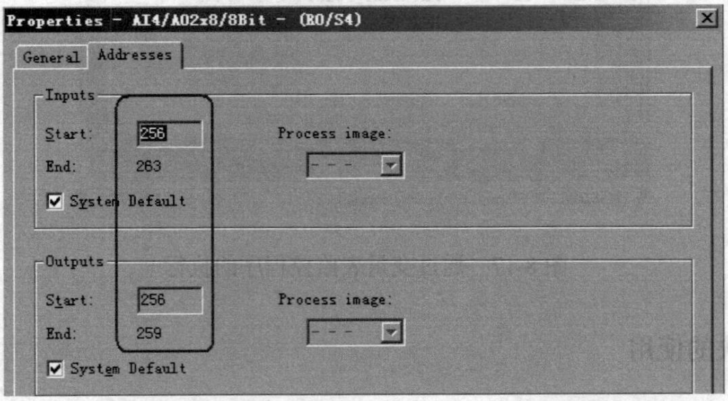

图 8-20 AI4/AO2×8bit 属性－地址标签

另外，SM334 的其他模块属性比 AI4/AO2×8bit 的稍微复杂一些，如 AI4/AO2×12bit 的模拟量输入/输出模块的属性框设定可参见图 8-21。

在“Addresses（地址）”选项卡下，可以设定输入、输出区地址，一般采用系统默认值，如图 8-22 所示。

在模拟信号“输入”区，可以设定测量范围与测量类型，如图 8-23 所示。

其中，通道 0 和通道 1 可以分别设置成热电阻 RTD-4L 和电阻 R-4L，另外两个通道可以根据需要设置成（0～10V）电压测量类型、RTD-4L 或者 R-4L 型。

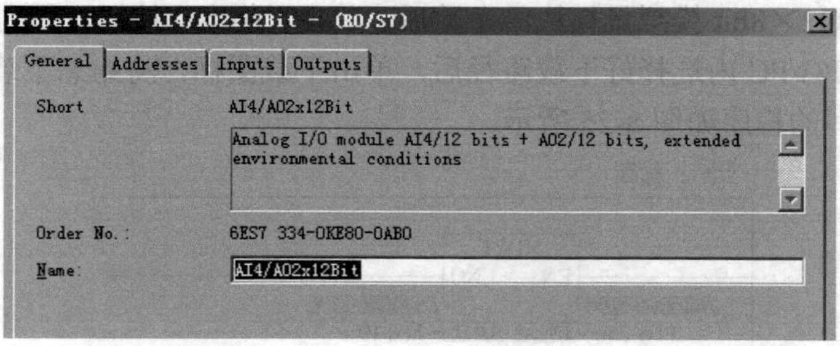

图 8-21　AI4/AO2×12bit 的属性设定

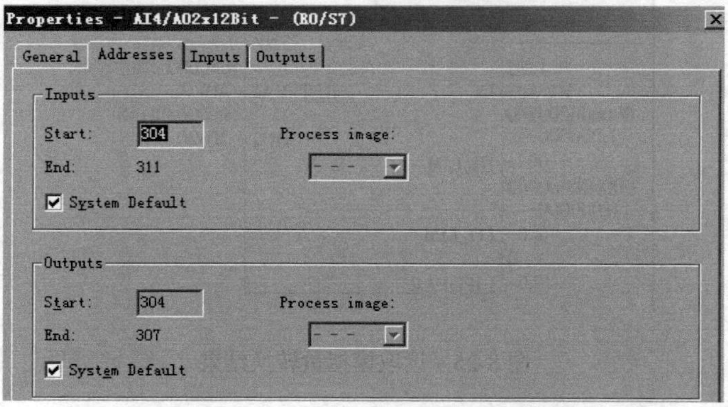

图 8-22　AI4/AO2×12bit 的存储区设定

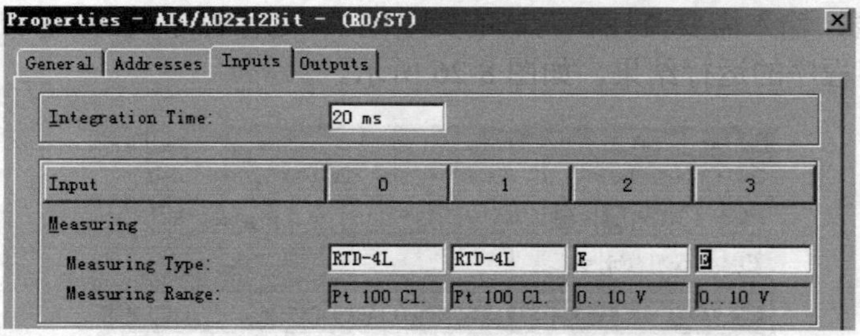

图 8-23　AI4/AO2×12bit 的输入通道设定

在模拟量“输出”选项卡内，设定输出的类型为 0～10V 的电压输出，如图 8-24 所示。

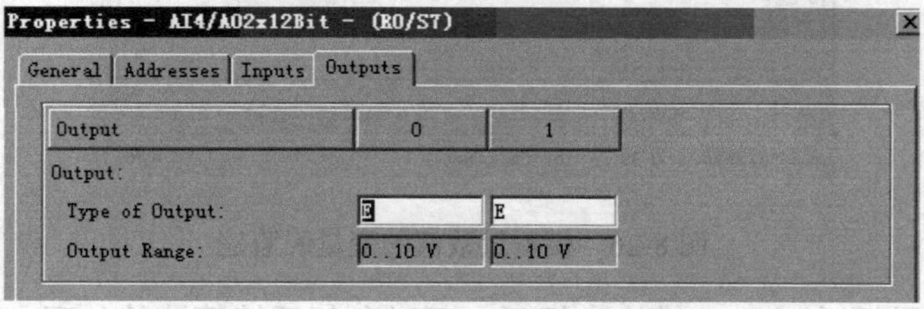

图 8-24　AI4/AO2×12bit 的输出通道设定

单击“OK”按钮，即完成 AI4/AO2×12bit 的设定。可以看出，该模块的功能比 8 位的稍强，使用起来更灵活，适用的范围也更广。

设定完 AI4/AO2×8bit 模拟量模块的参数后，单击“确定”按钮，回到组态画面图 8-18，保存编译，在 Set PG/PC 内选择好下载路径后，单击下载图标，将组态下载到 PLC 的存储区内。在 OB1 内编写的程序如图 8-25 所示。

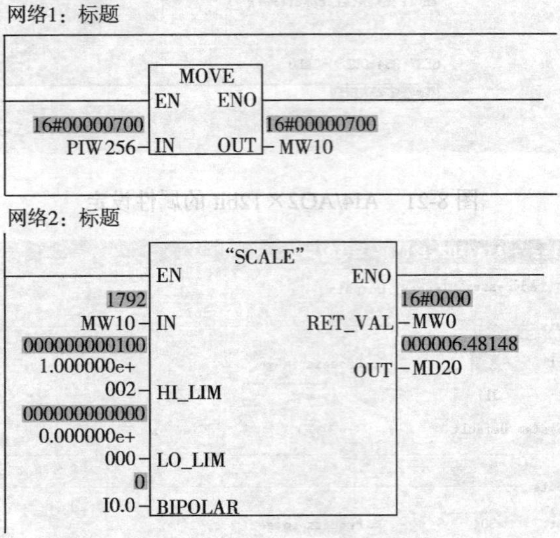

图 8-25 读取模拟量转换结果

程序中 MD20 的内容可以参加后续的运算，如数据比较和 PID 调节等。程序编好后就可以下载到 PLC 内，并用监控工具监控，单击 按钮即可。与 SM331 模块使用时调试方法相同，建立一个变量表，输入需要监控和调试的变量地址，运行程序。在变量表内也可以通过 工具来调试和观察程序的运行结果，如图 8-26 所示。

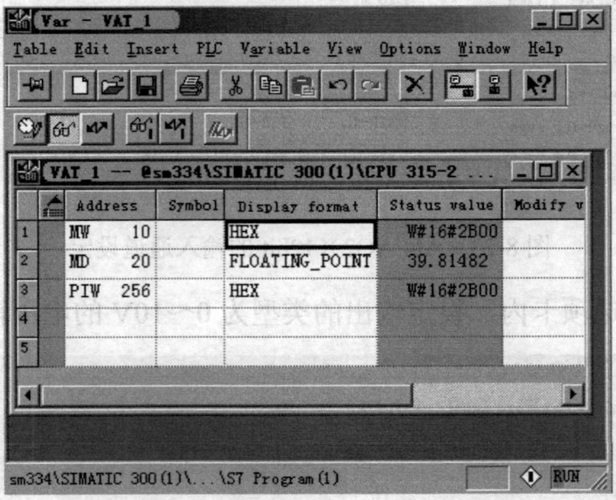

图 8-26 模拟量数值的变量表监控

A/D 转换的结果经过 FC105 模块定标后，可以参与后续算法的处理。而执行器等部件接收的是模拟信号，因此，还应该将处理的结果进行 D/A 转换，才能满足要求。SM334 具有模拟量输出通道，能够进行 D/A 转换。D/A 转换的输入数据在 0～27 648 之间，而参与算法处理的数据是工程量，应该将工程量解标。该工作可以通过调用 FC106 来执行，如图 8-27 所示。

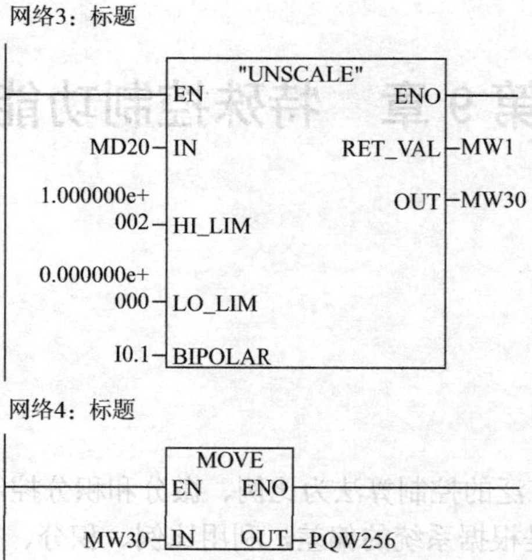

图 8-27　工程量解标

同样地，可以通过变量表来观察程序的执行情况，如图 8-28 所示。

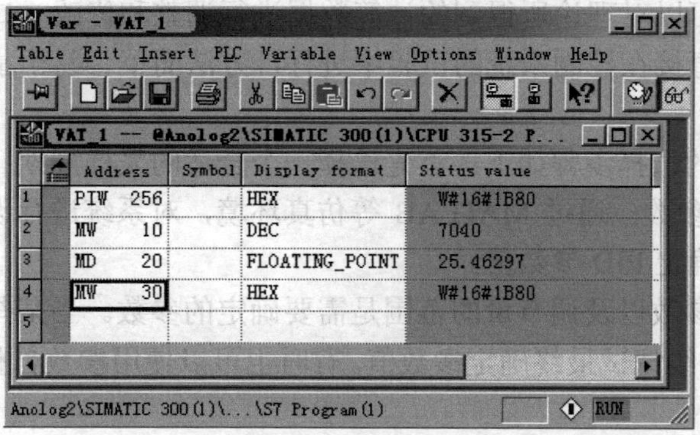

图 8-28　模拟量输出监控

在图 8-28 程序的 I0.0 和 I0.1 中均输入 0，即单极性输入。同时可以看到，模拟量输入通道 PIW256 输入的数据为 W#16#1B80；MW10 是该值的十进制数；MD20 是经过定标后的值，处于 0～100 之间。而经过解标之后（对 PIW256 输入的值这里未做处理，必要时可以利用该值进行其他计算），MW30 也输入了 W#16#1B80，说明解标完成。由于 PQW256 不允许监控，所以监控表中未列出。

SM332 模块仅有模拟量输出通道。量程卡的调整与 SM331 类似，这里不再赘述。另外，经过处理的数据可以采用图 8-26 中的程序将结果送给 SM332 进行 D/A 转换，控制执行器件。

思考与练习题

8.1　简述 EM235 模块的使用方法。

8.2　简述 SM334 模块的使用方法。

第 9 章　特殊控制功能

9.1　PID 控制功能

9.1.1　数字 PID 调节

在工程中，应用最为广泛的控制算法为比例、微分和积分控制，简称 PID 控制，又称为 PID 调节。PID 控制器就是根据系统的偏差，利用比例、积分、微分计算出控制量进行控制的。PID 控制器具有结构简单、稳定性好、工作可靠和调整方便等优点。

PID 控制器的参数整定是控制系统设计的核心内容。它是根据被控过程的特性确定 PID 控制器的比例系数、积分时间和微分时间的大小。PID 控制器参数整定的方法很多，概括起来有两大类。一是理论计算整定法，主要是依据系统的数学模型，经过理论计算确定控制器参数。在工程实际中可以对理论所得到的计算数据进行调整和修改；二是工程整定方法，它主要依赖工程经验，直接在控制系统的试验中进行，方法简单、易于掌握，在工程实际中也经常采用。

PID 控制器参数的选择步骤如下：首先选择一个合适的采样周期；对系统进行离散化操作，选择合适的 PID 参数；通过 MATLAB 等仿真环境，对系统进行设计和仿真；在实际系统上进行调试，最终确定 PID 参数值。

采样周期、PID 参数以及调节量的范围是需要确定的参数。当某些参数不确定时，可以先进行预估，再通过在线调试最终确定参数值。有时也可以使用参数自整定功能来自整定 PID 参数。

在 PLC 的 PID 调节中，一般通过 PLC 系统提供的功能块（或子程序）和向导实现。

通过 PLC 实现 PID 调节，是计算机闭环控制的概念。PLC 中的 PID 是数字 PID。本节介绍西门子 S7-200/300/400 PLC 中的 PID 调节技术。

9.1.2　西门子 S7-200 PLC 中 PID 调节的实现

在 S7-200 PLC 中可以使用标准 PID 功能来实现 PID 调节，但其使用方法和过程比较复杂。而使用指令向导，生成 PID 子程序，然后在主程序中进行调用，这种方法简单易行，向导中不使用标准 PID 功能。本书主要介绍使用指令向导实现 PID 功能的方法。

在 STEP7-Micro/WIN 中，在菜单“工具（Tools）”下，选择“指令向导”，然后选择 PID，进入 PID 指令向导中。进入向导后，选择或确定环路号码。这里的“环路”就是指控制回路。S7-200 PLC 可以支持最多 8 个 PID 环路（0～7 号）。

确定设置环路号后，定义环路参数，如图 9-1 所示。环路定点是指调节的目标值，在调用时设定。也就是说，在调用向导生成的子例行程序时由用户定义。此外，需要指定其可能的范围，而在主程序中调用时，需要给定确切的目标值。增益、抽样时间（采样周期）、积分时间和微分时间是需要确定的“环路参数”，参数的意义和作用与自动控制中的一致。

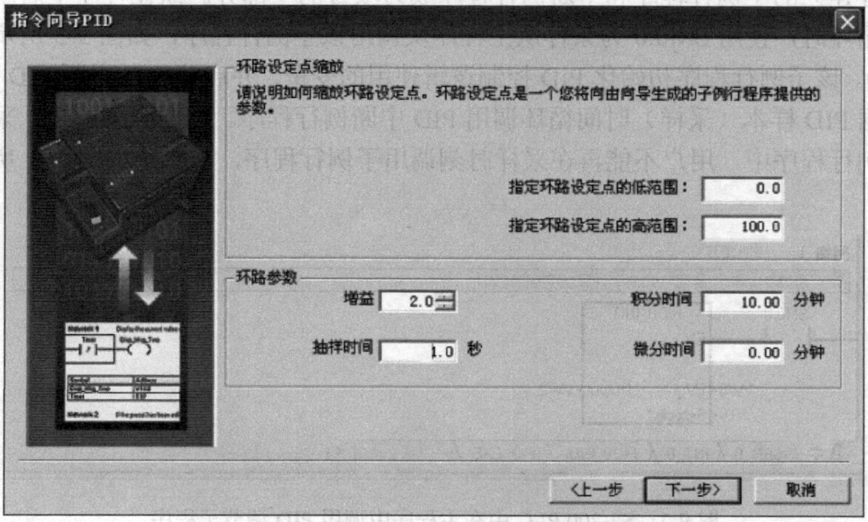

图 9-1　S7-200 PLC 中 PID 调节的环路参数的确定

确定环路参数后，再设置环路输入和输出选项，如图 9-2 所示。环路进程变量（PV）是用户为向导生成的子例行程序指定的一个参数。在向导中确定指定环路进程变量（PV）应当如何缩放。可以选择单极（可编辑默认范围 0～32 000）、双极（可编辑默认范围-32 000～32 000）和 20%偏移量。还需要确定环路输出选项，指定环路输出应当如何缩放。可以选择输出类型（模拟或数字）、缩放（单极、双极或 20%偏移量）等设置。

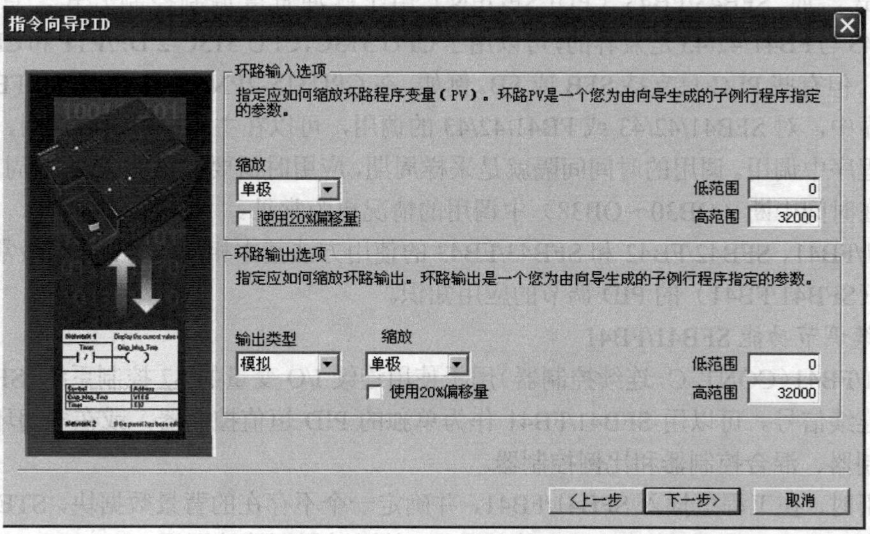

图 9-2　S7-200 PLC 中 PID 调节的环路输入/输出选项

向导中还可以设置环路警报选项，该向导可为各种环路条件提供输出。当达到警报条件时，输出被置位。还要为计算指定内存区，PID 指令使用 V 内存中的一个 80 字节的参数表，存储用于控制环路操作的参数。PID 计算还要求一个“暂存区”，用于存储临时结果。用户指定该计算区开始的 V 内存字节地址。每个环路的 PID 参数区长度为 120 字节。

按提示完成设置后，S7-200 PLC 指令向导将按用户指定的配置生成程序代码和数据块代码。由向导建立的子例行程序和中断例行程序成为项目的一部分。欲在程序中启用该配置，每次扫描循环时，使用 SM0.0 为条件从主程序块调用该子例行程序，如图 9-3 所示。该代码配置 PID 0。该子例行程序初始化 PID 控制逻辑使用的变量，并启动 PID 中断 PID_EXE 例行程序。根据 PID 样本（采样）时间循环调用 PID 中断例行程序。需要强调的是，采样时间也包含在子例行程序中，用户不能再在采样时刻调用子例行程序，而必须如图 9-3 所示由系统自动完成。

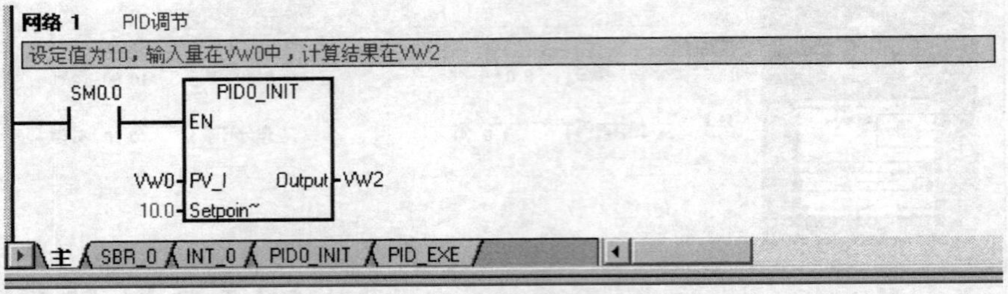

图 9-3 S7-200 PLC 中在主程序中调用 PID 调节子程序

9.1.3 S7-300/400 PLC 中 PID 调节的实现

1. S7-300/400 PLC 中 PID 调节基础

在 S7-300/400 PLC 中，通过调用功能块 SFB41/FB41、SFB42/FB42 或 SFB43/FB43 实现 PID 的运算。功能块计算所需要的数据是保存在指定的 DB（背景数据块）中的，允许多次调用该功能块。SFB41/FB41（CONT_C）用于连续控制方式，SFB42/FB42（CONT_S）用于步进控制方式，而 SFB43/FB43（PULSEGEN）用于脉冲宽度调制控制方式。总的来说，SFB41/42/43 与 FB41/42/43 是兼容的，可以用于 CPU 313C、CPU 313C-2 DP/PTP 和 CPU 314C-2 DP/PTP 中。但有些 PLC 只支持 SFB 或 FB。例如，在 CPU315-2PN/DP 中，只能用 FB41/42/43。

在程序中，对 SFB41/42/43 或 FB41/42/43 的调用，可以在主程序中定时调用，也可以在时间中断程序中调用。调用的时间间隔就是采样周期，应用时需要注意 PLC 扫描周期的影响，所以一般在时间中断（OB30～OB38）中调用的情况更为常见。

SFB41/FB41、SFB42/FB42 和 SFB43/FB43 的使用方法基本相同，本书介绍最常见的连续控制方式（SFB41/FB41）的 PID 调节的应用知识。

2. 连续调节功能 SFB41/FB41

SFB41/FB41（CONT_C，连续控制器）用于使用连续 I/O 变量的 S7 控制系统。SFB41/FB41 的输出为连续信号。可以用 SFB41/FB41 作为单独的 PID 恒值控制器，或在多闭环控制中实现级联控制器、混合控制器和比例控制器。

在应用时，在工程里插入 SFB41/FB41，并确定一个不存在的背景数据块，STEP7 会为用户创建一个 DB 块，然后用户设定 DB 块的数据，并通过周期性地调用 SFB41/FB41，进行 PID 运算。在用户设定 DB 块的数据时，除了正常的 PID 参数设定外，SFB41/FB41（CONT_C）还可以使用手动等设定控制输出量。图 9-4 是 SFB41/FB41 的功能设定示意图。

SFB41/FB41 的 DB 块的参数很多，分为输入参数和输出参数，需要理解每个参数的含义，正确地进行设置。输入参数和输出参数分别如表 9-1 和表 9-2 所示。

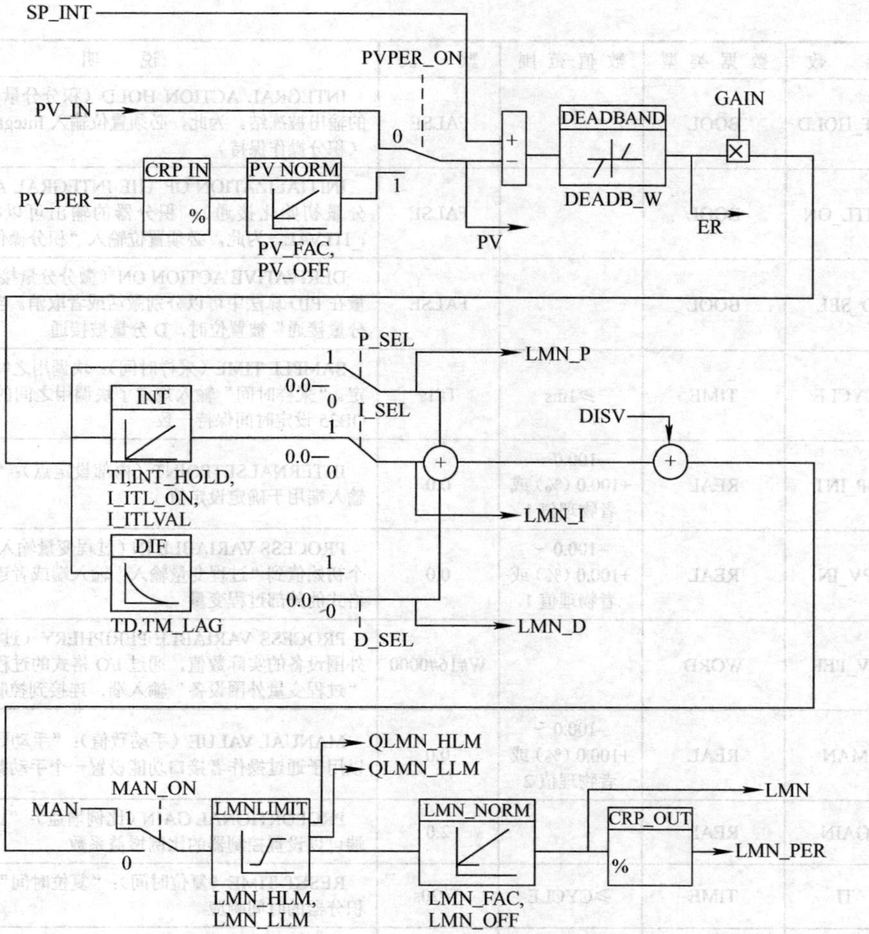

图 9-4　SFB41/FB41 的功能设定示意图

表 9-1　SFB41/FB41 的输入参数

序号	参　数	数据类型	数值范围	默　认	说　明
1	COM_RST	BOOL		FALSE	COMPLETE RESTART（完全再启动）：该块有一个初始化程序，可以在输入参数 COM_RST 置位时运行
2	MAN_ON	BOOL		TRUE	MANUAL VALUE ON（手动数值接通）：如果输入端"手动数值接通"被置位，那么闭环控制循环将中断。手动数值被设置为受控数值
3	PVPER_ON	BOOL		FALSE	PROCESS VARIABLE PERIPHERY ON（过程变量外设接通）：如果过程变量从 I/O 读取，输入 PV_PER 必须连接到外围设备，并且输入 PROCESS VARIABLE PERIPHERY ON 必须置位
4	P_SEL	BOOL		TRUE	PROPORTIONAL ACTION ON（比例分量接通）：PID 各分量在 PID 算法中可以分别激活或者取消。当输入端"比例分量接通"被置位时，P 分量被接通
5	I_SEL	BOOL		TRUE	INTEGRAL ACTION ON（积分分量接通）：PID 各分量在 PID 算法中可以分别激活或者取消。当输入端"积分分量接通"被置位时，I 分量被接通

（续）

序号	参　数	数据类型	数值范围	默　认	说　明
6	INT_HOLD	BOOL		FALSE	INTEGRAL ACTION HOLD（积分分量保持）：积分器的输出被冻结。为此，必须置位输入 Integral Action Hold（积分操作保持）
7	I_ITL_ON	BOOL		FALSE	INITIALIZATION OF THE INTEGRAL ACTION（积分分量初始化接通）：积分器的输出可以被设置为输入 I_ITLVAL。为此，必须置位输入“积分操作的初始化”
8	D_SEL	BOOL		FALSE	DERIVATIVE ACTION ON（微分分量接通）：PID 各分量在 PID 算法中可以分别激活或者取消。当输入端“微分分量接通”被置位时，D 分量被接通
9	CYCLE	TIME	≥1ms	T#1s	SAMPLE TIME（采样时间）：块调用之间的时间必须恒定。“采样时间”输入规定了块调用之间的时间，应该与 OB35 设定时间保持一致
10	SP_INT	REAL	−100.0～+100.0（%）或者物理值 1	0.0	INTERNALSETPOINT（内部设定点）：“内部设定点”输入端用于确定设定值
11	PV_IN	REAL	−100.0～+100.0（%）或者物理值 1	0.0	PROCESS VARIABLE IN（过程变量输入）：可以设置一个初始值到“过程变量输入”输入端或者连接一个浮点数格式的外部过程变量
12	PV_PER	WORD		W#16#0000	PROCESS VARIABLE PERIPHERY（过程变量外设）：外围设备的实际数值，通过 I/O 格式的过程变量被连接到“过程变量外围设备”输入端，连接到控制器
13	MAN	REAL	−100.0～+100.0（%）或者物理值 2	0.0	MANUAL VALUE（手动数值）：“手动数值”输入端可以用于通过操作者接口功能设置一个手动数值
14	GAIN	REAL		2.0	PROPORTIONAL GAIN（比例增益）：“比例增益”输入端可以设置控制器的比例增益系数
15	TI	TIME	≥CYCLE	T#20s	RESET TIME（复位时间）：“复位时间”输入端确定了积分器的时间响应
16	TD	TIME	≥CYCLE	T#10s	DERIVATIVE TIME（微分时间）：“微分时间”输入端确定了微分单元的时间响应
17	TM_LAG	TIME	≥(CYCLE/2)	T#2s	TIME LAG OF THE DERIVATIVE ACTION（微分分量的滞后时间）：微分操作的算法包括一个时间滞后，可以被赋值给“微分分量的滞后时间”输入端上
18	DEADB_W	REAL	≥0.0（%）或者物理值 1	0.0	DEAD BAND WIDTH（死区宽度）：死区用于存储错误，“死区宽度”输入端确定了死区的容量大小
19	LMN_HLM	REAL	LMN_LLM～100.0（%）或者物理值 2	100.0	MANIPULATED ALUE HIGH LIMIT（受控数值上限）：受控数值必须设定有一个“上限”和一个“下限”。“受控数值上限”输入端确定了“上极限”
20	LMN_LLM	REAL	−100.0（%）～LMN_HLM 或者物理值 2	0.0	MANIPULATED VALUE LOW LIMIT（受控数值下限）受控数值必须设定有一个“上限”和一个“下限”。“受控数值下限”输入端确定了“下极限”
21	PV_FAC	REAL		1.0	PROCESS VARIABLE FACTOR（过程变量系数）：“过程变量系数”输入端用于和过程变量相乘。该输入端可以用于匹配过程变量范围
22	PV_OFF	REAL		0.0	PROCESS VARIABLE OFFSET（过程变量偏移量）：“过程变量偏移量”输入端可以添加到“过程变量”。该输入端可以用于匹配过程变量的范围
23	LMN_FAC	REAL		1.0	MANIPULATED VALUE FACTOR（受控数值系数）：“受控数值系数”输入端用于与受控数值相乘。该输入端可以用于匹配受控数值的范围

（续）

序	参 数	数据类型	数值范围	默 认	说 明
24	LMN_OFF	REAL		0.0	MANIPULATED VALUE OFFSET（受控数值偏移量）："受控数值偏移量"可以与受控数值相加。该输入端可以用于匹配受控数值的范围
25	I_ITLVAL	REAL	–100.0～+100.0（%）或者物理值 2	0.0	INITIALIZATION VALUE OF THE INTEGRAL-ACTION（积分分量初始化值）：积分器的输出可以用输入端 I_ITL _ON 设置。初始化数值可以设为"积分分量初始化值"输入
26	DISV	REAL	–100.0～+100.0（%）或者物理值 2	0.0	DISTURBANCE VARIABLE（干扰变量）：对于前馈控制，干扰变量被连接到"干扰变量"输入端

表 9-2 SFB41/FB41 的输出参数

序号	参 数	数据类型	默 认	说 明
1	LMN	REAL	0.0	MANIPULATED VALUE（受控数值）：有效的受控数值被以浮点数格式输出在"受控数值"输出端上
2	LMN_PER	WORD	W#16#0000	MANIPULATEDVALUE PERIPHERY（受控数值外围设备）：I/O 格式的受控数值被连接到"受控数值外围设备"输出端上的控制器
3	QLMN_HLM	BOOL	FALSE	HIGH LIMIT OF MANIPULATED VALUE REACHED（达到受控数值上限）：受控数值必须规定一个最大极限和一个最小极限。"达到受控数值上限"指示已超过最大极限
4	QLMN_LLM	BOOL	FALSE	LOW LIMIT OF MANIPULATED VALUE REACHED（达到受控数值下限）：受控数值必须规定一个最大极限和一个最小极限；"达到受控数值下限"表示已超过最小极限
5	LMN_P	REAL	0.0	PROPORTIONALITY COMPONENT（比例分量）："比例分量"输出端输出受控数值的比例分量
6	LMN_I	REAL	0.0	INTEGRAL COMPONENT（积分分量）："积分分量"输出端输出受控数值的积分分量
7	LMN_D	REAL	0.0	DERIVATIVE COMPONENT（微分分量）："微分分量"输出端输出受控数值的微分分量
8	PV	REAL	0.0	PROCESS VARIABLE（过程变量）：有效的过程变量在"过程变量"输出端上输出
9	ER	REAL	0.0	ERROR SIGNAL（误差信号）：有效误差在"误差信号"输出端输出

下面对输入参数和输出参数进行简单介绍。

（1）设定点操作

设定点以浮点格式在 SP_INT 端输入。"设定值通道"和"过程变量通道"中的参数应该有相同的单位。例如，如果使用 PV_IN 作为"过程物理值"或者"过程物理值百分比"，SP_INT 必须使用相同的单位；如果使用 PV_PER 作为外围设备的实际数值，SP_INT 只能使用 –100.0%～+100.0%作为设定值。如果设定值 SP_INT 是 0～10MPa 中的 8MPa，那么需要填写 0.8，PV_PER 填写硬件外设地址 IW XXX；受控量通道中的参数应该有相同的单位。

（2）实际数值操作

过程变量可以用外围设备（I/O）或者浮点数值格式输入。CRP_IN 功能可以将 PV_PER 外围设备数值转换为一个浮点格式的数值，在–100%和+100%之间，转换公式如下：CPR_IN 的输出=PV_PER×100/27 648。PV_NORM 功能可以根据下述规则标准化 CRP_IN 的输出：输出 PV_NORM=（CPR_IN 的输出）×PV_FAC+PV_OFF。PV_FAC 的默认值为 1，PV_OFF 的默认值为 0。变量 PV_FAC 和 PV_OFF 为下述公式转化的结果：PV_OFF=（PV_NORM 的输出）−（CPR_IN 的输出）×PV_FAC，PV_FAC=（PV_NORM 的输出−PV_OFF）/（CPR_IN 的输出），不必转换为百分比数值。如果设定点为物理值，实际数值还可以转换为该物理值。

（3）负偏差计算

设定点和实际数值之间的区别便形成负值偏差。可以采用设置死区（DEADBAND），抑制由于被控量的量化引起的小的、恒定的振荡（如使用 PULSEGEN 进行脉冲宽度调制）。如果 DEADB_W=0，则死区将关闭。

（4）PID 算法

PID 算法作为一种位置算法进行控制。比例运算、积分运算（INT）和微分运算（DIF）都可并行连接，也可以单独激活或取消。这说明允许组态成 P、PI、PD 和 PID 控制器，也可以是纯 I 和纯 D 调节器。

（5）手动模式

可以在手动模式和自动模式之间切换。在手动模式下，被控量被修改成手动选定的数值。积分器（INT）内部设置为 LMN-LMN_P-DISV，微分器（DIF）内部设置为 0，并进行内部匹配。也就是说，切换到自动模式时不会引起被控量的突变。

（6）受控数值的处理

使用 LMNLIMIT 功能，受控数值可以被限制为一个所选择的数值。当输入变量超出极限值时，信号位将指示。LMN_NORM 功能可以根据下述公式标准化 LMNLIMIT 的输出：LMN=（LMNLIMIT 的输出）×LMN_FAC+LMN_OFF，LMN_FAC 的默认值为 1，LMN_OFF 的默认值为 0。受控数值也适用于外围设备（I/O）格式。CPR_OUT 功能可以将浮点值 LMN 转换为一个外围设备值，转换公式如下：LMN_PER=LMN×2 764/10。

（7）前馈控制

一个干扰变量被引入 DISV 端输入。

（8）初始化

SFB41/FB41 CONT_C 有一个初始化程序，可以在输入参数 COM_RST=TRUE 时运行。在初始化过程中，积分器可以在内部设置为初始值 I_ITVAL。如果在一个循环中断优先级调用它，它将从该数值继续开始运行。所有其他输出都设置为其默认值。

（9）出错信息

故障输出参数 RET_VAL 不使用。

9.2 步进电动机的脉冲控制

9.2.1 概述

为了配合步进和伺服电动机的控制，西门子 PLC 内置了脉冲输出功能，并设置了相应的控制指令，可以很好地对步进和伺服电动机进行控制。本节将重点讲解西门子 S7-200 PLC 脉冲输出功能和步进电动机的控制，伺服电动机的控制与步进电动机的基本相同。S7-300/400 PLC 中也可以通过 FM 模块实现步进和伺服控制，思路与 S7-200 PLC 一致，本节不再介绍。

S7-200 PLC 可以通过内置的脉冲串输出（PTO）指令和脉宽调制（PWM）指令实现速度和位置控制，也可以通过位置控制模块 EM253 实现速度和位置控制。本节主要讲解前者。

9.2.2　PLC 的脉冲输出

1. 脉冲输出（PLS）指令

脉冲输出（PLS）指令功能为：使能有效时，检查用于脉冲输出（Q0.0 或 Q0.1）的特殊存储器位（SM），然后执行特殊存储器位定义的脉冲操作。指令格式如表 9-3 所示。

表 9-3　脉冲输出（PLS）指令格式

LAD	STL	操作数及数据类型
PLS —EN　ENO— ????—Q0X	PLS Q	Q：常量（0 或 1） 数据类型：位

2. 用于脉冲输出（Q0.0 或 Q0.1）的特殊存储器

（1）控制字节和参数的特殊存储器

每个 PTO/PWM 发生器都有一个控制字节（8 位）、一个脉冲计数值（无符号的 32 位数值）、一个时间周期和脉宽值（无符号的 16 位数值）。这些值都放在特定的特殊存储区（SM），如表 9-4 所示。执行 PLS 指令时，S7-200 读这些特殊存储器位（SM），然后执行特殊存储器位定义的脉冲操作，即对相应的 PTO/PWM 发生器进行编程。

表 9-4　脉冲输出（Q0.0 或 Q0.1）的特殊存储器

类　别	输出点对应的 SM		说　明
	Q0.0	Q0.1	
Q0.0 和 Q0.1 对 PTO/PWM 输出的控制字节	SM67.0	SM77.0	PTO/PWM 刷新周期值　0：不刷新；　1：刷新
	SM67.1	SM77.1	PWM 刷新脉冲宽度值　0：不刷新；　1：刷新
	SM67.2	SM77.2	PTO 刷新脉冲计数值　0：不刷新；　1：刷新
	SM67.3	SM77.3	PTO/PWM 时基选择　0：1μs；　1：1ms
	SM67.4	SM77.4	PWM 更新方法　0：异步更新；1：同步更新
	SM67.5	SM77.5	PTO 操作　0：单段操作；1：多段操作
	SM67.6	SM77.6	PTO/PWM 模式选择　0：选择 PTO；　1：选择 PWM
	SM67.7	SM77.7	PTO/PWM 允许　0：禁止；　1：允许
Q0.0 和 Q0.1 对 PTO/PWM 输出的周期值	SMW68	SMW78	PTO/PWM 周期时间值（范围：2～65 535）
Q0.0 和 Q0.1 对 PTO/PWM 输出的脉宽值	SMW70	SMW80	PWM 脉冲宽度值（范围：0～65 535）
Q0.0 和 Q0.1 对 PTO 脉冲输出的计数值	SMD72	SMD82	PTO 脉冲计数值（范围：1～4 294 967 295）
Q0.0 和 Q0.1 对 PTO 脉冲输出的多段操作	SMB166	SMB176	段号（仅用于多段 PTO 操作），多段流水线 PTO 运行中的段的编号
	SMW168	SMW178	包络表起始位置，用距离 V0 的字节偏移量表示（仅用于多段 PTO 操作）
Q0.0 和 Q0.1 的状态位	SM66.4	SM76.4	PTO 包络由于增量计算错误异常终止　0：无错；1：异常终止
	SM66.5	SM76.5	PTO 包络由于用户命令异常终止　0：无错；1：异常终止
	SM66.6	SM76.6	PTO 流水线溢出　0：无溢出；　1：溢出
	SM66.7	SM76.7	PTO 空闲　0：运行中；　1：PTO 空闲

表 9-4 中的特殊存储器决定脉冲输出的工作方式或反映工作状态。例如，要用 Q0.0 作为

高速脉冲输出，对应的控制字节为 SMB67，如果希望定义的输出脉冲操作为 PTO 操作，同时定义允许脉冲输出、多段 PTO 脉冲串输出、时基为μs、周期值和脉冲数，则应向 SMB67 写入 2#10100101，即 16#A5。

通过修改脉冲输出（Q0.0 或 Q0.1）的特殊存储器 SM 区（包括控制字节），即可以更改 PTO 或 PWM 的输出波形，然后再执行 PLS 指令。

注意：所有控制位、周期、脉冲宽度和脉冲计数值的默认值均为零。向控制字节（SM67.7 或 SM77.7）的 PTO/PWM 允许位写入零，然后执行 PLS 指令，将禁止 PTO 或 PWM 波形的生成。

（2）状态字节的特殊存储器

除了控制信息外，还有用于 PTO 功能的状态位，如表 9-4 所示。程序运行时，根据运行状态使某些位自动置位。可以通过程序来读取相关位的状态，用此状态作为判断条件，实现相应的操作。

3. Q0.0 和 Q0.1 的共用

PTO/PWM 生成器和输出映像寄存器共用 Q0.0 和 Q0.1。在 Q0.0 或 Q0.1 使用 PTO 或 PWM 功能时，PTO/PWM 发生器控制输出，并禁止输出点的正常使用，输出波形不受输出映像寄存器状态、输出强制、执行立即输出指令的影响；在 Q0.0 或 Q0.1 位置没有使用 PTO 或 PWM 功能时，输出映像寄存器控制输出，所以输出映像寄存器决定输出波形的初始和结束状态，即决定脉冲输出波形从高电平或低电平开始和结束，使输出波形有短暂的不连续。为了减小这种不连续有害影响，应注意：

1）可在起用 PTO 或 PWM 操作之前，将用于 Q0.0 和 Q0.1 的输出映像寄存器设为 0。

2）PTO/PWM 输出必须至少有 10%的额定负载，才能完成从关闭至打开以及从打开至关闭的顺利转换，即提供陡直的上升沿和下降沿。

4. 线性脉冲串输出（PTO）

PTO 可以实现占空比为 1:2 的高速脉冲串的输出，脉冲数和周期可以由用户定义。状态字节中的最高位（空闲位）用来指示脉冲串输出是否完成。可在脉冲串完成时启动中断程序，若使用多段操作，则在包络表完成时启动中断程序。

（1）周期和脉冲数

周期范围为 50～65 535μs 或 2～65 535ms，为 16 位无符号数，时基有μs 和 ms 两种，通过控制字节的第三位选择。注意：如果周期小于 2 个时间单位，则周期的默认值为 2 个时间单位。周期设定奇数微秒或毫秒（如 63ms），会引起波形失真。

脉冲计数范围为 1~4 294 967 295，为 32 位无符号数，如设定脉冲计数为 0，则系统默认脉冲计数值为 1。

（2）PTO 的种类及特点

PTO 功能可输出多个脉冲串，现用脉冲串输出完成时，新的脉冲串输出立即开始，从而保证了输出脉冲串的连续性。PTO 功能允许多个脉冲串排队，从而形成流水线。流水线分为两种：单段流水线和多段流水线。

单段流水线是指：流水线中每次只能存储一个脉冲串的控制参数，初始 PTO 段一旦启动，必须按照对第二个波形的要求立即刷新 SM，并再次执行 PLS 指令，第一个脉冲串完成，第二个波形输出立即开始，重复这一步骤可以实现多个脉冲串的输出。

单段流水线中的各段脉冲串可以采用不同的时间基准，但有可能造成脉冲串之间的不平稳过渡。输出多个高速脉冲时，编程复杂。

多段流水线是指在变量存储区 V 建立一个包络表。包络表存放每个脉冲串的参数，执行 PLS 指令时，S7-200 PLC 自动按包络表中的顺序及参数进行脉冲串输出。包络表中每段脉冲串的参数占用 8B，由一个 16 位周期值（2B）、一个 16 位周期增量值Δ（2B）和一个 32 位脉冲计数值（4B）组成。包络表的格式如表 9-5 所示。

表 9-5　包络表的格式

从包络表起始地址的字节偏移	段	说明（周期增量值Δ为整数微秒或毫秒）
VB_n	段数	段数（1～255）；数值 0 产生非致命错误，无 PTO 输出
VB_{n+1}	段 1	初始周期（2～65 535 个时基单位）
VB_{n+3}		每个脉冲的周期增量Δ（符号整数：-32 768～32 767 个时基单位）
VB_{n+5}		脉冲数（1～4 294 967 295）
VB_{n+9}	段 2	初始周期（2～65 535 个时基单位）
VB_{n+11}		每个脉冲的周期增量Δ（符号整数：-32 768～32 767 个时基单位）
VB_{n+13}		脉冲数（1～4 294 967 295）
VB_{n+17}	段 3	初始周期（2～65 535 个时基单位）
VB_{n+19}		每个脉冲的周期增量值Δ（符号整数：-32 768～32 767 个时基单位）
VB_{n+21}		脉冲数（1～4 294 967 295）

多段流水线的特点是编程简单，能够通过指定脉冲的数量自动增加或减少周期，周期增量值Δ为正值会增加周期，周期增量值Δ为负值会减少周期。若Δ为 0，则周期不变。在包络表中的所有的脉冲串必须采用同一时基，在多段流水线执行时，包络表的各段参数不能改变。多段流水线常用于步进电动机的控制。

5. 脉宽可调脉冲（PWM）输出

PWM 是脉宽可调的高速脉冲输出，通过控制脉宽和脉冲的周期，实现控制任务。

（1）周期和脉宽

周期和脉宽时基单位为μs 或 ms，均为 16 位无符号数。

周期范围为 50～65 535μs 或 2～65 535ms。若周期小于 2 个时基，则系统默认为 2 个时基。脉宽范围为 0～65 535μs 或 0～65 535ms。若脉宽不小于周期，占空比为 100%，输出连续接通。若脉宽为 0，占空比为 0%，则输出断开。

（2）更新方式

有两种改变 PWM 波形的方法：同步更新和异步更新。

同步更新：不需改变 PWM 的时基时，可以用同步更新。执行同步更新时，波形的变化发生在周期的边缘，形成平滑转换。

异步更新：需要改变 PWM 的时基时，则应使用异步更新。异步更新使高速脉冲输出功能被瞬时禁用，与 PWM 波形不同步。这样可能造成控制设备振动。

常见的 PWM 操作是脉冲宽度不同，但周期保持不变，即不要求时基改变。因此，先选择适合于所有周期的时基，尽量使用同步更新。

（3）PWM 初始化和操作步骤

1）用首次扫描位（SM0.1）使输出位复位为 0，并调用初始化子程序。这样可减少扫描时间，程序结构更合理。

2）在初始化子程序中设置控制字节。如将 16#D3（时基微秒）或 16#DB（时基毫秒）写入 SMB67 或 SMB77，控制功能为：允许 PTO/PWM 功能、选择 PWM 操作、设置更新脉冲宽度和周期数值以及选择时基（微秒或毫秒）。

3）在 SMW68 或 SMW78 中写入一个字长的周期值，在 SMW70 或 SMW80 中写入一个字长的脉宽值。然后执行 PLS 指令，使 S7-200 为 PWM 发生器编程，并由 Q0.0 或 Q0.1 输出。

4）可为下一输出脉冲预设控制字。在 SMB67 或 SMB77 中写入 16#D2（μs）或 16#DA（ms）控制字节中将禁止改变周期值，允许改变脉宽。以后只要装入一个新的脉宽值，不用改变控制字节，直接执行 PLS 指令就可改变脉宽值。

9.2.3　步进电动机的控制

步进电动机是工业自动化过程中经常用到的一种控制传动机构，它是一种将电脉冲信号变换成相应的角位移或直线位移的机电执行元件，每当对其施加一个电脉冲时，其输出轴便转过一个固定的角度，称为一步，当供给连续脉冲时，就能一步一步地连续转动。步进电动机分为反应式、永磁式和混合式等。步进电动机的位移量与输入脉冲数严格成正比，在时间上与输入的电脉冲同步，其转速与脉冲频率和步进角有关。因此，只要控制输入的电脉冲的数量、频率和电动机绕组的相序，即可获得所需的转速和转动方向。步进电动机必须使用专用的步进电动机驱动设备才能够正常工作，步进电动机系统的运行性能，除与电动机自身的性能有关外，在很大程度上还取决于驱动器性能的优劣。随着电力电子技术的发展，可以实现细分驱动，即将一个步距角细分成若干小步来驱动，步进电动机在伺服控制中的应用日益广泛。

步进电动机在起动和停止时有一个加速及减速过程，且加速度越小则冲击越小，动作越平稳。所以，步进电动机工作时一般要经历这样一个变化过程：加速→恒速（高速）→减速→恒速（低速）→停止。步进电动机转速与脉冲频率成正比，所以输入步进电动机的脉冲频率也要经过一个类似变化过程。步进电动机脉冲频率变化规律如图 9-5 所示。

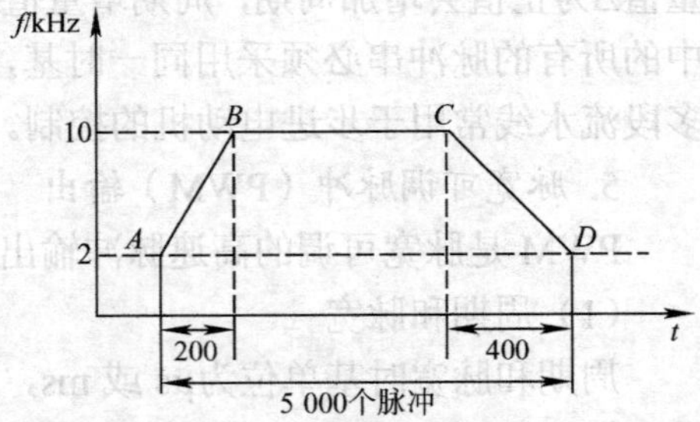

图 9-5　步进电动机脉冲频率变化规律

图 9-5 中，f 表示脉冲频率，t 表示时间，AB 段脉冲频率以恒定的速度增加，CD 段脉冲频率以恒定速度减少，BC 段脉冲频率为常数。曲线 $ABCD$ 和横轴围成的面积就是输入步进电动机的总脉冲数，总脉冲数乘以步距角就可得出步进电动机输出的总转角，然后根据传动比就可以算出执行部件的位移。对于特定的机构，已知的参数有传动比、执行部件位移、执行部件运动周期 T，而且步进电动机的步距角也是已知的，于是可以反算出需要输入步进电动机的总脉冲数 N。给定步进电动机起动及减速时的加速度、高速及低速转动速度，然后根据图 9-5 将总脉冲数进行分配，使步进电动机转动周期等于执行部件运动周期。由于给定了步进电动机起动及减速时的加速度、高速及低速转动的速度，于是可以确定加速及减速过程所需时间 t_{AB}、t_{CD} 以及所需脉冲数 N_{AB}、N_{CD}，并可以确定高速及低速时的脉冲频率 f_{AB}、f_{CD}。

例如，步进电动机的控制要求如图 9-5 所示。从 A 到 B 为加速过程，从 B 到 C 为恒速运行，从 C 到 D 为减速过程。若要求流水线可以分为 3 段，需建立 3 段脉冲的包络表。起始和终止脉冲频率为 2kHz，最大脉冲频率为 10kHz，所以起始和终止周期为 500μs，最大频率的周期为 100μs。1 段：加速运行，应在约 200 个脉冲时达到最大脉冲频率；2 段：恒速运行，约(5 000–200–400)=4 400 个脉冲；3 段：减速运行，应在约 400 个脉冲时完成。

某一段每个脉冲周期增量值Δ用下式确定：周期增量值Δ=(该段结束时的周期时间–该段初始的周期时间)/该段的脉冲数。用该式，计算出 1 段的周期增量值Δ为–2μs，2 段的周期增量值Δ为 0，3 段的周期增量值Δ为 1μs。假设包络表位于从 VB200 开始的 V 存储区中，包络表如表 9-6 所示。在程序中用指令将表中的数据送入 V 变量存储区中。

表 9-6 某步进电动机控制的包络表

V 变量存储器地址	段 号	参 数 值	说 明
VB200		3	段数
VB201	段 1	500μs	初始周期
VB203		–2μs	每个脉冲的周期增量Δ
VB205		200	脉冲数
VB209	段 2	100μs	初始周期
VB211		0	每个脉冲的周期增量Δ
VB213		4 400	脉冲数
VB217	段 3	100μs	初始周期
VB219		1μs	每个脉冲的周期增量Δ
VB221		400	脉冲数

用一个子程序实现 PTO 初始化，I0.0 上升沿是从主程序调用初始化子程序，执行初始化操作。以后的扫描不再调用该子程序，这样减少扫描时间，程序结构更好。

程序的操作步骤如下：

1）I0.0 上升沿时将输出 Q0.0 或 Q0.1 复位（置 0），并调用完成初始化操作的子程序。

2）在初始化子程序中，根据控制要求设置控制字并写入 SMB67 或 SMB77 特殊存储器。如写入 16#A0（选择微秒递增）或 16#A8（选择毫秒递增），两个数值表示允许 PTO 功能、选择 PTO 操作、选择多段操作以及选择时基（微秒或毫秒）。

3）将包络表的首地址（16 位）写入 SMW168（或 SMW178）。

4）在变量存储器 V 中，写入包络表的各参数值。一定要在包络表的起始字节中写入段数。在变量存储器 V 中建立包络表的过程也可以在一个子程序中完成，在此只需调用设置包络表的子程序。

5）设置中断事件并全局开中断。如果想在 PTO 完成后，立即执行相关功能，则须设置中断，将脉冲串完成事件（中断事件号 19）连接一中断程序。

6）执行 PLS 指令，使 S7-200 为 PTO/PWM 发生器编程，高速脉冲串由 Q0.0 或 Q0.1 输出。

7）退出子程序。

9.2.4 通过指令向导组态 PTO/PWM

1. 通过指令向导组态 PTO

STEP7-Micro/WIN 提供了位置控制向导，可以帮助用户方便地完成 PTO、PWM 或位控模块的组态。该向导可以生成位控指令，可以用这些指令在应用程序中对速度和位置进行动态控制。

本小节通过 PLC 控制一个步进电动机的应用，说明利用 STEP7-Micro/WIN 位置控制向导来实现 PTO 控制步进电动机的具体操作过程。

PTO（线性脉冲串输出）的指令向导操作过程共有 9 个操作步骤。

1）使用 STEP7-Micro/WIN 位置控制向导，为 PTO 操作组态一个内置输出。启动位置控制向导，可以单击浏览栏中的向导图标，然后双击 PTO/PWM 图标，或者选择“工具”→“位置控制向导”，出现“脉冲输出向导”页面。

2）选择 Q0.0 或 Q0.1，组态作为 PTO 的输出（见图 9-6）。从下拉列表中选择 Q0.0。

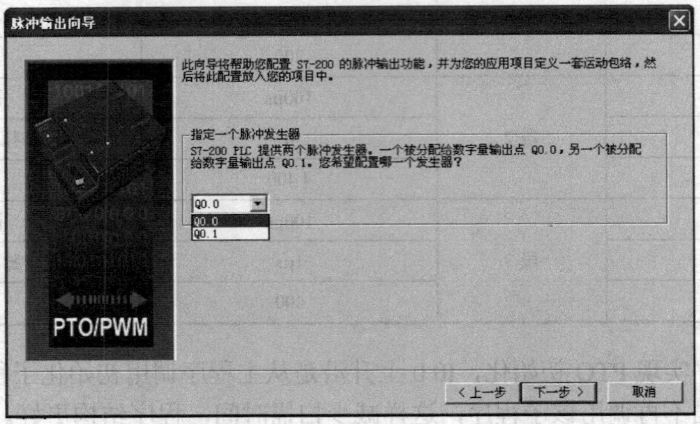

图 9-6 PTO 的输出点

3）接着在向导中，选择 PTO 或 PWM，如图 9-7 所示。从下拉列表中选择“线性脉冲串输出（PTO）”。若想监视 PTO 产生的脉冲数目，选择“使用高速计数器……”复选框。

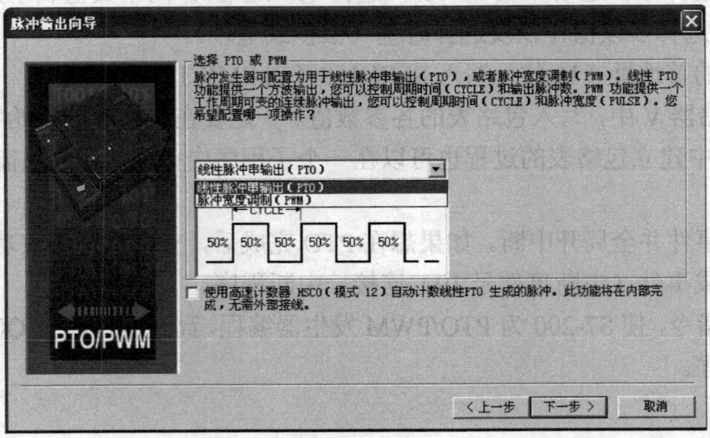

图 9-7 选择 PTO

4）在对应的编辑框中输入电动机的最高速度（MAX_SPEED）和电动机的起动/停止速度（SS_SPEED）的数值，如图 9-8 所示。

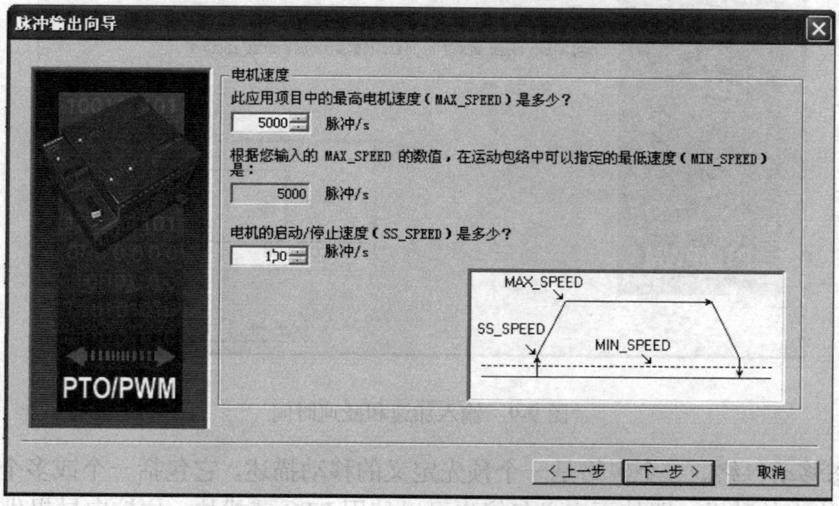

图 9-8　最高电动机速度和电动机的起动/停止速度的数值

① MAX_SPEED：该数值是电动机在应用中操作速度的最大值，它应该在电动机转矩能力的最大范围内，驱动负载所需的转矩由摩擦力、惯性以及加速/减速时间决定。在这里设 MAX_SPEED 为 5000。

② 位控向导根据指定的 MAX_SPEED 计算并显示位控模块所能控制的最小速度。

③ 对于 PTO 输出，必须指定期望的起动/停止速度。由于起动/停止速度在每次运动指令执行时至少会产生一次，所以起动/停止速度的周期应小于加速/减速时间。

④ SS_SPEED：输入该数值满足电动机在低速时驱动负载的能力，如果 SS_SPEED 的数值过低，电动机和负载在运转的开始和结束时可能会摇摆或颤动。如果 SS_SPEED 的数值过高，电动机会在起动时丢失脉冲，并且负载在试图停止时会使电动机超速。在此设 SS_SPEED 为 100。具体应用要根据不同的电动机使用说明书来设置，一般不能超过电动机的额定值。最低电动机速度（MIN_SPEED）系统默认等于 SS_SPEED。

5）在对应的编辑框中输入加速和减速时间。

作为组态内容的一部分，要设置加速和减速时间。加速时间和减速时间的默认设置都是 1s。通常，电动机可在小于 1s 的时间内工作。要以毫秒为单位进行时间设定。

① ACCEL_TIME：电动机从 SS_SPEED 速度加速到 MAX_SPEED 速度所需要的时间。

② DECEL_TIME：电动机从 MAX_SPEED 速度减速到 SS_SPEED 速度所需要的时间。

在该系统中，小车主要是在电动机匀速转动时工作的，所以加速与减速时间越小越有利于小车的起停工作，但是时间太小会影响步进电动机的使用寿命。在此加速时间设为 1 000，减速时间设为 200，如图 9-9 所示。

6）在“运动包络定义”界面，单击“新包络”按钮允许定义包络（见图 9-10），并选择所需的操作模式。

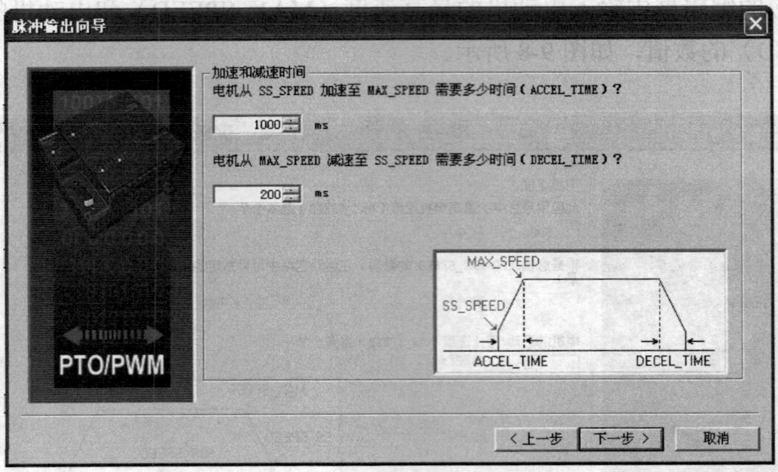

图 9-9 输入加速和减速时间

① 组态移动包络。一个包络是一个预先定义的移动描述，它包括一个或多个速度，影响着从起点到终点的移动。即使不定义包络也可以使用 PTO 或模块，位控向导提供了指令以用于控制移动而无须运行一个包络。

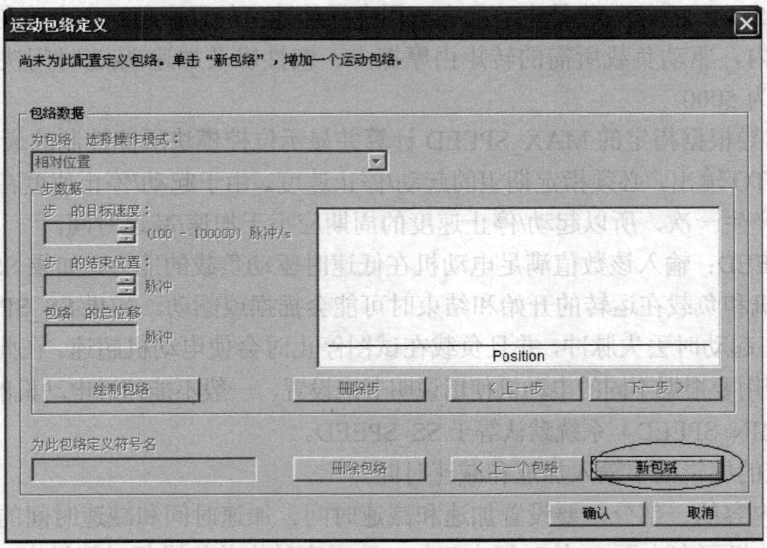

图 9-10 建新包络

一个包络由多段组成，每段包含一个达到目标速度的加速/减速过程和以目标速度匀速运行的一串固定数量的脉冲。如果是单段运动控制或者多段运动控制中的最后一段，还应该包括一个由目标速度到停止的减速过程。

PTO 支持最大 100 个包络，而模块支持最大 25 个包络。

② 定义移动包络。位控向导提供移动包络定义。在这里，可以为应用程序定义每一个移动包络。对每一个包络，可以选择操作模式并为每个包络的各步定义指标。位控向导中可以为每个移动包络定义一个符号名，其做法是在定义包络时输入一个符号名。

③ 选择包络的操作模式。要按照操作模式组态包络，如图 9-11 所示。PTO 支持相对位置和单一速度的连续转动，而位控模块支持绝对位置、相对位置、单一速度连续转动和以两种速度连续转动。

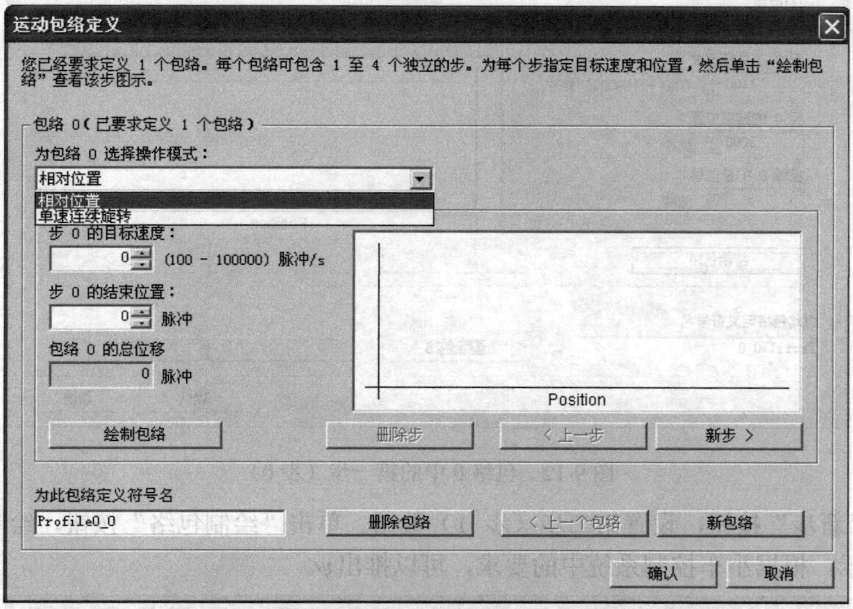

图 9-11 选择包络的操作模式

对于相对位置包络，在图 9-11 中，输入目标速度和脉冲数，然后单击“绘制包络”按钮，查看移动的图形描述。若需要多步，单击“新步”按钮并按要求输入步信息。

对于单速连续转动，在编辑框中输入目标速度的数值。若想终止单速连续转动，选择“子程序编程”复选框，并输入停止事件后的移动脉冲数。

由于步进电动机本身存在加速与减速时间，所以选择建立相对位置包络。从“为包络 0 选择操作模式”下拉列表中选择“相对位置”。

7）根据移动的需要，可以定义多个包络和多个步。创建包络中的步：一个步是工件运动的一个固定距离，包括加速和减速时间内的距离。

PTO 每一包络最大允许 29 个步，而模块的每一包络最大允许 4 个步。设置时，要为每一步指定目标速度和结束位置或脉冲数目，且每次输入一步。

在小车控制系统中有时需要中间变速度，所以需要建立多个包络和多个步，单击“新包络”按钮。在该系统中，希望的第一步（步 0）目标速度为 1 100（介于 MAX_SPEED 和 MIN_SPEED 之间）。假设 α 为步进电动机一步转过的角度，θ 为步进电动机总共需要转的角度，ψ 为步进电动机需要的总脉冲数，ϕ 为车轮总共转过的角度，n 为减速箱的传动比，于是计算包络总位移（步进电动机需要的总脉冲数）的公式为 $\psi=\theta/\alpha=n\phi/\alpha$。

车轮应转 15 圈，即 5 400°。在该系统中，$\alpha=1.8°$，$n=1$。因此可以推出 $\psi=3\ 000$。单击“绘制包络”按钮，绘制的包络如图 9-12 所示。

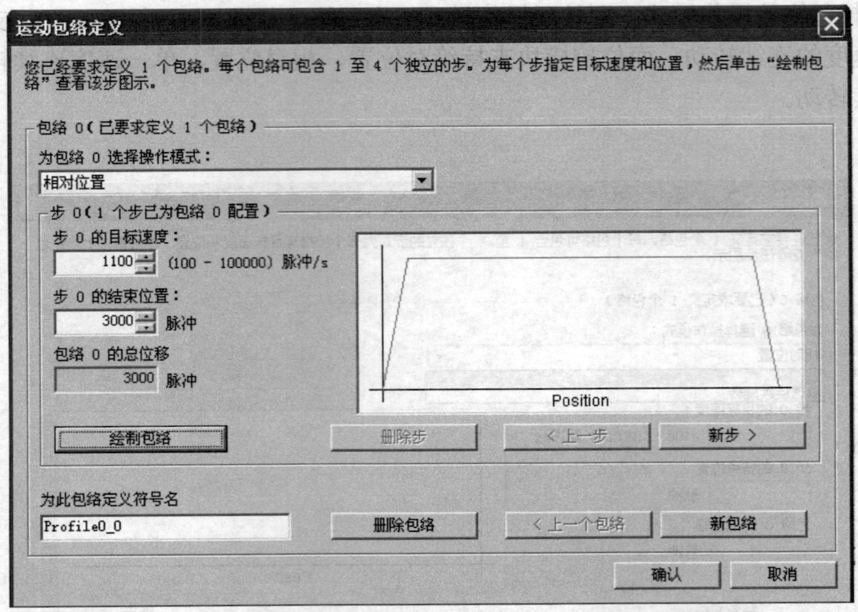

图 9-12　包络 0 中的第一步（步 0）

单击“新步”按钮，设置第二步（步 1）数据。单击“绘制包络”按钮，绘制的包络如图 9-13 所示。根据小车控制系统中的要求，可以推出 ψ。

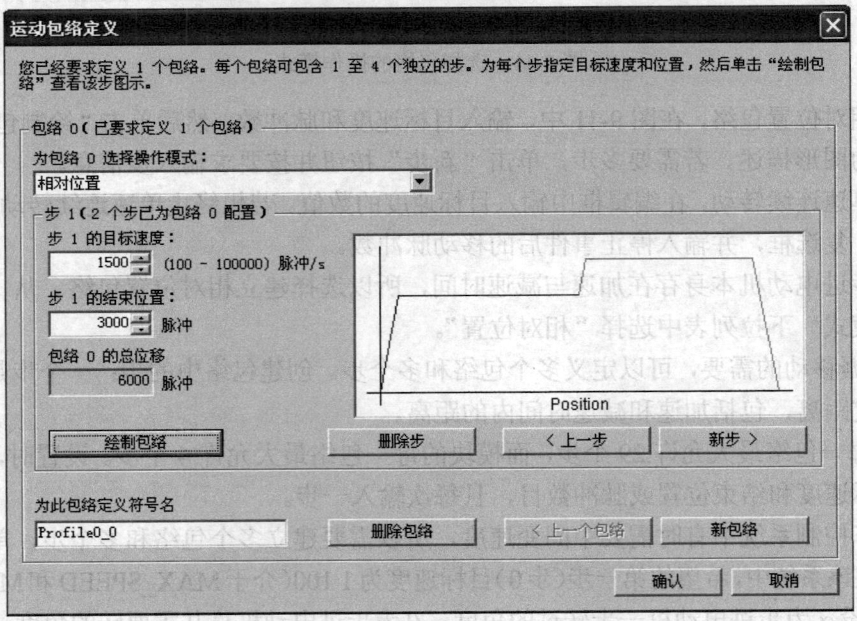

图 9-13　包络 0 中的第二步（步 1）

单击“新步”按钮，设置第三步（步 2）数据。单击“绘制包络”按钮，绘制的包络如图 9-14 所示。根据小车控制系统中的要求可以推出 ψ。

8）为配置分配存储区，如图 9-15 所示。默认值为 VB0～VB109，根据程序需要可以更改存储区的起始地址。

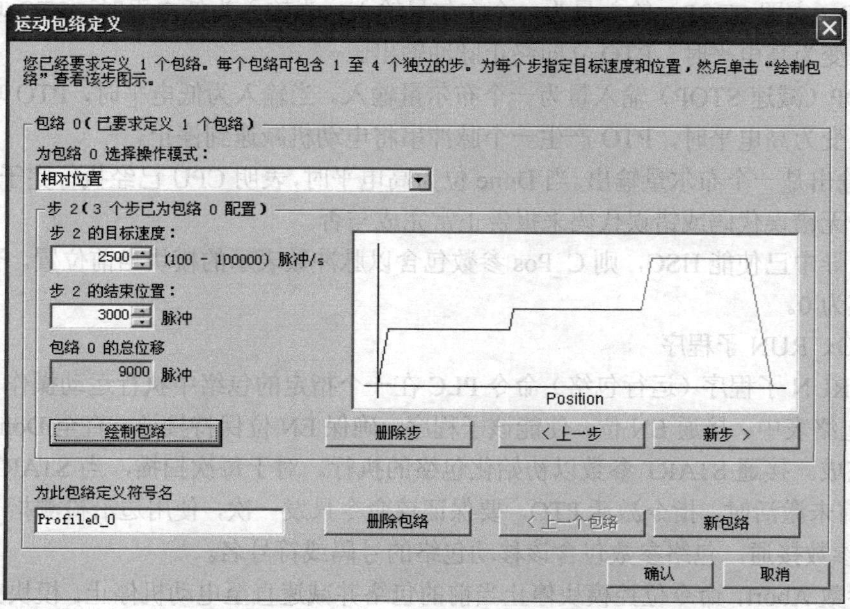

图 9-14　包络 0 中的第三步（步 2）

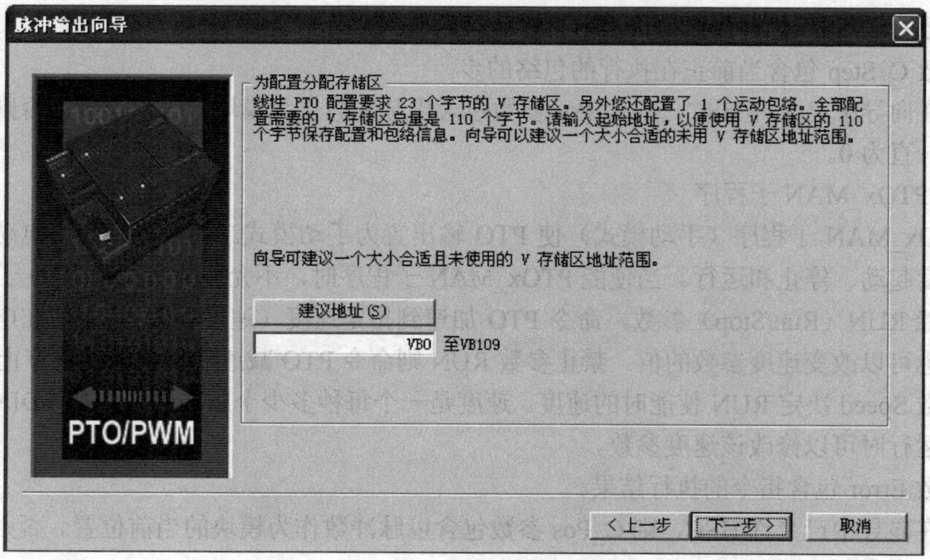

图 9-15　配置分配存储区

9）选择完成结束向导。脉冲输出向导将根据所选的配置生成项目组件，主要有子程序 PTOx_CTRL、PTOx_RUN、PTOx_MAN、PTOx_LDPOS、PTOx_ADV。每一个位控指令都有一个“PTOx_”前缀，其中 x 为模块位置。

① PTOx_CTRL 子程序

PTOx_CTRL 子程序（控制）使能和初始化用于步进电动机或伺服电动机的 PTO 输出。在程序中仅能使用该子程序一次，并保证每个扫描周期该子程序都被执行。一直使用 SM0.0 作为 EN 输入的输入。

I_STOP（立即 STOP）输入量为一个布尔量输入。当输入为低电平时，PTO 功能正常操作。当输入变为高电平时，PTO 立即终止脉冲输出。

D_STOP（减速 STOP）输入量为一个布尔量输入。当输入为低电平时，PTO 功能正常操作。当输入变为高电平时，PTO 产生一个脉冲串将电动机减速到停止。

Done 输出是一个布尔量输出。当 Done 位为高电平时，表明 CPU 已经执行完子程序，Error 字节以一个无错误代码或错误代码来报告正常完成与否。

若在向导中已使能 HSC，则 C_Pos 参数包含以脉冲数表示的模块当前位置。否则，当前位置将一直为 0。

② PTOx_RUN 子程序

PTOx_RUN 子程序（运行包络）命令 PLC 在一个指定的包络中执行运动操作，此包络存储在组态/包络表中。接通 EN 位，使能该子程序。确保 EN 位保持接通，直至 Done 位指示该子程序已完成。接通 START 参数以初始化包络的执行。对于每次扫描，当 START 参数接通且 PTO 当前未激活时，指令激活 PTO。要保证该命令只发一次，使用边沿检测指令用脉冲触发 START 参数接通。包络参数包含该移动包络的号码或符号名。

接通参数 Abort，命令位控模块停止当前的包络并减速直至电动机停止。模块完成该指令时，参数 Done 接通。

参数 Error 包含指令的执行结果。

参数 C_Profile 包含位控模块当前正在执行的包络。

参数 C_Step 包含当前正在执行的包络的步。

若在向导中已允许 HSC，则 C_Pos 参数包含以脉冲数作为模块的当前位置。否则，当前位置将一直为 0。

③ PTOx_MAN 子程序

PTOx_MAN 子程序（手动模式）使 PTO 输出置为手动模式。该子程序允许电动机以不同的速度起动、停止和运行。当使能 PTOx_MAN 子程序时，不允许执行其他 PTO 子程序。

使能 RUN（Run/Stop）参数，命令 PTO 加速到指定速度（速度参数）。即使在电动机运行时，也可以改变速度参数的值。禁止参数 RUN 则命令 PTO 减速，直至电动机停止。

参数 Speed 决定 RUN 使能时的速度。速度是一个每秒多少个脉冲的双整型（DINT）值。电动机运行时可以修改该速度参数。

参数 Error 包含指令的执行结果。

若在向导中已允许 HSC，则 C_Pos 参数包含以脉冲数作为模块的当前位置。否则，当前位置将一直为 0。

④ PTOx_LDPOS 指令

PTOx_LDPOS 指令（装载位置）改变 PTO 脉冲计数器的当前位置值为一个新值。可以使用该指令为任何一个运动命令建立一个新的零位置。

接通 EN 位使能该指令。确保 EN 位保持接通直至 Done 位指示该指令完成。接通 START 参数，以装载一个新的位置值到 PTO 脉冲计数器。每一循环周期，只要 START 参数接通且 PTO 当前不忙，该指令装载一个新的位置给 PTO 脉冲计数器。要保证该命令只发一次，使用边沿检测指令以脉冲触发 START 参数接通。New_Pos 参数提供一个新的值替代报告的当前位置值。位置值用脉冲数表示。模块完成该指令时，参数 Done 接通。参数 Error 包含指令的执行结果。

若在向导中已允许 HSC，则 C_Pos 参数包含以脉冲数作为模块的当前位置。否则，当前位置将一直为 0。

⑤ PTOx_ADV 子程序

PTOx_ADV 子程序停止当前的连续运动包络，并增加向导包络定义中指定的脉冲数。当用户在位控向导中指定了至少一个使能 PTOx_ADV 选项的单速连续转动，则该子程序被创建。调用 PTO0_CTRL、PTO0_RUN 等子程序编程是非常方便的，如图 9-16 所示。

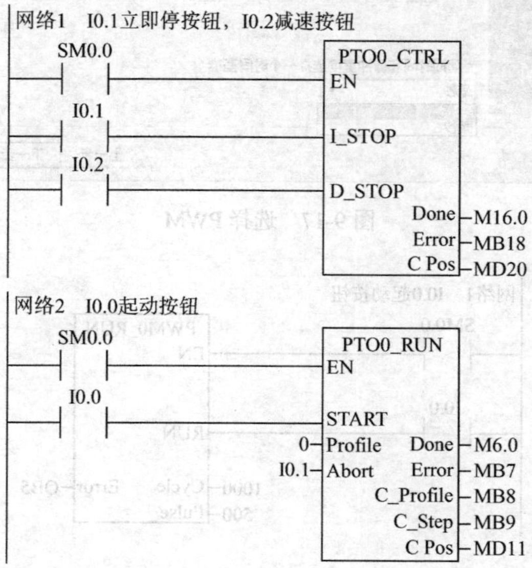

图 9-16 PTO0_CTRL 和 PTO0_RUN 指令的应用

2. 通过指令向导组态 PWM

在 PTO 的指令向导基础上，通过 PLC 控制一个步进电动机的应用，说明利用 STEP 7-Micro/WIN 位置控制向导来实现 PWM 控制步进电动机的具体操作过程。

PWM 的指令向导操作过程共有 4 个主要操作步骤。

操作步骤：

1）、2）两步同 PTO 向导。

3）在位置控制向导对话框中选择“配置 S7-200 PLC 内置 PTO/PWM 操作”。从下拉列表中选择“脉冲宽度调制（PWM）”。选择时间基准为“毫秒”。单击“下一步”按钮，如图 9-17 所示。

4）选择完成结束向导，生成子程序 PWM0_RUN。PWMx_RUN 指令允许用户通过改变脉冲宽度从 0 到一个周期的宽度来控制输出占空比。周期输入是一个为 PWM 输出定义周期的字值。允许的变化范围是 2～65 535 个在向导中指定的时基单元（微秒或毫秒）。占空比输入是一个为 PWM 输出定义脉宽的字值。允许的变化范围值是 0.0～65 535 个在向导中指定的时间基准单元（微秒或毫秒）。Error 是一个由 PWMx_RUN 返回的字节值，指示执行的结果。

调用 PWM0_RUN 编程是非常方便的，如图 9-18 所示。

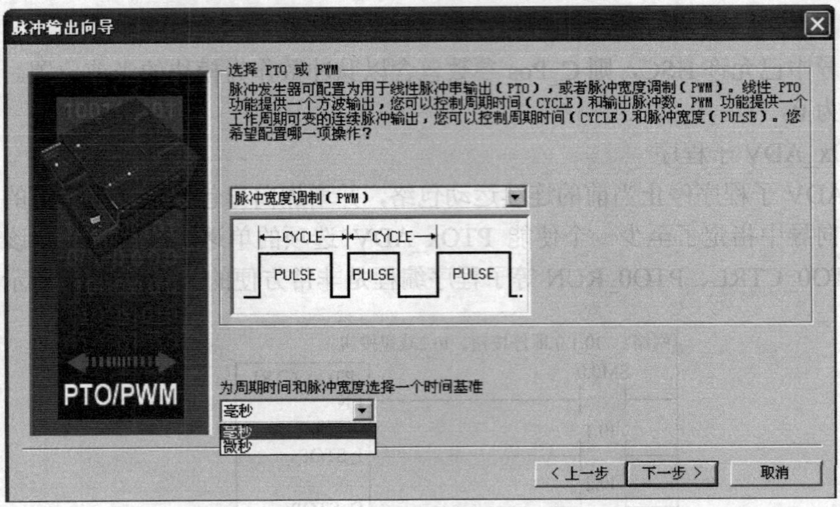

图 9-17 选择 PWM

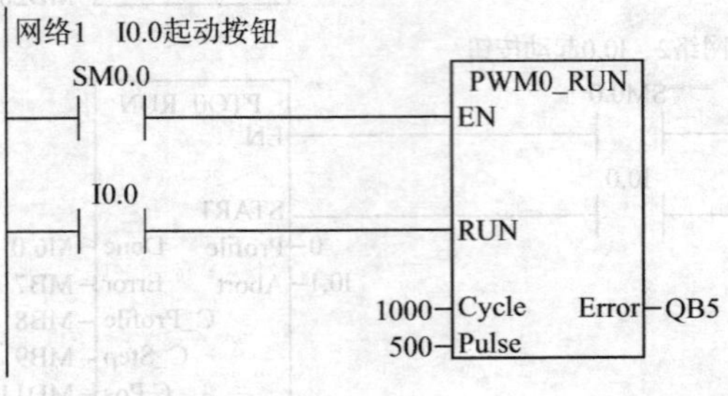

图 9-18 调用 PWM0_RUN

9.3 变频器的控制

9.3.1 西门子变频器参数设定

变频调速技术已广泛应用于工业自动化领域，工业上经常采用变频器对电动机实现控制。西门子标准传动变频器的型号为 MicroMaster410/420/430/440，简称为 MM410/420/430/440，如表 9-7 所示。MicroMaster4 系列分为恒定转矩（CT）和可变转矩（VT）两类变频器，根据外形尺寸、电源形式和功率不同又分为多种不同型号，用户应根据不同的应用场合，选择合适的变频器。

表 9-7 西门子变频器的型号与特点

型号	功率/kW	主要特点
MM410	0.12～0.75	廉价型
MM420	0.12～11	通用型
MM430	7.5～250	风机和水泵专用型
MM440	0.12～250	适用于一切传动装置的矢量型

变频器的参数很多，如果没有特殊要求，绝大多数的参数可以默认为出厂时的设置值。需要设定的参数主要有控制方式参数和电动机参数等。变频器的控制方式主要有操作面板控制和外部信号控制两种。操作面板控制就是用变频器本身的操作面板进行启、停、正反转和改变转速等操作；外部信号控制指变频器按外部的输入信号来改变电动机的运行状态。变频器的外部信号主要有数字信号、模拟信号（4～20mA 或 0～10V）和网络输入数据。用户应该根据实际需要选择控制方式，然后按照说明书设定参数。

西门子变频器 MM410/420/430/440 的使用和设置方法相似，本书主要以 MM440 为例进行介绍，具体使用时需要参考相关的产品手册。

MM 变频器随机供应的面板为状态显示板 SDP，SDP 只能进行简单的显示和调节。要改变 MM 变频器的参数需要用基本操作板 BOP 或高级操作板 AOP。变频器 MM 的操作与参数设置经常在 BOP 上完成。BOP 是变频器的配件，需要单独订购，其使用方法如表 9-8 所示。

表 9-8　MM440 变频器基本操作面板（BOP）上的按钮及其功能

显示/按钮	功　能	功 能 说 明
	状态显示	LCD 显示变频器当前的设定值
	起动变频器	按此键起动变频器。默认值运行时此键是被封锁的。为了使此键的操作有效，应设定 P0700=1，参数 P1000 也应设置为 1
	停止变频器	OFF1：按此键，变频器将按选定的斜坡下降速率减速停车。默认值运行时此键被封锁。为了允许此键操作，应设定 P0700=1 OFF2：按此键两次（或一次，但时间较长）电动机将在惯性作用下自由停车。此功能总是“使能”的
	改变电动机的转动方向	按此键可以改变电动机的转动方向。电动机的反向用负号（－）表示或用闪烁的小数点表示。默认值运行时此键是被封锁的。为了使此键的操作有效，应设定 P0700=1
	电动机点动	在变频器无输出的情况下按此键，将使电动机起动，并按预设定的点动频率运行。释放此键时，变频器停车。如果变频器/电动机正在运行，按此键将不起作用
	功能	此键用于浏览辅助信息。变频器运行过程中，在显示任何一个参数时按下此键并保持不动 2s，将显示以下参数值（在变频器运行中，从任何一个参数开始）： 1. 直流回路电压（用 d 表示，单位 V）；2. 输出电流（A）；3. 输出频率（Hz）；4. 输出电压（用 o 表示，单位 V）；5. 由 P0005 选定的数值（如果 P0005 选择显示上述参数中的任何一个<3，4 或 5>，这里将不再显示）。连续多次按下此键，将轮流显示以上参数。此键还有跳转功能。在显示任何一个参数（rXXXX 或 PXXXX）时短时间按下此键，将立即跳转到 r0000，如果需要，可以接着修改其他的参数。跳转到 r0000 后，按此键将返回原来的显示点
	设置与访问参数	按此键可设置和访问参数
	增加数值	按此键可增加面板上显示的参数数值
	减少数值	按此键可减少面板上显示的参数数值

在设置中，经常要恢复为出厂默认值。通过表 9-9 的设置，恢复出厂默认值。

表 9-9 参数恢复为出厂默认值

参 数 号	设 置 值	说 明
P0010	30	工厂的设定值
P0970	1	参数复位

下面将对一个三相交流电动机进行控制。变频器中需要设置电动机参数，如表 9-10 所示。

表 9-10 设置电动机参数

参 数 号	出 厂 值	设 置 值	说 明
P0003	1	1	用户访问级为标准级
P0010	0	1	快速调试
P0100	0	0	功率用 kW 表示，频率为 50Hz
P0304	230	220	电动机额定电压（V）
P0305	3.25	3.3	电动机额定电流（A）
P0307	0.75	0.75	电动机额定功率（kW）
P0310	50	50	电动机额定频率（Hz）
P0311	0	1 395	电动机额定转速（r/min）
P0010	0	0	变频器处于准备状态

在 MM440 上，除了主电路之外，控制端子的连接对于变频器控制很重要。MM440 的控制端子如图 9-19 所示，端子的定义如表 9-11 所示。

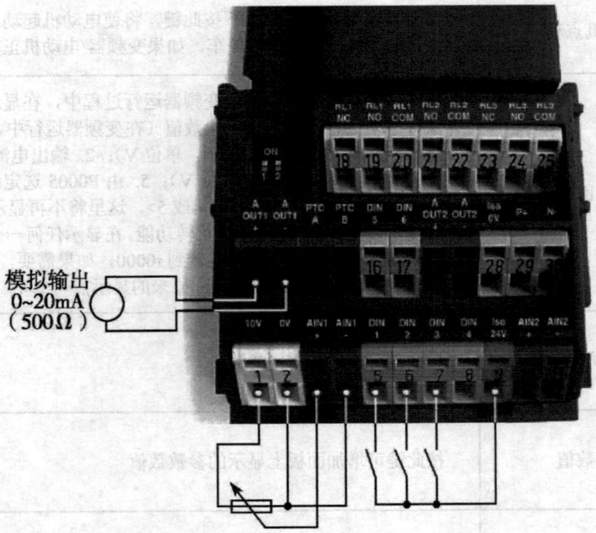

图 9-19 MM440 的控制端子

表 9-11　MM440 的控制端子及其功能

端 子 名 称	位置或端口编号	说　明
DIP 开关	左上角	DIP 开关 2 拨到 OFF 的位置，表示工频为 50Hz。DIP 开关 1 不供用户使用
电源输出	端子 1 和 2	10V 直流电源输出
模拟量输入（两组）	端子 3 和 4，端子 10 和 11	通过模拟量输入调节输出频率（需要设置为模拟量输入控制模式）
数字量输入	端子 5、6、7、8、16、17，公共端 9 和 28	6 位可编程数字量输入，对电动机进行正反转、固定频率设定等控制
模拟量输出（两组）	端子 12 和 13，端子 26 和 27	模拟量输出
USS-协议端	29 和 30	RS485（USS-协议）端
输出继电器触头	18、19、20、21、22、23、24 和 25	输出继电器触头（8 个）
过热保护输入	14 和 15	电动机过热保护输入端

9.3.2　西门子变频器数字量控制

MM440 有 6 个数字量输入端子，每一个端子的输入都可设为起动正转、起动反转、停止和固定频率运行等功能。本小节通过实例说明 MM440 的数字量控制。

例 9.1　用 S7-200/300/400 PLC 控制 MM440，再由 MM440 控制电动机。要求按起动按钮后，电动机按顺序完成正转起动至 20Hz（约 560r/min），10s 后调至 50Hz（约 1 400r/min），再过 20s 停止，再过 10s 反转至 20Hz（约 560r/min），再过 20s 停止。

按表 9-12 进行硬件连接后，通过 BOP 面板设置 MM440 的参数。先按表 9-9 将参数恢复为出厂默认值，然后按表 9-10 设置 MM440 的电动机参数，再按表 9-13 设置 MM440 的数字量控制的参数。PLC 的输出形式需要继电器型的。

表 9-12　PLC 与 MM440 的输入/输出端子分配

PLC 端子	手动按钮（接 PLC 输入）	MM440 端子（接 PLC 输出）	说　明
I0.0	起动	—	起动按钮
I0.1	停止	—	停止按钮
I0.2	频率选择开关	—	频率选择为 20Hz
I0.3	频率选择开关	—	频率选择为 50Hz
I0.4	频率选择开关	—	频率选择为–20Hz
Q0.0	—	7	PLC 有输出，接通正转；无输出停止
Q0.1	—	5	Q0.2=0，Q0.1=1，20Hz；Q0.2=1，Q0.1=0，50Hz；Q0.2=1，Q0.1=1，–20Hz
Q0.2	—	6	

表 9-13 MM440 的数字量控制参数的设置

参 数 号	出 厂 值	设 置 值	说 明
P0003	1	1	用户访问级为标准级
P0004	0	7	命令和数字 I/O
P0700	2	2	命令源确定为“由端子排输入”
P0003	1	2	用户访问级为扩展级
P0004	0	7	命令和数字 I/O
P0701	1	17	有输入接通正转，无输入停止
P0702	1	17	选择固定频率（二进制编码选择+ON）
P0703	1	1	选择固定频率（二进制编码选择+ON）
P0003	1	1	用户访问级为标准级
P0004	0	10	设定值通道和斜坡函数发生器
P1000	2	3	选择固定频率设定值
P0003	1	2	用户访问级为扩展级
P0004	0	10	设定值通道和斜坡函数发生器
P1001	0	20	设置固定频率 1（Hz）
P1002	5	50	设置固定频率 2（Hz）
P1003	10	–20	设置固定频率 3（Hz）

设置完成后，编写 PLC 程序，如图 9-20 所示，实现控制功能。该程序是用 S7-200 PLC 指令书写的，S7-300/400 PLC 指令的程序与其几乎相同。

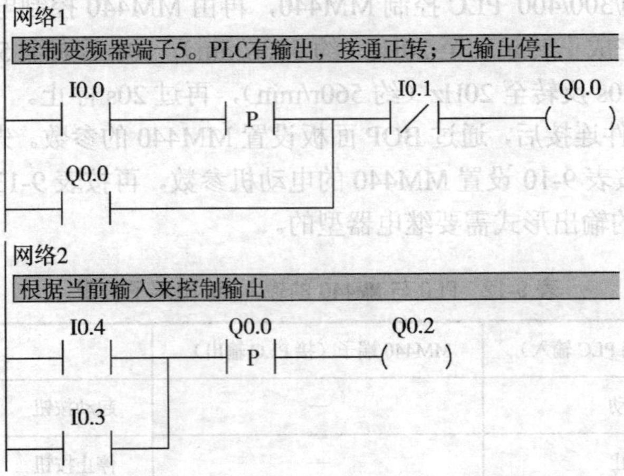

图 9-20 MM440 数字量控制的 PLC 程序

9.3.3 西门子变频器模拟量控制

MM440 有两组模拟量输入端子，可以将变频器的控制方式设为根据模拟量输入决定频率输出。本部分同样以实例说明 MM440 的模拟量控制。

例 9.2 用 S7-200/300/400 PLC 控制 MM440，再由 MM440 控制电动机。要求按起动按钮后，电动机按顺序完成正转起动至一定转速，转速与 PLC 的 MW0 中的数据（模拟量）相对应，按停止按钮后停止。

按表 9-14 进行硬件连接后，通过 BOP 面板设置 MM440 的参数。先按表 9-9 将参数恢复为出厂默认值，然后按表 9-10 设置 MM440 的电动机参数，再按表 9-15 设置 MM440 的控制参数。

表 9-14　PLC 与 MM440 的输入/输出端子分配

PLC 端子	手动按钮（接 PLC 输入）	MM440 端子（接 PLC 输出）	说　明
I0.0	起动	—	起动按钮
I0.1	停止	—	停止按钮
Q0.0	—	5	PLC 有输出，接通正转；无输出停止
EM235 模拟量输出端子	—	3 和 4	根据 PLC 模拟量输出，改变 MM440 输出频率

表 9-15　MM440 的模拟量控制参数的设置

参 数 号	出 厂 值	设 置 值	说　明
P0003	1	1	用户访问级为标准级
P0004	0	7	命令和数字 I/O
P0700	2	2	命令源确定为“由端子排输入”
P0003	1	2	用户访问级为扩展级
P0004	0	7	命令和数字 I/O
P0701	1	1	有输入接通正转，无输入停止
P0003	1	1	用户访问级为标准级
P0004	0	10	设定值通道和斜坡函数发生器
P1000	2	2	频率设定值选择为模拟输入
P1080	0	0	电动机运行最低频率（Hz）
P1082	50	50	电动机运行最高频率（Hz）
P1120	10	5	斜坡上升时间（s）
P1121	10	5	斜坡下降时间（s）

设置完成后，编写 PLC 程序，如图 9-21 所示，实现控制作用。该程序是用 S7-200 指令书写的，S7-300/400 指令的程序与其几乎相同。

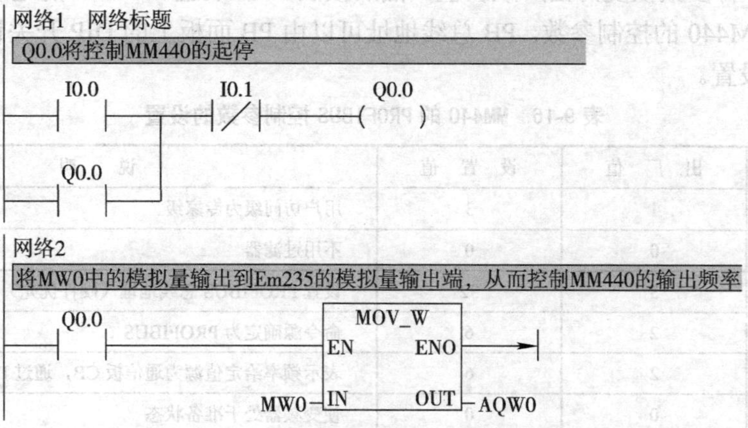

图 9-21　MM440 模拟量控制的 PLC 程序

9.3.4 西门子变频器 PROFIBUS-DP 网络控制

关于 PROFIBUS 的内容将在第 10 章介绍。本节先介绍变频器 PROFIBUS 控制的部分内容。为了连接成 PROFIBUS（简称 PB）系统，必须选用附加的 PB 模板。这一模板安装在变频器的正面，通过 RS485 串行接口与变频器进行通信。PB 模板是一个可选件，用户采用 PB 模板，经过组态和设置后，PB 主站可以通过 PB_DP 总线对 MICROMASTER4（从站）进行控制。

1. 在 STEP7 中组态 MICROMASTER 4

在 STEP7 硬件组态中，从 PB_DP 库的 SIMOVERT 文件夹中调用 MICROMASTER 4。若在硬件目录下找不到，必须使用硬件组态选项卡下的“安装新的 GSD 文件”命令来加载 GSD 文件。GSD 文件是放在随 PB 模块所提供的文档光盘上的，也可以从因特网上下载。

在组态时，要定义通信的数据，应根据需要进行选择。可通过网络对变频器参数进行读写操作、选择 PP01 和 PP03 等。STEP7 自动赋予逻辑 I/O 地址，用户也可以改变这些地址，如图 9-22 所示。

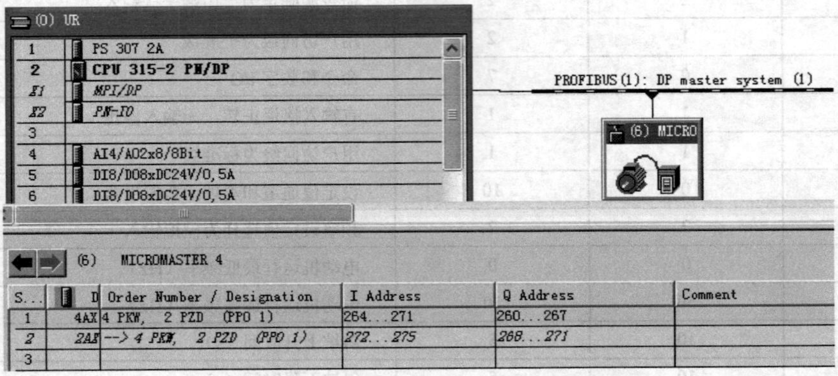

图 9-22 MM440 的 PB 组态

2. 在 MicroMaster 上设置参数

先按表 9-9 将参数恢复为出厂默认值，然后按表 9-10 设置 MM440 的电动机参数，再按表 9-16 设置 MM440 的控制参数。PB 总线地址可以由 PB 面板上的 DIP 开关设置，也可以通过参数 P0918 设置。

表 9-16 MM440 的 PROFIBUS 控制参数的设置

参数号	出厂值	设置值	说明
P0003	1	3	用户访问级为专家级
P0004	0	0	不用过滤器
P0918	3	32	设置 PROFIBUS 总线地址（硬件优先）
P0700	2	6	命令源确定为 PROFIBUS
P1000	2	6	表示频率给定值源为通信板 CB，通过 DP 读取该值
P0010	0	0	使变频器处于准备状态

3. 由 PLC 通过 PROFIBUS 网络来控制 MicroMaster4

PLC 对 MicroMaster4 进行控制，是通过 PROFIBUS 网络读写数据来实现的。在 STEP7 网络组态中，如果选择了 PP01 或 PP03 等数据定义，则表示用户定义了 PLC 与 MicroMaster4 之间通信的数据。以 PP03 为例，其定义了 PLC 对 MicroMaster4 的读写均为两个字的数据。PLC 写出的两个字的数据[PQW(x)和 PQW(x+1)]表示 PLC 设定 MicroMaster 的控制字 STW 和频率 HSW；读入的两个字的数据［PIW(y)和 PIW(y+1)］表示 PLC 读取的 MicroMaster 的状态字 ZSW 和实际频率 HIW。PQW 和 PIW 的意义如表 9-17 所示。

表 9-17 PQW 和 PIW 的意义

数据位	含义	数据位	含义
PQW(x).0	ON/OFF1 0/NO 1/YES	PIW(y).0	传动装置准备就绪 0/NO，1/YES
PQW(x).1	OFF2：断电停车 0/YES，1/NO	PIW(y).1	传动装置准备运行 0/NO，1/YES
PQW(x).2	OFF3：快速停车 0/YES，1/NO	PIW(y).2	传动装置正在运行 0/NO，1/YES
PQW(x).3	脉冲使能 0/NO，1/YES	PIW(y).3	传动装置故障激活 0/NO，1/YES
PQW(x).4	斜坡函数发生器（RFG）使能 0/NO，1/YES	PIW(y).4	OFF2 激活 0/YES，1/NO
PQW(x).5	斜坡函数发生器（RFG）起动 0 / NO，1/YES	PIW(y).5	OFF3 激活 0/YES，1/NO
PQW(x).6	给定值使能 0/NO，1/YES	PIW(y).6	ON 禁止激活 0/NO，1/YES
PQW(x).7	故障确认 0/NO，1/YES	PIW(y).7	传动装置报警激活 0/NO，1/YES
PQW(x).8	正向点动 0/NO，1/YES	PIW(y).8	给定值/实际值偏差 0/YES，1/NO
PQW(x).9	反向点动 0/NO，1/YES	PIW(y).9	PZD 控制 0/NO，1/YES
PQW(x).10	由 PLC 控制 0/NO，1/YES	PIW(y).10	达到最大频率 0/NO，1/YES
PQW(x).11	反向（给定值反相）0/NO，1/YES	PIW(y).11	报警：电动机电流极限值 0/YES，1/NO
PQW(x).12	—	PIW(y).12	电动机抱闸激活 0/NO，1/YES
PQW(x).13	电动电位计 MOP 增大 0/NO，1/YES	PIW(y).13	电动机过载 0/YES，1/NO
PQW(x).14	—	PIW(y).14	电动机正转 0/NO，1/YES
PQW(x).15	CDS 位 0（本地/远程）0/NO，1/YES	PIW(y).15	变频器过载 0/YES，1/NO
PQW(x+1)	频率设定值字 HSW	PIW(y+1)	变频器实际输出频率字 HIW

按应用需要，根据表 9-17 确定 PQW(x)和 PQW(x+1)的值，就可以实现对变频器的控制。例如，DW#16#047E 0000 表示准备好让变频器正向驱动；DW#16#047F 1000 表示让变频器在 12.5Hz 正向转动，发送控制字 047E 后面紧跟 047F 是让变频器起动的关键；DW#16#047F 4000 表示让变频器在 50Hz 正向转动，频率设定值为 50Hz 时，频率设定值字为 4000H，即 16384；DW#16#0C7F 1000 表示让变频器在 12.5Hz 反向转动。

S7-300 PLC 的 MM440 控制程序如图 9-23 所示。

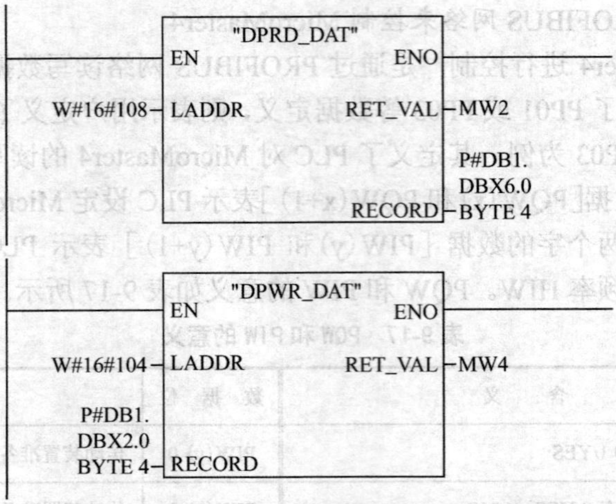

图 9-23 S7-300 PLC 的 MM440 控制程序

思考与练习题

9.1 简述 PLC 中 PID 控制的一般步骤。

9.2 简述变频器的 PLC 控制的 3 种方法。

第 10 章　通　　信

10.1　西门子通信技术简介

10.1.1　西门子工业通信协议

西门子工业网络包括多种通信协议，它们是 PPI 通信协议、MPI 通信协议、自由通信协议、PROFIBUS 通信协议、PROFINET 通信协议和 ASI 通信协议等。

1. PPI 通信协议

PPI（Point to Point Interface）是指点对点通信，它是 S7-200 的基本通信方式，不需要扩展模块，通过内置的 RS485 串行口（也称为 PPI 口）即可实现。PPI 通信协议是西门子专为 S7-200 系列 PLC 开发的一个通信协议。可通过普通的双绞电缆进行联网。PPI 通信协议的波特率为 9.6kbit/s、19.2kbit/s 和 187.5kbit/s。S7-200 系列 CPU 上集成的编程口就是 PPI 通信接口。利用 PPI 通信协议进行通信非常简单方便，只用 NETR 和 NETW 两条语句即可进行数据的传递，不需额外再配置模块或软件。在不加中继器的情况下，PPI 通信网络最多可由 31 个 S7-200 系列 PLC、TD200、OP/TP 面板或上位机（插 MPI 卡）为站点构成 PPI 网。图 10-1 为 S7-200 通过自己的串口实现 PPI 通信的例子。

2. MPI 通信协议

MPI（Multi Point Interface）是指多点通信，是 PPI 的扩展。S7-300/400 PLC 通过 MPI 通信接口，均可以实现 MPI 通信。S7-200 PLC 可以通过内置 PPI 接口连接到 MPI 网络上，与 S7-300/400 PLC 进行 MPI 通信，波特率为 19.2kbit/s 或 187.5kbit/s。S7-200 CPU 在 MPI 网络中作为从站，它们彼此间不能直接通信。通过 EM277 也可以实现 MPI 通信。图 10-2 为 MPI 通信的例子。

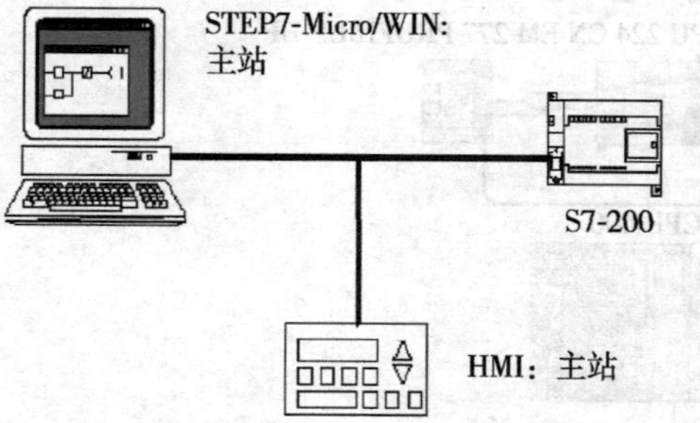

图 10-1　S7-200 通过自己的串口实现 PPI 通信

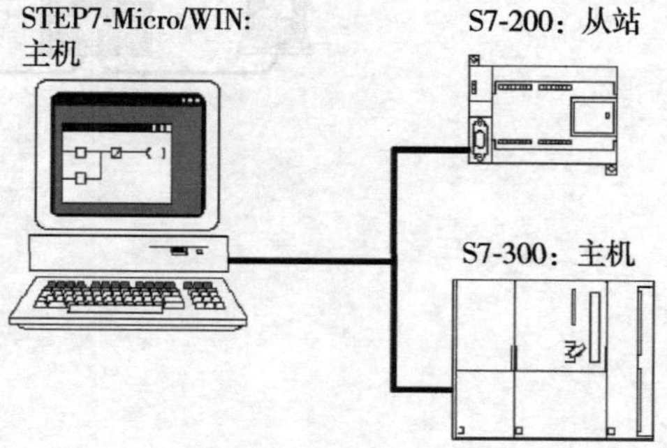

图 10-2　MPI 通信

3. 自由通信协议

自由通信方式是 S7-200 PLC 的一个很有特色的功能。它使 S7-200 PLC 通过 PPI 接口可以与任何通信协议公开的其他设备和控制器进行通信，即 S7-200 PLC 可以由用户自己定义通信协议（如 ASCII 协议）。波特率最高为 38.4kbit/s（可调整）。因此可通信的范围大大增加，使控制系统配置更加灵活与方便。

任何具有串行接口的外设，如打印机、条形码阅读器、变频器、调制解调器（Modem）和上位机等，都可以用自由通信口方式与 PLC 进行通信，如图 10-3 所示。自由通信方式也可以用于两个 CPU 之间简单的数据交换，用户可通过编程来编制通信协议，用来交换数据（如 ASCII 码字符）。

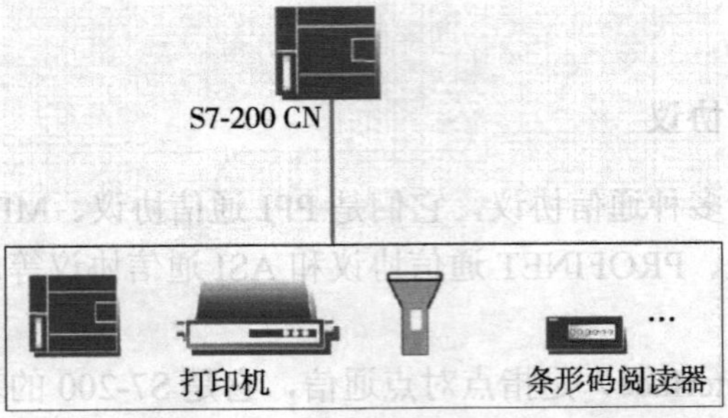

图 10-3　S7-200 PLC 通过自由通信口方式与外设进行通信

4. PROFIBUS 通信协议

PROFIBUS 是西门子的现场总线通信协议，也是 IEC61158 国际标准中的现场总线标准之一。PROFIBUS-DP 的最高传输速率可达 12Mbit/s。PROFIBUS 通信协议通常用于分布式 I/O（远程 I/O）的高速通信，可以使用不同厂家的 PROFIBUS 设备。这些设备包括普通的输入/输出模块、电动机控制器和 PLC。PROFIBUS 网络通常有一个主站和若干个 I/O 从站，如图 10-4 所示。主站设备通过组态可以知道 I/O 从站的类型和站号。主站初始化网络使网络上的从站设备与配置相匹配。主站不断地读写从站的数据。当一个 DP 主站成功地配置了一个 DP 从站之后，它就拥有了这个从站设备。如果在网上有第二个主站设备，它对第一个主站的从站的访问将受到限制。图 10-4 为一个 PROFIBUS 网络的例子。

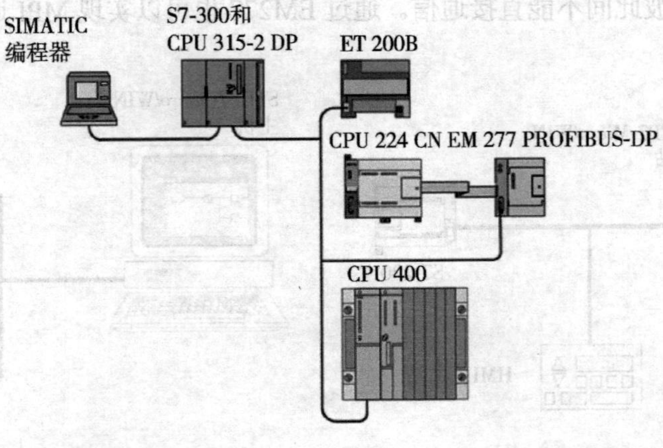

图 10-4　PROFIBUS 网络

5. PROFINET 通信协议

PROFINET 是西门子的工业以太网通信协议，也是 IEC61158 国际标准中的现场总线标准之一。PROFINET 的传输速率可达 100Mbit/s，以 TCP/IP 与其他设备交换数据。IT 模块除了与以太网的基本连接外，还永久将 Web 和组态文件保存在 IT 文件系统中，还有用于发送 E-mail 的 SMTP 客户机和用于访问 IT 文件系统的 FTP 服务器。除了纯粹的文本信息以外，还可传送嵌入的变量。

6. ASI 通信协议

ASI 是指传感器执行器总线，是西门子的工业通信协议的一种。ASI 的优势主要在于安装的便捷性。图 10-5 是 PROFINET 和 ASI 网络的连接示意图。

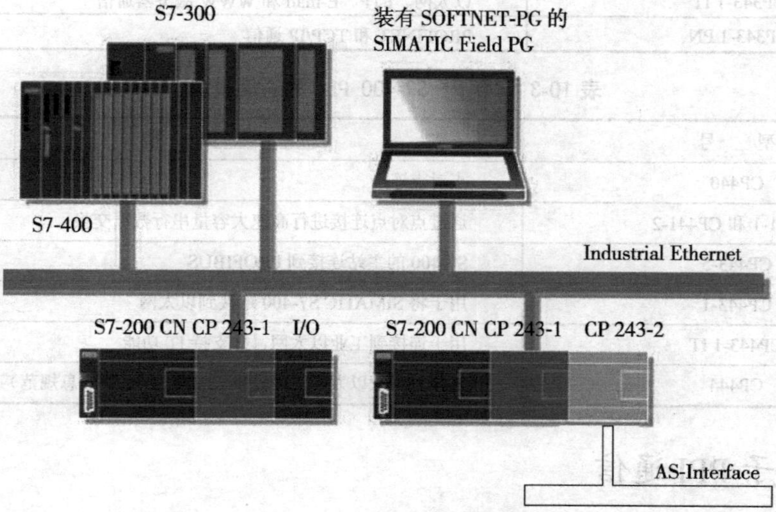

图 10-5　PROFINET 和 ASI 网络

10.1.2 S7-200/300/400 PLC 的通信模块

S7-200 PLC 支持常见的工业通信方式，通信的目的是交换数据。S7-200 PLC 通过自己的串行口和扩展模块支持多种通信，包括 PPI、MPI、自由通信、现场总线 PROFIBUS 和工业以太网 PROFINET 通信协议。西门子 S7-200 PLC 的通信模块如表 10-1 所示。

表 10-1　西门子 S7-200 PLC 的通信模块

型　号	功　能
EM277	PROFIBUS 模块、MPI 通信
CP243-1	PROFINET 模块
CP243-1-IT	PROFINET 模块
CP243-2	ASI 模块
EM241	调制解调模块

S7-300/400 PLC 支持常见的工业通信方式，包括 PPI、MPI、自由通信、现场总线 PROFIBUS 和工业以太网 PROFINET 通信协议。西门子 S7-300 PLC 的通信模块如表 10-2 所示，西门子 S7-400 PLC 的通信模块如表 10-3 所示。

表 10-2 西门子 S7-300 PLC 的通信模块

型 号	功 能
CP340 通信处理器	点对点（PtP）连接进行串行通信
CP341 通信处理器	点对点（PtP）连接高速串行通信
CP343-2	AS-Interface
CP342-5	PROFIBUS 的电气接口
CP343-5	PROFIBUS、FMS 和 S7/PG/OP 通信
CP343-1	TCP/IP 和 UDP
CP343-1 IT	以太网、FTP、E-mail 和 WWW 服务器通信
CP343-1 PN	PROFINET 和 TCP/IP 通信

表 10-3 西门子 S7-400 PLC 的通信模块

型 号	功 能
CP440	点对点连接
CP441-1 和 CP441-2	通过点对点连接进行高速大容量串行数据交换
CP443-5	S7-400 的主站连接到 PROFIBUS
CP443-1	用于将 SIMATIC S7-400 连接到以太网
CP443-1 IT	用于连接到工业以太网，并支持 IT 功能
CP444	连接到工业以太网，并提供 MMS（制造业信息规范）服务

10.2 西门子 PPI 通信

10.2.1 PPI 通信协议

PPI 通信协议是 S7-200 系列专用通信协议，用于 S7-200 PLC、上位机和 TD200 之间的串行通信。PPI 协议是一个主从设备协议，主设备向从属设备发出请求，从属设备做出应答。从属设备不主动发出信息，而是等候主设备向其发出请求或查询，要求应答。主设备通过由 PPI 协议管理的共享连接与从属设备通信。PPI 通信协议不限制能够与任何一台从属设备通信的主设备数目，但是，在硬件上整个网络中安装的主设备必须少于 32 台。

选择“PPI 高级协议”允许网络设备在设备之间建立逻辑连接。若使用“PPI 高级协议”，则每台设备可提供的连接数目有限。表 10-4 显示由 S7-200 提供的连接数目。

表 10-4 高级 PPI 下模块的连接数目

模 块	波 特 率	连接数/个	协 议
S7-200 CPU 端口 0、端口 1	9.6～187.5kbit/s	4	高级 PPI
EM277	9.6kbit/s～12Mbit/s	6	高级 PPI

如果在用户程序中启用 PPI 主设备模式，S7-200 CPU 可在处于 RUN（运行）模式时用做主设备。启用 PPI 主设备模式后，可以使用“网络读取（NETR）”或“网络写入（NETW）”从其他 S7-200 CPU 读取数据或向 S7-200 CPU 写入数据。S7-200 用做 PPI 主设备时，作为从属设备也可以应答来自其他主设备的请求。用户可以使用 PPI 通信协议与所有的 S7-200 CPU 通信。欲与 EM277 通信，必须启用“PPI 高级协议”。

10.2.2　S7-200 PLC之间的PPI通信

1. 西门子 PPI 组态概述

西门子 PPI 通信协议是 S7-200 系列的专用通信协议，一般用于西门子的 S7-200 控制器、上位机和人机界面之间的通信。由于其通信协议不公开，因此不能用于一般的现场设备的通信。

S7-200 系列 PLC 之间的 PPI 通信，使用 PLC 中的“网络读取（NETR）”或“网络写入（NETW）”指令来完成，参与通信的 PLC 需要具备不同的 PPI 总线地址和相同的波特率。

S7-200 系列 PLC 与上位机 STEP7-Micro/WIN 之间的 PPI 通信，只需要在 STEP7-Micro/WIN 软件中进行设置，就可以建立通信连接。

2. 两个 S7-200 PLC 与 PLC 之间的 PPI 通信

当两个 S7-200 PLC 通过 RS485 电缆连接后，再经过组态和程序编写就可以实现两个 PLC 之间的 PPI 通信了。组态的过程是分别在两个 PLC 的系统块中，设置各自进行通信的端口的地址和波特率，地址不能重复，而波特率相同。

端口设置完成后，在主动站点（主站）中编写通信程序。从站不需要编写程序，只要设定通信端口的地址和波特率。S7-200 PLC 提供了 PPI 通信的读写指令：NETR 和 NETW。读写指令的使用如图 10-6 所示，通过程序生成一个表，然后将表作为 NETR 和 NETW 的参数。NETR 和 NETW 指令使用比较麻烦，STEP7-Micro/WIN 提供了“网络读取（NETR）”和“网络写入（NETW）”的指令向导。在 STEP7-Micro/WIN 中选择 “工具”→“指令向导”，再选择“NETR/NETW”指令，进入指令向导。在指令向导的引导下，完成通信数据的设置，生成网络读写子程序，然后在主程序中以 SM0.0 为条件，调用该子程序就实现了通信的功能。

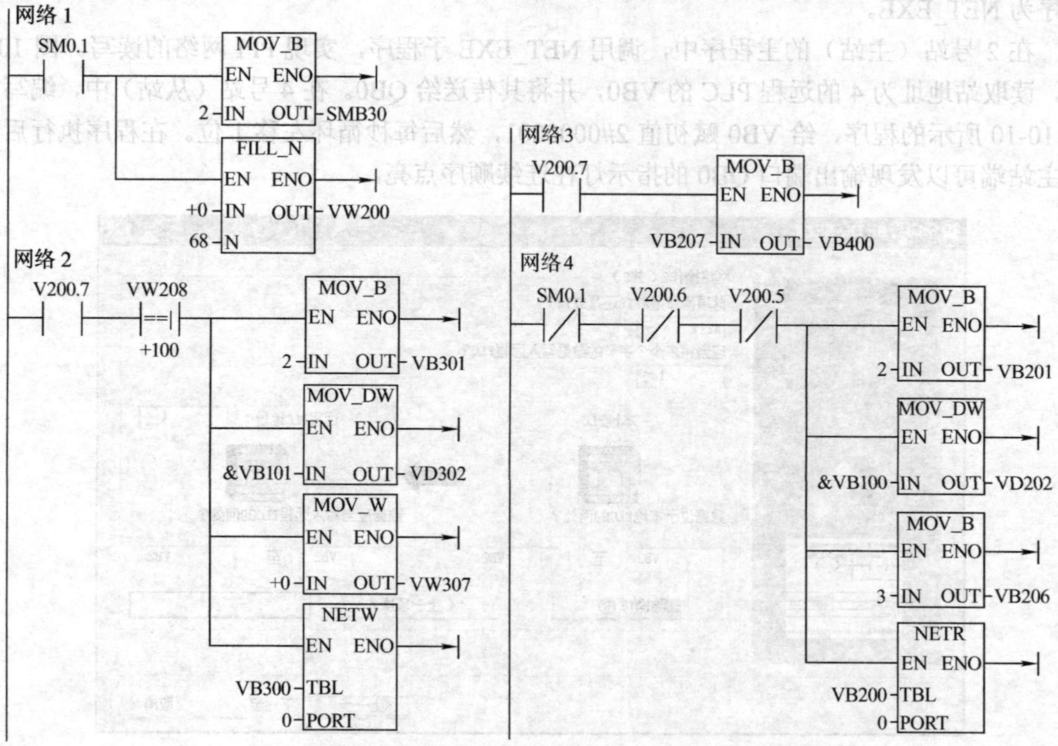

图 10-6　S7-200 PLC 的 PPI 通信的 NETR 和 NETW 指令的使用

NETR/NETW 指令向导中，网络操作的定义如图 10-7 和图 10-8 所示。网络操作的定义过程中需要特别注意数据的对应关系。

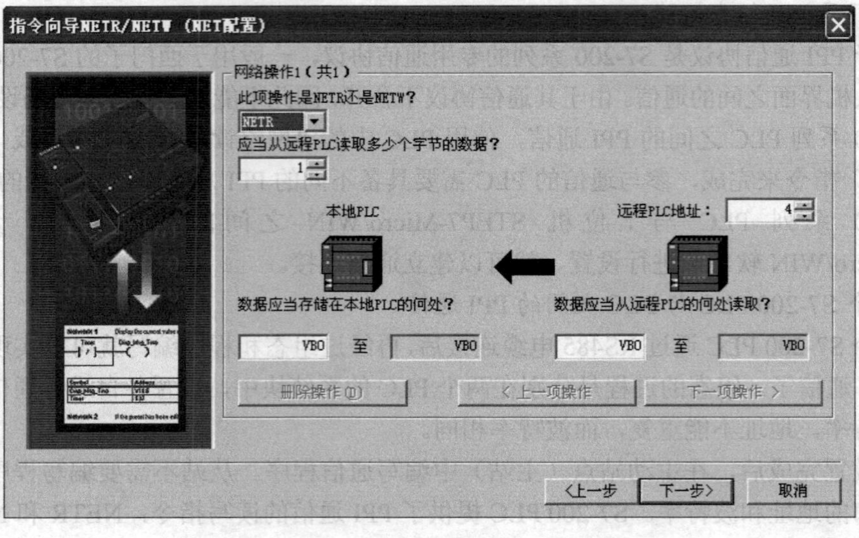

图 10-7 NETR 指令向导中网络读取的定义

例 10.1 两个 PLC 之间的 PPI 通信。

两个 PLC 的站地址分别设为 2 和 4，波特率设为 9.6kbit/s。将 2 号站设为主站，通信程序全部写在 2 号站中。使用指令向导，读 4 号站的 VB0，保存在 2 号站的 VB0 中，生成的子程序为 NET_EXE。

在 2 号站（主站）的主程序中，调用 NET_EXE 子程序，实现 PPI 网络的读写。图 10-9 中，读取站地址为 4 的远程 PLC 的 VB0，并将其传送给 QB0。在 4 号站（从站）中，编写如图 10-10 所示的程序，给 VB0 赋初值 2#0000001，然后每秒循环左移 1 位。在程序执行后，在主站端可以发现输出端口 QB0 的指示灯在连续顺序点亮。

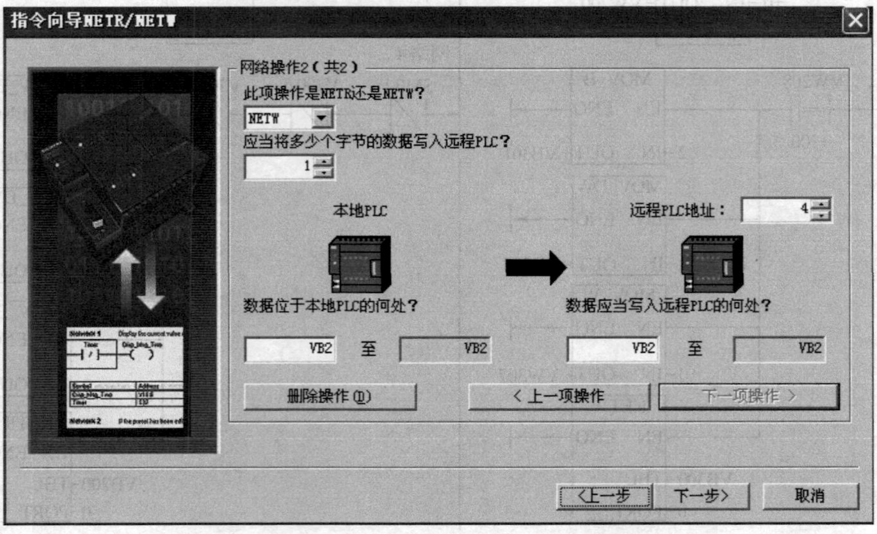

图 10-8 NETW 指令向导中网络写入的定义

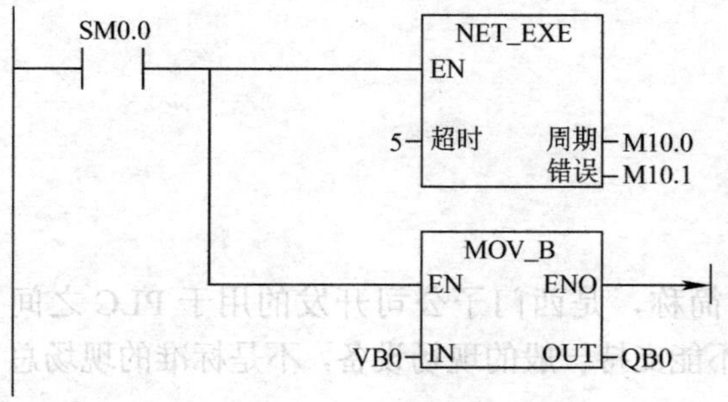

图 10-9 主站调用 NET_EXE 子程序

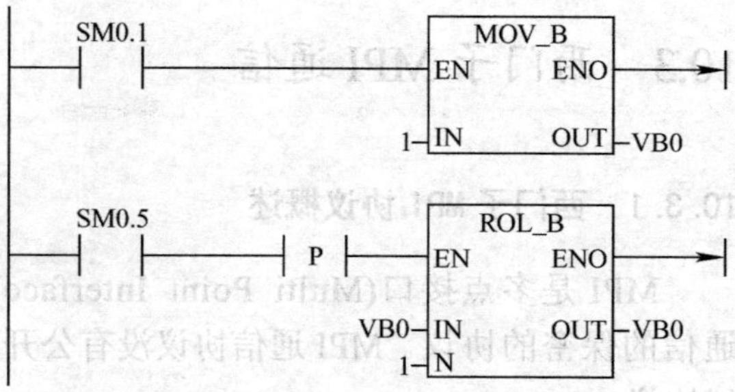

图 10-10 PPI 从站的程序

3. 多个 S7-200 PLC 与 PLC 之间的多主站 PPI 通信

两个或两个以上的 S7-200 PLC 之间也可以进行多主站的 PPI 通信。这时，作为某一个网络操作的主站，也可以作为另外一个网络操作的从站。多主站 PPI 通信需要首先进行组态，以保证所有站点具有不同的站地址和相同的波特率。在主站中进行通信程序的编写，使用指令向导生成通信子程序，再在主程序中调用通信子程序。

例 10.2 S7-200 PLC 的多主站 PPI 通信。

三个 PLC 的站地址分别设为 2、3 和 4，波特率设为 187.5kbit/s。将 2 号站和 4 号站分别设为主站。

在 2 号站中，使用指令向导，定义其与 3 号站和 4 号站之间的网络操作，一共有 4 个操作，生成的子程序为 NET_EXE，在 2 号站的主程序中调用该子程序。

在 4 号站中，使用指令向导，定义其与 2 号站之间的网络操作，一共有 2 个操作，生成的子程序为 NET_EXE，在 4 号站的主程序中调用该子程序。

需要注意的是，2 号站和 4 号站在 PPI 网络中既是主站，又是从站。例 10.2 的数据读写关系如图 10-11 所示。

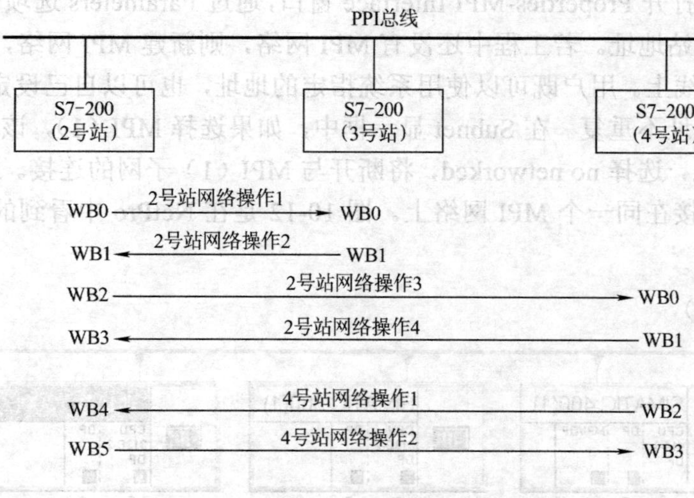

图 10-11 多主站的 PPI 通信

10.3 西门子 MPI 通信

10.3.1 西门子 MPI 协议概述

MPI 是多点接口(Multi Point Interface)的简称，是西门子公司开发的用于 PLC 之间通信的保密的协议。MPI 通信协议没有公开，不能支持一般的现场设备，不是标准的现场总线协议。

在通信速率要求不高、通信数据量不大时，MPI 通信是可以采用的一种简单经济的通信方式。MPI 通信一般用于在以下设备间进行数据交换：S7-200/300/400 PLC、操作面板 TP/OP 及上位机 MPI/PROFIBUS 通信卡，如 CP5512/CP5611/CP5613 等。

MPI 通信是一种比较简单的通信方式，MPI 网络通信的速率是 19.2kbit/s～12Mbit/s，MPI 网络最多支持连接 32 个节点，典型数据长度为 64B，通信距离远，最大通信距离为 50m。还可以通过中继器扩展通信距离，但中继器也占用节点。

西门子 PLC 与 PLC 之间的 MPI 通信一般有两种通信方式：

1）全局数据通信方式；

2）直接数据读写通信方式。

本书介绍第 2 种通信方式。

10.3.2 西门子 MPI 网络的硬件组态

MPI 通信一般是以 S7-300/400 PLC 为中心的，在进行通信编程之前，需要首先进行硬件组态。S7-300/400 PLC 的硬件组态在 STEP7 中完成。在 STEP7 中建立一个项目后，在项目中插入需要的站点，如 CPU414-3、CPU313C-2DP（1）和 CPU313C-2DP（2）等。

分别打开 CPU 的“属性设置”对话框，在 General 选项卡中单击 Interface 区内的“Properties”按钮，打开 Properties-MPI Interface 窗口，通过 Parameters 选项卡中的 Address 列表框，设置 MPI 站地址。若工程中还没有 MPI 网络，则新建 MPI 网络，然后其他所有站点均连接在该总线上。用户既可以使用系统指定的地址，也可以自己设定，但一定注意保证各站的 MPI 地址不重复。在 Subnet 显示框中，如果选择 MPI（1），该 CPU 就被连接到 MPI（1）子网上，选择 no networked，将断开与 MPI（1）子网的连接。通过属性设置，让所有站点同时连接在同一个 MPI 网络上。图 10-12 是在 NetPro 中看到的组态好的 MPI 网络。

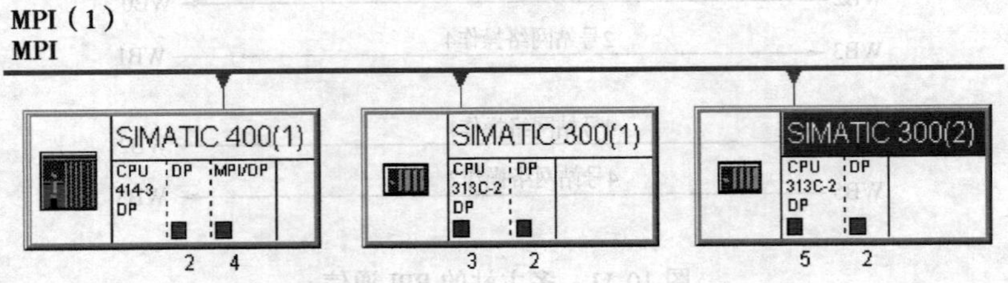

图 10-12 组态的 MPI 网络

将以上组态进行编译下载。完成后，可以用 SIMATIC 管理器的 Accessible Nodes 测试 MPI 网络中的各站点。S7-200 PLC 参与 MPI 通信，只需要将其设置成 PPI 通信模式（该模式也支持 MPI 通信），设定 MPI 地址和波特率。地址不能与其他 MPI 站点的地址重复，而波特率必须与 MPI 网络一致。触摸屏参与 MPI 通信，同样需要在触摸屏上设定 MPI 地址和波特率。上位机参与 MPI 通信，需要在 PG/PC 中设定 MPI 地址和波特率。

10.3.3　PLC 之间的直接数据读/写的 MPI 通信

直接数据读/写可以是单主站操作，也可以是多主站操作。所有读/写程序均写在主动站点中。直接数据读/写操作通过调用发送功能 SFC68“X_PUT”和接收功能 SFC67“X_GET”实现读写操作。

例 10.3　单主站的 S7-300 PLC 与 PLC 之间的直接数据读/写 MPI 通信。

在图 10-12 所示的 S7-300（1）和 S7-300（2）之间进行直接数据读写操作，S7-300（1）和 S7-300（2）的 MPI 地址分别为 3 和 5。设 S7-300（1）为主动站点，则 S7-300（2）中不用编程。在 S7-300（1）的循环中断组织块 OB35 中调用发送功能 SFC68“X_PUT”，将 MB30 和 MB31 中的 2B 发送到 S7-300（2）站的 MB20 和 MB21 中。调用接收功能 SFC67“X_GET”将对方的 MB40 和 MB41 中的 2B 读入到本地的 MB50 和 MB51 中。程序如图 10-13 所示。

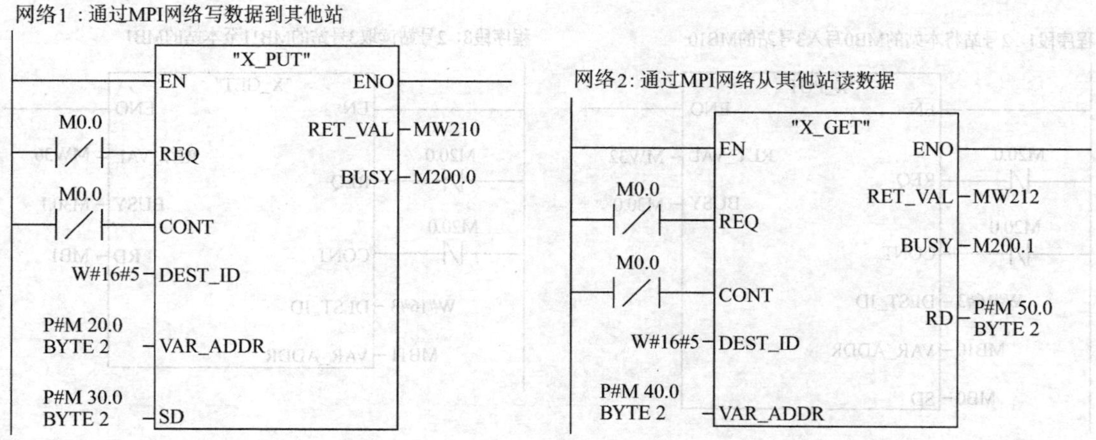

图 10-13　直接数据读写 MPI 通信

如果上述 SFC 的工作已完成（BUSY=0），调用 SFC69“X_ABORT”后，通信双方的连接资源被释放。MPI 网络除允许单主站读写之外，还允许网络中存在多个主站。任何一个主站均可以对其他所有站点（包括其他的主站）进行读写操作。

例 10.4　多主站的 PLC 之间的直接读写通信。

设 MPI 网络中有 3 个站点：2 个 S7-300 和 1 个 S7-200。图 10-14 所示为 MPI 网络的组态图，S7-300（1）和 S7-300（2）的 MPI 地址分别为 2 和 3。S7-200 只要定义其 PPI 地址和波特率就可以加入到 MPI 网络中。数据读写关系如图 10-15 所示，主动站点 2 号站对 3 号站和 4 号站进行读写操作；主动站点 3 号站对 2 号站进行读写操作。程序如图 10-16 和图 10-17 所示。

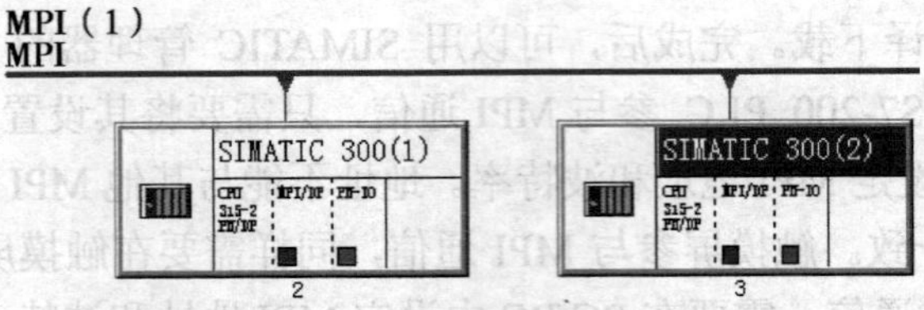

图 10-14　MPI 的多主站通信的硬件组态

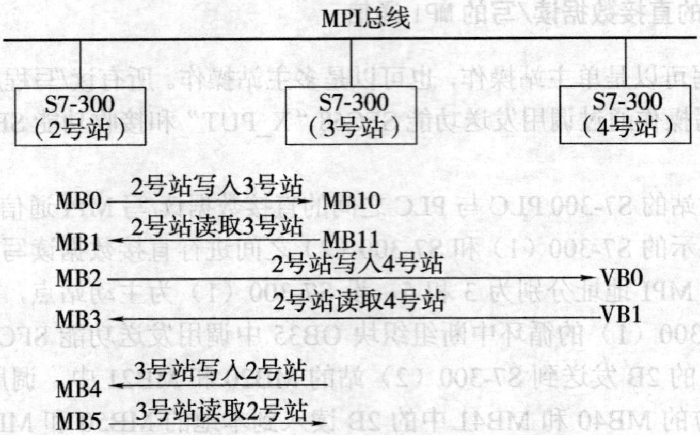

图 10-15　MPI 的多主站通信的数据读写示意图

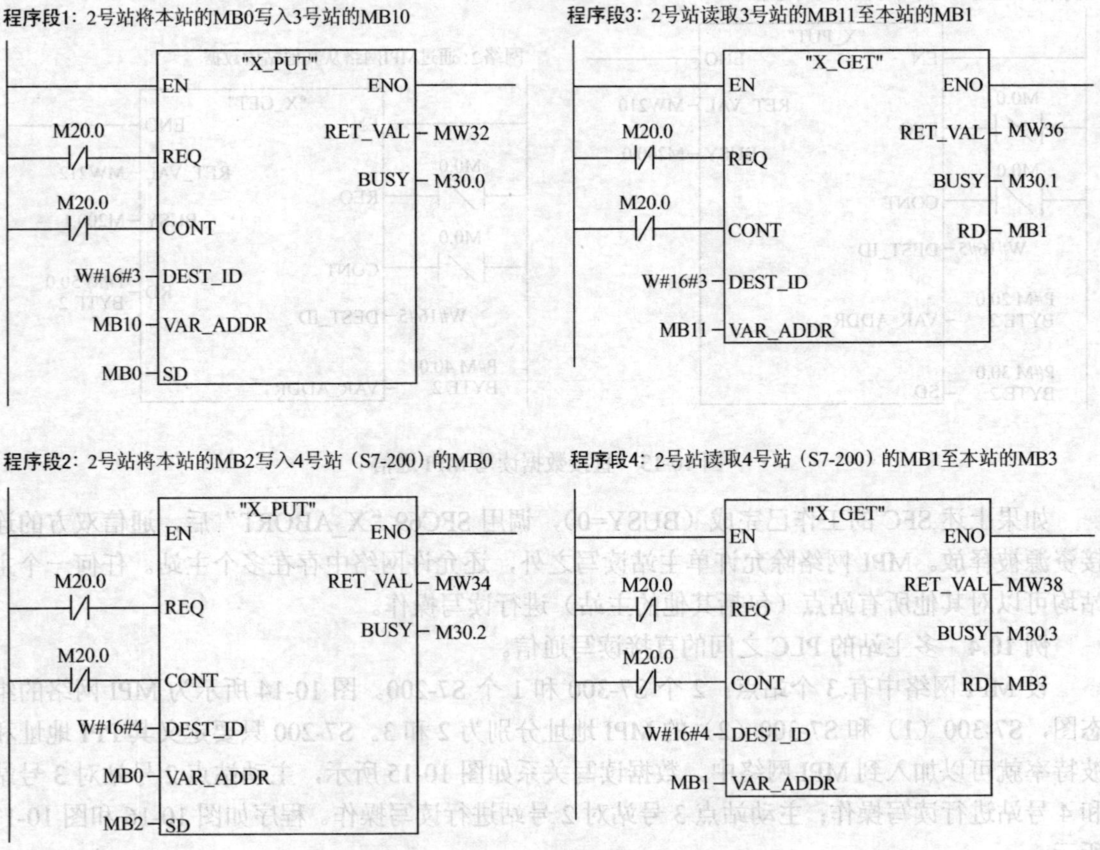

图 10-16　MPI 的多主站通信的 2 号站的程序

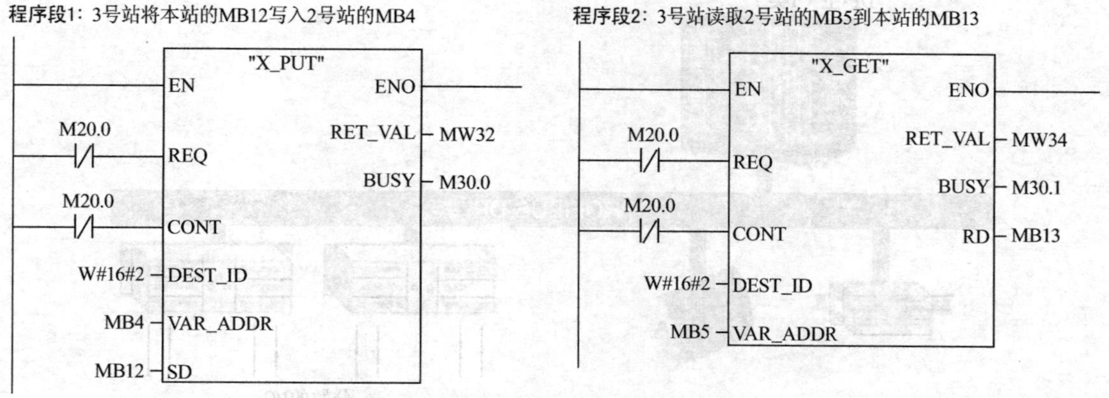

图 10-17　MPI 的多主站通信的 3 号站的程序

10.4　PROFIBUS 通信

10.4.1　PROFIBUS 通信概述

1. PROFIBUS-DP 结构

PROFIBUS-DP 是 PROFIBUS 协议的主体。PROFIBUS-DP 是专为工业控制现场层的分散设备之间的通信而设计的。PROFIBUS-DP 的结构如图 10-18 所示。现场的传感器、执行器、控制器和触摸屏等都是常见的连接在总线上的现场设备，通过总线实现不同现场设备的通信。

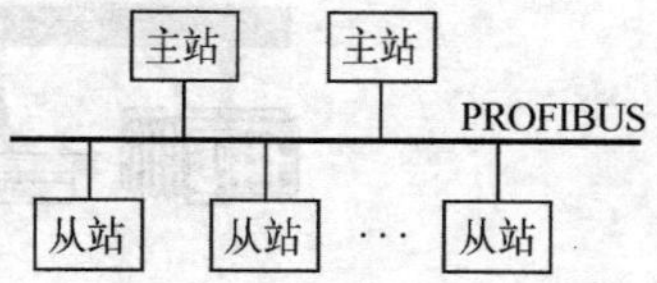

图 10-18　PROFIBUS-DP 的结构

2. 站点类型

每个 PROFIBUS-DP 系统包括各种类型的设备（装置）。根据不同的任务定义分为三种设备类型，分别为 1 类 DP 主站、2 类 DP 主站和 DP 从站。

1 类 DP 主站是一种在给定的信息循环中与分布式站点（DP 从站）交换信息的中央控制器。典型的设备有：大中型 PLC（如 S7-300/400 PLC），微机数字控制（CNC）或机器人控制（RC）。1 类 DP 主站通常既是通信的主站，又是控制系统的控制器。

2 类 DP 主站包括编程器、组态装置和诊断装置。这些设备在 DP 系统初始化时用来生成系统配置。常见的 2 类 DP 主站有编程电脑和触摸屏等。

DP 从站是指远程的输入或输出装置。PROFIBUS 系统中的现场设备大多都是 DP 从站，如带 DP 接口的传感器和执行器、远程 I/O 等。PROFIBUS 系统中的西门子小型 PLC S7-200（带有 EM277 模块）也是 DP 从站。

3. 系统配置

PROFIBUS 系统的最小配置为 1 个主站和 1 个从站。1 个主站和多个从站的 PROFIBUS 系统称为单主站系统，如图 10-19 所示。在这种操作模式下可以达到最短的总线周期。当 PROFIBUS 系统的总线上有多个主站时，称为多主站系统，如图 10-20 所示。多主站系统在原理上比单主站系统复杂。PROFIBUS 协议既支持单主站系统，也支持多主站系统。

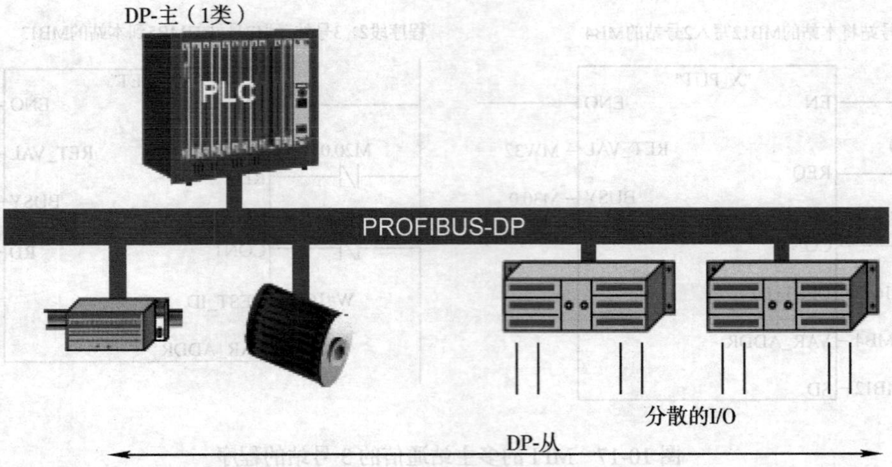

图 10-19 单主站的 PROFIBUS 系统

图 10-20 多主站的 PROFIBUS 系统

4. PROFIBUS 的通信方式

PROFIBUS 支持主从系统、纯主站系统、多主多从混合系统等几种模式。主站与主站之间采用的是令牌的传输方式，主站在获得令牌后通过轮询的方式与从站通信。若只有一个主站，并且有多个从站，则为主从系统；若只有多个主站，没有从站，则为纯主站系统；若有多个主站，每个主站均有隶属于自己的多个从站，则为多主多从混合系统。

多主多从混合系统是 PROFIBUS 的一般情况，主站与主站之间为令牌方式，主站与从站之间是主从方式，如图 10-20 所示。

10.4.2 S7-300/400 PLC 和 S7-200 PLC 的 PROFIBUS-DP 通信

S7-200 PLC 只能作为 S7-300 PLC 的从站来配置。由于 S7-200 PLC 本身没有 DP 接口，只能通过 EM277 接口模块连接到 PROFIBUS-DP 网络上。

EM277 模块的左上方有两个拨码开关，每个拨码开关可以设定 0～9 这 10 个数字，其中一个拨码开关的数字×10，另一数字×1，因此组合起来构成了 0～99，这也是 EM277 在 PROFIBUS-DP 网络中的物理站地址。EM277 在通电情况下修改拨码开关的数字后，必须断电，然后再上电才能使设定的地址生效。硬件网络组态时设定的 EM277 站地址必须与拨码开关设定的地址一致。

1. 新建项目

打开 STEP7 新建一个项目，项目名为 DP-300-277，如图 10-21 所示，然后插入 S7-300 主站，并对主站进行硬件配置。具体过程与前面例子一样。

硬件组态结束后可以对主站的网络参数进行配置。由于本例 CPU315-2PN/DP 是主站，因此，在图 10-22 中主站的工作模式选为 DP 主站。

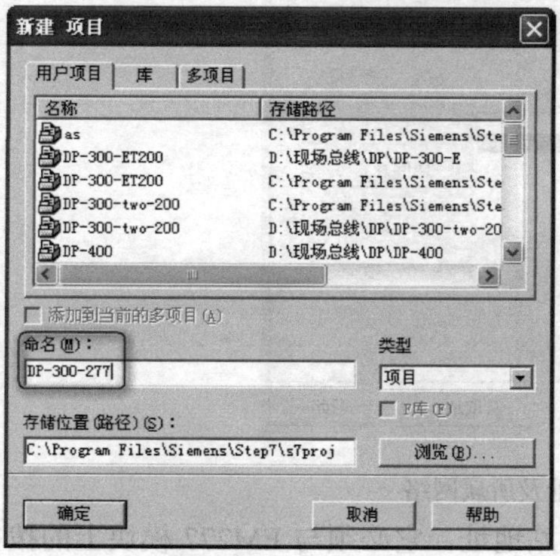

图 10-21　新建通信项目

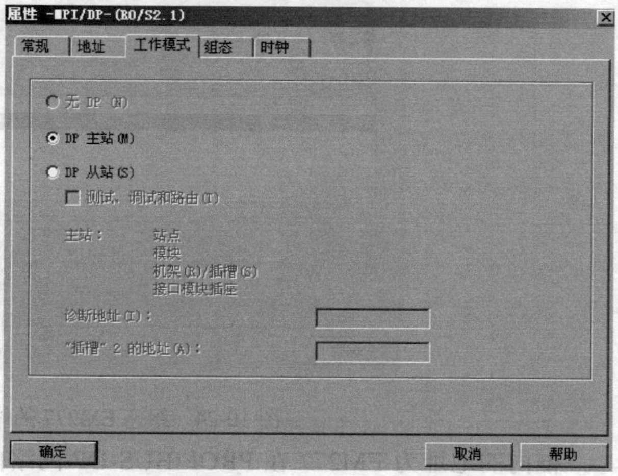

图 10-22　主站工作模式设定

在图 10-23 中为组建完整的主站 PROFIBUS 网络，单击“编译保存”按钮可以对刚才的硬件组态进行保存编译。

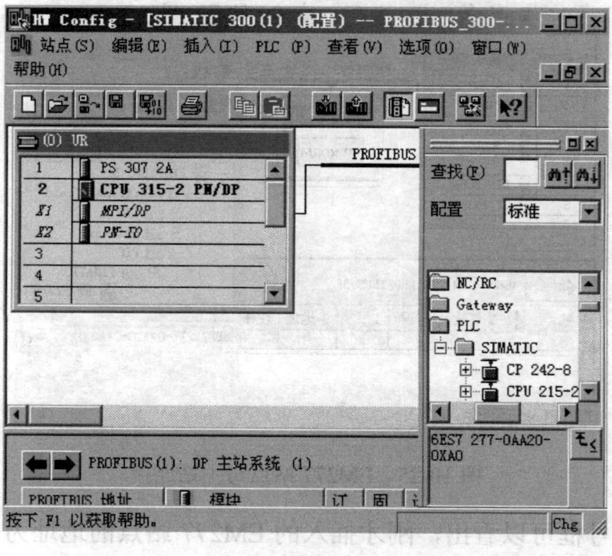

图 10-23　主站上组建了 PROFIBUS 网络

2. 插入 EM277 从站

由于 S7-200 PLC 没有集成 DP 接口，必须通过 EM277 才能连接到 PROFIBUS 网络上。在图 10-23 右侧的目录树内依次选择 PROFIBUS-DP→Additional Field Devices→PLC→SIMATIC→EM277 PROFIBUS-DP（若找不到就需要安装 GSD 文件），将其拖至左侧 PROFIBUS-DP 电缆处，则出现如图 10-24 所示的对话框。

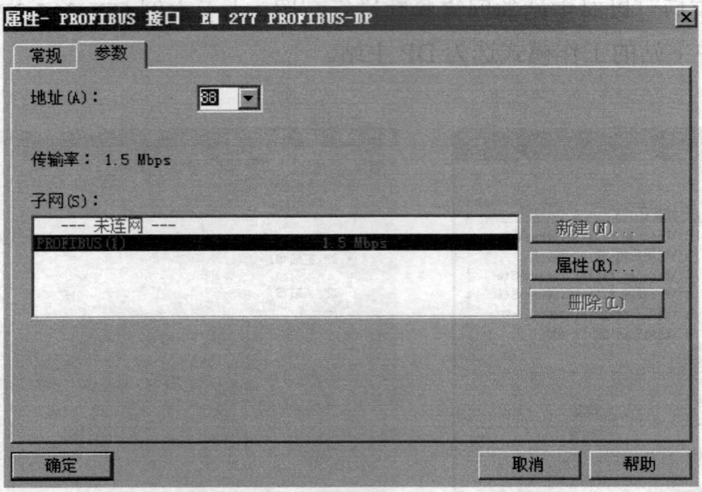

图 10-24 组态 EM277 的站地址及所属网络

框内的地址为 EM277 在 PROFIBUS-DP 网络内的站地址，它必须与 EM277 模块上的拨码开关设定的物理地址相同。EM277 物理地址的设定可以参见本节开始处所叙述的内容。设定完属性后单击“确定”按钮，即完成主站与 EM277 的连接，如图 10-25 所示。

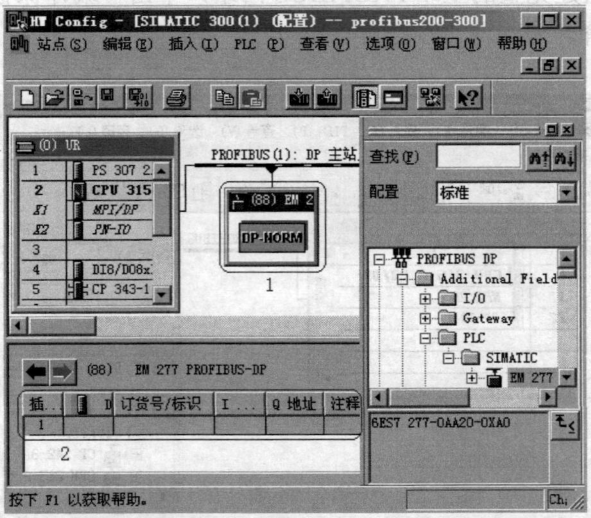

图 10-25 EM277 站点与主站连接

从图 10-25 的 1 号框可以看出，刚才插入的 EM277 站点的地址为“88”。也就是说，EM277 的物理模块上的拨码开关所设定的地址也应该是“88”。如果这两者的设置不一致，通信线路将出现故障，这时候 CPU315-2PN/DP 上的 SF 指示灯通常会亮起来。

3. 配置 CPU315-2PN/DP 与 S7-200 PLC 的通信区

这里要配置的通信区是指 S7-300 PLC 与 S7-200 PLC 两侧的互为映射的通信缓冲区。EM277 仅仅是 S7-200 用于和 S7-300 进行通信的一个接口模块，S7-200 侧的通信区地址设置必须能够被 S7-200 所接受，与 EM277 无关。

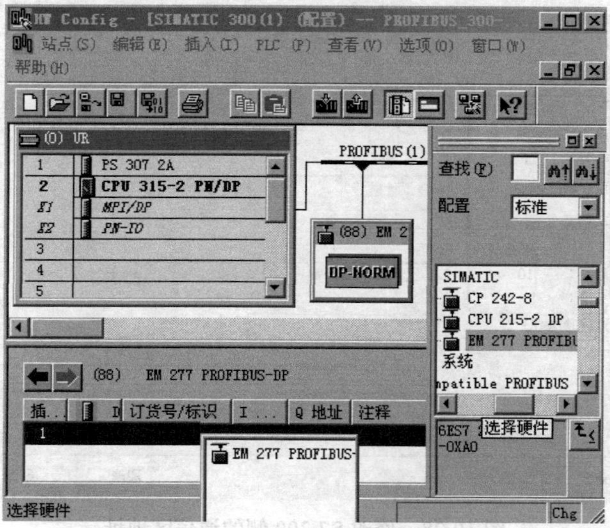

图 10-26　插入 S7-300 侧通信区对象

单击图 10-25 的 EM277（1 号框），出现 2 号框内的内容，在这里可以配置 S7-300 侧的通信区。

右击 2 号框，单击“插入对象”，如图 10-26 所示。

单击图 10-26 内的 EM 277 PROFIBUS-DP，可以看到模块提供了多种不同大小的通信区，用户可以根据实际数据传输量来选择。这里选择 2 Bytes Out/2 Bytes In，如图 10-27 所示。

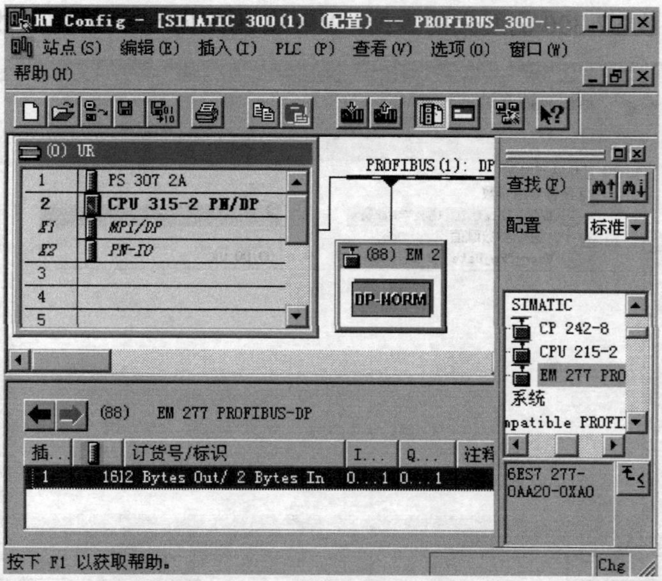

图 10-27　设置 S7-300 侧通信区

这里配置的 S7-300 侧的通信区地址是系统默认的。当然，用户也可以修改通信区地址：双击图 10-27 下方的深色区域，出现图 10-28 所示对话框。框内显示的是 S7-300 侧的输入/输出通信区，用户可以在这里修改输入/输出通信区的起始地址。

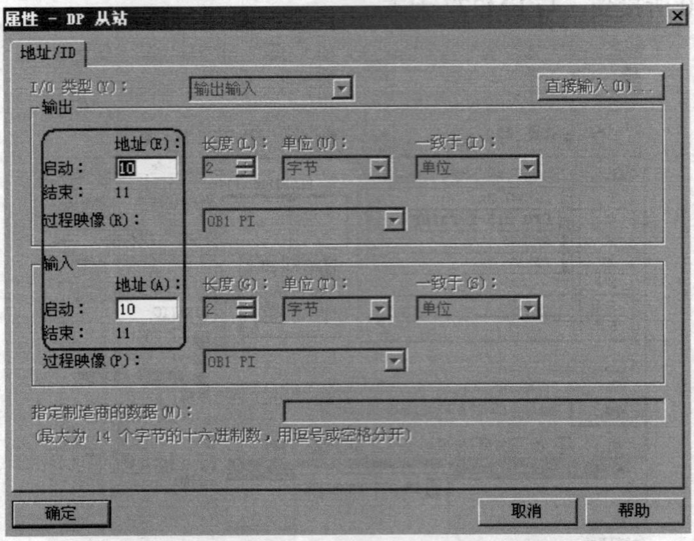

图 10-28　修改 S7-300 侧的通信区地址

本例中修改起始地址从 10 开始，则发送区变为 QW10（QB10、QB11）；接收区变为 IW10（IB10、IB11）。

接下来再配置 S7-200 侧的通信区。双击图 10-27 中的 EM277，在出现的对话框内选择“参数赋值”选项卡。S7-200 侧的通信区默认使用的是全局变量 V 存储区。在图 10-29 中的框内可以设定通信区在 V 区的起始地址。默认通信区从 V0 开始，占用 4B（前面通过组态设定的），也可以自行修改。如图 10-29 所示，修改为从 V10 开始，即 VW10 和 VW12，其中 VW10 用来接收 S7-300 侧发来的数据，VW12 用来向 S7-300 发送数据。

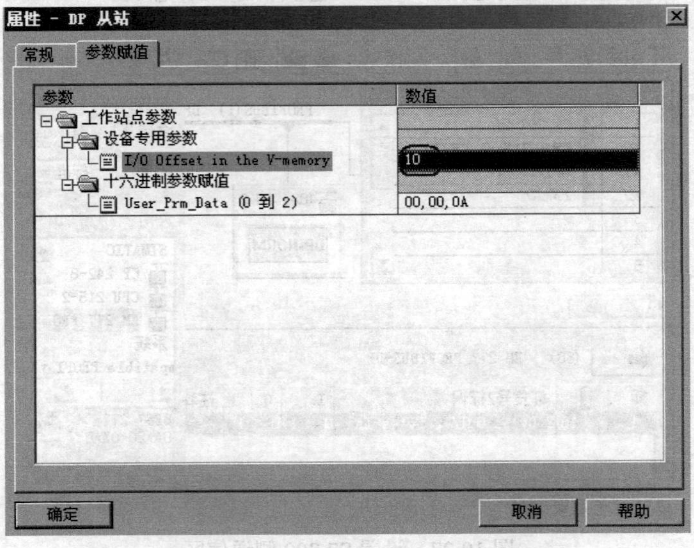

图 10-29　配置 S7-200 侧的通信区

如果在图 10-26 中建立的缓冲区是“8 Bytes Out/8 Bytes In”，则 S7-200 侧的通信区 VB0～VB7 为接收区，VB8～VB15 为发送区。

配置完成后，单击“确定”按钮即可。至此，S7-200 与 S7-300 PROFIBUS-DP 通信网络的硬件组态结束。用户可以单击“编译保存”按钮进行保存编译，并将配置下载到 S7-300 中。

4. 通信映射区

PROFIBUS-DP 网络都是通过硬件组态时预先设定的通信区实现数据交换的，这个数据区通常称为通信映射区。因为该通信区就通信双方来说是互为映射的。这一点在组态时以及后面的编程中都必须牢记，否则容易出错。图 10-30 是通信映射区示意图。根据前面的组态，S7-300 侧的通信区分别为 QW10 和 IW10，S7-200 侧的通信区为 VW10 和 VW12。

通信过程是自动完成的。通信的过程如下：S7-300 侧有数据被存入 QW10，则该数据将自动通过 PROFIBUS 网络传输到 S7-200 侧的 VW10 存储区内，在 S7-200 侧可以读取该数据参与其他的运算；如果 S7-200 侧的 VW12 区有数据存入，则该数据被自动传输至 S7-300 侧的 IW10 存储区，在 S7-300 侧可以编程读取 IW10 内的数据进行处理。

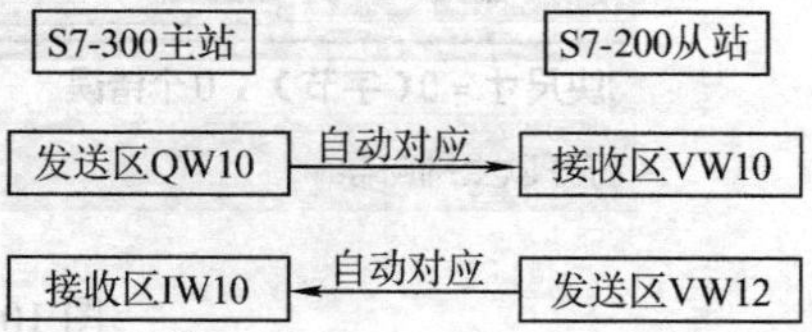

图 10-30　S7-300 与 S7-200 之间的通信映射区

10.5　工业以太网通信

10.5.1　概述

西门子 PLC 支持各种工业以太网的通信，而 PLC 与 PLC 之间最常用的是 C/S 方式的通信。客户端/服务器端（Client/ Server，C/S）通信就是通信双方中的一方作为客户端发起数据读写请求，另一方仅仅为数据的读写服务，不会主动发起通信。S7-200 系列的部分 PLC 在工业以太网中既可以作为客户端，也可以作为服务器端使用。每次通信一般是由客户端发起的，服务器端只是为数据通信服务。S7-200 系列的部分 PLC 本身并没有集成以太网接口，不过它可以通过通信处理模块 CP243-1 方便地连接到工业以太网上。CP243-1 是为 S7-200 系列 PLC 设计的，该模块提供了一个 RJ45 的网络接口。

本节先介绍一下 S7-200 之间的工业以太网组建与数据通信，实验对象为 2 个 CPU222，且各自扩展了一个 CP243-1 模块。S7-200 与 S7-300/400 之间也可以进行 C/S 方式的通信，思路与 S7-200 之间的通信设置是一样的，本书不再介绍。

10.5.2　C/S 网络客户端配置

为了清楚地说明 C/S 网络客户端的配置过程，方便用户进行组态，现将整个组态过程归纳为 5 个步骤来说明客户端的配置。

1. 打开以太网向导

打开 STEP7-Micro/WIN，在项目管理器中选择“工具”→“以太网向导”，如图 10-31 所示。

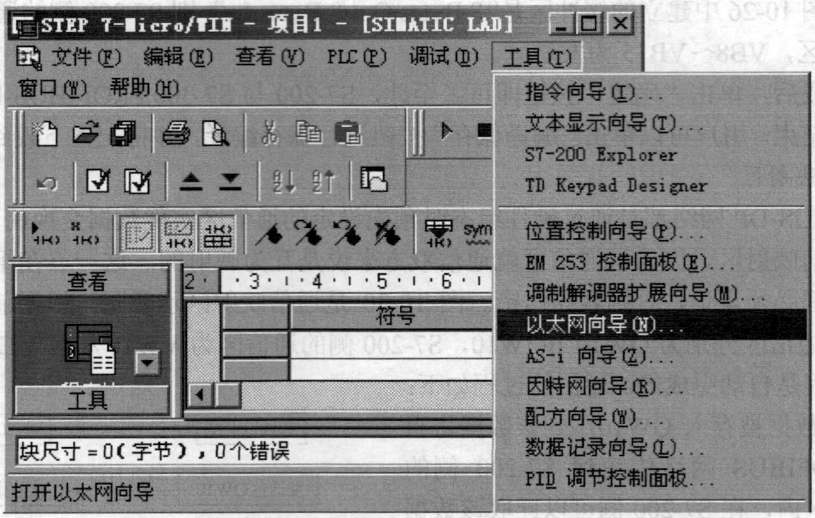

图 10-31　打开以太网向导

打开后的"以太网向导"对话框如图 10-32 所示。由该对话框中的叙述可以知道，通过该向导，可以配置 CP243-1 通信处理器模块，以便将 S7-200 PLC 连接到工业以太网上。

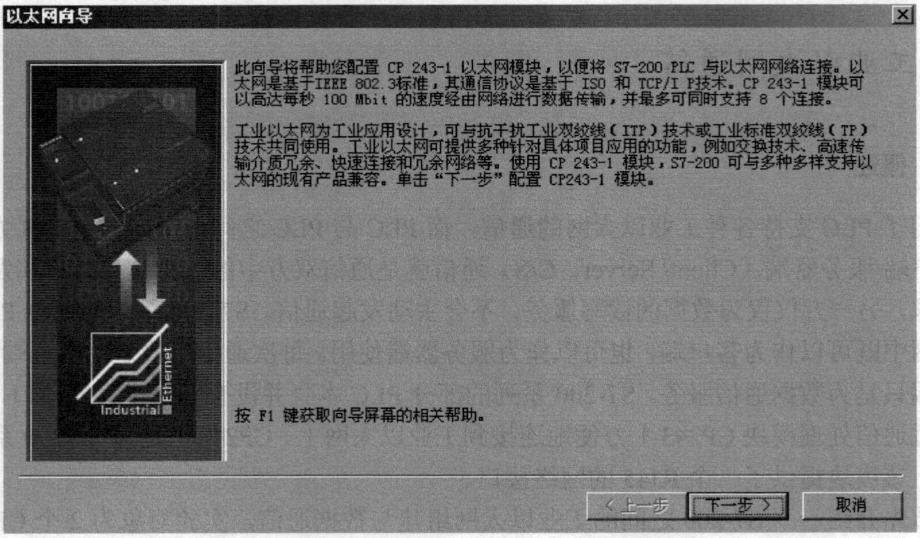

图 10-32　"以太网向导"对话框

2. 读取 CP243-1 模块位置号

在图 10-33 中，可以指定 CP243-1 在机架上相对于 PLC 的位置，直接与 PLC 通过扩展总线连接的模块处于 0 号位置，紧随其后的依次为 1 号、2 号……。对于本例，与客户端的 PLC 直接连接的是 CP243-1，所以其模块号为 0；与服务器端的 PLC 直接相连的是 EM277 模块，CP243-1 连接在 EM277 的后面，所以其模块号为 1。如果不知道 CP243-1 确切的模块号，也可以连接通信电缆（PPI Cable），选择下载路径，单击图 10-33 中的"读取模块"按钮来读取 CP243-1 的准确位置。

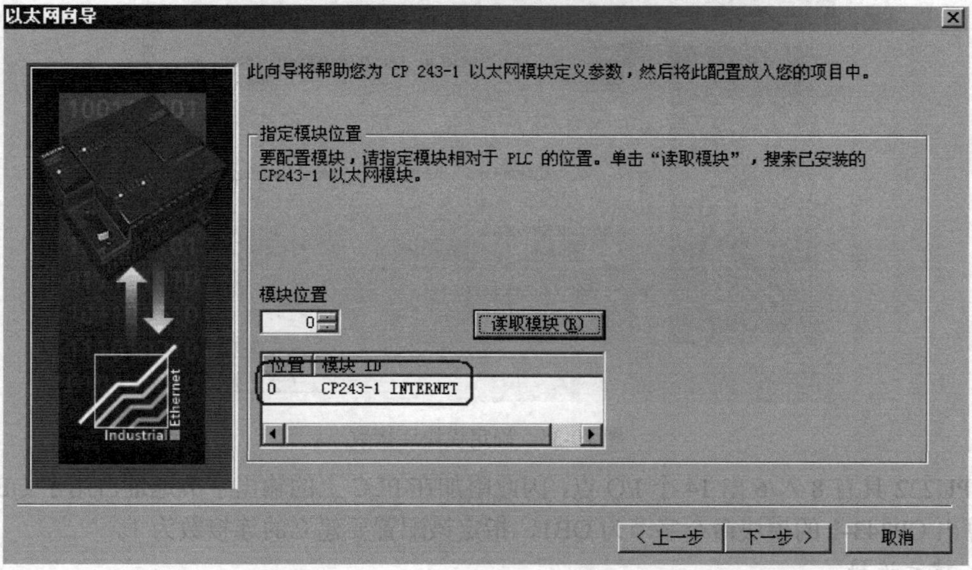

图 10-33　指定机架上 CP243-1 所处的位置

3. 配置 CP243-1 参数

单击图 10-33 中的“下一步”按钮，为 CP243-1 指定 IP 地址。如果网络内有 BOOTP 服务器，则不需要在此指定 IP 地址，由系统自动分配。本例中为该站点配置 IP 地址为“192.168.10.50”。其余内容如图 10-34 所示。

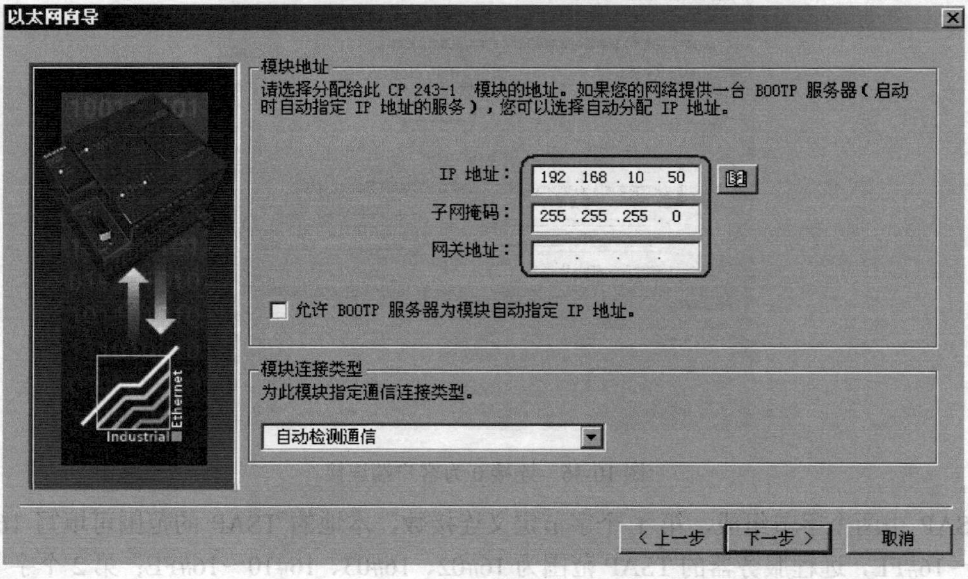

图 10-34　分配 CP243-1 的 IP 地址

单击“下一步”按钮，指定模块参数的命令字节和通过 CP243-1 建立的连接数，如图 10-35 所示。

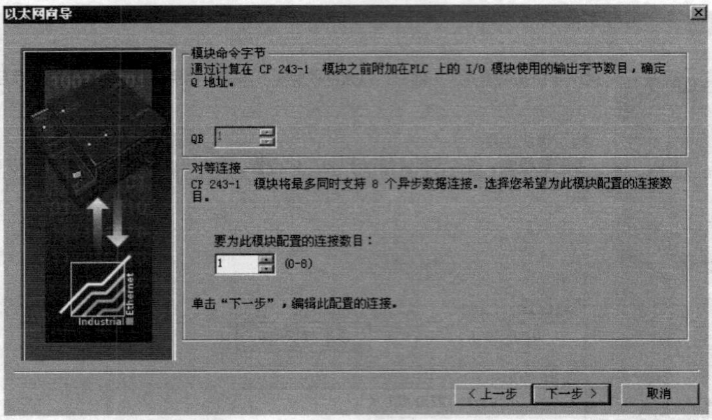

图 10-35　确定模块连接数

CPU222 具有 8 入/6 出 14 个 I/O 点，因此附加在 PLC 上的输出字节地址占用了 QB0，由此计算出 CP243-1 的模块命令字节为 QB1，指定该配置要建立的连接数为 1。

4. 建立连接

在图 10-36 中需要用户填写 TSAP 的内容。TSAP（Transport Service Access Point，传输层服务访问点）是向应用层提供服务的端口。每个 TSAP 上绑定一个应用进程，应用进程通过各自的 TSAP 调用传输层服务。

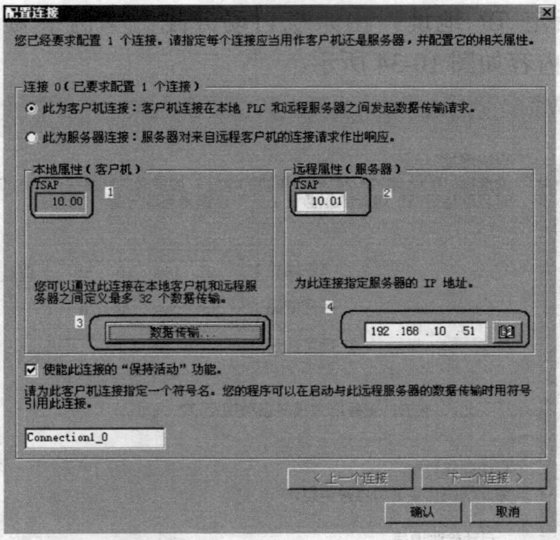

图 10-36　连接 0 为客户端连接

TSAP 由两个字节组成，第 1 个字节定义连接数，本地的 TSAP 的范围可填写 16#02、16#10～16#FE，远程服务器的 TSAP 范围为 16#02、16#03、16#10～16#FE；第 2 个字节定义机架号和 CP 槽号（或模块位置）。由于本例中的远程服务器的 CP243-1 处于 1 号位置，本地的 CP243-1 处于 0 号位置，所以远程的 TSAP 均填入 10.01，本地的 TSAP 填入的是 10.00。需要指定服务器端的 IP 地址，这里填入 192.168.10.51。

要实现数据通信，必须建立"数据传输"通道，每一个连接最多可以建立 32 个数据传输，包括读、写操作。

单击 3 号框的“数据传输”按钮，再单击“从远程服务器连接读取数据”单选按钮，如图 10-37 所示。

为了简要说明，这里定义从服务器仅读 1 个字节的数据，即将服务器的 VB500 内数据读入到本地 VB50 内。VB50 作为客户端的接收缓冲区，VB500 作为服务器端的发送缓冲区。然后定义下一个传输，写数据到服务器，如图 10-38 所示。

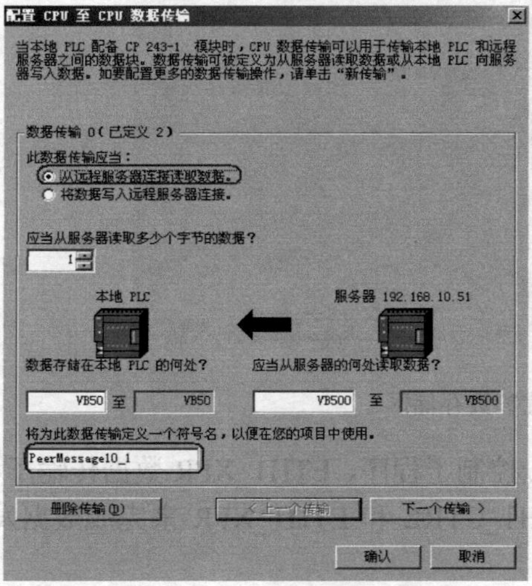

图 10-37 定义数据传输读

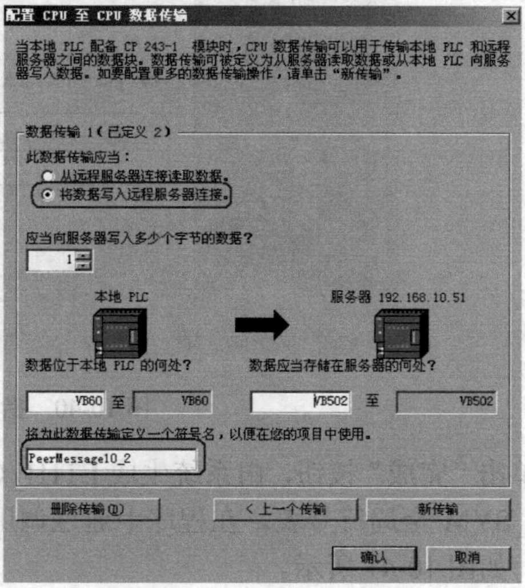

图 10-38 定义数据传输写

该步骤定义了一个写数据传输，将本地 VB60 内的数据写入服务器的 VB502。VB60 作为客户端的发送缓冲区，VB502 作为服务器端的接收缓冲区。

每个数据传输都有一个符号名来标记，以便在程序中区分发送还是接收。本例中读数据传输用 “PeerMessage10_1”来标记，而数据传输写用“PeerMessage10_2”来标记。

5. 生成 CRC 文件并分配内存

CRC 保护可以防止模块配置参数被无意中的存储器访问修改，但同时也限制了用户在模块运行时会修改模块配置参数，如图 10-39 所示。

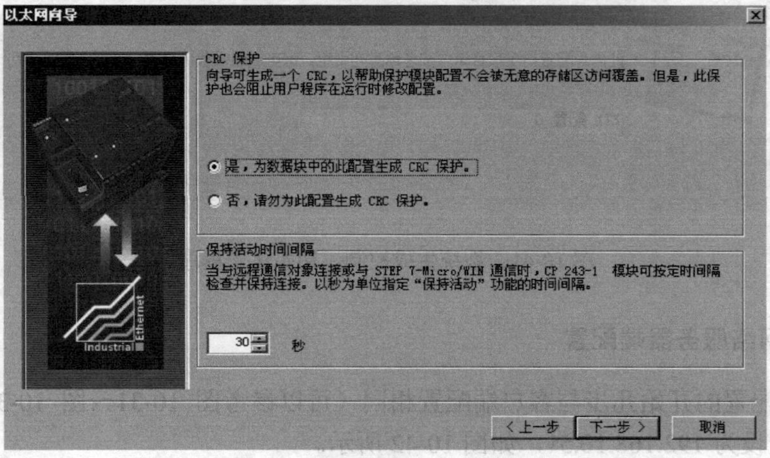

图 10-39 生成 CRC 保护

用户可以指定参数存储区的起始地址，整个存储区的大小由系统根据刚才的配置自动计算，无须用户干预。这里指定存储区从 VB65 开始，如图 10-40 所示。

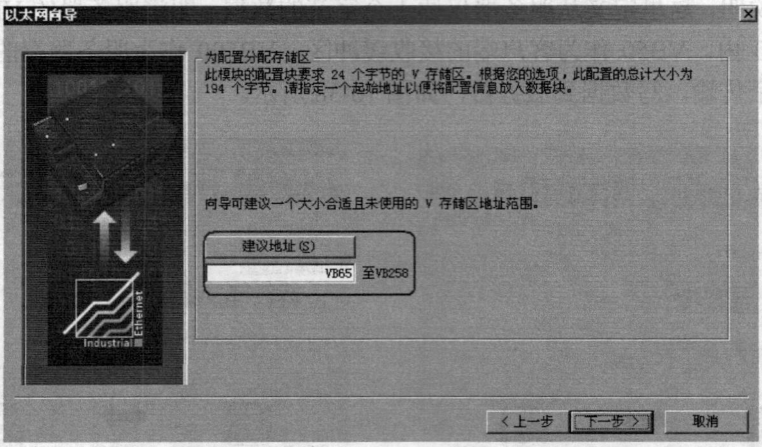

图 10-40 指定配置参数存储区

单击“完成”按钮，由系统生成 ETH1_CTRL 控制子程序、ETH1_XFR 数据传输子程序、ETH1_SYM 全局符号表。在程序中通过调用 ETH1_CTRL 和 ETH1_XFR 来完成数据发送和接收，如图 10-41 所示。

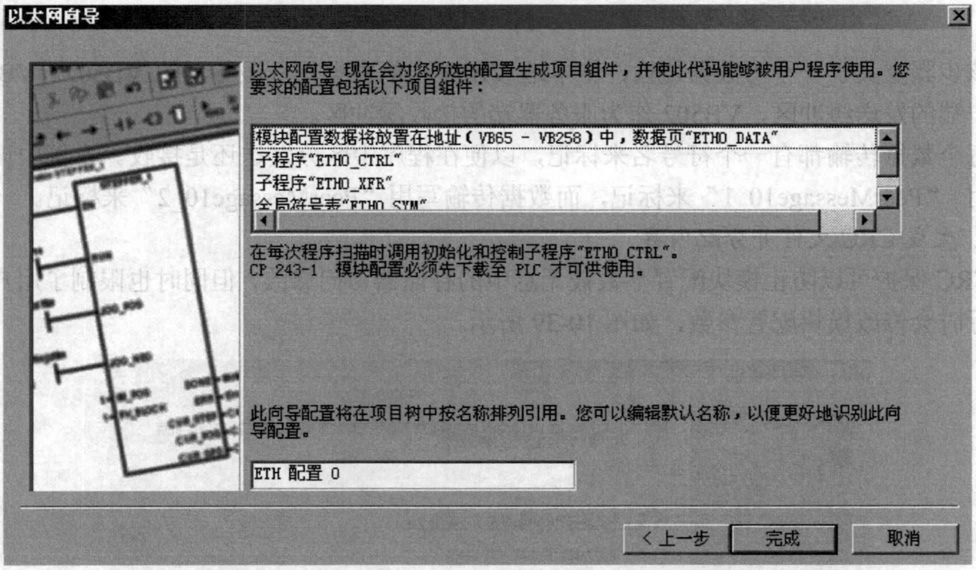

图 10-41 系统生成控制、初始化子程序

10.5.3 C/S 网络服务器端配置

服务器端配置的开始几步与客户端配置相同（可以参考图 10-31～图 10-35），只不过服务器端 IP 地址设为 192.168.10.51，如图 10-42 所示。

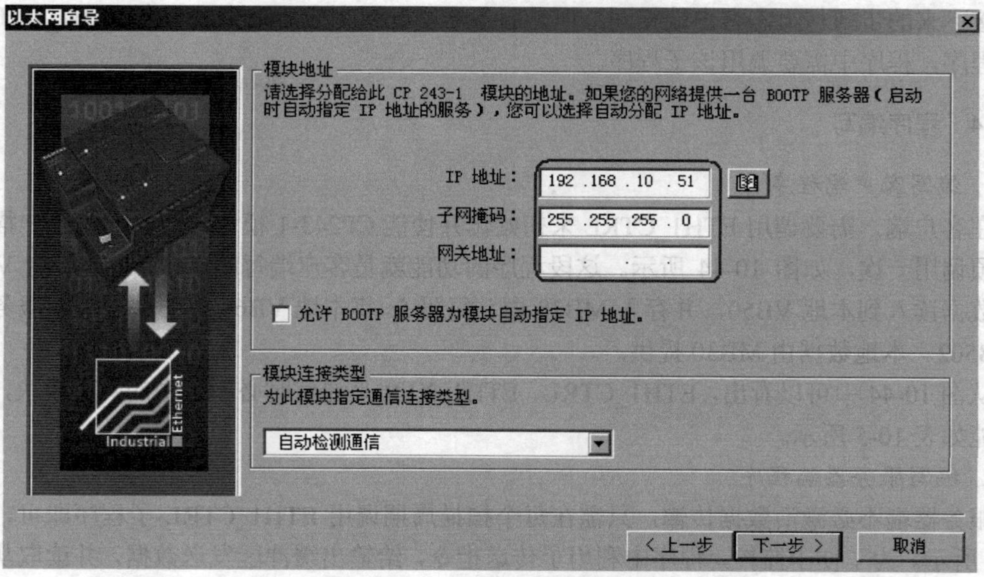

图 10-42　分配服务器端 IP 地址

单击“下一步”按钮，在“配置连接”对话框内选择“此为服务器连接：服务器对来自远程客户机的连接请求作出响应。”单选按钮，客户端的 TSAP 修改为 10.00，对方的 IP 地址输入客户端的 IP 地址，如图 10-43 所示。

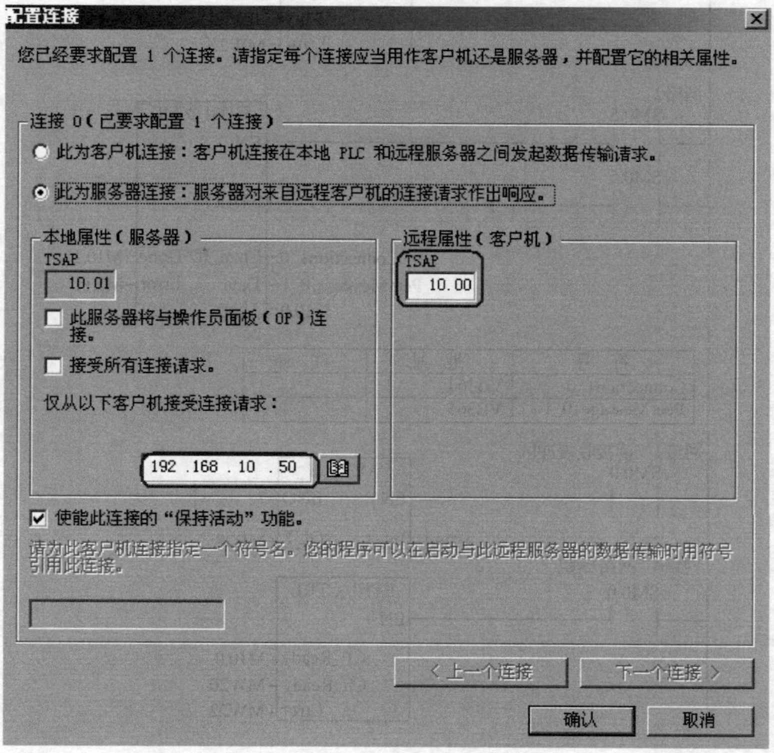

图 10-43　配置服务器连接

接下来的步骤与组态客户端相同，但是服务器端配置完成后只生成一个 ETH1_CTRL 控制子程序，程序中需要调用该子程序。

10.5.4 程序编写

1. 编写客户端程序

在客户端，需要调用 ETH1_CTRL 来初始化并使能 CP243-1 模块，而且在每个扫描周期都必须调用一次，如图 10-44 所示。这段程序的功能就是客户端每隔 1s 将服务器端 VB500 内的数据读入到本地 VB50，并存入 MB28 内。每隔 5s 将本地 VB60 内的数据写入服务器端的 VB502。本地数据由 MB30 提供。

从图 10-44 中可以看出，ETH1_CTRL、ETH1_XFR 是通信时必不可少的两个模块，其引脚功能如表 10-5 所示。

2. 编写服务器端程序

服务器端不必激活数据传输，只需在每个扫描周期调用 ETH1_CTRL 子程序即可，如图 10-45 所示。为了便于监控，程序中利用了传送指令，给输出缓冲区发送数据，并读取从客户端接收到的数据。

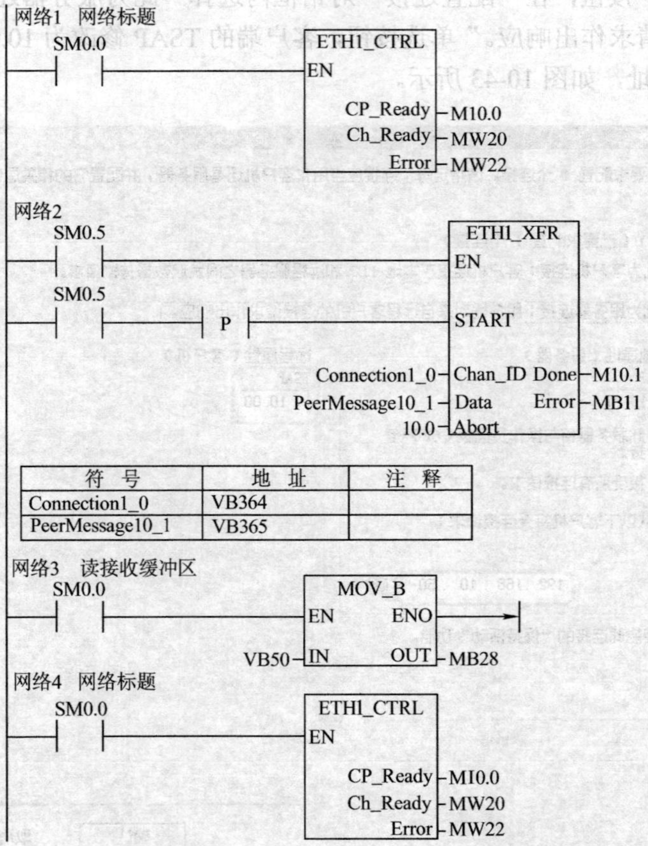

符 号	地 址	注 释
Connection1_0	VB364	
PeerMessage10_1	VB365	

图 10-44 客户端程序

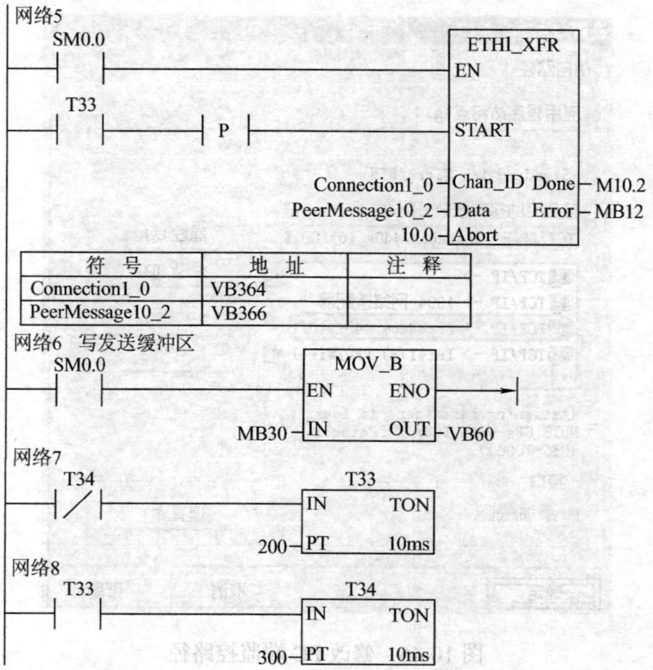

图 10-44 客户端程序（续）

表 10-5 ETH1_CTRL、ETH1_XFR 的引脚功能说明

ETH1_CTRL		ETH1_XFR	
EN	模块的使能端，每个扫描周期必须为 1	START	执行时需要判断 CP243-1 模块是否忙，若不忙，则通过 START 向其发送命令
CP_Ready	输出 1 显示 CP243-1 模块准备就绪	Chan_ID	连接通道号
Ch_Ready	输出 1 显示通道准备就绪	Data	数据传输的标号（在建立数据传输通道）
Error	输出发生错误的状态字	Done	CP243-1 完成命令时输出 1
		Error	输出发生错误的状态字

3. 组态及程序下载

用西门子专门的下载电缆分别连接两个 PLC。将客户端的组态和程序下载到其中一个 PLC 内，而将服务器端的组态和程序下载到另一个 PLC 内。

下载完成后，将两个 CP243-1 用屏蔽双绞线连接到工业交换机上，将编程 PC 也连接到交换机上，并修改 PC 的 IP 地址，使之与两个 CP243-1 处于同一个子网内。这里设置 PC 的 IP 为 192.168.10.100。再次修改“设置 PG/PC 接口”，如图 10-46 所示，选择“TCP/IP”访问路径，单击“确定”按钮。

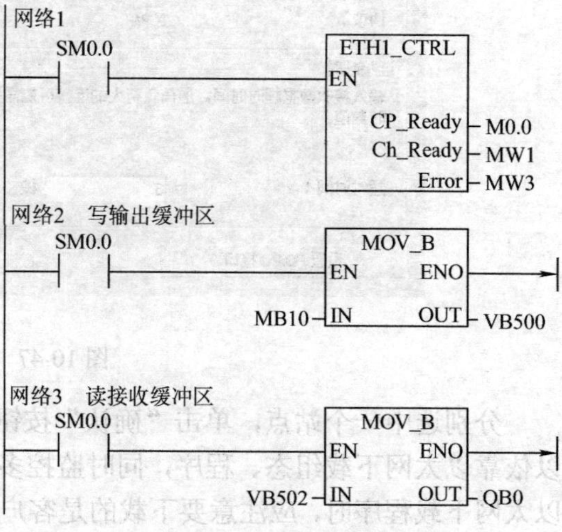

图 10-45 服务器端程序

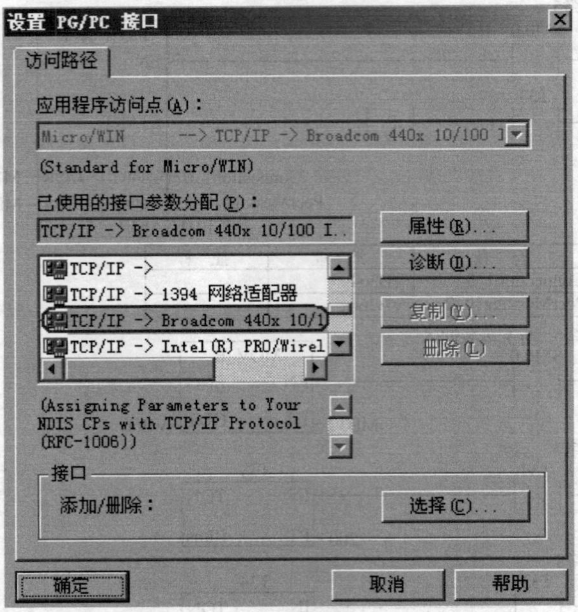

图 10-46　修改 PC 端监控路径

在“通信”对话框中双击“双击刷新”，可以发现找到了对应 IP 地址的站点，如图 10-47 所示。

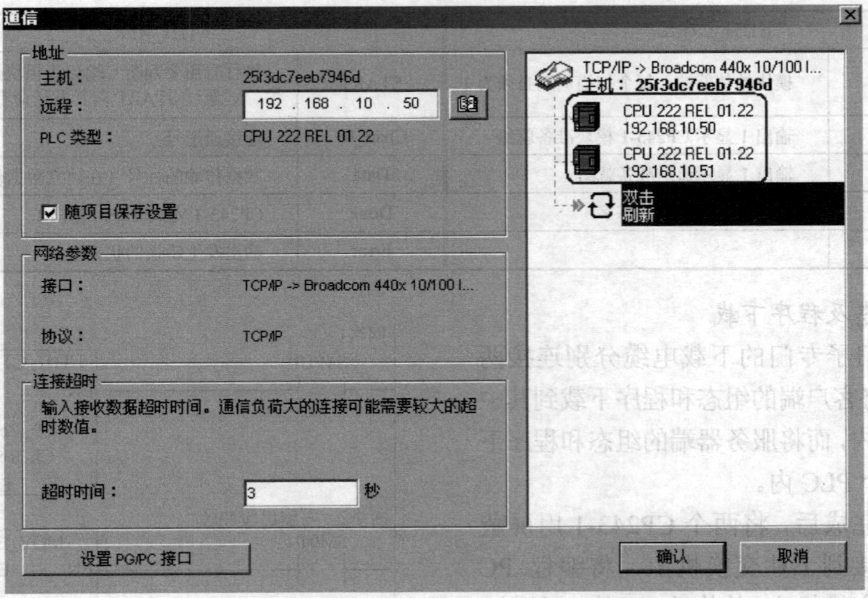

图 10-47　搜索到通信站点

分别选中一个站点，单击“确认”按钮，即可在 PC 和 PLC 间建立通信。以后，用户可以依靠以太网下载组态、程序，同时监控多台 PLC 运行情况。不过需要特别提出的是，在用以太网下载程序时，应注意要下载的是客户端程序还是服务器端程序，以便选择相应的站点。

4. 程序运行监控

根据以太网向导和编写的程序，不难看出客户端与服务器端的通信缓冲区，如图 10-48 所示。

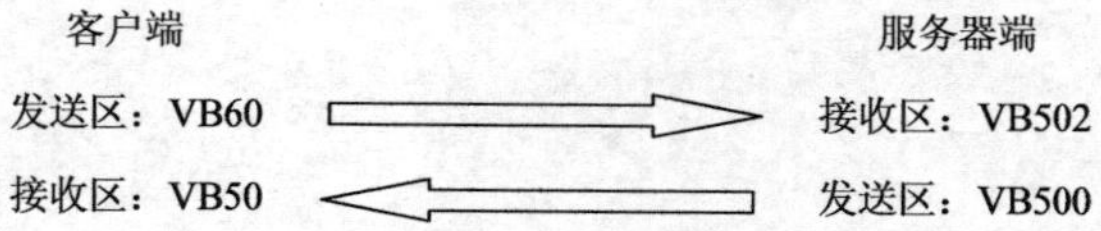

图 10-48　输入/输出缓冲区

在客户端内打开状态表。根据客户端程序，输入 MB30，强制其值为 7，如果通信正常，则在服务器端的接收区可以读到该值，同时客户端程序将读取接收区的数值存入 MB28 内。

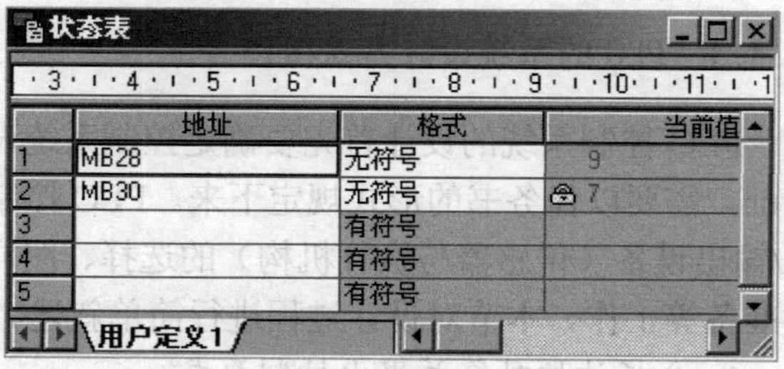

图 10-49　客户端监控结果

服务器端通过 MB10 给 VB500 内写入数据 9，并读取 VB502 的值存入 QB0。

由图 10-49 和图 10-50 可以看到，客户端 MB30 发送的数值 7 被服务器端接收到并存入 QB0，而服务器端的 MB10 内的数据被读入客户端的 MB28，说明通信能够正常进行。

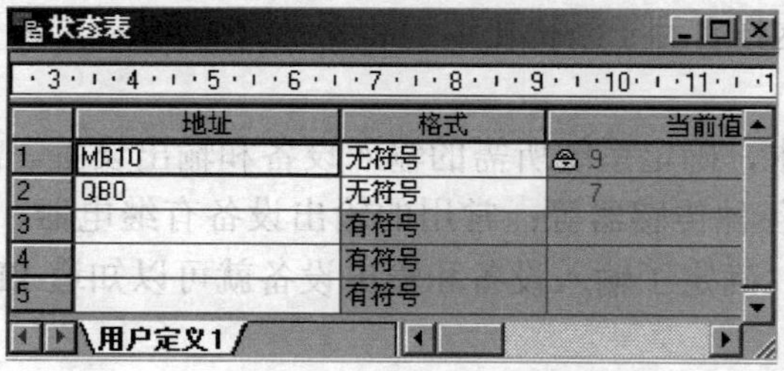

图 10-50　服务器端监控结果

思考与练习题

10.1　简述西门子 PLC 之间通信的协议类型。

10.2　分别用 PPI 和以太网 C/S 方式实现两台 S7-200 PLC 之间的通信。S7-200（1）的 MW0 发送到 S7-200（2）的 MW10，S7-200（2）的 MW12 发送到 S7-200（1）的 MW2。分别简述组态过程。

10.3　分别用 MPI 和 PROFIBUS 方式实现 S7-200 PLC 与 S7-300 PLC 之间的通信。S7-200 的 MW0 发送到 S7-300 的 MW10，S7-300 的 MW12 发送到 S7-200 的 MW2。分别简述组态过程。注意：PROFIBUS 通信时，S7-200 中的数据是 V 区，若要与 M 区通信，需要通过 V 区实现。

第 11 章 PLC 控制系统设计

11.1 PLC 的系统设计

11.1.1 PLC 的系统设计方法概述

PLC 控制系统的设计首先要确定控制系统设计的技术条件。技术条件是整个系统设计的基础，需要以任务书的形式规定下来。PLC 控制系统的设计包括 PLC 的选择、I/O 分配、输入/输出设备（传感器与执行机构）的选择、图样设计、程序设计、控制柜设计以及技术文件的准备等工作。本节对设计过程进行简单叙述。

1. 分析被控对象并提出控制要求

深入了解和分析被控对象的工艺条件及工作过程，提出被控对象的控制要求，然后确定控制方案，拟定设计任务书。被控对象是指被控的机电设备或生产过程；控制要求主要指控制的方式、控制的动作、工作循环的组成以及系统保护等。对较复杂的控制系统可以将控制要求分解成多个部分，这样有利于结构化编程和系统调试。

2. 确定 I/O 设备

根据系统的控制要求，确定系统所需的输入设备和输出设备。常用的输入设备有按钮、选择开关、行程开关及各种传感器等；常用的输出设备有继电器、接触器、信号指示灯、电磁阀及其他执行器等。确定了输入设备和输出设备就可以知道 PLC 的 I/O 的类型和点数需求。

3. PLC 的选择

PLC 的选择包括对 PLC 的机型、容量、I/O 模块和电源等的选择。

机型的选择是最关键的。应优先选择中小型 PLC，并选择主流机型，还要考虑本单位技术人员的技术现状，尽量选择技术人员熟悉的 PLC。主流机型一般支持主流的 PLC 技术，并且符合 IEC1131 的相关规定，为整个系统的设计奠定良好的基础。

PLC 输入/输出的选择要考虑信号类型和数量。先考虑模拟量要求，再考虑数字量要求。若有模拟量信号，最好选择集成模拟量输入/输出接口的 PLC；若模拟量信号较多，最好选择独立的模拟量输入/输出模块。数字量的点数需要预留 15%～20%的备用量。

数字量的输入/输出类型需要仔细选择。输入接口一般为直流，选择直流输入模块时要注意输入接口的极性要求（PNP 型或 NPN 型晶体管）。不同的负载对 PLC 的输出方式有不同的要求。对于频繁通断的感性负载，应选择晶体管或晶闸管输出型，而不能选用继电器输出型。动作不频繁的交、直流负载可以选择继电器输出型。继电器输出型的 PLC 有许多优点，如导通压降小，有隔离作用，价格相对较便宜，承受瞬时过电压和过电流的能力较强，其负载电压灵活（可交流、可直流）且电压等级范围大等。另外，PLC 输出点的接法也要注意，可分为共点式、分组式和隔离式接法。隔离式的各组输出点之间可以采用不同的电压种类和电压等级。

由于工业网络的发展，必须考虑通信接口的类型和数量。没有通信接口的 PLC 是不能正常使用的。现代 PLC 的通信功能已经成为编程和应用的基本功能。此外，存储容量、I/O 响应时间和 PLC 结构形式也是 PLC 选择时需要考虑的因素。

4. 程序设计

根据系统的控制要求，选择合适的程序设计方法来设计 PLC 程序。程序要以满足系统控制要求为目标，实现要求的控制功能。经验法是最常用的编程方法，顺序控制法也经常使用。

5. 硬件实施

硬件实施方面主要是进行控制柜等硬件的设计及现场施工。主要内容有设计控制柜和操作台等部分的电气布置图及安装接线图，设计系统各部分之间的电气连接图。根据施工图样进行现场接线。

6. 现场调试

现场调试是整个控制系统完成的重要环节。任何程序的设计都需要经过现场调试。只有通过现场调试才能发现控制回路和控制程序的不足之处，并进行最后的调试，以适应控制系统的要求。全部调试完毕后，才可交付试运行。

7. 编写技术文档

技术文档包括设计说明书、硬件原理图、安装接线图、电气元件明细表、PLC 程序以及使用说明书等。

11.1.2　经验法与顺序控制法

1. 经验法

经验法是运用自己或别人的经验进行 PLC 程序设计的方法。使用经验法的基础是要掌握常用的控制程序段，如自锁、互锁等，当需要某些环节的时候，用相应的程序去实现。在本章中，很多程序的编写都是用经验法完成的。

另外，在多数的工程设计前，先选择与自己工艺要求相近的程序，把这些程序看成是自己的经验。结合工程实际，对经验程序进行修改，使之适合自己的工程要求。

2. 顺序控制法

顺序控制法是在指令的配合下设计复杂的控制程序。一般比较复杂的程序，都可以分成若干个功能比较简单的程序段，一个程序段可以看成整个控制过程中的一步。从整体角度去看，一个复杂系统的控制过程是由若干个步组成的。系统控制的任务实际上可以认为在不同条件下去完成对各个步的控制。顺序控制是一种编程思想。在编程时，也可以用一般的逻辑指令实现顺序控制。西门子 PLC 中提供了专门的步进顺序控制指令，可以利用该指令方便地编写控制程序。

11.2　水塔的控制

11.2.1　控制对象简介

本案例的控制对象是水塔，如图 11-1 所示。

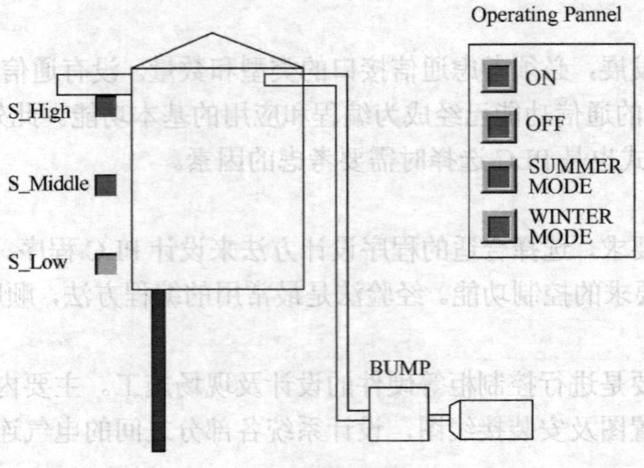

图 11-1 控制对象水塔示意图

在水塔系统中，水泵为水塔供水。水塔有两种工作模式：夏季模式和冬季模式。可以通过 SUMMER MODE 开关与 WINTER MODE 开关选择工作模式，模式开关上有指示灯。水塔有三个液位传感器，分别感知水位的高、中和低。当水位达到相应的位置时，对应的传感器输出信号。当水位处于低水位时，马达运转，水泵为水塔供水，随着液位不断上升，三个传感器依次输出信号。夏季模式加水至高水位，冬季模式加水至中水位。补水完成后，随着用户的使用，水位会下降。

按下"开始（ON）"按钮，系统开始运行；按下"结束（OFF）"按钮，系统停止。"开始（ON）"按钮和"结束（OFF）"按钮上带有指示灯，需要由 PLC 控制。

11.2.2 PLC 的输入和输出接口

数字量输入地址定义如表 11-1 所示。

表 11-1 数字量输入地址定义

符 号	地 址	数 据 类 型	注 释
P_Summer	I0.0	BOOL	夏季模式按钮
P_Winter	I0.1	BOOL	冬季模式按钮
S_Low	I0.2	BOOL	液面低
S_Middle	I0.3	BOOL	液面中
S_High	I0.4	BOOL	液面高
P_ON	I0.5	BOOL	ON 按钮
P_OFF	I0.6	BOOL	OFF 按钮

数字量输出地址定义如表 11-2 所示。

表 11-2 数字量输出地址定义

符 号	地 址	数 据 类 型	注 释
Bump	Q0.0	BOOL	水泵起动
L_Summer	Q0.1	BOOL	夏季模式指示灯
L_Winter	Q0.2	BOOL	冬季模式指示灯
L_ON	Q0.3	BOOL	ON 指示灯
L_OFF	Q0.4	BOOL	OFF 指示灯

11.2.3　PLC 控制程序开发

水塔的 PLC 控制程序流程图如图 11-2 所示。

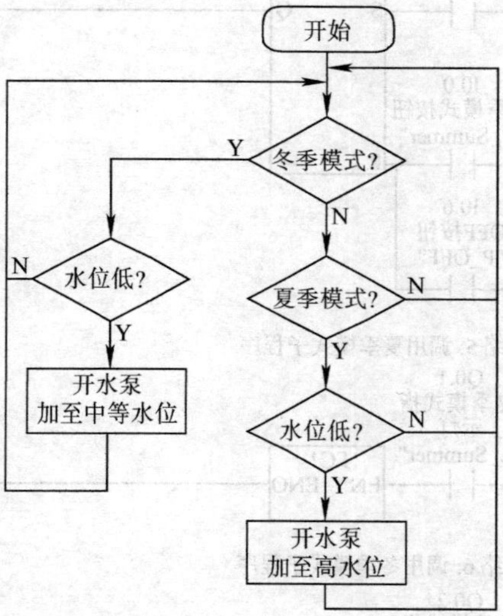

图 11-2　水塔的 PLC 控制程序流程图

水塔的 PLC 控制程序如图 11-3 所示。

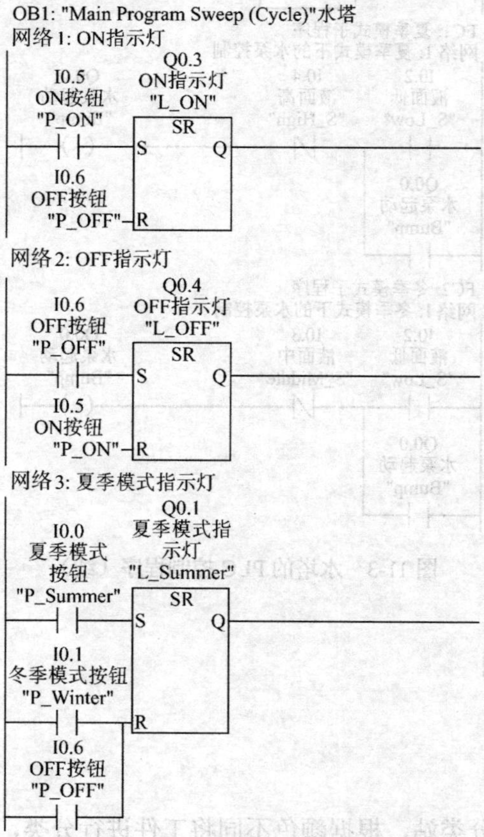

图 11-3　水塔的 PLC 控制程序

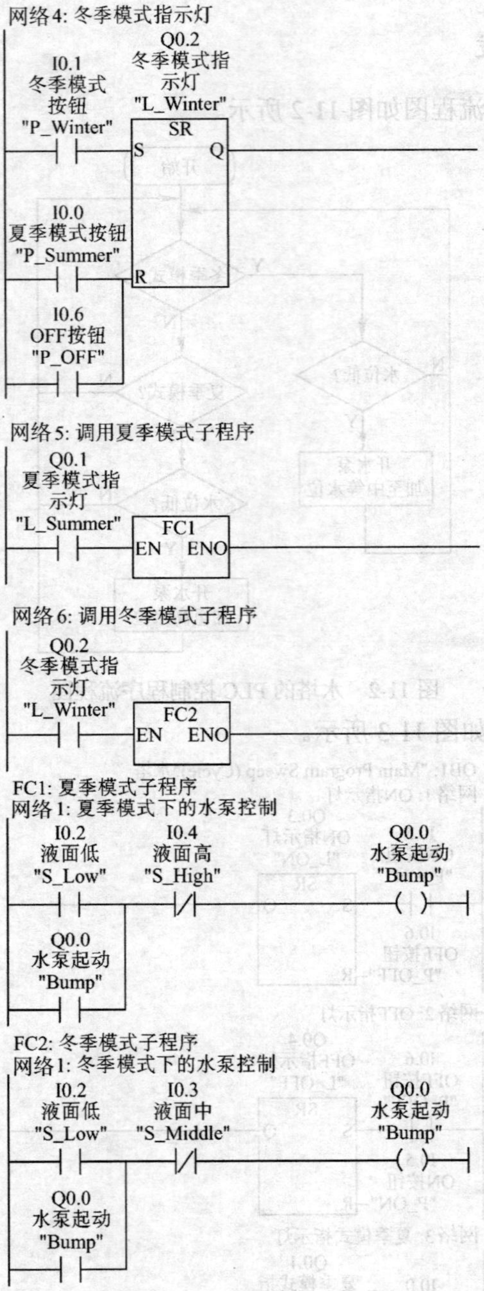

图 11-3 水塔的 PLC 控制程序（续）

11.3 分类站的控制

11.3.1 控制对象简介

本案例的控制对象是分类站，根据颜色不同将工件进行分类，如图 11-4 所示。

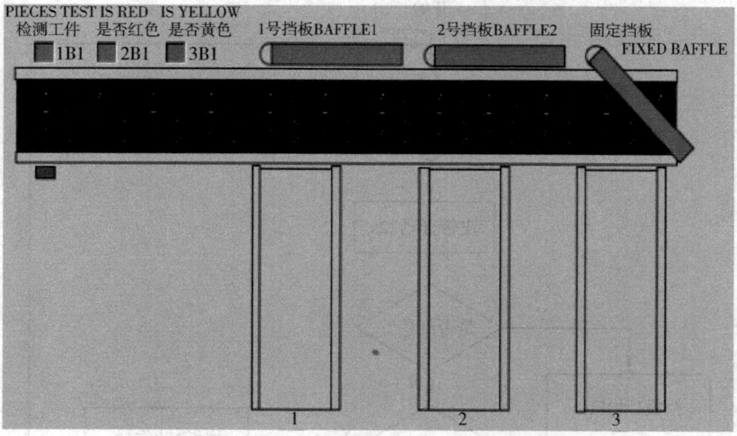

图 11-4　控制对象分类站示意图

工件由左端进入，由皮带运往右端，并进行分类。工件有红色、黄色和蓝色 3 种。1B1 传感器可以检测是否有工件，2B1 传感器可以检测工件是否为红色，3B1 传感器可以检测工件是否为黄色。当有工件进入皮带，皮带运转，工件向右运动。若工件为红色，第 1 块挡板动作，挡住红色工件，使其进入导轨 1；若工件为黄色，第 2 块挡板动作，挡住黄色工件，使其进入导轨 2；若工件为蓝色，两块挡板均不动作，固定挡板使其进入导轨 3。

11.3.2　PLC 的输入和输出接口

数字量输入地址定义如表 11-3 所示。

表 11-3　数字量输入地址定义

符　号	地　址	数据类型	注　释
1B1	I0.0	BOOL	传送带入口，红外对射传感器，有工件为 1
2B1	I0.1	BOOL	颜色检验，是否为红色，是红色为 1
3B1	I0.2	BOOL	颜色检验，是否为黄色，是黄色为 1

数字量输出地址定义如表 11-4 所示。

表 11-4　数字量输出地址定义

符　号	地　址	数据类型	注　释
1M1	Q0.0	BOOL	带传动电动机，转动=1，不转动=0
2M1	Q0.1	BOOL	第 1 块挡板，=1，挡住红色工件
2M2	Q0.2	BOOL	第 2 块挡板，=1，挡住黄色工件

11.3.3　PLC 控制程序开发

分类站的 PLC 控制程序流程图如图 11-5 所示。

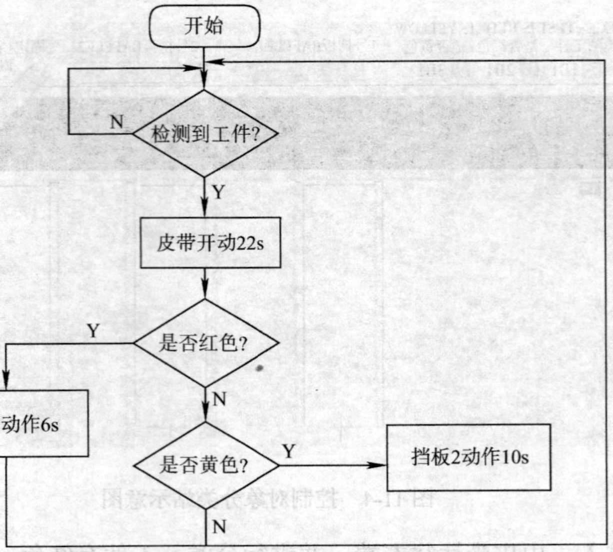

图 11-5 分类站的 PLC 控制程序流程图

分类站的 PLC 控制程序如图 11-6 所示。

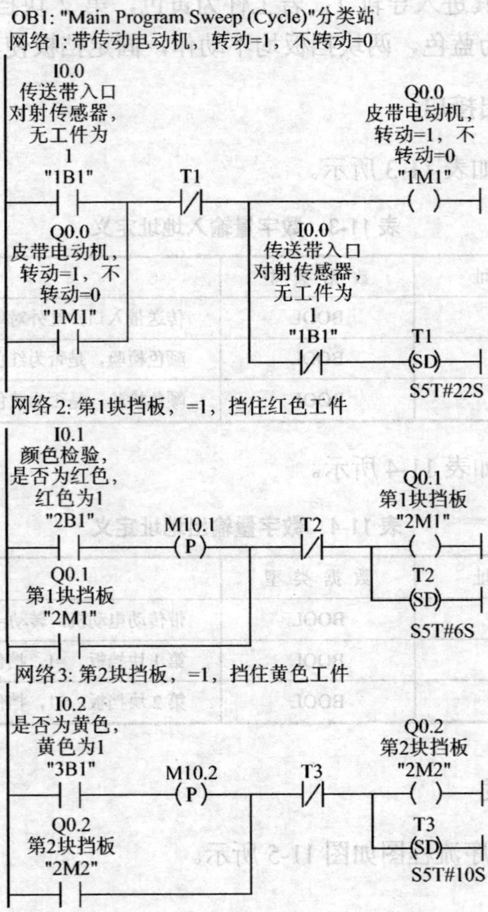

图 11-6 分类站的 PLC 控制程序

11.4　模式组灯的控制

11.4.1　控制对象简介

本案例的控制对象是模式组灯，如图 11-7 所示。

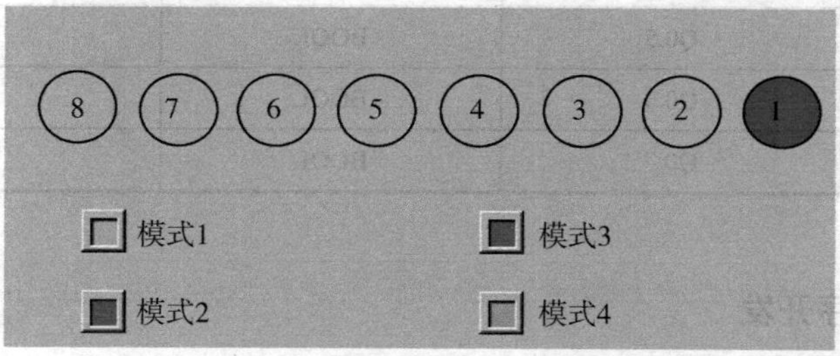

图 11-7　控制对象模式组灯示意图

模式组灯是一组灯在不同模式下以不同的方式点亮，达到预定的效果。组灯由 8 盏灯组成，分为 4 种模式点亮，模式 1（Mode1），8 盏灯从左向右依次点亮每一盏灯；模式 2（Mode2），从右向左依次点亮每盏灯；模式 3（Mode3），单号灯与双号灯交替点亮；模式（Mode4），连着的四盏灯从右向左循环移动点亮（先 1 号灯和 5 号灯亮，其他不亮；接着 2 号灯和 6 号灯亮，其他不亮；接着 3 号灯和 7 号灯亮，其他不亮；接着 4 号灯和 8 号灯亮，其他不亮；如此循环）。

当前模式由模式选择按钮进行选择，模式选择按钮上带有指示灯。

11.4.2　PLC 的输入和输出接口

数字量输入地址定义如表 11-5 所示。

表 11-5　数字量输入地址定义

符　号	地　址	数据类型	注　释
P_M1	I0.0	BOOL	模式 1 按钮
P_M2	I0.1	BOOL	模式 2 按钮
P_M3	I0.2	BOOL	模式 3 按钮
P_M4	I0.3	BOOL	模式 4 按钮

数字量输出地址定义如表 11-6 所示。

表 11-6　数字量输出地址定义

符　号	地　址	数据类型	注　释
H_M1	Q1.0	BOOL	模式 1 指示灯
H_M2	Q1.1	BOOL	模式 2 指示灯
H_M3	Q1.2	BOOL	模式 3 指示灯
H_M4	Q1.3	BOOL	模式 4 指示灯
L1	Q0.0	BOOL	点亮灯 1

（续）

符　号	地　址	数据类型	注　释
L2	Q0.1	BOOL	点亮灯 2
L3	Q0.2	BOOL	点亮灯 3
L4	Q0.3	BOOL	点亮灯 4
L5	Q0.4	BOOL	点亮灯 5
L6	Q0.5	BOOL	点亮灯 6
L7	Q0.6	BOOL	点亮灯 7
L8	Q0.7	BOOL	点亮灯 8

11.4.3 PLC 控制程序开发

模式组灯的 PLC 控制程序流程图如图 11-8 所示。

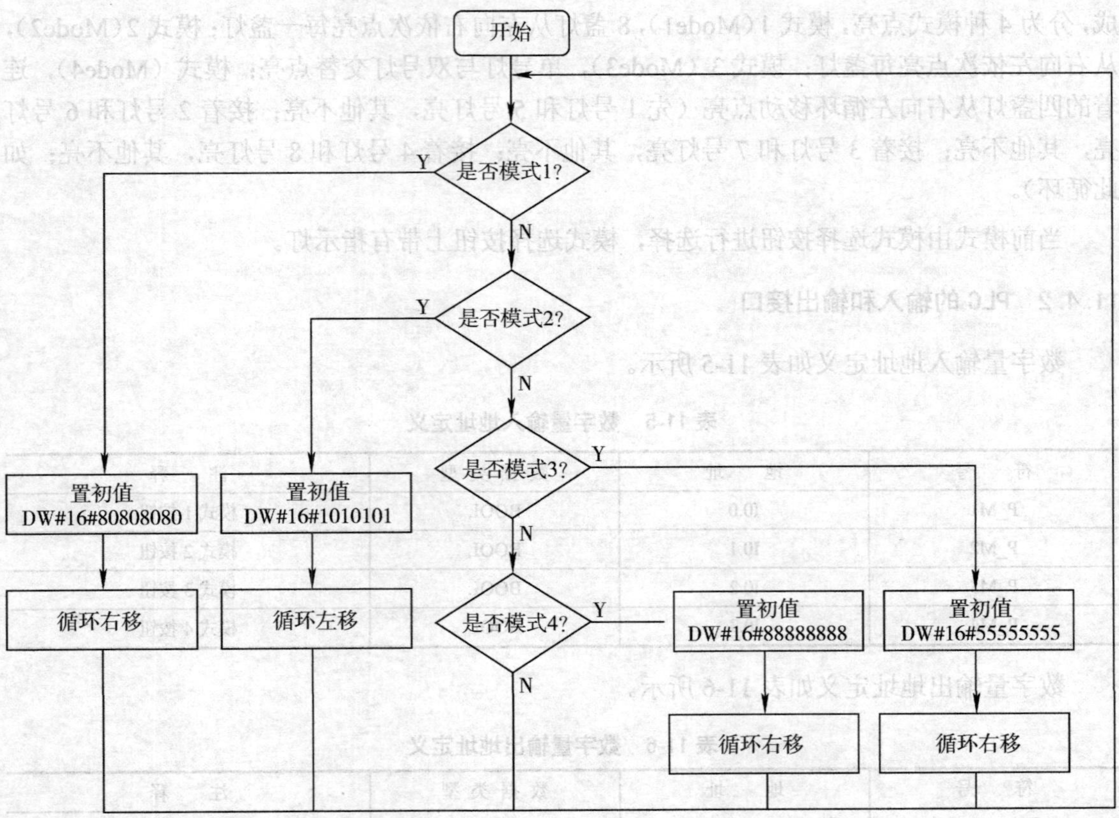

图 11-8　模式组灯的 PLC 控制程序流程图

模式组灯的 PLC 控制程序如图 11-9 所示。

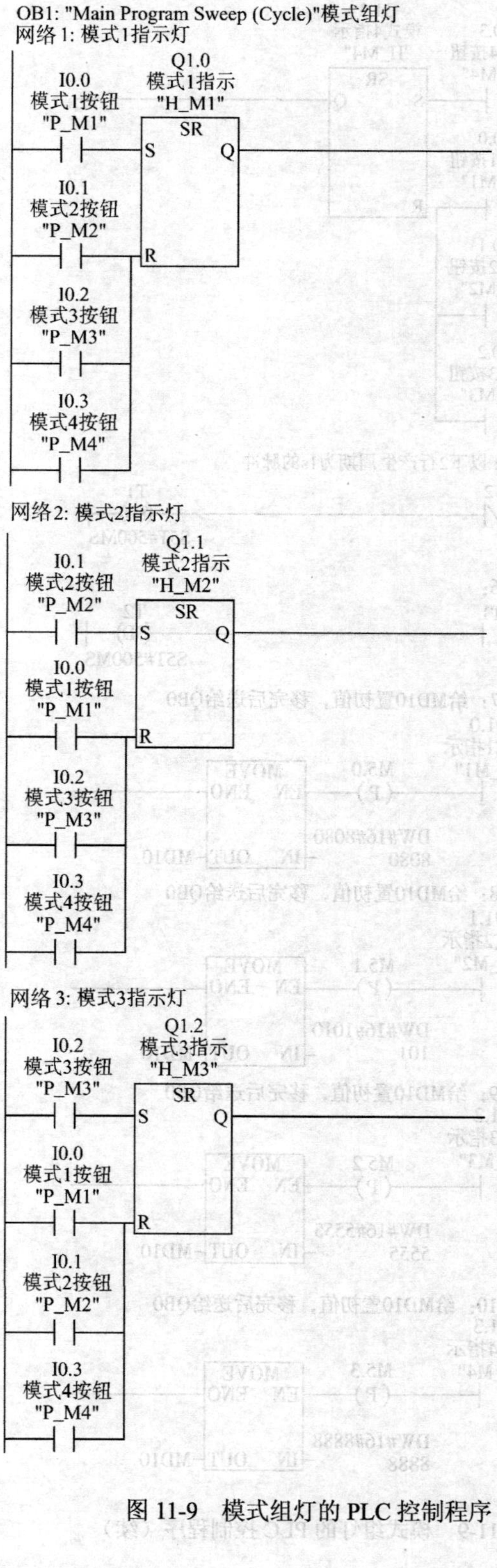

图 11-9 模式组灯的 PLC 控制程序

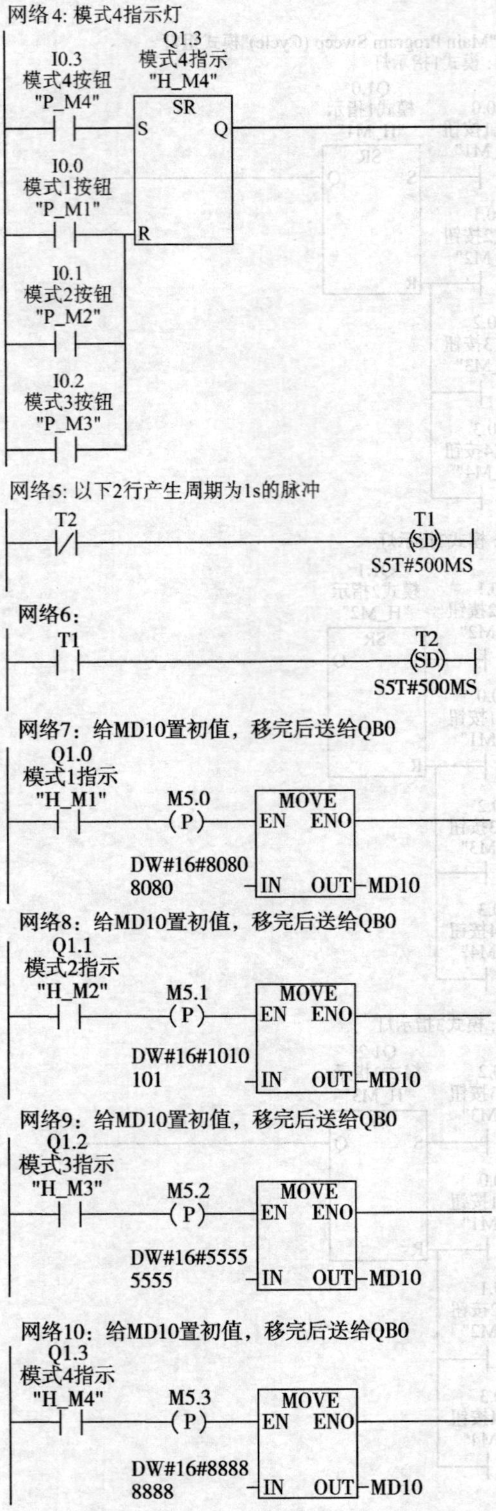

图 11-9 模式组灯的 PLC 控制程序（续）

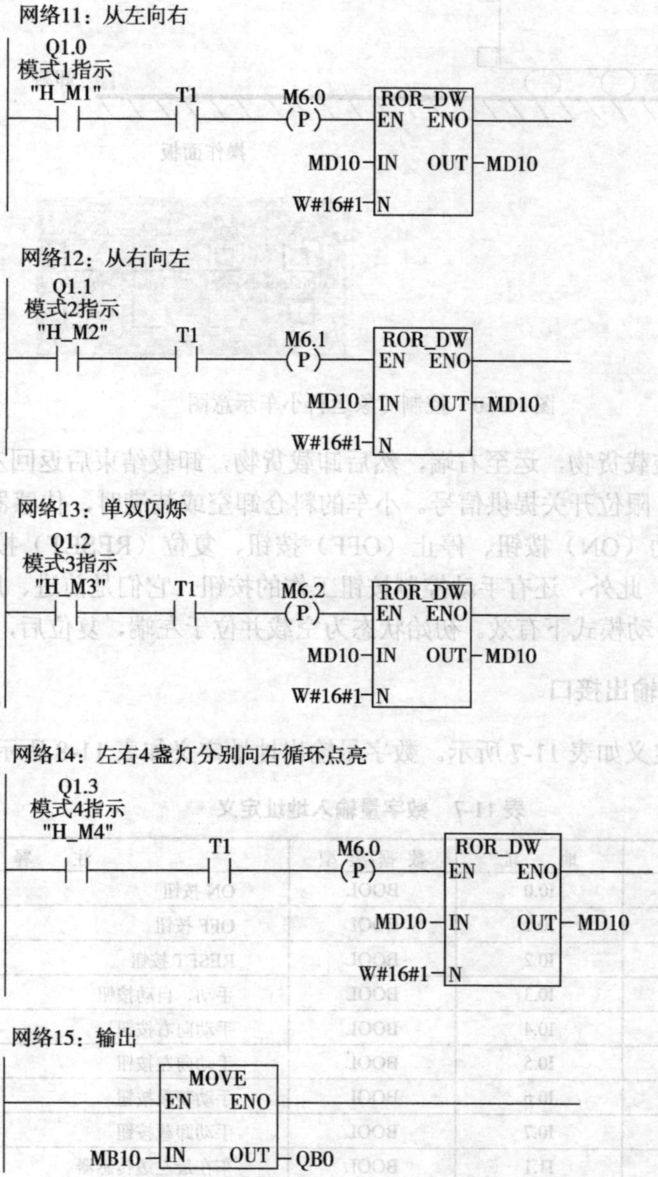

图 11-9　模式组灯的 PLC 控制程序（续）

11.5　运料小车的控制

11.5.1　控制对象简介

本案例的控制对象是运料小车，如图 11-10 所示。

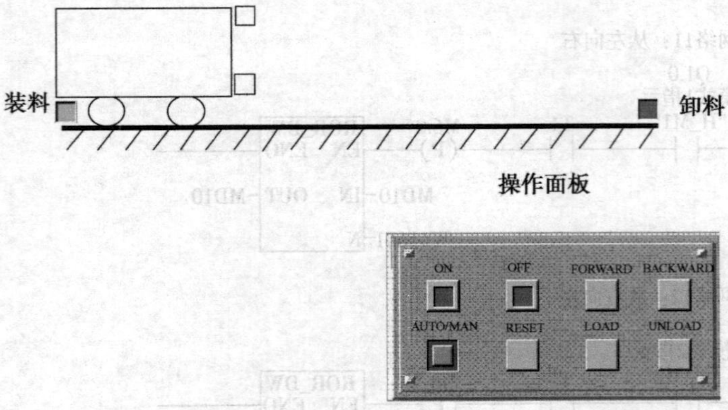

图 11-10 控制对象运料小车示意图

运料小车在左端装载货物，运至右端，然后卸载货物，卸载结束后返回左端。运料小车在左右两端的位置时，限位开关提供信号。小车的料仓卸空或装满时，传感器提供信号。

操作面板上有起动（ON）按钮、停止（OFF）按钮、复位（RESET）按钮和自动/手动（AUTO/MAN）按钮。此外，还有手动控制按钮工作的按钮，它们是前进、后退、装载和卸载。手动控制按钮在手动模式下有效。初始状态为空载并位于左端，复位后，回到初始状态。

11.5.2 PLC 的输入和输出接口

数字量输入地址定义如表 11-7 所示。数字量输出地址定义如表 11-8 所示。

表 11-7 数字量输入地址定义

符 号	地 址	数据类型	注 释
P_ON	I0.0	BOOL	ON 按钮
P_OFF	I0.1	BOOL	OFF 按钮
P_RESET	I0.2	BOOL	RESET 按钮
P_MAN_or_AUTO	I0.3	BOOL	手动、自动按钮
P_Forward	I0.4	BOOL	手动向右按钮
P_Backward	I0.5	BOOL	手动向左按钮
P_Load	I0.6	BOOL	手动装载按钮
P_Unload	I0.7	BOOL	手动卸载按钮
S_CAR_Left	I1.1	BOOL	车在最左边传感器
S_CAR_Right	I1.2	BOOL	车在最右边传感器
S_Goods_Up	I1.3	BOOL	车厢装满传感器
S_Goods_Down	I1.4	BOOL	车厢空传感器

表 11-8 数字量输出地址定义

符 号	地 址	数据类型	注 释
Director	Q0.0	BOOL	小车运行方向，=1，向右；=0，向左
Move	Q0.1	BOOL	小车运动或停止，=1，运行；=0，停止
Load	Q0.2	BOOL	装载
Unload	Q0.3	BOOL	卸载
H_ON	Q0.4	BOOL	ON 指示灯
H_OFF	Q0.5	BOOL	OFF 指示灯

11.5.3 PLC 控制程序开发

运料小车的 PLC 控制程序流程图如图 11-11 所示。

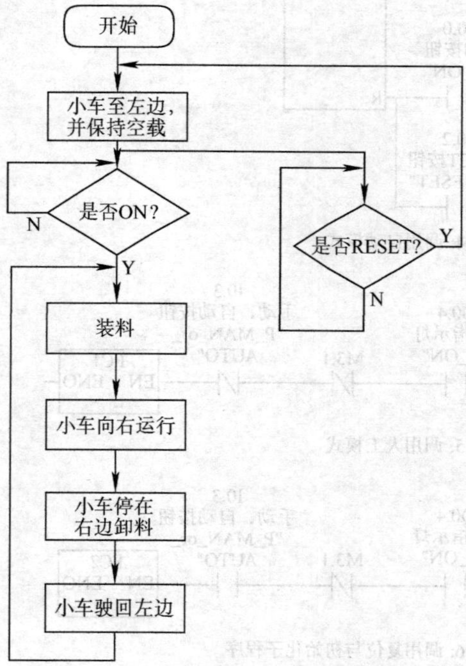

图 11-11　运料小车的 PLC 控制程序流程图

运料小车的 PLC 控制程序如图 11-12 所示。

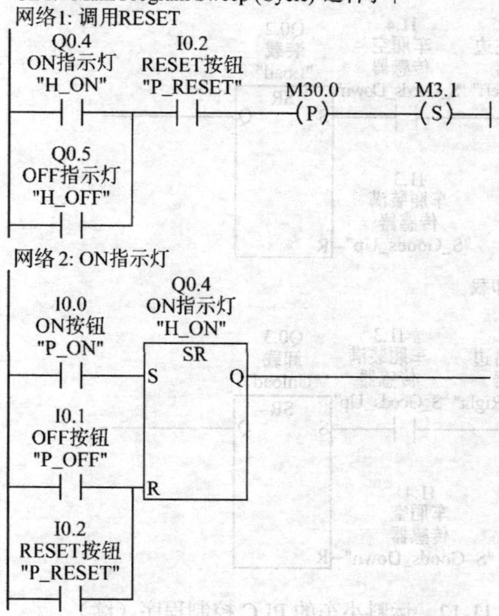

图 11-12　运料小车的 PLC 控制程序

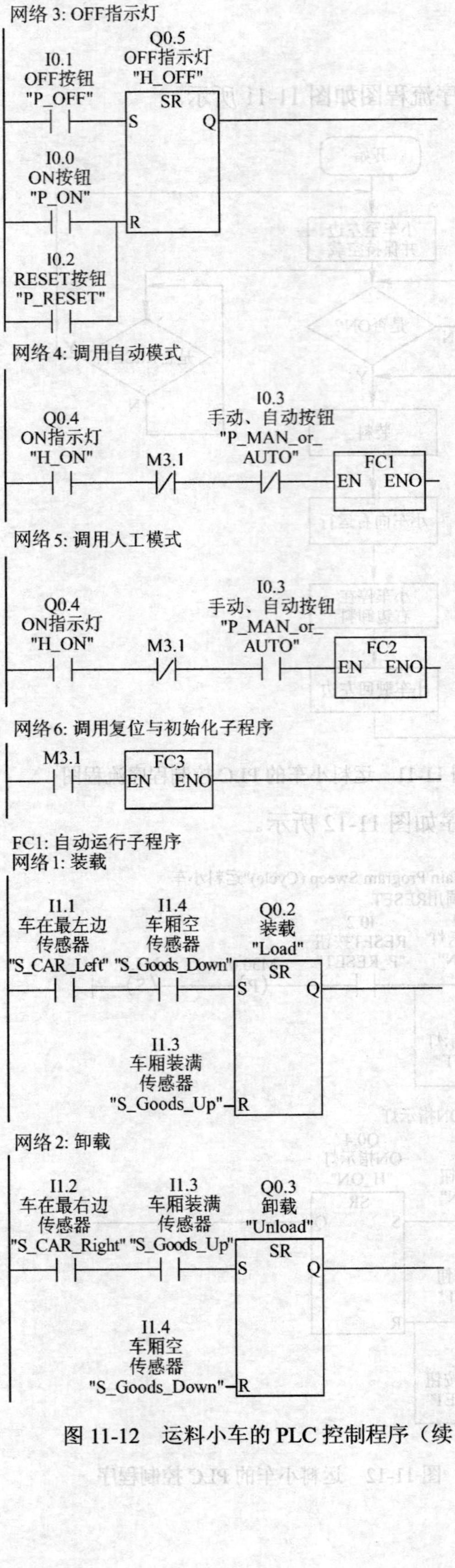

图 11-12　运料小车的 PLC 控制程序（续）

网络 3: 小车运动或停止，Q0.1=1，运行；Q0.1=0，停止

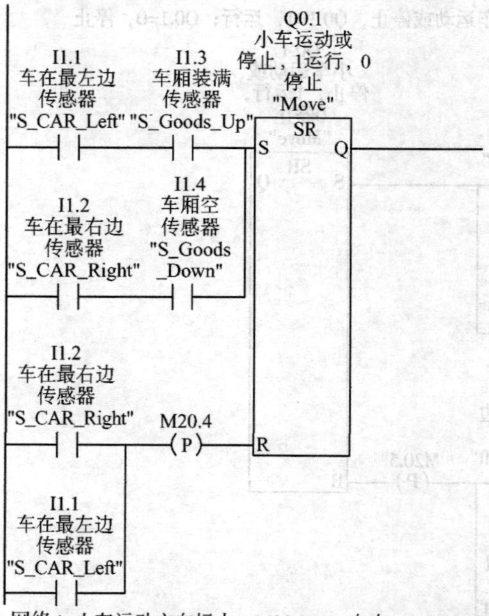

网络4: 小车运动方向标志，M20.0=1，向右；M20.0=0，向左

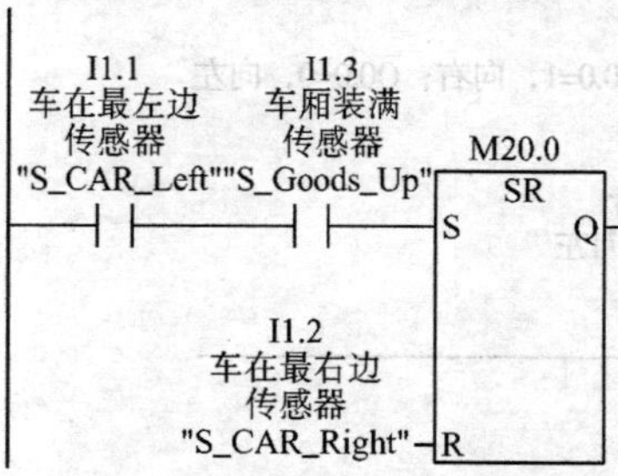

网络5：小车运动方向，M20.1=1，向左；M20.1=0，向右

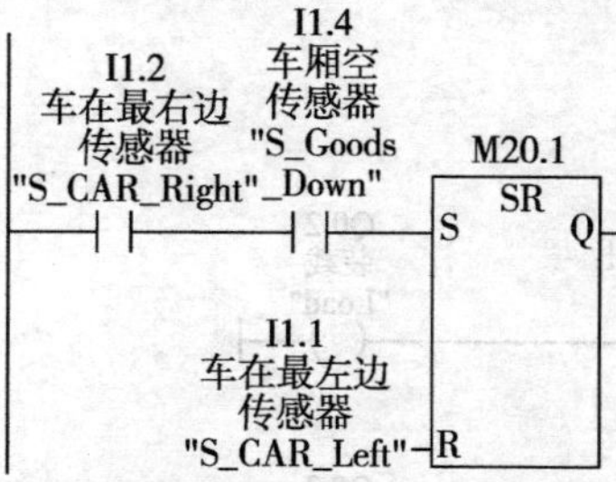

网络6：小车运动方向，Q0.0=1，向右；Q0.0=0，向左

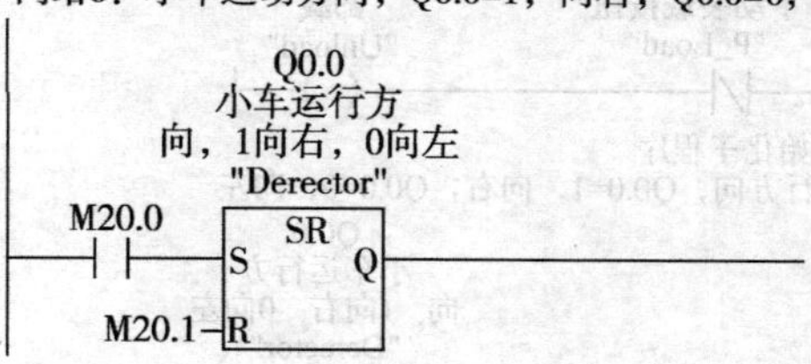

图 11-12　运料小车的 PLC 控制程序（续）

FC2：手动模式子程序

网络1：小车运动或停止，Q0.1=1，运行；Q0.1=0，停止

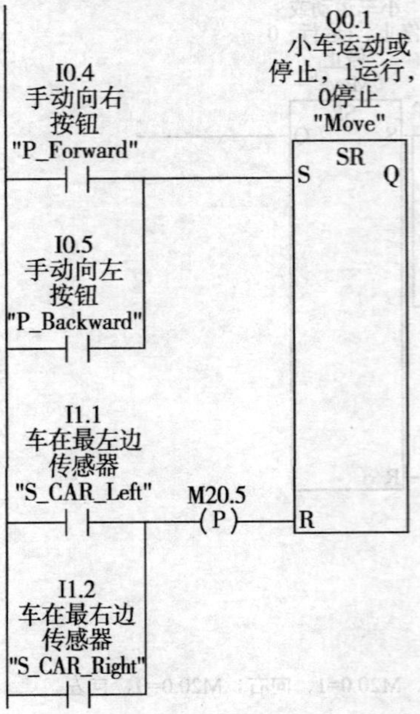

网络2：小车运行方向，Q0.0=1，向右；Q0.0=0，向左

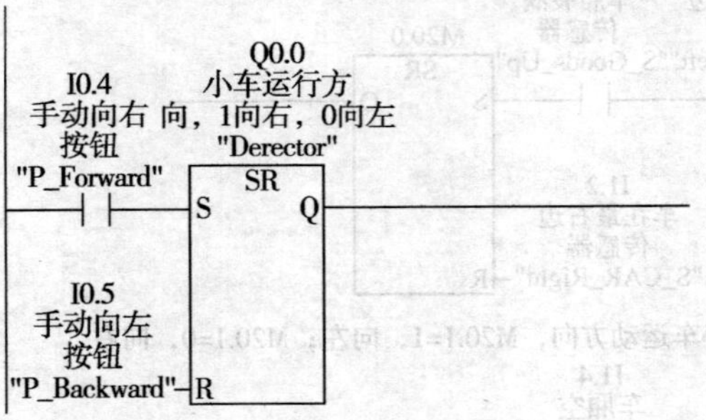

网络3：装载

网络4：卸载

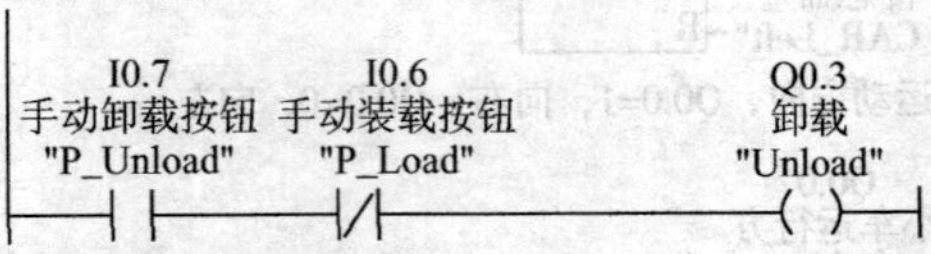

FC3: 复位与初始化子程序

网络1：小车运行方向，Q0.0=1，向右；Q0.0=0，向左

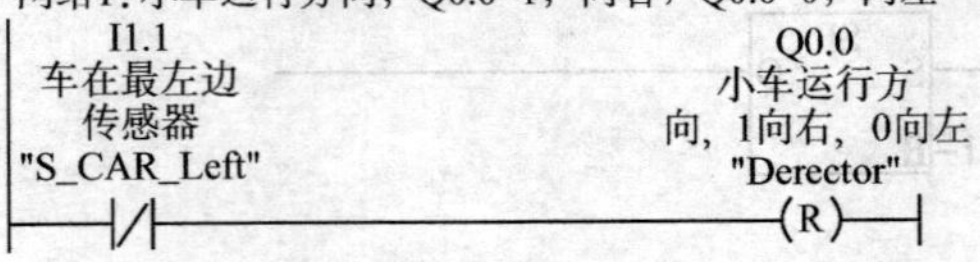

图 11-12 运料小车的 PLC 控制程序（续）

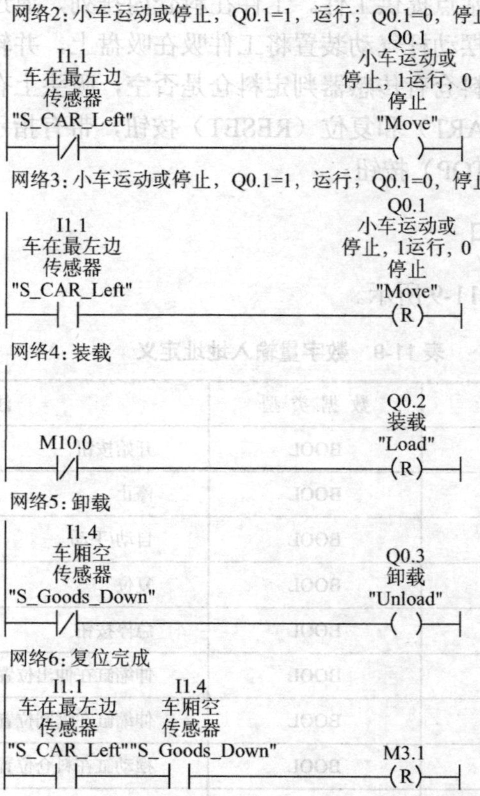

图 11-12　运料小车的 PLC 控制程序（续）

11.6　供料站的控制

11.6.1　控制对象简介

本案例的控制对象是供料站，如图 11-13 所示。

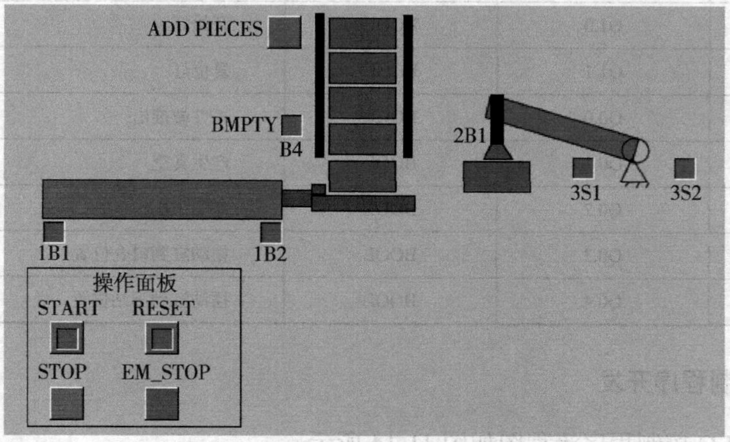

图 11-13　控制对象供料站示意图

供料站为生产线上的后续站点提供工件。工件在料仓内排列，通过伸缩杆将工件推到一定位置，伸缩杆退回，然后由摆动杆气动装置将工件吸在吸盘上，并转送到指定位置。伸缩缸和摆动缸上有位置传感器，料仓有传感器判定料仓是否空，吸头上有传感器判定是否吸住工件。控制面板上有起动（START）和复位（RESET）按钮，带有指示灯。此外，还有停止（STOP）和紧急停止（EM_STOP）按钮。

11.6.2 PLC 的输入和输出接口

数字量输入地址定义如表 11-9 所示。

表 11-9 数字量输入地址定义

符 号	地 址	数据类型	注 释
S1	I1.0	BOOL	开始按钮
S2	I1.1	BOOL	停止
S3	I1.2	BOOL	自动/手动
S4	I1.3	BOOL	复位
Em_Stop	I1.5	BOOL	急停按钮
1B2	I0.1	BOOL	伸缩缸在伸出位置
1B1	I0.2	BOOL	伸缩缸在缩回位置
3S1	I0.4	BOOL	摆动缸在料仓位置
3S2	I0.5	BOOL	摆动缸在下站位置
B4	I0.6	BOOL	料仓空
2B1	I0.3	BOOL	工件被吸住

数字量输出地址定义如表 11-10 所示。

表 11-10 数字量输出地址定义

符 号	地 址	数据类型	注 释
H1	Q1.0	BOOL	开始灯
H2	Q1.1	BOOL	复位灯
1Y1	Q0.0	BOOL	工件被推出
2Y1	Q0.1	BOOL	产生真空
2Y2	Q0.2	BOOL	产生正压
3Y1	Q0.3	BOOL	摆动缸到料仓位置
3Y2	Q0.4	BOOL	摆动缸到下站位置

11.6.3 PLC 控制程序开发

供料站的 PLC 控制程序流程图如图 11-14 所示。

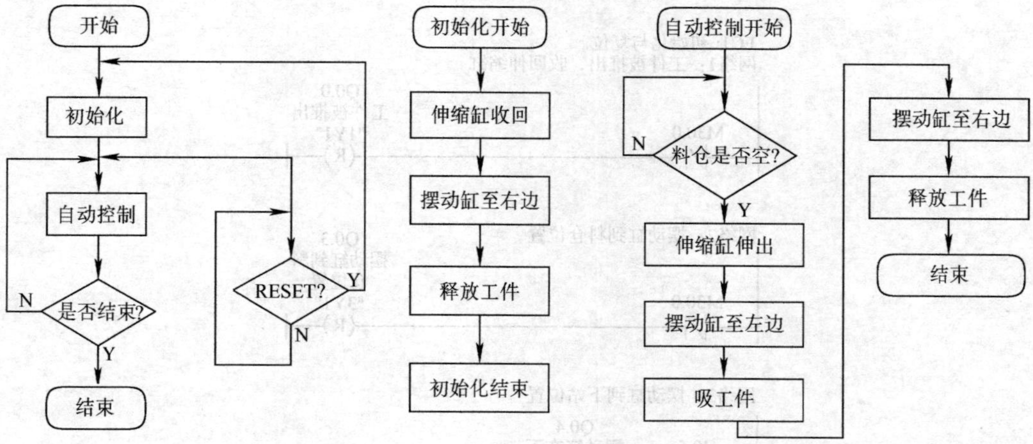

图 11-14 供料站的 PLC 控制程序流程图

供料站的 PLC 控制程序如图 11-15 所示。

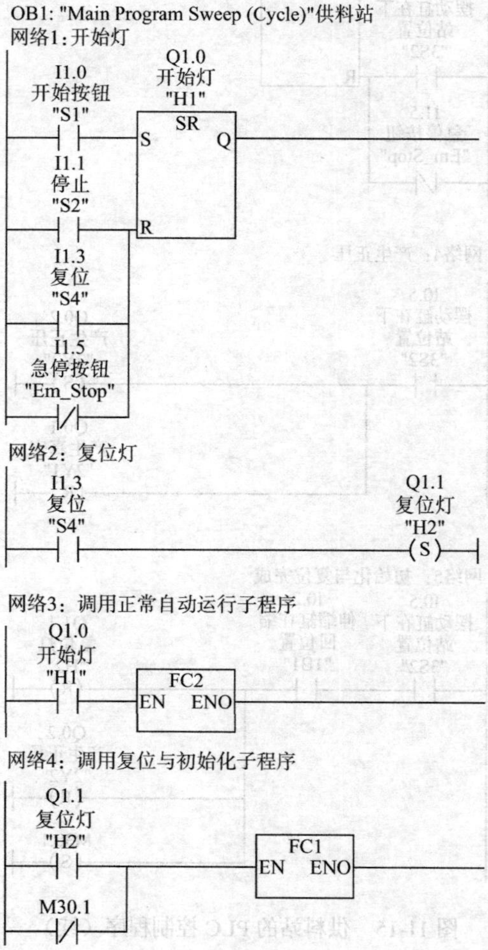

图 11-15 供料站的 PLC 控制程序

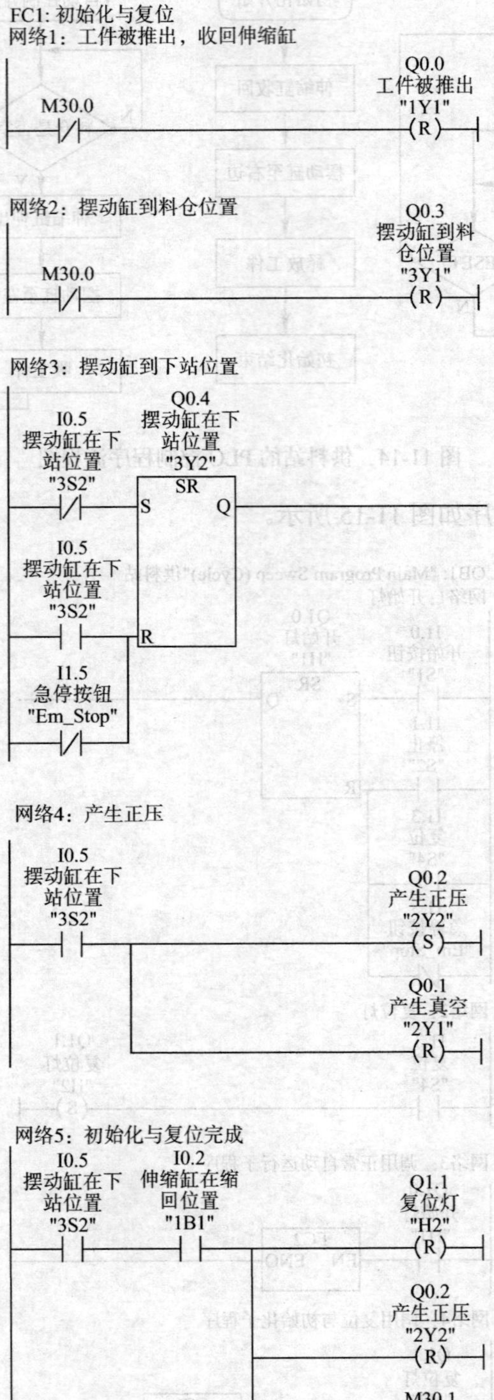

图 11-15 供料站的 PLC 控制程序（续）

FC2: 正常自动运行

网络1：Title:

当料仓空时，还可以再自动运行最后一次；M10.0=1，表示还有没处理完的工件；M10.0=0，表示没有未处理完的工件

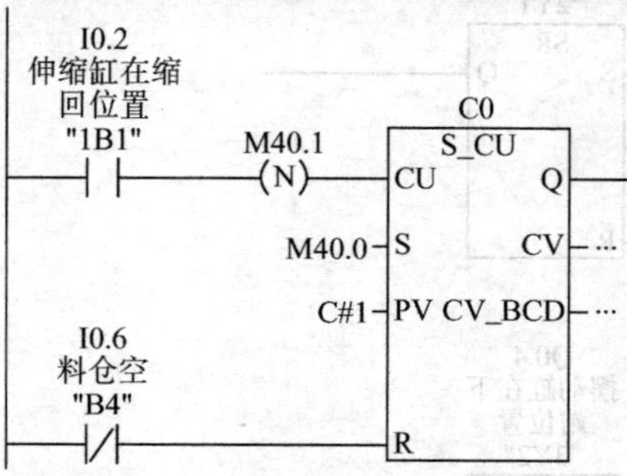

网络2：

M10.0=1，表示还有没处理完的工件；M10.0=0，表示没有未处理完的工件

网络3：当摆动缸离开料仓位置时，伸缩缸缩回

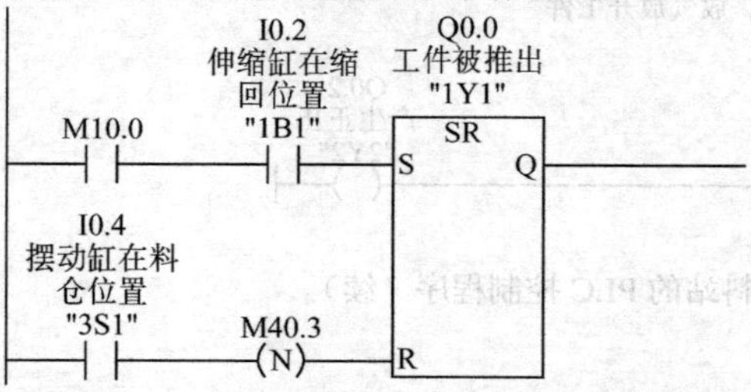

网络4：标志M10.5=1，表示摆动缸部分正在运送工件

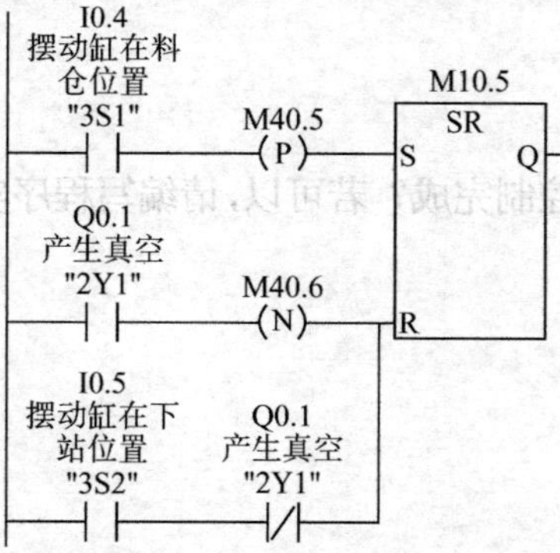

网络 5：摆动缸到料仓位置

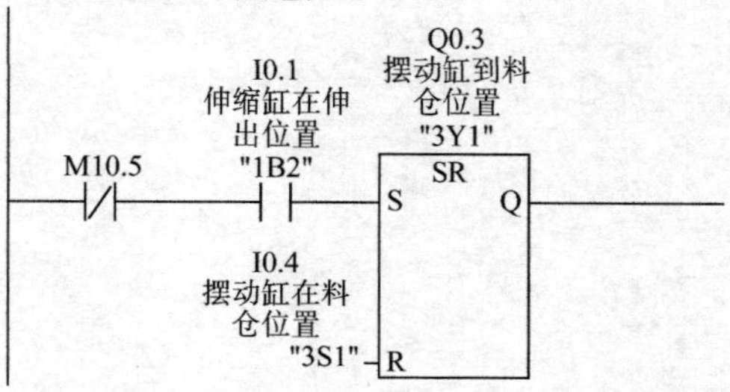

图 11-15　供料站的 PLC 控制程序（续）

网络 6：产生真空，吸气吸住工件

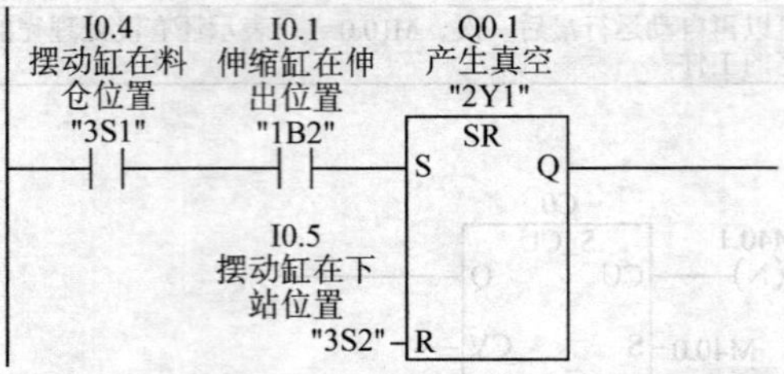

网络 7：摆动缸到下站位置

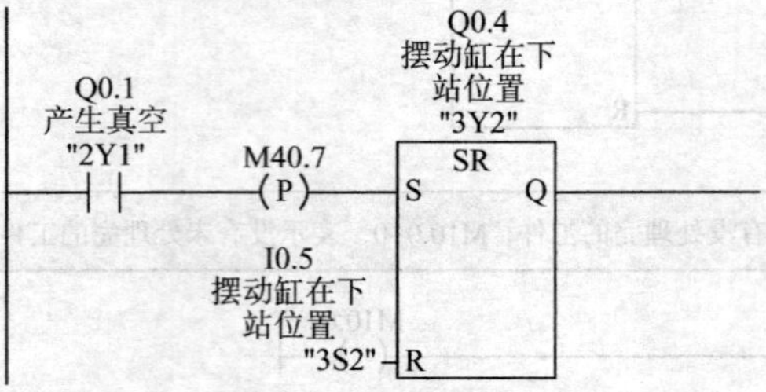

网络 8：产生正压，放气放开工件

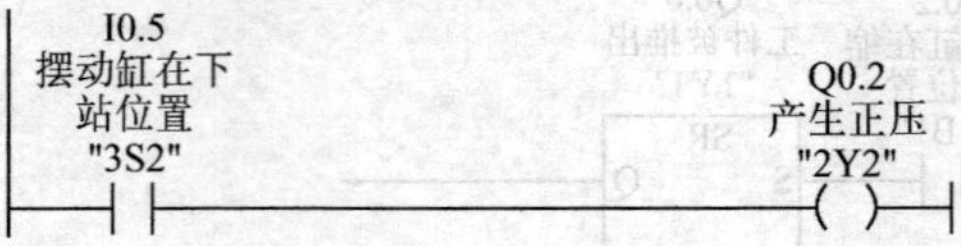

图 11-15　供料站的 PLC 控制程序（续）

思考与练习题

11.1　简述 PLC 控制系统设计的一般步骤。

11.2　第 11.6 节供料站的控制是否可以用顺序控制完成？若可以，请编写程序实现此控制。

附录　西门子 S7-300/400 PLC 的 SFC 和 SFB

附录表 1　西门子 S7-300/400 PLC 的 SFC

编　号	短 名 称	功　能
SFC0	SET_CLK	设置系统时钟
SFC1	READ_CLK	读系统时钟
SFC2	SET_RTM	设置运行系统计时器
SFC3	CTRL_RTM	启动/停止运行系统计时器
SFC4	READ_RTM	读运行系统计时器
SFC5	GADR_LGC	查询通道的逻辑地址
SFC6	RD_SINFO	读 OB 的启动信息
SFC7	DP_PRAL	在 DP 主站上触发硬件中断
SFC9	EN_MSG	启用与块相关、符号相关及组状态消息
SFC10	DIS_MSG	禁用与块相关、符号相关及组状态消息
SFC11	DPSYC_FR	同步 DP 从站组
SFC12	D_ACT_DP	取消激活和激活 DP 从站
SFC13	DPNRM_DG	读取 DP 从站的诊断数据（从站诊断）
SFC14	DPRD_DAT	从标准 DP 从站读取一致性数据
SFC15	DPWR_DAT	将连续数据写入 DP 标准从站
SFC17	ALARM_SQ	生成可确认的与块相关的消息
SFC18	ALARM_S	生成永久确认的与块相关的消息
SFC19	ALARM_SC	查询上一个 ALARM_SQ 输入状态消息的确认状态
SFC20	BLKMOV	复制变量
SFC21	FILL	初始化存储区域
SFC22	CREAT_DB	创建数据块
SFC23	DEL_DB	删除数据块
SFC24	TEST_DB	测试数据块
SFC25	COMPRESS	压缩用户存储器
SFC26	UPDAT_PI	更新过程映像输入表
SFC27	UPDAT_PO	更新过程映像输出表
SFC28	SET_TINT	设置日时钟中断
SFC29	CAN_TINT	取消时钟中断
SFC30	ACT_TINT	激活时钟中断
SFC31	QRY_TINT	查询日时钟中断

（续）

编　号	短 名 称	功　能
SFC32	SRT_DINT	启动延时中断
SFC33	CAN_DINT	取消延时中断
SFC34	QRY_DINT	查询延时中断
SFC35	MP_ALM	触发多处理器中断
SFC36	MSK_FLT	屏蔽同步出错
SFC37	DMSK_FLT	取消屏蔽同步出错
SFC38	READ_ERR	读出错寄存器
SFC39	DIS_IRT	禁用新的中断和异步出错
SFC40	EN_IRT	启用新的中断和异步出错
SFC41	DIS_AIRT	延迟高优先级的中断和异步出错
SFC42	EN_AIRT	启用高优先级的中断和异步出错
SFC43	RE_TRIGR	再触发循环时间监控
SFC44	REPL_VAL	将替换值传送到累加器 1
SFC46	STP	将 CPU 切换为 STOP
SFC47	WAIT	延时用户程序执行
SFC48	SNC_RTCB	同步从站时钟
SFC49	LGC_GADR	查询属于一个逻辑地址的模块插槽
SFC50	RD_LGADR	查询模块的所有逻辑地址
SFC51	RDSYSST	读系统状态列表或部分列表
SFC52	WR_USMSG	将用户自定义的诊断事件写入诊断缓冲区
SFC54	RD_PARM	读已定义的参数
SFC55	WR_PARM	写动态参数
SFC56	WR_DPARM	写一条数据记录
SFC57	PARM_MOD	为一个模块分配参数
SFC58	WR_REC	写一条数据记录
SFC59	RD_REC	读一条数据记录
SFC60	GD_SND	发送一个 GD 信息包
SFC61	GD_RCV	获取一个收到的 GD 信息包
SFC62	CONTROL	查询属于一个通信 SFB 实例的连接状态
SFC63	AB_CALL	组合代码块（CPU 614 专用）
SFC64	TIME_TCK	读系统时间
SFC65	X_SEND	将数据发送到本地 S7 站外部的通信伙伴
SFC66	X_RCV	接收来自本地 S7 站外部的通信伙伴的数据
SFC67	X_GET	读来自本地 S7 站外部的通信伙伴的数据
SFC68	X_PUT	将数据写入本地 S7 站外部的通信伙伴

（续）

编　号	短 名 称	功　能
SFC69	X_ABORT	中止与本地 S7 站外部的通信伙伴之间的现有连接
SFC72	I_GET	读来自本地 S7 站内的通信伙伴的数据
SFC73	I_PUT	将数据写入本地 S7 站内的通信伙伴
SFC74	I_ABORT	中止与本地 S7 站内的通信伙伴之间的现有连接
SFC78	OB_RT	确定 OB 程序运行时间
SFC79	SET	设置输出范围
SFC80	RSET	重置输出范围
SFC81	UBLKMOV	不可中断的块移动
SFC82	CREA_DBL	在装载存储器中创建数据块
SFC83	READ_DBL	从装载存储器中的数据块读
SFC84	WRIT_DBL	从装载存储器中的数据块写
SFC85	CREA_DB	创建数据块
SFC87	C_DIAG	实际连接状态的诊断
SFC90	H_CTRL	控制 H 系统中的操作
SFC100	SET_CLKS	设置日时钟和 TOD 状态
SFC101	RTM	处理运行系统计时器
SFC102	RD_DPARA	重新定义的参数
SFC103	DP_TOPOL	标识 DP 主站系统中的总线拓扑
SFC104	CiR	控制 CiR
SFC105	READ_SI	读动态系统资源
SFC106	DEL_SI	删除动态系统资源
SFC107	ALARM_DQ	生成始终可确认的与块相关的消息
SFC108	ALARM_D	生成始终可确认的与块相关的消息
SFC112	PN_IN	更新 PROFInet 组件的用户程序接口中的输入
SFC113	PN_OUT	更新 PROFInet 组件的用户程序接口中的输出
SFC114	PN_DP	更新 DP 互连
SFC126	SYNC_PI	以同步循环的方式更新过程映像分区输入表
SFC127	SYNC_PO	以同步循环的方式更新过程映像分区输出表

附录表 2　西门子 S7-300/400 PLC 的 SFB

编　号	短 名 称	功　能
SFB0	CTU	递增计数器
SFB1	CTD	递减计数器
SFB2	CTUD	递增/递减计数器
SFB3	TP	生成脉冲
SFB4	TON	生成接通延迟
SFB5	TOF	生成断开延迟
SFB8	USEND	数据的不对等的发送
SFB9	URCV	数据的不对等的接收
SFB12	BSEND	发送分段数据
SFB13	BRCV	接收分段数据
SFB14	GET	从远程 CPU 读数据
SFB15	PUT	将数据写入远程 CPU
SFB16	PRINT	将数据发送到打印机
SFB19	START	在远程设备上开始一个热重启或冷重启
SFB20	STOP	将远程设备切换为 STOP 状态
SFB21	RESUME	在远程设备上开始一个热重启
SFB22	STATUS	查询远程设备的状态
SFB23	USTATUS	接收远程设备的状态
SFB29	HS_COUNT*	计数器（高速计数器，集成功能，仅存在于 CPU 312 IFM 和 CPU 314 IFM 上）
SFB30	FREQ_MES*	频率计（频率计，集成功能仅存在于 CPU 312 IFM 和 CPU 314 IFM 上）
SFB31	NOTIFY_8P	生成没有确认指示的与块相关的消息
SFB32	DRUM	执行序列发生器
SFB33	ALARM	生成具有确认显示的与块相关的消息
SFB34	ALARM_8	生成与块相关的消息，其中没有用于表示 8 个信号的值
SFB35	ALARM_8P	生成与块相关的消息，其中带有用于表示 8 个信号的值
SFB36	NOTIFY	生成没有确认显示的与块相关的消息
SFB37	AR_SEND	发送归档数据
SFB38	HSC_A_B*	计数器 A/B（集成功能，仅存在于 CPU 314 IFM 上）
SFB39	POS*	定位（集成功能，仅存在于 CPU 314 IFM 上）
SFB41	CONT_C	连续控制
SFB42	CONT_S	步进控制
SFB43	PULSEGEN	脉冲生成
SFB44	ANALOG	使用模拟量输出定位，仅存在于 S7-300C CPU 上
SFB46	DIGITAL	使用数字量输出定位，仅存在于 S7-300C CPU 上

（续）

编　号	短 名 称	功　能
SFB47	COUNT	控制计数器，仅存在于 S7-300C CPU 上
SFB48	FREQUENC	控制频率测量，仅存在于 S7-300C CPU 上
SFB49	PULSE	控制脉宽调制，仅存在于 S7-300C CPU 上
SFB52	RDREC	从 DP 从站读一个数据记录
SFB53	WRREC	将数据记录写入 DP 从站
SFB54	RALRM	从 DP 从站接收中断
SFB60	SEND_PTP	发送数据（ASCII、3964（R）），仅存在于 S7-300C CPU 上
SFB61	RECV_PTP	接收数据（ASCII、3964（R）），仅存在于 S7-300C CPU 上
SFB62	RES_RECV	删除接收缓冲区（ASCII、3964（R）），仅存在于 S7-300C CPU 上
SFB63	SEND_RK	发送数据（RK 512），仅存在于 S7-300C CPU 上
SFB64	FETCH_RK	获取数据（RK 512），仅存在于 S7-300C CPU 上
SFB65	SERVE_RK	接收和提供数据（RK 512），仅存在于 S7-300C CPU 上
SFB75	SALRM	将中断发送到 DP 主站

参 考 文 献

[1] 吉顺平，孙承志，路明. 西门子 PLC 与工业网络技术[M]. 北京：机械工业出版社，2008.

[2] 孙承志，徐智，张家海，吉顺平. 西门子 S7-200/300/400PLC 基础与应用技术[M]. 北京：机械工业出版社，2009.

[3] 吉顺平，孙承志，孙书芳等. 西门子现场总线通信原理与应用[M]. 北京：机械工业出版社，2009.

[4] 西门子公司. SIMATIC S7-200 可编程序控制器系统手册，2002.

[5] 西门子公司. SIMATIC STEP 7 V5.3 使用入门，2006.

[6] 西门子公司. SIMATIC S7-400 and M7-400 Programmable Controllers Hardware and Installation Manual，2003.

[7] 西门子公司. S7-300 指令列表，2002.

[8] 西门子公司. S7-400 指令列表，2002.

[9] 西门子公司. S7-300CPU 存储器介绍与存储卡的使用，2002.

[10] 西门子公司. S7400 存储器介绍及存储卡的使用，2002.

[11] 西门子公司. PROFIBUS-DP 总线应用手册，2005.

[12] 西门子公司. MicroMaster440 使用大全，2003.

[13] 西门子公司. 西门子 SIMATIC S7 编程课程，2005.

[14] 胡学林. 可编程控制器教程[M]. 北京：电子工业出版社，2005.

[15] 廖常初. 大中型 PLC 应用教程[M]. 北京：机械工业出版社，2005.